基金资助：国家自然科学基金面上项目(52074041,52274241,52074120)
重庆英才计划"包干制"项目(cstc2022ycjh-bgzxm0077)

卸压瓦斯精准抽采技术与实践

邹全乐　程志恒　刘　厅　张碧川　孙小岩　马腾飞　梁运培　著

重庆大学出版社

内容提要

本书以瓦斯吸附解吸特征及复杂环境下煤岩力学特性为切入点,以"井上全区域抽采置换井下空间、井下精准化抽采置换作业时间"为主线,以"基础引导、技术剖析、评价优化"循序渐进的行文结构为主干,全面系统阐述了卸压瓦斯精准抽采的关键技术并开展了系统的工程应用。

本书可作为安全科学与工程、矿业工程等学科的高校学生、专家学者及现场技术管理人员参考用书。

图书在版编目(CIP)数据

卸压瓦斯精准抽采技术与实践/邹全乐等著. --重庆:重庆大学出版社,2024.3
ISBN 978-7-5689-4428-1

Ⅰ.①卸… Ⅱ.①邹… Ⅲ.①瓦斯抽放 Ⅳ.
①TD712

中国国家版本馆 CIP 数据核字(2024)第 066269 号

卸压瓦斯精准抽采技术与实践
XIEYA WASI JINGZHUN CHOUCAI JISHU YU SHIJIAN

邹全乐　程志恒　刘　厅　张碧川　孙小岩　马腾飞　梁运培　著
策划编辑:杨粮菊

责任编辑:陈　力　　版式设计:杨粮菊
责任校对:关德强　　责任印制:张　策

*

重庆大学出版社出版发行
出版人:陈晓阳
社址:重庆市沙坪坝区大学城西路 21 号
邮编:401331
电话:(023) 88617190　88617185(中小学)
传真:(023) 88617186　88617166
网址:http://www.cqup.com.cn
邮箱:fxk@ cqup.com.cn(营销中心)
全国新华书店经销
重庆升光电力印务有限公司印刷

*

开本:787mm×1092mm　1/16　印张:23　字数:577 千
2024 年 3 月第 1 版　　2024 年 3 月第 1 次印刷
ISBN 978-7-5689-4428-1　定价:128.00 元

前　言

长期以来,我国经济社会发展依赖煤炭资源。近年来,煤炭在我国能源消费总量中的占比不断下降,但富煤、贫油、少气的能源资源禀赋和新能源尚未可靠替代传统资源的现状,都决定了以煤为主的能源结构在短期内难以改变,煤炭仍将是能源供应的"压舱石"和"稳定器"。煤层瓦斯是煤炭的伴生产物,具有清洁能源和煤矿主要灾害源的双重属性。目前,我国已探明的瓦斯储量与天然气储量相当,居全球第三。开采瓦斯的经济、社会价值不可估量。另一方面,近年来,瓦斯事故起数、死亡人数整体呈逐年下降趋势,与煤矿事故总死亡人数演化规律类似。但瓦斯事故死亡人数占煤矿事故总死亡人数的比例却呈波动式上升。瓦斯问题依旧是制约煤矿安全高效生产的关键因素。为了攻克煤矿瓦斯治理难题,国家科学技术部、国家自然科学基金委等相关部门与企业高度重视,组织实施了国家科技重大专项、国家科技支撑计划、国家自然科学基金等项目,取得了一系列具有国际领先水平的成果,显著改善了煤矿的生产环境,提高了清洁能源的开采效率。

本书高度凝练了作者承担的国家科技重大专项、国家重点研发计划、国家自然科学基金、企业重点科技攻关项目等研究成果,吸收了国内外煤矿瓦斯防治方面的最新研究精髓。本书阐述了瓦斯的赋存及跨尺度多场耦合机制、不同载荷形式下煤岩力学行为等内容。此外,书中还介绍了井上下联合抽采关键技术、煤与瓦斯协调共采评价技术等技术。

本书由邹全乐、程志恒、刘厅、张碧川、孙小岩、马腾飞、梁运培等著,全书共分为8章,第1章为绪论,由邹全乐、马腾飞、许博超编写;第2章为瓦斯跨尺度运移多场耦合机制,由刘厅、苏二磊、刘莹、周小莉编写;第3章为不同荷载形式下煤岩力学行为特征,由程志恒、陈亮、李波、李清森编写;第4章为地面井抽采及固井技术,由梁运培、王智民、王鑫、桑培森编写;第5章为瓦斯抽采钻孔孔周多场演化特征及防偏维稳技术,由孙小岩、江城子、刘涵、甯彦皓编写;第6章为割缝卸压增透机制及瓦斯强化抽采技术,由邹全乐、张天诚、孙繁杰、霍紫煊编写;第7章为采动卸压区域靶向优选瓦斯精准抽采技术,由张碧川、冉启灿、王伟志编写;第8章为煤与瓦斯共采协调度评价及部署优化,由邹全乐、陈子涵、湛金飞、陈春梅编写。

在本书出版之际,首先感谢林柏泉教授、胡千庭教授、齐庆新研究员、伍厚荣高级工程师。四位老师都是我国著名的煤矿灾害防治专家,他们一生致力于煤矿灾害防治和安全专业人才的培养。本书的大部分内容都是在四位老师的指导下完成的。衷心感谢为现场试验提供条件的煤矿企业! 衷心感谢国家科学技术部和国家自然科学基金委给我们提供的研究经费支持!

由于作者的水平与时间有限,书中内容难免有不妥之处,恳请各位专家、学者和广大读者批评指正。

著　者

2023 年 11 月

目 录

第1章 绪 论 ………………………………………………………………… 001
　1.1 煤矿瓦斯抽采背景 ……………………………………………………… 001
　1.2 煤矿瓦斯抽采研究现状 ………………………………………………… 002
　1.3 本书总体思路与主要内容 ……………………………………………… 004

第2章 瓦斯跨尺度运移多场耦合机制 …………………………………… 007
　2.1 煤层瓦斯来源及主要表征参数 ………………………………………… 007
　2.2 煤的孔裂隙结构及吸附解吸特征 ……………………………………… 013
　2.3 多尺度煤体瓦斯扩散动力学机制 ……………………………………… 020
　2.4 含瓦斯煤渗透率动态演化规律 ………………………………………… 030
　2.5 多场耦合理论模型及其现场验证 ……………………………………… 038
　本章小结 …………………………………………………………………… 053

第3章 不同荷载形式下煤岩力学行为特征 ……………………………… 055
　3.1 梯级循环加卸载下煤的力学行为特征 ………………………………… 055
　3.2 重复循环加卸载下煤的力学响应及渗流特征 ………………………… 062
　3.3 围压加卸载下煤的力学行为特征 ……………………………………… 067
　3.4 重复循环加卸载作用下岩石的力学行为特征 ………………………… 076
　3.5 加卸载作用下不同损伤程度煤岩力学及渗流特征 …………………… 088
　本章小结 …………………………………………………………………… 097

第4章 地面井抽采及固井技术 …………………………………………… 099
　4.1 多分支水平井预抽技术及产能预测 …………………………………… 099
　4.2 采动区地面井变形规律及失稳特征 …………………………………… 106
　4.3 采动地面井位置优选及防护措施 ……………………………………… 113
　4.4 有机分散剂改性地面井固井水泥水化特征及力学特性 ……………… 120
　4.5 地面井瓦斯抽采技术应用 ……………………………………………… 139
　本章小结 …………………………………………………………………… 147

第5章 瓦斯抽采钻孔孔周多场演化特征及防偏维稳技术 ……………… 148
　5.1 钻孔偏斜主控因素辨识 ………………………………………………… 148
　5.2 孔周三场演化特征及多因素致斜机制 ………………………………… 153
　5.3 扰动下孔周裂隙演化特征及其对失稳的控制机制 …………………… 165
　5.4 钻孔瓦斯抽采特征及其影响因素 ……………………………………… 173
　5.5 钻孔施工及防偏维稳技术工程应用 …………………………………… 191
　本章小结 …………………………………………………………………… 201

第 6 章　割缝卸压增透机制及瓦斯强化抽采技术 ·· 202

　6.1　割缝煤体力学性能弱化及细观机制 ·· 202

　6.2　射流扰动—地应力耦合下煤松弛机理 ·· 214

　6.3　含瓦斯煤割缝流固耦合特性 ··· 222

　6.4　钻割分封一体化强化瓦斯抽采技术 ·· 232

　6.5　割缝预抽后煤宏—微观特性变化机制 ·· 237

　本章小结 ··· 250

第 7 章　采动卸压区域靶向优选瓦斯精准抽采技术 ······························· 251

　7.1　煤层群开采覆岩应力—位移演化特征 ·· 251

　7.2　煤层群开采覆岩裂隙演化特征 ·· 264

　7.3　采动卸压瓦斯抽采有利区识别 ·· 274

　7.4　采动卸压瓦斯区域靶向抽采方法 ·· 278

　7.5　区域靶向瓦斯精准抽采技术工程应用 ·· 290

　本章小结 ··· 303

第 8 章　煤与瓦斯共采协调度评价及部署优化 ·································· 304

　8.1　煤与瓦斯共采三区特点及衔接机制 ·· 304

　8.2　近距离煤层群煤与瓦斯共采模式 ·· 308

　8.3　远距离煤层群煤与瓦斯共采模式 ·· 312

　8.4　煤与瓦斯共采协调度评价 ·· 315

　8.5　煤与瓦斯协调共采部署优化 ·· 333

　本章小结 ··· 342

参考文献 ··· 344

第 1 章　绪　论

21 世纪以来,气候问题成为制约经济发展、影响人类生存命运的重大挑战。基于此,我国提出了"碳达峰、碳中和"("双碳")目标,"双碳"战略倡导绿色、环保、低碳的生活方式,节约能源和资源,减轻生态环境污染和破坏。这既是我国积极应对气候变化、推动构建人类命运共同体的责任担当,也是我国贯彻新发展理念、推动高质量发展的必然要求。近年来,我国持续推进产业结构和能源结构调整,努力兼顾经济发展和绿色转型同步进行,逐步确立了"坚持以煤炭为主体、电力为中心、油气和新能源全面发展的能源战略"。煤炭作为双碳目标实现的关键能源,在我国能源结构中占有重要主体地位,是保障我国能源安全稳定供应与经济发展的"压舱石",为我国电力等各个行业作出了巨大贡献,有力地推动了我国经济社会的可持续发展。

1.1　煤矿瓦斯抽采背景

近年来,在煤炭资源开采过程中,以煤与瓦斯突出为代表的煤矿井下动力灾害频发,严重制约了煤炭工业的健康发展。煤与瓦斯突出是煤矿生产中遇到的一种极其复杂的矿井瓦斯动力现象,主要表现为:在采掘过程中,突然从煤壁内部向采掘空间喷出大量煤和瓦斯。发生喷出时,煤体被抛出较远距离,抛出煤的破碎程度较高,具有较强的动力效应。对于突出机理目前,国内外大多数学者比较认可综合作用假说,其基本论点是:煤与瓦斯突出是地应力、高压瓦斯、煤体的物理力学性质 3 个因素综合作用的结果。地压破碎煤体是造成突出的首要原因,而瓦斯则起着抛出煤体和搬运煤体的作用,从突出的总能量来说,瓦斯是完成突出的主要能量来源。通过研究可以发现,煤与瓦斯突出的发生机理复杂多变,且其发生的"阈值"始终无法量化,给突出治理带来了巨大的难度和挑战。突出的具体危害主要包括危及井下作业人员生命安全;破坏矿井正常的生产秩序;破坏井下设备和建筑物,如摧毁支架、推倒矿车;诱发其他灾害事故,如瓦斯煤尘爆炸、瓦斯燃烧;严重影响矿井经济效益。可见,发生煤与瓦斯突出事故的危害影响巨大。同时,瓦斯的主要成分是强温室气体甲烷,与其他温室气体不同,甲烷是一种新型的洁净能源和优质的化工原料,高效抽采井下瓦斯不仅具有环境正效益,还能产生一定的经济效益。大量实践证明,瓦斯抽采是煤矿瓦斯灾害防控的有效途径,提高煤矿瓦斯抽采效率既是煤矿安全生产的迫切需求,也是"双碳"目标下推动煤炭行业转型发展的关键动力。

目前,我国煤矿瓦斯抽采工作经过长期不懈的努力,取得了大量的研究成果,但仍面临一系列的困难与挑战。一方面,随着我国煤炭开采向深部延伸,煤层普遍存在地应力大、煤层瓦斯压力和含量高、煤层渗透率低等特点。同时,井下复杂地质环境存在的多种碎软煤层会导致钻进深度浅成孔率低,瓦斯抽采量小、浓度低等问题。煤层开采过程中受"三高一扰动"的影响,覆岩移动、垮落并产生大量裂隙,卸压瓦斯通过裂隙通道汇集,造成上隅角瓦斯超限,给工作空间造成了巨大的安全隐患。因此,准确掌握采掘扰动下瓦斯运移规律,进一步提升矿井瓦斯灾害治理技术及装备水平,强化矿井瓦斯精准抽采技术成为实现我国深部高瓦斯矿井安全高效开采的重要途径。

1.2　煤矿瓦斯抽采研究现状

1.2.1　煤矿瓦斯防治演变历程

我国瓦斯抽采工作及方式经历了较长的演变历程,可划分为 4 个阶段。

1) 瓦斯防治初期

1985 年以前,瓦斯灾害防治管理处于粗放阶段。突出煤层瓦斯防治缺少完善的技术管理办法,基本上是凭经验操作,偶尔进行煤层瓦斯压力测定,以判断突出危险程度,但常常因封孔不严、判断不准,导致瓦斯突出事故频繁发生。

2) 瓦斯防治规范期

1986—2005 年,为瓦斯灾害防治规范化、专业化阶段。该阶段主要由政府监管部门强制引导企业进行规范化管理。1986 年发布的《煤矿安全规程》明确规定开采突出煤层应设置专门机构,负责掌握突出煤层的整体规律。1992 年首次颁布《中华人民共和国矿山安全法》,旨在保障矿山生产安全,防止矿山事故发生,促进采矿业发展。2000 年国家颁布了《煤矿安全监察条例》,明确煤矿生产企业须设置安全生产机构和配备安全人员。2000—2005 年针对瓦斯特别重大事故,国家发布了《中华人民共和国安全生产法》《煤矿瓦斯治理经验五十条》等重要法律法规及相关文件,逐步明确了以"先抽后采、监测监控、以风定产"为基本方针的煤矿瓦斯综合治理模式。

3) 瓦斯防治综合期

2006 年以后,为瓦斯灾害治理综合管理阶段。该阶段全国范围内煤矿企业开始遵循"以抽定产、以风定产、技术突破、装备升级、管理创新、全面提高"的瓦斯治理原则,并开展瓦斯治理工作。2006—2013 年瓦斯特别重大事故总数及造成死亡人数较前一阶段有所减少,但仍有发生。2011 年国家颁布了《煤矿瓦斯抽采达标暂行规定》,要求高瓦斯、突出矿井配备地面瓦斯抽采系统。各矿井对瓦斯灾害的管理逐渐实现标准化、体系化,建立了适合矿井自身条件的抽采达标体系,更加注重瓦斯灾害防治的过程管理,在瓦斯抽采硬件、人员、设计、资料、施工过程及检验方面实现全过程的记录、存档,达到可追溯的目的,逐步形成精细化的瓦斯灾害治理。

4) 智能抽采发展期

近年来,随着物联网、大数据、云计算、工业互联网、人工智能等新一代信息技术蓬勃发展,智能瓦斯抽采对瓦斯地质、钻孔施工、抽采设备工况等瓦斯抽采相关信息的获取和应用达到了较高层次,将矿山物联网、工业互联网、大数据与瓦斯抽采技术深度融合,赋予了瓦斯抽采设备精准感知、自动控制的能力。在没有人员干预的情况下,能够适应复杂多变的煤矿条件和作业环境,并找出最优的方案和途径,完成瓦斯抽采整个过程的自主作业。智能瓦斯抽采技术体系,主要包含功能和技术 2 个维度。功能维度煤矿瓦斯抽采涉及钻孔设计、钻孔施工、煤层增透、封孔接抽、抽采监测、抽采达标评判、运维管理等多个环节,智能瓦斯抽采技术装备的智能化功能应涵盖以上所有环节,以实现瓦斯抽采全过程智能化。技术维度包含单机智能、机组智能和集成智能 3 个层次,反映了智能瓦斯抽采技术从单点智能向全面化、系统化、体系化的进阶。单机智能是以单机设备作为最小智能化单元,通过自感知、自分析,提升单机装备的运行效率、性能和适应能力,使其在少人干预甚至无人干预的条件下自主完成预定功能。机组智能是在单机智能基础上,将业务上需要相互配合的多个智能设备集成控制、协同工作,并能够完成较为复杂的作业任务。通过以上的智能抽采技术,可以实现在采掘过程中,对工作面瓦斯监测数据进行自动分析,根据工作面瓦斯涌出变化特征,动态反演工作面前方煤层瓦斯含量或压力,对瓦斯抽采达标进行动态验证。通过"预判—评判—验证"多层递进分析,确保瓦斯抽采达标评判准确可靠。

1.2.2 煤矿瓦斯抽采方法分类

近年来,随着我国煤矿开采强度的增加,井下瓦斯涌出量呈大幅增加趋势,瓦斯治理工作也经历了较长时间的优化并发展形成了种类较多的瓦斯抽采方法。我国目前常规瓦斯抽采方法可以从时间、空间、抽采位置、抽采方式、卸压空间等 5 个方面进行划分。

1)时间

从时间角度划分,综合瓦斯抽采包括采前抽采、采中抽采和采后抽采。对于高瓦斯煤层,采前抽采主要为了降低煤层可解吸瓦斯含量,在开采过程中减少煤层瓦斯涌出量,提高瓦斯抽采量,实现工作面的高效生产;而对于突出煤层,采前抽采的主要目的是消除煤层突出危险性,为煤层的采掘作业做准备。采中抽采的目的是保证工作面开采过程安全,抽采对象包括本煤层抽采、邻近层抽采和采空区抽采,通过抽采瓦斯,降低工作面瓦斯涌出量,控制上隅角瓦斯浓度,确保工作面安全开采。采后抽采是对采空区及顶底板裂隙内的瓦斯进行抽采,提高矿井瓦斯抽采率,封闭后的采空区瓦斯浓度较高,抽出的高浓度瓦斯作为能源可以利用,同时可以减少风排瓦斯量,保护环境。

2)空间

从空间角度划分,瓦斯抽采包括井下瓦斯抽采和地面井瓦斯抽采。井下瓦斯抽采是指在井下采取措施对煤层、采空区进行的瓦斯抽采,包括钻孔抽采、巷道抽采和埋管抽采。地面井抽采是指从地面直接向煤层施工大直径钻孔进行瓦斯抽采,该方法可与井下采掘活动同时进行,也可以提前进行,互不干扰,瓦斯抽采不受井下其他工程的影响,有助于瓦斯的提前抽采,在一定程度上可缓解抽掘采接替紧张问题。

3)抽采位置

从抽采位置划分,包括本煤层抽采、邻近层抽采和采空区抽采。本煤层抽采的目的是消除煤层突出危险性和降低开采过程中瓦斯的涌出,主要通过钻孔进行瓦斯抽采。对邻近层进行瓦斯抽采有两类情况:一类邻近层为矿井主采煤层,采用保护层开采技术,对邻近层进行卸压抽采,消除邻近层突出危险性,同时有效控制邻近层瓦斯向开采层的涌入。第二类情况是邻近层为不可采高瓦斯煤层或煤层群,对这类邻近煤层进行瓦斯抽采的目的主要是控制邻近层瓦斯向开采工作面的涌入,降低开采工作面的瓦斯涌出量,主要通过穿层钻孔、顶板高抽巷和地面钻井等方式对邻近层进行瓦斯抽采。采空区瓦斯抽采包括采中采空区瓦斯抽采和采后采空区瓦斯抽采,采中采空区瓦斯抽采主要是为了降低采空区瓦斯向开采工作面的涌入,主要方式为采区埋管瓦斯抽采;采后采空区瓦斯抽采主要是为提高矿井瓦斯抽采率,将瓦斯作为资源进行利用,其方法主要是密闭埋管抽采、穿层钻孔抽采和地面钻井抽采。

4）抽采方式

从抽采方式划分,包括钻孔抽采、巷道抽采和埋管抽采。钻孔抽采的类型较多,可分为顺层钻孔抽采和穿层钻孔抽采;还可分为普通钻孔抽采和羽状钻孔抽采;也可分为上向钻孔抽采和下向钻孔抽采。

5）卸压空间

从煤层卸压空间来分,主要包括卸压瓦斯抽采和原始煤层强化瓦斯抽采。卸压瓦斯抽采是指通过保护层开采使被保护层获得卸压效果,并对被保护层进行卸压瓦斯抽采的措施;原始煤层强化瓦斯抽采是指针对低透煤层采用各种类型的增渗措施增加煤层渗透率,实现瓦斯的高效抽采。

对于特定矿井和煤层而言,应结合煤层地质、瓦斯赋存等条件,通过方案论证,择优选定几种抽采方法进行有机组合对煤层进行综合瓦斯抽采,使得抽采效果满足工作面采前、采中、采后各时间段的抽采要求,最终确保工作面的安全采掘,实现高瓦斯突出矿井的安全生产。

1.3 本书总体思路与主要内容

1.3.1 总体思路

煤与瓦斯共采是实现深部煤气资源安全高效开发的重要途径,高效钻进、有效增透及精准抽采是共采优势路径实现的保障,而多场扰动作用下煤岩力学及渗流特性、瓦斯解吸运移特征是实现高效钻进、有效增透及精准抽采的基础。为了突破卸压瓦斯抽采钻孔终孔定位依据单一化、瓦斯抽采靶点优选粗略化以致瓦斯抽采低效化的理论与技术瓶颈,本书针对瓦斯抽采跨尺度运移多场耦合机制、不同荷载形式下煤岩力学行为特征、地面井抽采及固井技术、瓦斯抽采钻孔孔周多场演化特征及防偏维稳技术、割缝卸压增透机制及瓦斯强化抽采技术、采动卸压区域靶向优选瓦斯精准抽采技术、煤与瓦斯协调共采评价共 7 个方面开展了试验探究、技术研发及装备研制,研究成果推动了煤与瓦斯共采理论创新、技术进步及装备革新,为实现我国煤矿瓦斯高效、精准抽采提供了一定帮助。本书总体思路如图 1.1 所示。

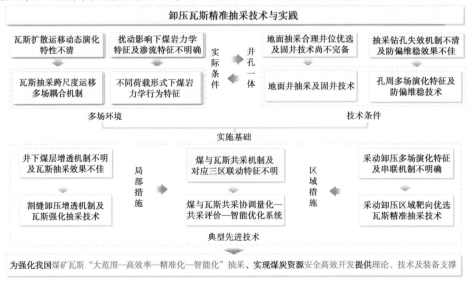

图 1.1 本书总体思路

1.3.2　主要内容

本书针对瓦斯跨尺度运移多场耦合机制、不同荷载形式下煤岩力学行为特征、地面井抽采及固井技术、瓦斯抽采钻孔孔周多场演化特征及防偏维稳技术、割缝卸压增透机制及瓦斯强化抽采技术、采动卸压区域靶向优选瓦斯精准抽采技术、煤与瓦斯共采协调度评价及部署优化 7 个方面开展试验探究、技术研发及装备研制,主要内容包括:

煤矿瓦斯抽采会诱发煤层多个物理场之间多尺度复杂相互作用,揭示煤矿瓦斯抽采跨尺度运移多场耦合机制对阐明瓦斯抽采原理,进而强化瓦斯抽采效果具有重要的科学意义和工程价值。本书第 2 章从煤的孔隙裂隙结构特性、瓦斯吸附解吸特征、瓦斯扩散动力特征、煤层渗透率演化特征等 4 个方面揭示了瓦斯抽采跨尺度运移多场耦合机制,阐明了多场耦合理论在原位煤层和卸压煤层瓦斯抽采中的应用,为揭示多场卸压瓦斯渗流特征与井下瓦斯强化抽采技术的研发提供了坚实的理论支撑。

另一方面,在煤炭开采过程中,煤岩会受到包括采掘扰动、顶板断裂、断层滑移等形式在内的多种类型扰动,在实验室条件下可将这种扰动看作不同形式的载荷。荷载形式对煤岩力学及渗透特性会产生较大影响,并具有广泛的工程应用基础,具体体现在不同加卸载路径、煤岩峰前及峰后受载状态、侧向应力水平对煤岩力学及渗透特性等的影响。因此,第 3 章重点阐述梯级和重复循环加卸载下煤岩力学行为特征、围压加卸载作用下煤岩力学行为特征、加卸载作用下不同损伤程度煤岩力学及渗流特征 3 个方面,由简单载荷形式到复杂载荷形式,逐级逐步探究不同荷载形式下煤岩力学行为特征,为揭示扰动作用下煤岩变形机理与瓦斯渗流机制提供理论基础。

地面井抽采技术是区域瓦斯抽采的重要方法,在国内外众多矿区得到了广泛应用,并取得了良好的治理效果。本书第 4 章借助相似模拟、理论推导与数值模拟、现场观测等手段,分别针对多分支水平防突地面井预抽技术及产能预测、采动区垂直井井身变形规律与失稳特性、采动区地面井井位优选与防护及固井改性水泥水化特性 4 个方面开展了相关研究,为井上瓦斯抽采提供了理论与技术基础。

瓦斯抽采钻孔在钻进过程中会穿过不同的地层,钻进方向会导致孔周岩体处于不同的受力状态,导致孔周多场响应的不同,而成孔后钻孔所处条件及其稳定性会对瓦斯抽采效果产生显著影响。本书第 5 章通过理论分析、数值模拟、物理实验和现场验证的研究方法,从钻孔偏斜主控因素辨识、孔周三场演化特征及多因素致斜机制、扰动下孔周裂隙演化特征及其对失稳的控制机制、钻孔瓦斯抽采特征与其影响因素及长钻孔施工及防偏维稳技术工程应用 5 个方面开展了相关研究,为局部瓦斯强化抽采提供了技术支撑。

在煤矿瓦斯抽采过程中,往往会遇到低透气性煤层瓦斯难解吸、难扩散、难抽采的问题,水力割缝技术作为提高煤层瓦斯抽采率的关键技术之一,其卸压增透作用机理对局部瓦斯强化抽采具有重要意义,为了探究低透煤割缝弱化松弛机理及流固耦合特性,揭示水力割缝技术在煤矿井下瓦斯强化抽采中的应用效果,本书第 6 章围绕低透煤体割缝力学性能弱化及细观机制、射流冲击—地应力耦合作用下煤岩松弛机理、含瓦斯煤割缝流固耦合特性和割缝预抽后煤的宏—微观参数变化机制 4 个方面开展了研究,为瓦斯强化抽采提供了理论与技术基础。

目前,我国深部高突煤层受采动影响普遍存在地应力大、煤层瓦斯压力和含量较大等特点,为突破卸压瓦斯抽采粗略化的技术瓶颈,且实现煤矿井下瓦斯区域精准抽采,本书第 7 章基于高瓦斯、低渗透性煤层群赋存特征,综合采用理论分析、实验室相似模拟、数值分析和现场实测等研究手段,获得了卸压开采后采动应力场、裂隙场与渗流场的时空变化规律,并基于"应力—裂隙—渗流"三场演化规律,提出了裂隙带卸压瓦斯抽采三场串联映射区域靶向联合优选技术体系,为夯实深部卸压瓦斯高效抽采提供了理论及技术借鉴。

传统的井上下抽采技术受采掘接替抽采时间等因素的约束,面临时空衔接不畅的难题,整体较为单一化。对此,本书第 8 章提出了近距离煤层群孔群覆盖—协同抽采与远距离煤层群强化增透—递进抽采的共采模式。并在煤与瓦斯共采作业模式的基础上,提出了煤炭和瓦斯耦合协调共采理念,并利用贝叶斯原理建立了相应的评价模型。基于此,建立了煤与瓦斯协调共采部署的目标函数,并通过布谷鸟智能优化算法优选了瓦斯高效抽采技术体系,推进了深部煤岩煤与瓦斯共采理论的创新。

第 2 章　瓦斯跨尺度运移多场耦合机制

煤矿瓦斯抽采会诱发煤层多个物理场之间的相互作用,在微观尺度上影响煤层瓦斯吸附解吸过程,而在宏细观尺度上影响煤体变形、孔隙率和渗透率等。这一相互影响的复杂响应过程称为多物理场耦合过程,其中单个物理场的变化也会影响其他物理场的变化。因此,揭示煤矿瓦斯跨尺度运移多场耦合机制对阐明瓦斯抽采原理,进而改善瓦斯抽采效果具有重要的科学意义和工程价值。本章以煤层瓦斯来源为基点,从煤的孔隙裂隙结构特性、瓦斯吸附解吸特征、瓦斯扩散动力特征、煤层渗透率演化特征等方面揭示了瓦斯跨尺度运移多场耦合机制,阐明了多场耦合理论在原位煤层和卸压煤层瓦斯抽采中的应用。

2.1　煤层瓦斯来源及主要表征参数

瓦斯是煤的伴生物,明确煤层瓦斯来源是研究煤矿瓦斯灾害发生机理及防治技术的基础。本节从煤层瓦斯生成、煤层瓦斯基本属性、煤层瓦斯赋存和煤层瓦斯主要参数等 4 个方面阐述了煤层瓦斯来源及其主要表征参数。

2.1.1　煤层瓦斯的生成

煤的原始母质沉积以后经历了两个成气时期:从泥炭到褐煤的生物化学成气时期和在地层高温高压作用下从烟煤直到无烟煤的变质作用成气时期。按主要成因特点,可将煤层瓦斯分别称为生物成因气和热成因气。

1)生物化学成煤时期瓦斯的生成

生物成因气是有机质在微生物降解作用下的产物,在温度不超过 65 ℃的条件下,成煤原始物质经厌氧微生物分解生成瓦斯。该过程用纤维素的化学反应式表示:

$$4C_6H_{10}O_5 \longrightarrow 7CH_4\uparrow+8CO_2\uparrow+3H_2O+C_9H_6O$$

$$或\ 2C_6H_{10}O_5 \longrightarrow CH_4\uparrow+2CO_2\uparrow+5H_2O+C_9H_6O$$

该阶段,成煤物质生成的泥炭层埋深浅,随着泥炭层的下沉,上覆盖层越来越厚,成煤物质中所受的温度和压力也随之增高,生物化学作用逐渐减弱直至结束。在较高的压力与温度作用下泥炭转化成褐煤,并逐渐进入变质作用阶段。

2)煤化变质作用时期瓦斯的生成

随着褐煤层埋深的增加,压力和温度作用加剧,进入变质作用成气阶段。在煤化变质作用初期,煤中有机质基本结构单元主要是带有羟基、甲基、羧基、醚基等侧链和官能团的缩合稠环芳烃体系,煤中的碳元素则主要集中在稠环中。随着地层下降,压力及温度的增大与升高,侧链和官能团不断断裂与脱落,生成 CO_2、CH_4、H_2O 等挥发性气体,如图 2.1 所示。

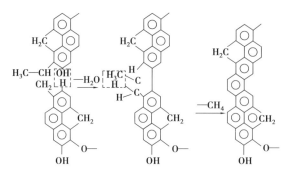

图 2.1　煤化作用含碳量(83%~92%)成气反应示意

变质作用过程中有机质分解、脱出甲基侧链和含氧官能团而生成 CO_2、CH_4 和 H_2O 是煤成气形成的基本反应,可用以下反应式来表达不同煤化阶段的成气反应:

$$4C_{16}H_{18}O_5 \longrightarrow \underset{褐煤}{C_{57}H_{56}O_{10}} +3CH_4 +4CO_2 +2H_2O$$
$$\underset{褐煤}{C_{57}H_{56}O_{10}} \longrightarrow \underset{烟煤}{C_{54}H_{42}O_5} +2CH_4 +CO_2 +3H_2O$$
$$\underset{烟煤}{C_{15}H_{14}O} \longrightarrow \underset{无烟煤}{C_{13}H_4} +2CH_4 +H_2O$$

随着变质作用的加剧,基本结构单元中缩聚芳核的数量不断增加,到无烟煤时,主要由缩聚芳核组成。不同变质作用阶段的气体生成特征如图 2.2 所示。由图 2.2 可知,由褐煤开始的热成因 CH_4 的生成是一个连续相,而重烃的生成则是一个不连续相。

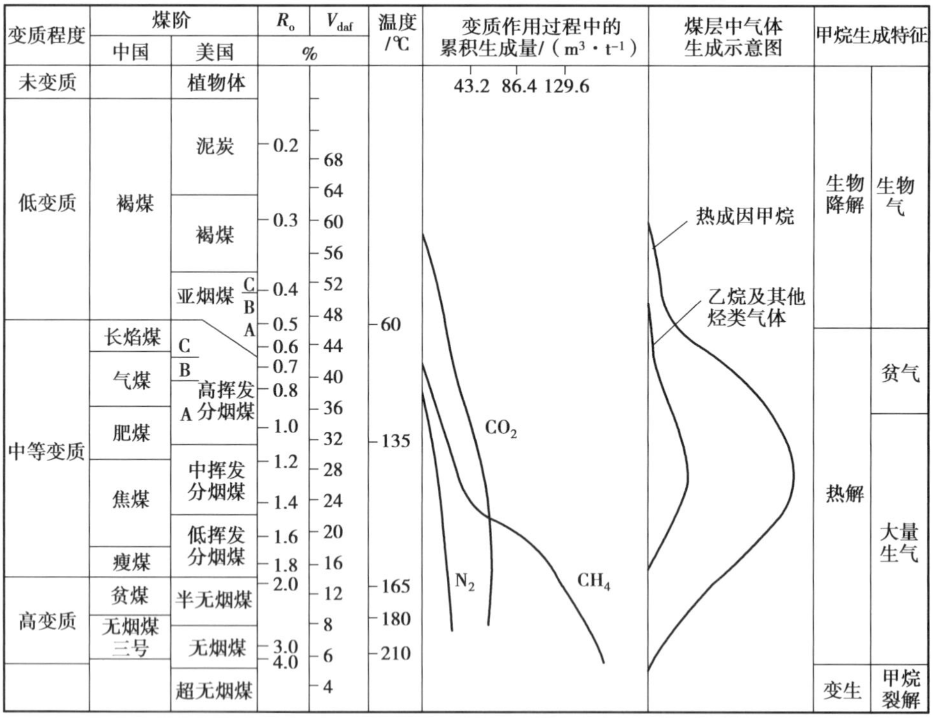

变质程度	煤阶		R_o	V_{daf}	温度 /℃	变质作用过程中的累积生成量/(m³·t⁻¹)	煤层中气体生成示意图	甲烷生成特征	
	中国	美国	%	%		43.2　86.4　129.6			
未变质		植物体						生物降解	生物气
低变质	褐煤	泥炭	0.2	68 64			热成因甲烷		
		褐煤	0.3	60 56			乙烷及其他烃类气体		
		亚烟煤 C B A	0.4	52 48					
中等变质	长焰煤	C B 高挥发A分烟煤	0.5 0.6 0.7 0.8	44 40	60	CO_2		热解	贫气
	气煤		1.0	36 32	135				
	肥煤	中挥发分烟煤	1.2	28					大量生气
	焦煤	低挥发分烟煤	1.4 1.6	24 20					
	瘦煤		1.8	16		N_2 　CH_4			
高变质	贫煤	半无烟煤	2.0	12 8	165 180				
	无烟煤三号	无烟煤	3.0 4.0	6	210			变生	甲烷裂解
		超无烟煤		4					

图 2.2　变质作用阶段及气体生成

3)瓦斯生成的影响因素

(1)煤岩组分

煤岩组分是影响瓦斯组成的首要因素。煤岩显微组分可分成镜质组、惰质组和壳质组。

实际资料证实,煤岩组分与瓦斯吸附量之间存在着十分清晰的依附关系。如图 2.3 所示,相关研究表明:随镜质组反射率 $R_{o,max}$ 增高,干煤样的朗缪尔体积呈波状演化。

(2)变质作用的程度及其变质分带

在变质作用过程中,变质作用的程度越高,累积产生的瓦斯量就越多。主要原因是:随着变质程度的加剧,煤的气体渗透率下降,储气能力提高,沿煤层向地表运移能力减弱。煤变质程度越高,煤中微孔隙和超微孔隙越多,煤的吸附能力增强,如图 2.4 所示。

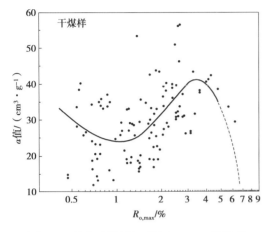

图 2.3　最大吸附量(a 值)与 $R_{o,max}$ 的关系

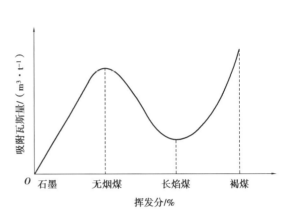

图 2.4　不同煤级煤对瓦斯的吸附能力

2.1.2　煤层瓦斯属性及其赋存

1)瓦斯的基本属性

瓦斯分子的大小为 0.32 ~ 0.55 nm,甲烷分子的偏心度最小(只有 0.008),分子平均自由程约为其分子平均直径的 200 倍,其分子量由组成瓦斯的各种分子的百分数累加而成。瓦斯在地下的密度随分子量和压力的增大而增大,随温度的升高而减小。瓦斯的黏度很小,在地表常压、20 ℃时,甲烷的动力黏度为 1.08×10^{-5} MPa·s。瓦斯的黏度与气体的组成、温度、压力等条件有关,在正常压力下黏度随温度的升高而变

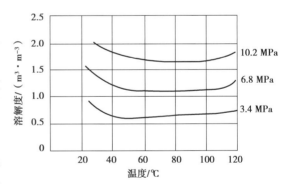

图 2.5　甲烷在水中的溶解度与温度的关系

大。在较高压力下,瓦斯的黏度随压力增加而增大,随温度的升高而减小,随分子量的增大而增大。瓦斯能不同程度地溶解于煤储层的地下水中,不同的气体溶解度差别很大。温度对甲烷溶解度的影响较复杂,温度低于 80 ℃时,随着温度的升高,溶解度降低;温度高于 80 ℃时,溶解度随温度升高而增加,如图 2.5 所示。甲烷溶解度随压力的增加而增加,低压时呈线性关系,高压时(>10 MPa)呈曲线关系,如图 2.6 所示;甲烷溶解度随着水矿化度的增加而减少,所以在高温高压的地下水中溶解气明显增加。

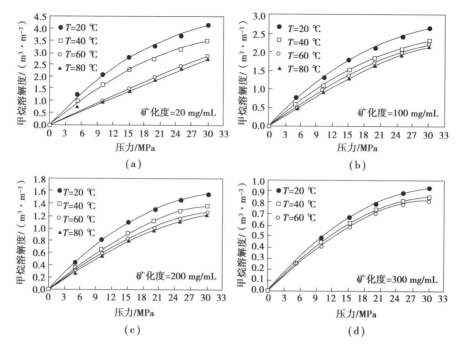

图2.6　不同温度、不同矿化度条件下的甲烷溶解度与压力的关系

2）煤层瓦斯的赋存

（1）煤层瓦斯赋存状态

瓦斯在煤层中主要以吸附态和游离态赋存，如图2.7所示。影响瓦斯赋存的主要因素有：煤层储气条件、区域地质构造、采矿活动等。煤层储气条件对煤层瓦斯赋存及含量具有重要作用。这些储气条件主要包括煤层的埋藏深度、煤层和围岩的透气性、煤层倾角、煤层露头以及煤的变质程度等。地质构造是影响煤层瓦斯赋存及含量的重要条件之一，地质构造对瓦斯保存和运移起着重要作用。目前的研究认为，封闭型地质构造有利于封

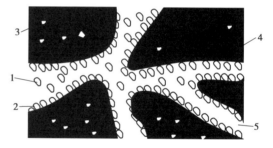

图2.7　瓦斯在煤层中的赋存状态
1—游离瓦斯；2—吸附瓦斯；
3—吸收瓦斯；4—煤体；5—孔隙

存瓦斯，开放型地质构造有利于瓦斯排放。煤矿井下采矿活动会使煤层所受应力重新分布，造成次生透气性结构；同时，矿山压力可以使煤体透气性增高或降低，其表现为在卸压区内透气性增高，在集中应力带内透气性降低。这种情况会引起煤层瓦斯赋存状态发生变化，具体表现为在采掘空间中瓦斯涌出量忽大忽小；如开采上、下保护层时，在保护范围内，由于煤（岩）体透气性的增大，使煤体中的瓦斯大量释放。

（2）煤层瓦斯垂向分带

一般将煤层由露头自上向下分为4个带：CO_2—N_2 带、N_2 带、N_2—CH_4 带、CH_4 带，其中前3个带总称为瓦斯风化带。瓦斯风化带内煤层的瓦斯含量和涌出量随着埋藏深度的增加而有规律地增大，所以确定瓦斯风化带深度具有重要的现实意义。

煤层瓦斯垂向分带如图2.8所示。

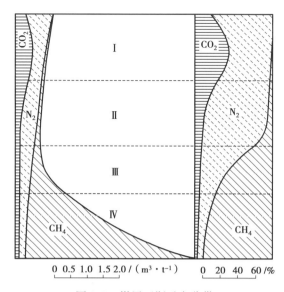

图 2.8　煤层瓦斯垂向分带

I—CO_2—N_2 带；II—N_2 带；III—N_2—CH_4 带；IV—CH_4 带

2.1.3　煤层瓦斯主要参数

1）瓦斯压力

煤层瓦斯压力指煤层孔隙内气体分子自由运动撞击孔隙壁而产生的作用力。煤层瓦斯压力一般有两种：一种是煤层原始瓦斯压力，另一种是煤层残余瓦斯压力。由前文可知，赋存在煤层中的瓦斯表现垂向分带特征，一般可分为瓦斯风化带与甲烷带。风化带内的瓦斯含量和瓦斯压力都较小，风化带下部边界条件中瓦斯压力为 $p = 0.15 \sim 0.2$ MPa；甲烷带内，煤层瓦斯压力随深度的增加而增大。煤层瓦斯压力与煤层所处位置承受的地应力的大小有关。一般情况下，浅部由于构造应力小，且受瓦斯风化带的影响，其瓦斯压力往往小于或近似于静水压力，$p = 0.01H$；而在矿井深部，由于地应力（其中包括自重应力、构造应力和温度应力）随垂深呈线性增加，瓦斯压力可以超过静水压力，p 值可达 $(0.013 \sim 0.015)H$，且在个别构造应力和开采集中应力很高的地带，瓦斯压力可以达到更高值。瓦斯压力的分布不仅决定了煤层中的瓦斯流场，而且决定着发生瓦斯突出的可能性。图 2.9 是巷道前方煤体中瓦斯压力分布的示意图，在巷道揭开煤层引起瓦斯流动后，当暴露时间为 t_1 时，瓦斯流动场长度为 l_1，t_2 时为 l_2，t_3 时为 l_3；随着煤壁暴露时间 t 的不断增加，瓦斯流动范围不断扩大，工作面附近瓦斯压力下降变缓。就发生瓦斯突出的角度而言，最危险的时间是在 $t \to 0$ 时，即在爆破见煤的瞬时，由于瓦斯压力梯度最大，故而此时最容易发生瓦斯突出，这就是石门揭穿煤层和煤巷震动爆破时，最容易发生突出的重要原因。

煤层瓦斯压力井下直接测定法测定原理

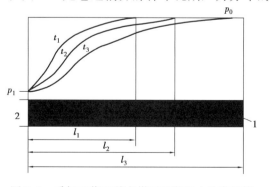

图 2.9　采场工作面前方煤层瓦斯压力分布规律

1—煤层；2—巷道；p_0—原始瓦斯压力；

p_1—巷道大气压力

是通过钻孔揭露煤层,安设测定仪表并密封钻孔,利用煤层中瓦斯的自然渗透原理测定在钻孔揭露处达到平衡的瓦斯压力。按测压时是否向测压钻孔内注入补偿气体,测定方法可分为主动测压法和被动测压法。主动测压法是在钻孔预设测定装置和仪表并完成密封后,通过预设装置向钻孔揭露煤层处或测压气室充入一定压力的气体,从而缩短瓦斯压力平衡所需时间,进而缩短测压时间的一种测压方法。被动测压法是测压钻孔被密封后,利用被测煤层瓦斯向钻孔揭露煤层处或测压气室的自然渗透作用,进而测定煤层瓦斯压力的方法。井下直接测定法主要有填料封孔法、注浆封孔测压法等。

2）瓦斯含量

煤层瓦斯含量指单位质量煤体中所含有的瓦斯体积,可分为原始瓦斯含量和残余瓦斯含量。煤的瓦斯含量主要取决于煤对瓦斯的吸附能力、瓦斯压力和温度等条件。煤的瓦斯吸附量与温度、瓦斯压力的关系如图 2.10 所示,由图 2.10 可知,瓦斯吸附量随着瓦斯压力的增大而增大,随着温度的升高而降低。

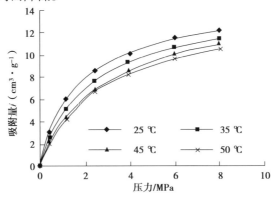

图 2.10　瓦斯含量和温度及压力的关系

一般情况下,煤的游离瓦斯含量是按气体状态方程(马略特定律)进行计算,即:

$$x_y = \frac{V_p T_0}{T_{p0} \xi} \tag{2.1}$$

式中　x_y——煤的游离瓦斯含量,m^3/t;

　　　V——单位质量煤的孔隙体积,m^3/t;

　　　p——瓦斯压力,MPa;

　　　T_0,p_0——标准状态下的绝对温度(273 K)与压力(101.325 kPa);

　　　T——瓦斯的绝对温度,K;

　　　ξ——瓦斯的压缩系数(以甲烷的压缩系数代替)。

一般情况下煤的吸附瓦斯含量按朗格缪尔方程计算,计算中同时应考虑煤中水分、可燃物百分数以及温度的影响。因此,煤的吸附瓦斯量为:

$$x_x = \frac{abp}{1+bp} e^{n(t_0-t)} \cdot \frac{1}{1+0.31W} \cdot \frac{100-A-W}{100} \tag{2.2}$$

式中　x_x——煤的吸附瓦斯含量,m^3/t;

　　　t_0——实验室测定煤吸附常数时的实验温度,℃;

　　　t——煤层温度,℃;

　　　n——经验系数,一般情况下可按 $n = \dfrac{0.02}{0.993+0.07p}$ 确定;

p——煤层瓦斯压力,MPa;

a——煤的吸附常数,m^3/t;

b——煤的吸附常数,MPa^{-1};

A,W——煤中灰分与水分,%。

煤的瓦斯含量等于游离瓦斯含量与吸附瓦斯含量之和,故而有:

$$x = x_x + x_y = \frac{V_p T_0}{T_{p0} \xi} + \frac{abp}{1+bp} e^{n(t_0-t)} \cdot \frac{1}{1+0.31W} \cdot \frac{100-A-W}{100} \tag{2.3}$$

式中　x——煤的瓦斯含量,m^3/t。

图 2.11 为煤的吸附瓦斯量和游离瓦斯量以及总瓦斯量之间的关系,由图 2.11 可知:瓦斯压力较低时,吸附瓦斯量占绝大部分,随着瓦斯压力的增大,吸附瓦斯量渐趋饱和,而游离瓦斯量所占的比例逐渐增大。

目前,我国煤层瓦斯含量的测试方法主要有两种,根据测试原理不同,分为间接法和直接法。间接法测定煤层瓦斯含量是建立在煤吸附瓦斯理论基础上的,这里的煤层原始瓦斯含量也就是吸附和游离 2 种状态下瓦斯量的总和。利用间接方法测定煤层原始瓦斯含量,首先需要在井下实测

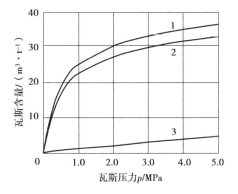

图 2.11　煤层瓦斯含量和瓦斯压力关系曲线
1—总瓦斯量;2—吸附瓦斯量;3—游离瓦斯量

煤矿瓦斯动力灾害及其治理或用已知规律和相关数据推算得出煤层原始瓦斯压力,并在井下采取新鲜煤样后送实验室测定煤的孔隙率、吸附常数值(a、b 值)、煤的工业分析等参数,然后再根据朗缪尔方程计算出煤层瓦斯含量。直接法的测试流程为在现场选取合适的瓦斯含量测定地点,通过钻孔将煤样从煤层深部取出,及时装入煤样罐中密封起来,现场测试 2 h 瓦斯解吸量,根据煤样瓦斯解吸规律,选取合理的经验公式推算煤样装入煤样密封罐之前的瓦斯损失量,然后把煤样罐带回实验室进行残存瓦斯含量的测定;瓦斯损失量、瓦斯解吸量和残存瓦斯量之和就是煤层瓦斯含量。

2.2　煤的孔裂隙结构及吸附解吸特征

作为一种双重孔隙介质,煤的内部包含大量复杂的孔—裂隙结构,这些结构对储层内部流体的吸附解吸、扩散和流动有着重要影响。可以采用多种手段对煤样的孔—裂隙结构进行综合表征,以揭示煤体的多尺度结构特征及其对流体运移的控制机理。

2.2.1　煤的物理力学特性

煤的力学性质是影响其变形以及失稳破坏的重要参数。本次测试煤样来自平煤八矿(PMBK)、甘肃砚北煤矿(GSYB)、贵州林华煤矿(GZLH)、淮北袁庄煤矿(HBYZ)以及陕西红柳煤矿(SXHL)。表 2.1 为不同煤样的工业分析及镜质组反射率测试结果。

表 2.1　煤样工业分析及镜质组反射率测试结果

煤样编号	水分 $/M_{ad}$	灰分 $/A_d$	挥发分 $/V_{daf}$	固定碳 $/FC_d$	平均最大镜质组反射率 $/R_{o,max}\%$
PMBK	1.16	9.37	24.60	68.33	1.22
GSYB	2.51	9.70	38.54	55.49	0.58
GZLH	2.41	11.04	5.81	83.79	2.196
HBYZ	2.58	9.16	36.75	57.46	0.84
SXHL	8.68	10.60	35.36	57.79	0.54

图 2.12(a)为不同煤样的单轴抗压强度。PMBK 煤样的平均抗压强度较低,SXHL 煤样的平均抗压强度最大。从各煤样抗压强度的标准差可以看出:PMBK 和 GSYB 煤样的离散性较小,而 GZLH、HBYZ 以及 SXHL 煤样的离散性较大。图 2.12(b)为不同煤样的弹性模量。可以看出 PMBK 煤样的平均弹性模量最小,HBYZ 煤样的平均弹性模量最大。总体上各煤样弹性模量之间的标准差为 0.20 ~ 0.36 GPa,差别较小。图 2.12(c)为不同煤样的泊松比测试结果。可以看出 PMBK 煤样的平均泊松比最大,HBYZ 煤样的泊松比平均值最小。整体上各煤样泊松比的标准差为 0.04 ~ 0.07,差异不明显。为了研究煤体裂隙对其力学特性的影响机制,进一步测试了不同煤样的纵波波速,结果如图 2.12(d)所示。总体上煤样的纵波波速集中在 0.5 ~ 2.0 km/s,不同煤样间波速差别较大。5 种煤样中,GZLH 煤样的平均波速最低,为 0.969 km/s,随后依次为 PMBK 煤样(1.060 km/s)、SXHL 煤样(1.329 km/s)和 GSYB 煤样(1.385 km/s),HBYZ 煤样的平均波速最高,为 1.450 km/s。

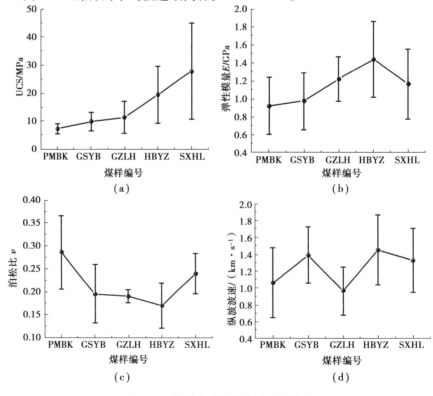

图 2.12　煤样力学特性实验测试结果

为了揭示裂隙结构对煤体力学特性的影响规律,进一步分析煤样力学参数与其纵波波速间的关联关系,结果如图 2.13 所示。随着波速的增大,煤体的单轴抗压强度和弹性模量均呈增大趋势,泊松比呈降低趋势。

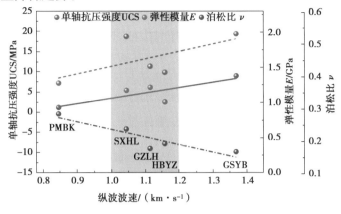

图 2.13　波速与煤体力学性质的关系

2.2.2　煤的孔裂隙结构多尺度特征

1)煤的孔裂隙结构表征方法

目前,常用表征煤体孔隙结构的方法可根据其测试原理分为定性测试方法和定量测试方法。定性测试方法主要包括光学显微镜法、环境扫描电子显微镜法、场发射透射电子显微镜法等;定量测试方法主要包括压汞法、液氮吸附法、X 射线小角散射/中子小角散射等。

2)基于核磁共振的煤样孔隙结构定量表征

(1)核磁共振测试原理

低场核磁共振技术是指流体的 ^1H 原子核在较低磁场作用下,其自旋磁矩发生改变,而当外部磁场撤销后,原子核的自旋磁矩逐渐恢复并产生可测量的信号,如图 2.14 所示。

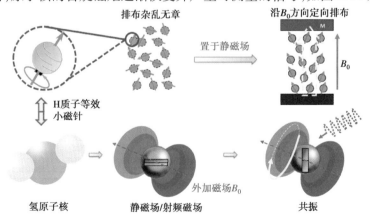

图 2.14　核磁共振基本原理示意图

(2)煤样核磁共振 T_2 谱分布

图 2.15(a)为 GZLH 煤样的孔隙 T_2 分布。该煤样的孔隙呈双峰型分布,第一个峰 P_1 主要分布在 $0.01 \sim 1$ ms,部分位于 $1 \sim 10$ ms,第二个峰 P_2 主要分布在 100 ms 左右,显然 P_1 峰明显高于 P_2 峰。结合图 2.15(f)的统计结果可以看出,GZLH 煤样内部孔隙主要以孔径小于

100 nm 的吸附孔为主,渗流孔占比很小。图 2.15(b)为 HBYZ 煤样的孔隙 T_2 分布。该煤样的孔隙呈三峰型分布,从图中看出第一个峰 P_1 主要位于 0.01 ~ 1 ms,主要为孔径小于 10 nm 的微孔,第二个峰 P_2 和第三个峰 P_3 分别位于 10 ms 和 100 ms 左右,显然 P_1 峰高于 P_2 和 P_3 峰。结合图 2.15(f)可以看出 HBYZ 煤样主要以吸附孔为主,渗流孔较少。图 2.15(c)为 GSYB 煤样的孔隙 T_2 分布。该煤样孔隙呈三峰型分布,但第二个峰与第三个峰之间分界不明显。第一个峰 P_1 主要位于 0.01 ~ 1 ms,部分落于 1 ~ 10 ms,第二个峰 P_2 和第二个峰 P_3 分别位于 10 ms 和 100 ms 左右。结合图 2.15(f)可以看出 GSYB 煤样吸附孔占比略高于渗流孔。图 2.15(d)为 SXHL 煤样的孔隙 T_2 分布。该煤样呈双峰型分布,但与 GZLH 煤样不同的是 P_1 峰与 P_2 峰之间的界限并不明显。其中 P_1 峰主要位于 0.1 ~ 10 ms,为孔径小于 100 nm 的微小孔,P_2 峰位于 10 ~ 100 ms,部分落于 100 ~ 1 000 ms,主要为孔径位于 100 ~ 1 000 nm 的中孔,部分为孔径大于 1 000 nm 的大孔和微裂隙。结合图 2.15(f)可以看出,SXHL 煤样仍然以吸附孔为主,且吸附孔内主要为孔径为 10 ~ 100 nm 的小孔;渗流孔主要由孔径为 100 ~ 1 000 nm 的中孔组成。图 2.15(e)为 PMBK 煤样的孔隙 T_2 分布。从图中可以看出该煤样呈现典型的三峰型孔隙分布,各峰之间界线明显。P_1 峰主要位于 0.1 ~ 1 ms,为孔径小于 10 nm 的微孔,

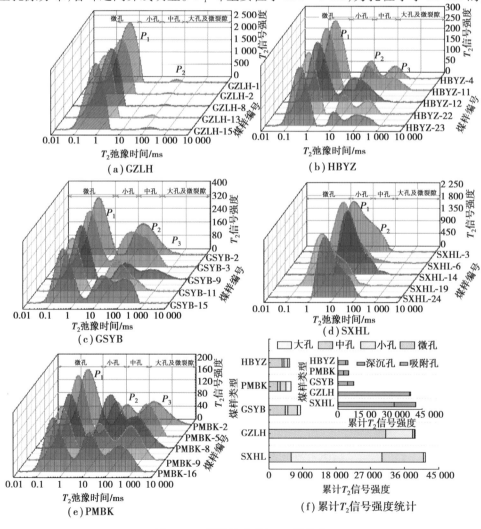

图 2.15　煤样核磁共振 T_2 谱分布

P_2 峰和 P_3 峰分别位于 10 ms 和 100 ms 左右的位置。结合图 2.15(f)的统计结果可以看出 PMBK 煤样吸附孔和渗流孔占比相当,其中吸附孔以微孔为主,小孔占比较小,渗流孔中中孔与大孔及微裂隙的占比相当。

3)基于 NMR 的煤体孔隙多重分形特征

图 2.16 为不同煤样的多重分形谱。图 2.16(a)为 $D(q)$-q 曲线,反映了不同孔隙孔容比的分形特性。$D(q)$ 的大小反映了对应孔隙空间分布的不均匀程度,随着 q 的增大,曲线从左向右逐渐变得平缓。曲线的形状[采用 $D(q)$ 表征]反映了煤样孔隙分布多重分形特征的程度。对于 GSYB,GZLH,HBYZ,PMBK 以及 SXHL 煤样对应的 $\Delta D(q)$ 分别为 0.894,3.884,1.137,0.782 和 0.825(表 2.2)。在图 2.16(b)中,GSYB,GZLH,HBYZ,PMBK 以及 SXHL 煤样对应的 $\Delta\alpha$ 分别为 1.050,4.313,1.287,0.96 和 1.037。GSYB,GZLH,HBYZ,PMBK 以及 SXHL 煤样对应的 Δf 分别为 -0.063,-0.031,0.477,0.102 和 0。从图 2.16(c)可以看出,GZLH 煤样 T_2 谱呈单峰型分布,煤中主要为微小孔,中大孔极少。而 GSYB、HBYZ 以及 PMBK 煤样主要呈三峰型分布,从微孔到大孔均有分布,孔隙分布均质性较高,因而其分形维数接近于 1,表明其最接近简单分形。SXHL 煤样的 T_2 谱分布看似相对集中,事实上呈双峰型分布,且其跨度较大,从微孔到中孔均有分布,孔隙分布相对均匀,因而其同样接近简单分形。

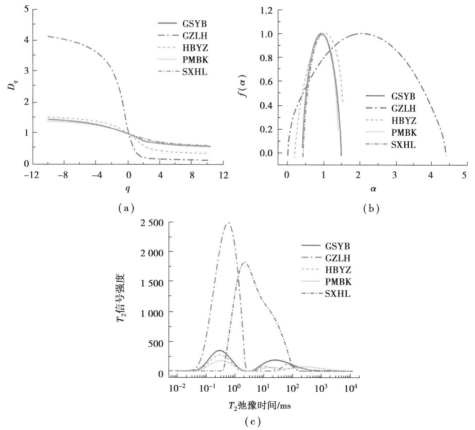

图 2.16 不同煤样的核磁共振 T_2 谱分布及多重分形谱

表2.2　煤样多重分形特征参数

煤样	$D(q)_{\max}$	$D(q)_{\min}$	$\Delta D(q)$	$\alpha_{\max}$	$\alpha_{\min}$	$\Delta\alpha$	Δf
GSYB	1.493	0.644	0.849	1.639	0.589	1.050	-0.063
GZLH	4.101	0.217	3.884	4.511	0.198	4.313	-0.031
HBYZ	1.556	0.419	1.137	1.664	0.377	1.287	0.477
PMBK	1.433	0.651	0.782	1.556	0.596	0.96	0.102
SXHL	1.493	0.668	0.825	1.640	0.603	1.037	0

　　煤样多重分形特征参数与煤中不同孔径孔隙占比之间的关系结果如图2.17所示,图中曲线展示了煤样不同孔隙占比随分形特征参数间的变化趋势。由图2.17(a)可知:煤中微孔占比随着 $D(q)_{\max}$ 的增大总体上呈增大趋势,且开始时快速增加,而后趋于平稳,而小孔、中孔和大孔随着 $D(q)_{\max}$ 的增大总体上呈先降低后升高的趋势。图2.17(b)中微孔占比与 $D(q)_{\min}$ 呈负相关关系,开始时随着 $D(q)_{\min}$ 的增大,微孔占比缓慢降低,后期迅速降低;小孔随着 $D(q)_{\min}$ 的增大先降低后升高;中孔和大孔随着 $D(q)_{\min}$ 的增大整体上呈线性升高趋势。整体上,$\Delta D(q)$ 与微孔占比呈正相关关系,与小、中、大孔占比呈现出先降低后升高的变化趋势。图2.17(d)中随着 $\alpha_{\max}$ 的增大,微孔占比逐渐增大,小、中、大孔占比先降低后升高。而微孔占比随 $\alpha_{\min}$ 的增大呈先缓慢降低,后快速降低的变化趋势。图2.17(f)中随着 $\Delta\alpha$ 的增大,微孔占比逐渐升高,小孔和大孔占比先降低后升高,而中孔占比逐渐降低。

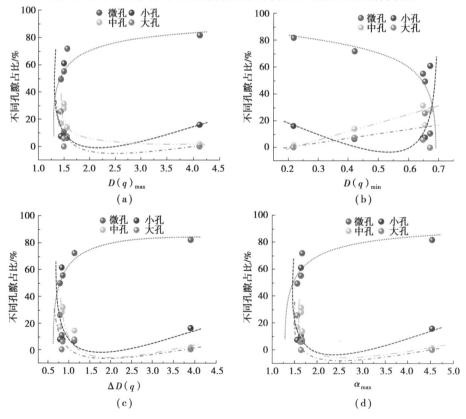

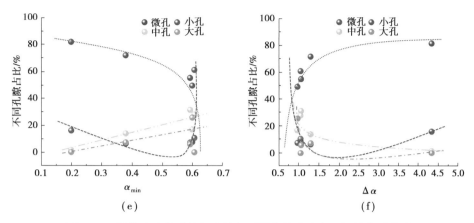

图 2.17　煤样多重分形特征参数与不同孔径孔隙占比间的关联关系

2.2.3　孔隙结构对煤吸附解吸特性的影响

随着微孔孔容的增加,煤体等温吸附常数 a,b 以及解吸常数 b' 均呈增大趋势,如图 2.18(a)所示。随着小孔孔容的增加,吸附常数 a,b 以及解吸常数 b' 先升高后降低,如图 2.18(b)所示。随着中孔数量的增加,吸附常数 a,b 以及解吸常数 b' 均呈现先降低后升高的变化趋势,如图 2.18(c)所示。对比图 2.18(b)和(c)可以看出,中孔与小孔对吸附解吸特性的影响呈相反的规律。随着大孔数量的增加,吸附常数 a 呈逐渐降低的趋势,吸附常数 b 和解吸常数 b' 呈先降低后升高的趋势,如图 2.18(d)所示。随着吸附孔数量的增加,煤体对瓦斯的吸附能力逐渐增强,煤体越容易吸附瓦斯但越难解吸瓦斯,而解吸迟滞现象逐渐消失,如图 2.18(e)所示。随着渗流孔数量的增加,吸附常数 a,b 以及解吸常数 b' 均呈先降低后升高的趋势,如图 2.18(f)所示。

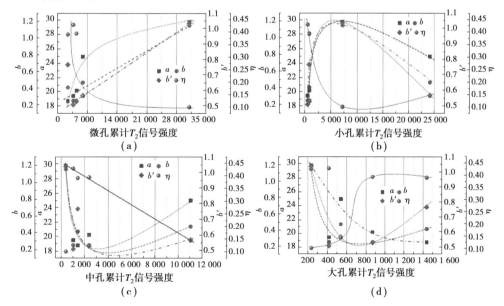

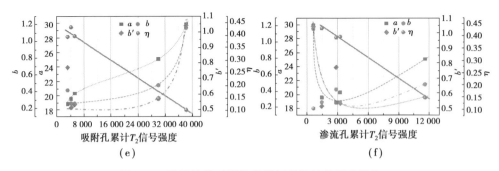

图 2.18　孔隙结构对煤体吸附解吸特性的影响规律

2.3　多尺度煤体瓦斯扩散动力学机制

在地面井排采或煤矿井下钻孔抽采过程中,瓦斯的运移过程通常可分为解吸、扩散和渗流 3 个阶段。初期阶段,气体主要是来自裂隙的游离瓦斯,该阶段产量主要受控于渗流。但是随着抽采的进行,渗流作用的影响逐渐降低,扩散的影响逐渐显现,后期的气体主要来自基质内的吸附瓦斯的解吸,因而主要受控于扩散过程。

2.3.1　多尺度结构下的煤体瓦斯扩散特征

瓦斯在煤体中的扩散具有明显的尺度效应,如图 2.19(a)所示,当介质尺度非常小时,其属性在空间上随机波动(区域 I),该区域对应多孔介质孔隙结构的非均质性,介质孔隙率波动性非常大,测试结果不可靠[图 2.19(b)];当介质尺度增大到一定值时,继续增大尺度,其属性保持不变(区域 II),该尺度对应的单元体即称为代表性表征单元体(REV),该区域内测得的孔隙率波动小,测试结果可靠[图 2.19(b)];对于非均质介质,继续增大其尺度,由于裂隙等缺陷的存在,介质属性在空间上表现出较大的各向异性(区域 III)。

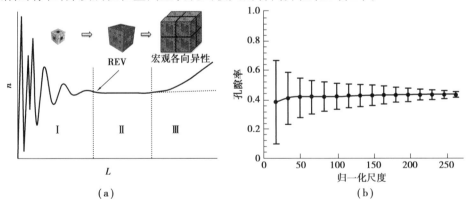

图 2.19　多孔介质属性的尺度效应

1)不同尺度煤的瓦斯扩散试验

选取淮北袁庄(HBYZ)、甘肃砚北(GSYB)、平煤八矿(PMBK)以及贵州林华(GZLH)煤样作为试验对象,如图 2.20 所示。

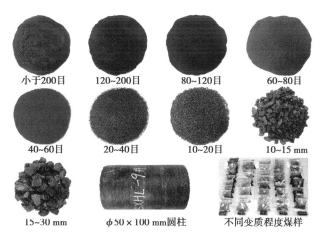

图 2.20　不同尺度试验煤样

①将煤样放入恒温干燥箱内在 60 ℃恒定温度下干燥 24 h,称取一定质量 m_c 的干燥煤样放入吸附罐内,将水浴温度设定为 30 ℃,开启真空泵抽真空 12 h;关闭吸附罐与参比罐之间的阀门,开启进气阀向参比罐内充入一定压力 p_{He1} 的高纯 He;开启参比罐与吸附罐之间的阀门使 He 进入吸附罐内,待平衡后记录罐内压力 p_{He2};开启出气口阀门,排空罐内 He 并抽真空 2 h;向参比罐内充入指定压力 p_{CH41} 的高纯 CH_4,打开参比罐与吸附罐之间的阀门,使 CH_4 进入吸附罐内直至吸附平衡,记录平衡压力 p_{CH42};则标况下煤体吸附甲烷量可表示为:

$$Q_\infty = \frac{T_0}{T_a} \cdot \left(\frac{p_{CH41}}{p_0} - \frac{p_{CH42} \cdot p_{He1}}{p_0 \cdot p_{He2}} \right) \cdot V_c \qquad (2.4)$$

式中　Q_∞——标况下煤体吸附 CH_4 量,cm^3;

T_0,T_a——分别为标况下以及吸附解吸过程中的气体温度,K;

p_0——标况下的气体压力,MPa;

V_c——参比罐体积,cm^3。

②打开出气口阀门,排空罐内的游离气至压力表示数为 0,将出气口与量管连通,采用排水法测量解吸的气体量;初期由于解吸量较大,因此,将数据记录的时间间隔设定为 5 s,后期随着解吸量的减少,时间间隔逐渐增大,本实验整个解吸过程持续时间为 2 h。试验记录的数据经过转化可以得到标况下的瓦斯解吸量。

③实验记录的 t 时刻瓦斯扩散量 Q_t 与煤体吸附瓦斯量 Q_∞ 的比值 Q_t/Q_∞ 称为扩散率,将 Q_t/Q_∞-t 曲线称为煤样的瓦斯扩散特征曲线;进一步处理可以得到 $\ln(1-Q_t/Q_\infty)$-t 曲线,该曲线任意一点的切线斜率为 $-D/r_0^2 \cdot \pi^2$,将 D/r_0^2 定义为有效扩散系数 D_e,则通过进一步处理可得到有效扩散系数 D_e 与扩散时间 t 之间的关系曲线。

2)煤体瓦斯扩散尺度效应原理

图 2.21 为不同尺度煤的扩散动力学曲线。对同一种煤,随着扩散时间的增加,扩散率先快速增加,后逐渐趋于平衡。此外,随着煤体尺度的增大,煤体的极限扩散率逐渐降低,初期降幅明显,后期逐渐稳定在一个固定值附近。

图 2.22 的实验结果表明:不同类型的煤体都存在一个极限尺度,超过该尺度煤的扩散动力学特性不依赖于煤样尺度。图 2.23 为不同扩散时间点同种煤样扩散系数随煤样尺度的变化规律。总体上看,不同时间点处煤样的扩散系数随煤的尺度逐渐降低,且存在一个临界值,超过该尺度扩散系数将不再依赖于煤样尺度,据此尺度对扩散系数的影响可分为"显著影响区"和"无明显影响区"。

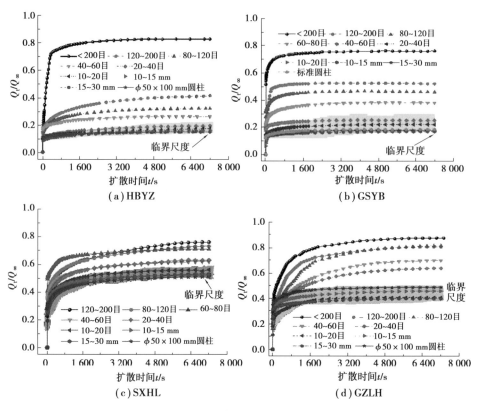

图 2.21　不同尺度煤的瓦斯扩散动力学曲线

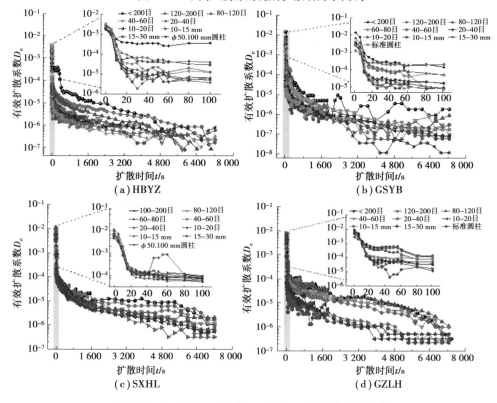

图 2.22　不同尺度煤的瓦斯扩散系数随时间变化规律

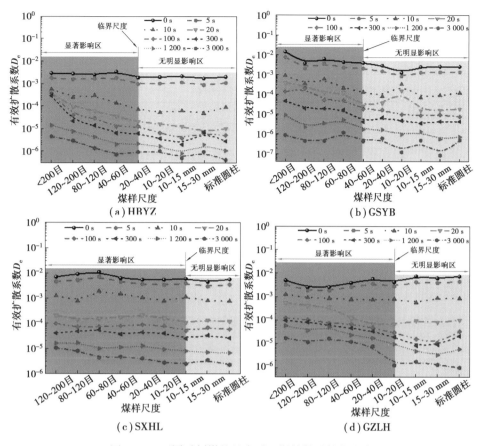

图 2.23　不同时刻煤的尺度对瓦斯扩散系数的影响

为了探寻煤体瓦斯扩散尺度依赖性的本质原因,给出了煤体瓦斯扩散尺度效应的原理图,如图 2.24 所示。当煤样尺寸非常小时,如小于 0.075 mm,煤粒的尺寸远小于一个完整的煤基质,其内部孔隙结构较为简单,瓦斯在煤粒中的运移路径较短、阻力较小,因而,此时的煤粒有效扩散系数较大。随着尺寸的增加,煤粒内部包含更多的孔隙,其结构也变得更为复杂,瓦斯在煤粒中运移路径变长、阻力增加,从而导致有效扩散系数降低。

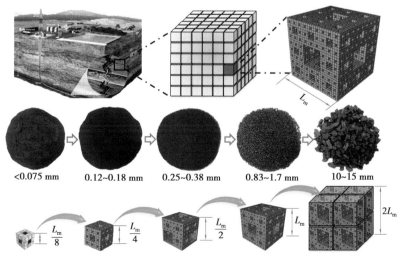

图 2.24　煤体瓦斯扩散尺度效应原理

2.3.2 边界条件对煤体瓦斯扩散的影响

1）围压的影响

基于煤体扩散尺度效应的研究结果,采用直径为 50 mm、高 100 mm 的圆柱煤体作为试验对象,研究外部载荷对其扩散动力学特性的影响规律,并进一步揭示围压对扩散过程的影响机制。图 2.25 为不同类型煤体在不同围压下的扩散特性曲线。对于不同类型的煤体,其扩散特性曲线总体上表现出:初期阶段,随着时间的增加扩散率快速增加,后期逐渐趋于平缓。这是因为:初期阶段,煤体与外界环境之间气体浓度差大,单位时间内扩散出的瓦斯量大,而后期,随着煤体孔隙气体浓度的降低,单位时间内扩散出的瓦斯量减少。对于不同煤体,尽管总体规律相似,但仍然存在一定的差异。从图中可以看出,不同煤体扩散特征曲线的转折点对应的时间不同。以围压 4 MPa 下煤样的扩散特性曲线为例,对于 SXHL 煤样,曲线在扩散进行到 1 600 s 后扩散率开始趋于稳定,PMBK 煤样在扩散 800 s 之后扩散率趋于稳定,而对于 GSYB 和 GZLH 煤样,在扩散仅进行到 200 s 左右时其扩散率即趋于稳定。此外,不同煤样平衡时的最大扩散率也不同。在相同围压条件下,煤样平衡时的扩散率表现出如下规律:SXHL>GSYB>PMBK>GZLH。上述现象主要是由不同煤体之间孔—裂隙结构的差异导致的。

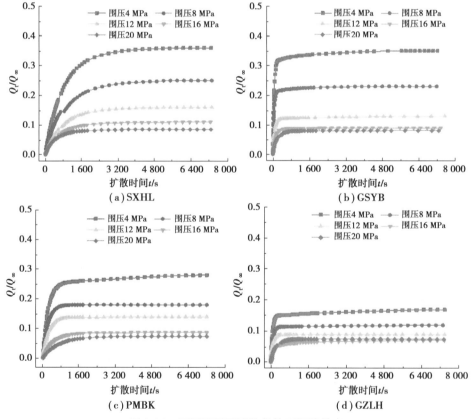

图 2.25　不同围压下裂隙煤体瓦斯扩散率

图 2.26 为不同围压下裂隙煤体瓦斯有效扩散系数随扩散时间的变化规律。随着扩散时间的增加,裂隙煤体有效扩散系数逐渐降低,且初始阶段降低迅速,后期逐渐趋于稳定。对于不同煤样,其有效扩散系数在数值上存在较大差异,以围压 4 MPa 为例,SXHL、GSYB、PMBK 和 GZLH 煤样的初始有效扩散系数分别为 $1.03×10^{-4}$,$7.54×10^{-4}$,$1.75×10^{-4}$ 和 $3.05×10^{-4}$。

图 2.27 为围压对裂隙煤体瓦斯扩散动力学过程影响机制示意图。如图 2.27(a)所示,该过程与实验室条件下瓦斯在煤粒中的扩散过程类似。但对于煤体,其内部不仅包含大量的孔隙,同时还包含一定数量的裂隙。由于瓦斯在裂隙中的运移速度远高于其在孔隙中的速度,因此,相比于整个扩散过程,瓦斯在裂隙中的运移过程可忽略不计,可以认为裂隙煤体中瓦斯的整个运移过程仍然满足扩散定律。

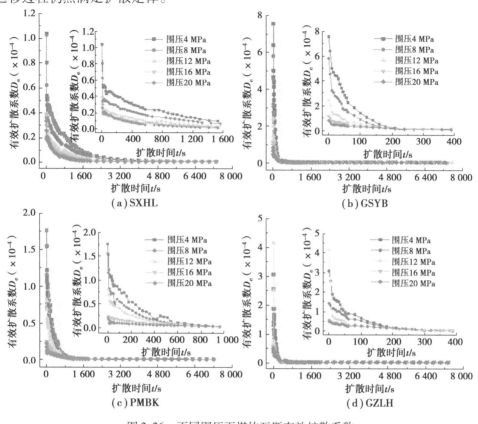

图 2.26　不同围压下煤体瓦斯有效扩散系数

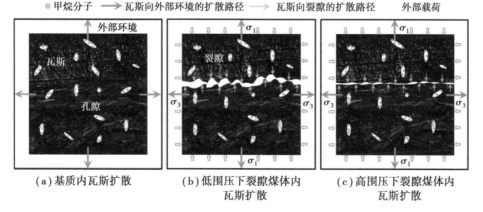

图 2.27　围压对裂隙煤体瓦斯扩散动力学过程影响机制示意图

2)孔隙压力的影响

煤体吸附平衡压力对瓦斯扩散过程有重要影响。随着孔隙压力的增大,瓦斯在煤基质的扩散系数逐渐增大;在初期阶段(孔隙压力<2 MPa),随着孔隙压力的增大,煤体扩散系数逐

渐增大,当压力超过一定值时,随着孔隙压力的增大,扩散系数逐渐降低。开展了不同煤样在不同吸附平衡压力下的扩散动力学试验,结果如图 2.28 所示。随着扩散时间的增加,初期扩散率快速升高,超过一定时间后扩散率趋于稳定。同样,不同煤样扩散趋于稳定的转折点对应的时间不同,且最大扩散率也不相同。

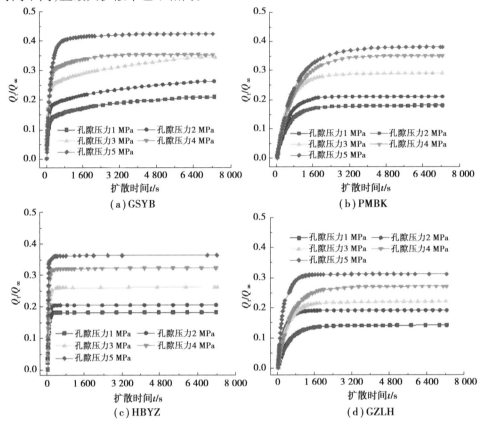

图 2.28 不同孔隙压力下裂隙煤体瓦斯扩散率

图 2.29 为不同孔隙压力下裂隙煤体瓦斯有效扩散系数随扩散时间的变化规律。总体上,随着扩散时间的增加,裂隙煤体有效扩散系数逐渐降低,且初期阶段快速降低,后期逐渐趋于稳定。图 2.28 和图 2.29 的结果显示:同种煤样,在相同外部载荷条件下,瓦斯在煤体中的扩散系数随孔隙压力的升高而增大,从而导致扩散率的升高。对于同种煤,扩散系数的变化说明其内部孔—裂隙结构发生了变化。

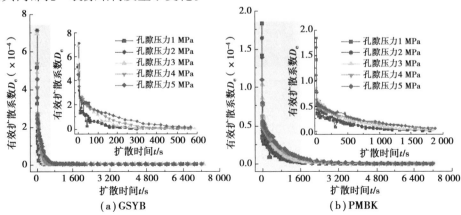

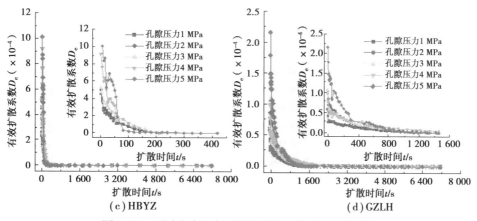

图 2.29　不同孔隙压力下裂隙煤体瓦斯有效扩散系数

2.3.3　煤体瓦斯扩散动力学过程尺度效应分析

1）瓦斯扩散动力学模型

采用时间依赖的扩散动力学模型,并作以下假设:①扩散系统为等温系统,不考虑瓦斯解吸导致的温度变化;②孔隙内瓦斯的吸附解吸满足 Langmuir 等温吸附方程;③孔隙内瓦斯的扩散过程满足 Fick 扩散定律。基于以上假设,可以得出单位质量煤基质中所含的瓦斯量(包括吸附态和游离态)可表示为:

$$m_{\text{matrix}} = \frac{V_0 L p_m}{p_L + p_m} \cdot \rho_{\text{coal}} \cdot \rho_{\text{gas}} + \frac{\phi_m p_m M}{ZRT} \tag{2.5}$$

式中　m_{matrix}——单位质量煤基质中瓦斯含量;

　　　　V_0——Langmuir 体积;

　　　　p_L——Langmuir 压力;

　　　　ρ_{coal}——煤的密度;

　　　　ρ_{gas}——瓦斯密度;

　　　　ϕ_m——煤基质孔隙率;

　　　　M——甲烷分子的摩尔质量;

　　　　Z——气体压缩因子,此处取 1;

　　　　R——气体常数;

　　　　T——系统温度。

煤基质内部瓦斯含量的变化量即为通过扩散进入大气中的气体量,则由质量守恒定律可得:

$$\frac{\partial m_{\text{matrix}}}{\partial t} + \nabla(-DM \nabla C) = 0 \tag{2.6}$$

式中,C 为基质内的瓦斯浓度,可由式(2.7)式表示:

$$C = \frac{p}{ZRT} \tag{2.7}$$

将式(2.4)、式(2.5)和式(2.6)代入式(2.7)可得:

$$\left(\frac{V_0 p_L \rho_{\text{coal}} \rho_{\text{gas}}}{(p + p_L)^2} + \frac{\phi_m M}{ZRT} \right) \cdot \frac{\partial p}{\partial t} + \nabla \left(-\frac{(D_{b0} e^{-\xi t} + D_r) M}{ZRT} \nabla p \right) = 0 \tag{2.8}$$

2）物理模型及边界条件

为了研究煤样尺度对扩散过程的影响,分别建立了边长为 0.01 mm,0.05 mm,0.1 mm,0.5 mm 和 1 mm 的立方体煤基质模型,如图 2.30 所示。

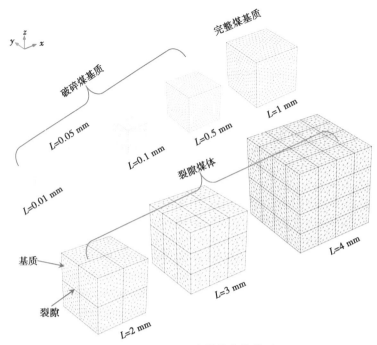

图 2.30　不同尺度煤体数值模型

3）数值计算结果及分析

（1）煤粒瓦斯扩散的尺度效应

图 2.31 和图 2.32 为不同尺度的煤粒瓦斯扩散过程中的孔隙压力空间分布及演化。对

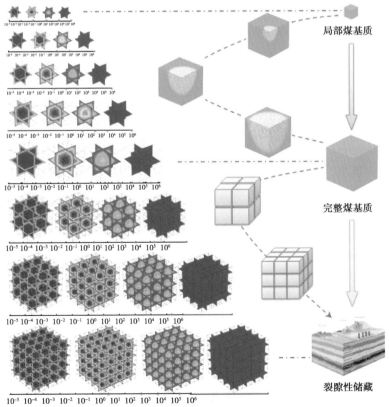

图 2.31　不同尺度煤体瓦斯扩散过程中孔隙压力空间分布云图

于尺度小于 1 mm(完整煤基质的尺度)的破碎煤基质,其孔隙压力分布存在较大差异,即扩散平衡所需时间不同,如图 2.32(a)所示。对于尺度大于 1 mm(单个完整煤基质尺度)的煤体,不论其尺度多大,其达到扩散平衡所需时间相同。无论煤体由多少煤基质组成,扩散过程中各煤基质均保持相同的扩散特性,因此,反映到宏观上则表现为含有不同基质数量的煤体其扩散特性相同。如图 2.32(b)所示,不论煤体中包含 1 个,4 个,27 个还是 64 个煤基质,各基质在扩散过程中孔隙压力均呈现出相同的变化规律。

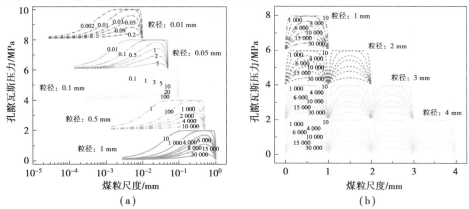

图 2.32 不同尺度煤体瓦斯扩散过程孔隙压力空间分布曲线

图 2.33 为不同尺度煤粒瓦斯扩散动力学曲线。对于尺度小于 1 mm 的破碎煤基质,从横向上看达到相同的扩散率,尺度越小的煤基质所需时间越短;从纵向上看,相同扩散时间下,尺度越大的煤基质其扩散率越低。而对于尺度大于 1 mm 的裂隙性煤粒,不同曲线之间差异很小。

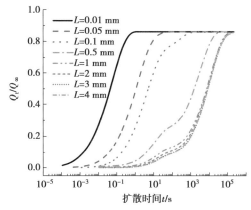

图 2.33 不同尺度煤体瓦斯扩散动力学曲线

(2)扩散系数衰减特性对扩散过程的影响

图 2.34 为不同衰减系数下尺度为 1 mm 的煤基质内部孔隙压力的演化规律:衰减系数越大,相同时间下煤基质中心位置的孔隙压力越高。衰减系数越大,煤粒扩散系数衰减越快,随扩散时间延长单位时间内的瓦斯扩散量越小,扩散时间越长。

图 2.35(a)为不同衰减系数下尺寸为 1 mm 的煤粒的扩散动力学曲线。衰减系数较大时(10^{-1} s^{-1}),在初期($t<100$ s)扩散率增长较慢,而衰减系数较小的煤样初期扩散率增长较快。这是因为衰减系数较大的煤样对应的扩散系数快速衰减[图 2.35(b)],单位时间扩散出的瓦斯量不断减少。当时间达到 100 s 左右时,衰减系数等于 10^{-1} s^{-1} 对应煤样的扩散系数衰减为

残余值。当时间大于 100 s 时,衰减系数为 10^{-3} s^{-1} 和 10^{-6} s^{-1} 对应煤样的扩散率差异逐渐显现,且越往后两者之间差异越大,但到后期差异又逐渐缩小,直至两者均达到平衡状态。煤体孔隙结构的差异是导致 3 个煤样扩散系数衰减规律不同的根本原因,如图 2.35(a)所示。孔喉是控制气体在孔隙中扩散的关键。

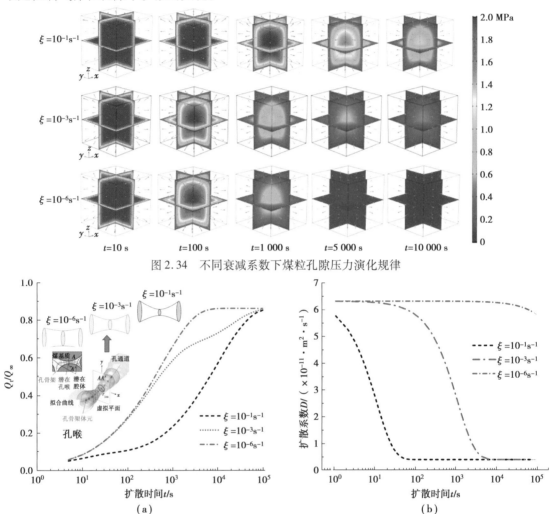

图 2.34　不同衰减系数下煤粒孔隙压力演化规律

图 2.35　不同孔隙结构煤粒瓦斯扩散动力学曲线

2.4　含瓦斯煤渗透率动态演化规律

渗透率是煤层流体运移过程的最关键影响因素之一,研究渗透率的动态演化规律对优化排采工艺、提高气体产量有着重要意义。受到采掘扰动的影响,煤体的应力状态及结构相比原位储层发生改变,渗透率的演化随之改变。

2.4.1　基质裂隙耦合作用下煤的渗透率演化模型

假设煤储层由边长为 L_m 的煤基质以及开度为 L_f 的裂隙组成,本书将裂隙面接触点及矿物充填统一抽象为"煤基质岩桥",如图 2.36 所示。

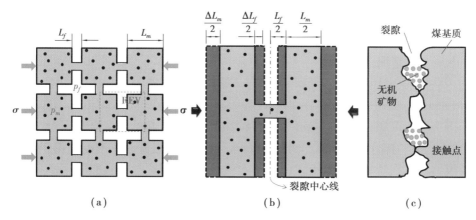

图 2.36　煤体物理结构模型及基本单元

1）煤体吸附变形

根据图 2.37,基质间岩桥的存在会阻碍基质向煤体内部膨胀,减小裂隙变形。因此,由于气体吸附及温度变化引起的煤基质变形只有部分用于改变裂隙开度,其余部分用于改变煤体总体积。为了定量表征基质膨胀引起的裂隙变形,引入"内膨胀系数 $f(0<f<1)$",该值表示裂隙因气体吸附及温度变化而导致的膨胀变形与煤基质的膨胀变形的比值,即:

$$f = \frac{\Delta L_f^{S+T}}{\Delta L_m^S + \Delta L_m^T} = 1 - \frac{\Delta L_b^{S+T}}{\Delta L_m^S + \Delta L_m^T} \tag{2.9}$$

式中　f——内膨胀系数;

　　　ΔL_f^{S+T}——吸附及温度变化引起的裂隙开度增量;

　　　ΔL_m^S——吸附引起的基质尺度增量;

　　　ΔL_m^T——温度变化引起的基质尺度增量;

　　　ΔL_b^{S+T}——吸附及温度变化引起的煤体尺度增量。

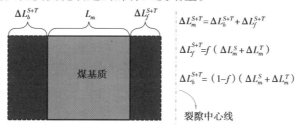

图 2.37　基质吸附变形对裂隙开度的影响示意图

煤基质因温度变化而产生的膨胀变形可由式(2.10)表示:

$$\Delta \varepsilon_m^T = \alpha_T (T - T_0) \tag{2.10}$$

式中　α_T——煤体热膨胀系数;

　　　T——煤体温度;

　　　T_0——吸附解吸测试的参考温度,即煤体的初始温度。

煤体吸附瓦斯后发生膨胀变形,假设吸附膨胀应变正比于煤基质吸附瓦斯量,则基质吸附膨胀变形可由 Langmuir 形式的方程表示,则煤基质吸附膨胀应变可由式(2.11)表示:

$$\Delta \varepsilon_m^S = \varepsilon_L \left(\frac{p_m}{p_L + p_m} - \frac{p_{m0}}{p_L + p_{m0}} \right) \exp \left[- \frac{d_2}{1 + d_1 p_m} (T - T_0) \right] \tag{2.11}$$

式中　　d_1——压力系数；

$\qquad$ d_2——温度系数；

$\qquad$ p_m——基质瓦斯压力；

$\qquad$ p_{m0}——基质初始瓦斯压力；

$\qquad$ p_L——Langmuir 压力常数。

基于以上分析可知,煤基质因气体吸附及温度变化而引起的膨胀变形可分为两部分:一部分向内膨胀,另一部分向外膨胀。考虑到 $L_f \ll L_m$,因气体吸附及温度变化而引起的裂隙体积应变及煤体总体积应变可分别由式(2.12)和式(2.13)表示(压为负):

$$\Delta \varepsilon_f^{S+T} = -\frac{3\Delta L_f^{S+T}}{L_f} = -\frac{3f(\Delta L_m^S + \Delta L_m^T)}{L_f} = -\frac{L_m}{L_f}f(\Delta \varepsilon_m^S + \Delta \varepsilon_m^T) \qquad (2.12)$$

$$\Delta \varepsilon_b^{S+T} = -\frac{3\Delta L_b^{S+T}}{L_b} = \frac{3(1-f)(\Delta L_m^S + \Delta L_m^T)}{L_m + L_f} = (1-f)(\Delta \varepsilon_m^S + \Delta \varepsilon_m^T) \qquad (2.13)$$

2）煤体内膨胀系数的影响因素及变化规律

（1）边界条件对内膨胀系数的影响

图 2.38 为单轴应变条件下煤基质内膨胀系数随煤储层孔隙压力的变化情况。从图中可以看出,随着孔隙压力的降低,基质内膨胀系数整体上呈降低趋势。对于测试井 A-1,当压力从 5.5 MPa 下降到 3.5 MPa,f 下降了 52.17%,从 3.5 MPa 到 2 MPa,f 仅发生小幅波动,从 2 MPa 降低到 0.35 MPa,f 又快速降低。对于测试井 A-2,在排采初期,其内膨胀变形系数迅速降低,孔隙压力从 4.7 MPa 下降到 3.8 MPa,f 出现了较大幅度的反弹,随后又快速降低。

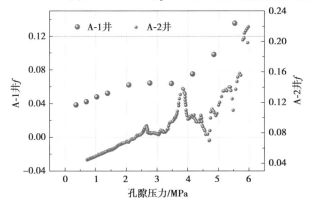

图 2.38　单轴应变条件下煤基质内膨胀系数

图 2.39 为恒定围压下煤体内膨胀系数随孔隙压力的变化规律。从图中可以看出,该条件下,内膨胀系数总体上随着孔隙压力的升高而降低,且围压越高,内膨胀系数也就越大。

图 2.40 为恒定有效应力条件下基质内膨胀系数随孔隙压力的变化规律。从图中可以看出,随着孔隙压力的增加,f 逐渐升高,且有效应力越大,基质的内膨胀系数越小。

（2）气体类型对内膨胀变形系数的影响

图 2.41 为恒定围压下煤体吸附不同类型气体后的内膨胀系数随孔隙压力的变化规律。如图,不同流体介质其内膨胀系数随孔隙压力增大整体上都呈降低趋势。在相同条件下,流体介质为 N_2 时煤基质的内膨胀系数最大,CH_4 次之,CO_2 最小。

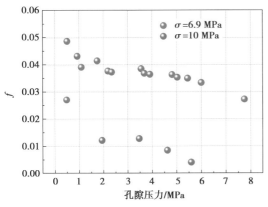

图 2.39　恒定围压条件下煤基质内膨胀系数

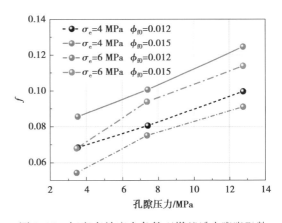

图 2.40　恒定有效应力条件下煤基质内膨胀系数

（3）煤的变质程度对内膨胀变形系数的影响

如图 2.42 所示，在相同的围压下（6.9 MPa），采用不同类型的气体介质测试了不同变质程度煤体的内膨胀变形系数变化。其中，Coal A 为亚烟煤，固定碳含量为 36.23%，Coal G 为高挥发分烟煤，固定碳含量为 52.07%。不论试验介质是 N_2，CH_4 还是 CO_2，Coal G 的内膨胀变形系数均明显高于 Coal A，说明煤体变质程度对内膨胀系数有较大影响，变质程度越高，内膨胀系数越大。图 2.43 为有效应力及吸附膨胀对内膨胀系数的影响机制示意图。从图 2.43（a）可以看出：在相同的孔隙压力下，煤基质吸附膨胀变形相等。图 2.43（b）说明了吸附膨胀对内膨胀变形系数的影响：当煤体有效应力保持不变时，随着孔隙压力的增加，煤基质吸附膨胀变形量增加，导致裂隙内部变形量增加，最终引起内膨胀系数的增加。

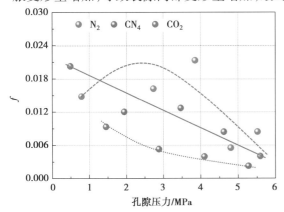

图 2.41　气体类型对煤基质内膨胀系数的影响

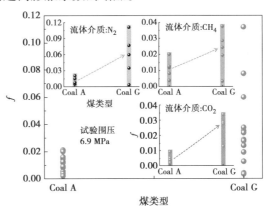

图 2.42　煤的类型对煤基质内膨胀系数的影响

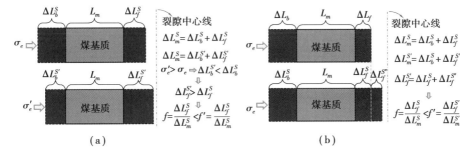

图 2.43　煤体有效应力及吸附膨胀对内膨胀系数的影响机制

2.4.2 弹性变形煤体气固耦合渗流模型

1）煤基质、裂隙及煤体变形

（1）双孔介质有效应力原理

对于含有孔隙与裂隙系统的煤储层，同时考虑孔隙压力与裂隙压力的双重孔隙介质有效应力原理更适合描述其力学状态：

$$\sigma_e = \sigma - (\alpha p_f + \beta p_m)\delta_{ij} \tag{2.14}$$

$$\Delta\sigma_e = \sigma - \sigma_0 - \alpha(p_f - p_{f0}) - \beta(p_m - p_{m0}) \tag{2.15}$$

式中　σ_e——有效应力；

σ——外加应力；

p_f——裂隙瓦斯压力；

δ_{ij}——Kronecker delta；

α,β——Biot 系数，$\alpha = 1 - K/K_m$，$\beta = K/K_m - K/K_s$，其中 K 为煤体的体积模量，$K = E/3(1-\upsilon)$，K_m 为煤基质的体积模量，$K_m = E_m/3(1-2\upsilon)$，K_s 为煤骨架的体积模量；

E——煤体的弹性模量；

E_m——煤基质的弹性模量；

υ——泊松比。

煤基质的变形主要由 3 部分构成，包括因瓦斯吸附导致的膨胀变形，因温度变化导致的膨胀变形以及因有效应力变化产生的力学变形：

$$\Delta\varepsilon_m = \Delta\varepsilon_m^S + \Delta\varepsilon_m^T + \Delta\varepsilon_m^E \tag{2.16}$$

煤基质因有效应力变化而导致的力学变形可由式（2.17）计算得到：

$$\Delta\varepsilon_m^E = -\frac{\Delta\sigma_e}{K_m} \tag{2.17}$$

可得煤基质的变形控制方程：

$$\Delta\varepsilon_m = \varepsilon_L\left(\frac{p_m}{p_L + p_m} - \frac{p_{m0}}{p_L + p_{m0}}\right)\exp\left[-\frac{d_2}{1 + d_1 p_m}(T - T_0)\right] + \alpha_T(T - T_0) - \frac{\Delta\sigma_e}{K_m} \tag{2.18}$$

（2）煤体裂隙变形

煤体裂隙的变形包括气体吸附及温度变化导致的变形，以及有效应力变化引起的力学变形两部分：

$$\Delta\varepsilon_f = \Delta\varepsilon_f^{S+T} + \Delta\varepsilon_f^E \tag{2.19}$$

煤体裂隙因有效应力变化引起的力学变形可由式（2.20）表示：

$$\Delta\varepsilon_f^E = -\frac{\Delta\sigma_e}{K_f} \tag{2.20}$$

式中　K_f——煤中裂隙的体积模量，$K_f = L_m K_n$；

K_n——单条裂隙的刚度。

可得煤体裂隙的变形控制方程：

$$\Delta\varepsilon_f = -\frac{L_m}{L_f}f\left[\varepsilon_L\left(\frac{p_m}{p_L + p_m} - \frac{p_{m0}}{p_L + p_{m0}}\right)\exp\left[-\frac{d_2}{1 + d_1 p_m}(T - T_0)\right] + \alpha_T(T - T_0)\right] - \frac{\Delta\sigma_e}{K_f}$$

$$\tag{2.21}$$

（3）煤体体积变形

同样,煤体的体积变形也包括因气体吸附及温度变化导致的膨胀变形和因有效应力改变引起的力学变形两部分:

$$\Delta \varepsilon_b = \Delta \varepsilon_b^{S+T} + \Delta \varepsilon_b^E \tag{2.22}$$

其中,因有效应力变化引起的力学变形可由式(2.23)表示:

$$\Delta \varepsilon_b^E = - \frac{\Delta \sigma_e}{K} \tag{2.23}$$

可得煤体体积应变的控制方程:

$$\Delta \varepsilon_f = (1 - f) \left[\varepsilon_L \left(\frac{p_m}{p_L + p_m} - \frac{p_{m0}}{p_L + p_{m0}} \right) \exp \left[- \frac{d_2}{1 + d_1 p_m} (T - T_0) \right] + \alpha_T (T - T_0) \right] - \frac{\Delta \sigma_e}{K} \tag{2.24}$$

2）煤体孔隙率及渗透率演化控制方程

根据双孔介质煤体物理结构模型可以计算得到煤体的裂隙率:

$$\phi_f = \frac{(L_m + L_f)^3 - L_m^3}{(L_m + L_f)^3} \approx \frac{3 L_f}{L_m} \tag{2.25}$$

假设煤体的变形为弹性变形,煤基质的变形量相对于裂隙变形量可忽略不计,则有:

$$\frac{\phi_f}{\phi_{f0}} = \frac{L_f}{L_{f0}} \cdot \frac{L_{m0}}{L_m} \approx \frac{L_f}{L_{f0}} = 1 + \frac{\Delta L_f}{L_{f0}} = 1 + \Delta \varepsilon_f \tag{2.26}$$

$$\frac{\phi_f}{\phi_{f0}} = 1 - \frac{3f}{\phi_{f0}} \left[\varepsilon_L \left(\frac{p_m}{p_L + p_m} - \frac{p_{m0}}{p_L + p_{m0}} \right) \exp \left[- \frac{d_2}{1 + d_1 p_m} (T - T_0) \right] + \alpha_T (T - T_0) \right] - \frac{\Delta \sigma_e}{K_f} \tag{2.27}$$

考虑基质—裂隙相互作用的弹性变形煤体渗透率控制方程(DP-MFI 模型)可表示为:

$$\frac{k_f}{k_{f0}} = \left\{ 1 - \frac{3f}{\phi_{f0}} \left[\varepsilon_L \left(\frac{p_m}{p_L + p_m} - \frac{p_{m0}}{p_L + p_{m0}} \right) \exp \left[- \frac{d_2}{1 + d_1 p_m} (T - T_0) \right] + \alpha_T (T - T_0) \right] - \frac{\Delta \sigma_e}{K_f} \right\}^3 \tag{2.28}$$

煤基质由煤体骨架及基质孔隙组成,其体积可表示为 $V = V_s + V_p$,其中 V_s 为煤体骨架的体积,V_p 为基质孔隙的体积,则基质孔隙率可表示为:

$$\phi_m = \frac{V_p}{V} \tag{2.29}$$

式(2.30)的微分形式可表示为:

$$\mathrm{d} \phi_m = \mathrm{d} \left(\frac{V_p}{V} \right) = \frac{V_p}{V} \left(\frac{\mathrm{d} V_p}{V} - \frac{\mathrm{d} V}{V} \right) = \phi_m (\mathrm{d} \varepsilon_p - \mathrm{d} \varepsilon_m) \tag{2.30}$$

式中　ε_p——基质孔隙应变。

煤基质内的孔隙体积变形量与基质体积变形量相等,则煤体基质孔隙的应变可表示为:

$$\varepsilon_p = - \frac{\Delta V_p}{V_p} = - \frac{\Delta V}{V} = - \frac{\Delta V}{V} \cdot \frac{V}{V_p} = \frac{\varepsilon_m}{\phi_{m0}} \tag{2.31}$$

式中　ϕ_{m0}——煤基质初始孔隙率。

则可以得到基质孔隙率控制方程:

$$\phi_m = \phi_{m0} \exp \left(\frac{1 - \phi_{m0}}{\phi_{m0}} \Delta \varepsilon_m \right) \tag{2.32}$$

基质孔隙率演化控制方程可表示为：

$$\phi_m = \phi_{m0}\exp\left\{\frac{1-\phi_{m0}}{\phi_{m0}}\left[\varepsilon_L\left(\frac{p_m}{p_L+p_m}-\frac{p_{m0}}{p_L+p_{m0}}\right)\exp\left[-\frac{d_2}{1+d_1 p_m}(T-T_0)\right]+\alpha_T(T-T_0)\right]-\frac{\Delta\sigma_e}{K_m}\right\}$$

$$(2.33)$$

3）不同边界条件下渗透率模型

（1）单轴应变条件

在单轴应变条件下，煤体所受垂直应力保持不变，水平方向上不发生变形，则有：

$$\Delta\sigma_z^E = \Delta\sigma_z - \alpha(p_f-p_{f0}) - \beta(p_m-p_{m0}) = -\alpha(p_f-p_{f0}) - \beta(p_m-p_{m0}) \quad (2.34)$$

假设吸附应变各向同性，即煤体在各方向上的吸附膨胀变形相等：

$$\Delta\varepsilon_{mx}^S = \Delta\varepsilon_{my}^S = \Delta\varepsilon_{mz}^S = \frac{1}{3}\Delta\varepsilon_m^S \quad (2.35)$$

则煤体在水平各方向上的应变可表示为：

$$\begin{cases} \Delta\varepsilon_{bx} = \Delta\varepsilon_{bx}^E + \Delta\varepsilon_{bx}^S = -\dfrac{\Delta\sigma_x^E - \nu\Delta\sigma_y^E - \nu\Delta\sigma_z^E}{E} + \dfrac{(1-f)\Delta\varepsilon_m^S}{3} = 0 \\[3mm] \Delta\varepsilon_{by} = \Delta\varepsilon_{by}^E + \Delta\varepsilon_{by}^S = -\dfrac{\Delta\sigma_y^E - \nu\Delta\sigma_x^E - \nu\Delta\sigma_z^E}{E} + \dfrac{(1-f)\Delta\varepsilon_m^S}{3} = 0 \end{cases} \quad (2.36)$$

可以得到煤体在水平方向上所受的有效应力：

$$\Delta\sigma_x^E = \Delta\sigma_y^E = \frac{E(1-f)}{3(1-\nu)}\varepsilon_L\left(\frac{p_m}{p_L+p_m}-\frac{p_{m0}}{p_L+p_{m0}}\right) - \frac{\nu}{1-\nu}\left[\alpha(p_f-p_{f0})+\beta(p_m-p_{m0})\right]$$

$$(2.37)$$

则煤体所受的平均有效应力可由式（2.38）计算得到：

$$\Delta\sigma^E = \frac{1}{3}(\Delta\sigma_x^E + \Delta\sigma_y^E + \Delta\sigma_z^E)$$

$$= \frac{2E(1-f)}{9(1-\nu)}\varepsilon_L\left(\frac{p_m}{p_L+p_m}-\frac{p_{m0}}{p_L+p_{m0}}\right) - \frac{1+\nu}{3(1-\nu)}\left[\alpha(p_f-p_{f0})+\beta(p_m-p_{m0})\right] \quad (2.38)$$

将式（2.38）代入式（2.28）可得：

$$\frac{k_f}{k_{f0}} = \left\{\begin{array}{l} 1 - \dfrac{27f(1-\nu)K_f + 2(1-f)E\phi_{f0}}{9(1-\nu)K_f\phi_{f0}}\varepsilon_L\left(\dfrac{p_m}{p_L+p_m}-\dfrac{p_{m0}}{p_L+p_{m0}}\right) + \\[3mm] \dfrac{1+\nu}{3K_f(1-\nu)}\left[\alpha(p_f-p_{f0})+\beta(p_m-p_{m0})\right] \end{array}\right\}^3 \quad (2.39)$$

（2）恒定围压条件

在恒定围压条件下，煤体所处的外部应力保持不变，即

$$\sigma = \sigma_0 \quad (2.40)$$

将式（2.39）代入式（2.27）可以得到恒定围压下煤体渗透率控制方程：

$$\frac{k_f}{k_{f0}} = \left[1 - \frac{3}{\phi_{f0}}f\varepsilon_L\left(\frac{p_m}{p_L+p_m}-\frac{p_{m0}}{p_L+p_{m0}}\right) + \frac{\alpha(p_f-p_{f0})+\beta(p_m-p_{m0})}{K_f}\right]^3 \quad (2.41)$$

（3）恒定有效应力

在恒定有效应力条件下，煤体中有效应力增量为0：

$$\Delta\sigma_e = \sigma - \sigma_0 - \alpha(p_f-p_{f0}) - \beta(p_m-p_{m0}) = 0 \quad (2.42)$$

将式（2.42）代入式（2.28）可以得到恒定有效应力下煤体渗透率控制方程：

$$\frac{k_f}{k_{f0}} = \left[1 - \frac{3}{\phi_{f0}} f \varepsilon_L \left(\frac{p_m}{p_L + p_m} - \frac{p_{m0}}{p_L + p_{m0}} \right) \right]^3 \tag{2.43}$$

（4）恒定孔隙压力

在恒定孔隙压力下,煤体中基质孔隙压力及裂隙瓦斯压力等于初始值,即

$$p_m = p_{m0}, \quad p_f = p_{f0} \tag{2.44}$$

将式（2.44）代入式（2.28）可得恒定孔隙压力下煤体裂隙渗透率控制方程:

$$\frac{k_f}{k_{f0}} = \left(1 - \frac{\sigma - \sigma_0}{K_f} \right)^3 \tag{2.45}$$

2.4.3　基于塑性变形的气固耦合渗流模型

根据煤体双重孔隙介质立方模型,煤体的裂隙率可由式（2.46）表示:

$$\phi_f = \frac{(L_m + L_f)^3 - L_m^3}{(L_m + L_f)^3} \approx \frac{3L_f}{L_m} \tag{2.46}$$

根据式（2.46）,通过进一步的推导可以得到煤体裂隙率与煤储层初始裂隙率之间的比值:

$$\frac{\phi_f}{\phi_{f0}} = \frac{L_f}{L_{f0}} \cdot \frac{L_{m0}}{L_m} = \left(1 + \frac{\Delta L_f}{L_{f0}} \right) \frac{L_{m0}}{L_m} = (1 + \Delta \varepsilon_f) \frac{L_{m0}}{L_m} \tag{2.47}$$

为了定量描述塑性变形煤体的物理结构,提出了"等效裂隙煤体"的概念。采掘扰动后,煤体内产生大量的扰动裂隙,如图 2.44（b）所示。产生采动裂隙的塑性变形煤体即可视为基质尺度更小、裂隙数量更多的弹性变形体,如图 2.44（c）所示。

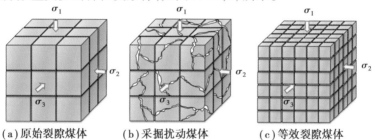

（a）原始裂隙煤体　　（b）采掘扰动煤体　　（c）等效裂隙煤体

图 2.44　等效裂隙煤体构建过程

为描述等效裂隙煤体的物理结构,假设煤基质破坏为多级破坏,破坏过程如图 2.45 所示。

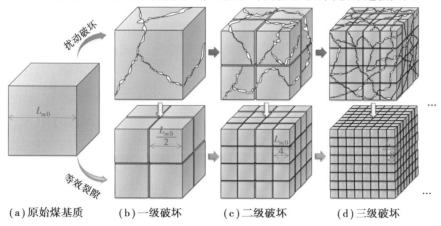

（a）原始煤基质　　（b）一级破坏　　（c）二级破坏　　（d）三级破坏

图 2.45　煤基质破坏过程示意图

当发生一级破坏时,煤基质内产生一组正交裂隙,原始煤基质被割裂为 8 个小的基质,假设新产生的基质尺度相等,则有 $L_{m1}=L_{m0}/2$;以此类推,当煤基质发生 n 级破坏时,其产生的基质尺寸为 $L_{mn}=L_{m0}/2^n$,n 本质上反映的是煤体内新生裂隙的数量。通过对实验数据的分析发现 n 与偏应力增量之间存在指数关系,即:

$$n = \eta e^{\gamma\left[(\sigma_1-\sigma_{10})-(\sigma_3-\sigma_{30})\right]} \tag{2.48}$$

式中　η,γ——拟合系数,其中,η 反映了产生裂隙时偏应力增量的阈值大小,与阈值绝对值正相关,γ 反映了煤体新生裂隙数目对偏应力的敏感程度,与裂隙的数目正相关;

　　　　σ_1——第一主应力;

　　　　σ_3——第三主应力。

则当煤基质发生 n 级破坏后,其基质的尺寸可表示为:

$$L_m = \left(\frac{1}{2}\right)^n L_{m0} \tag{2.49}$$

得到受采掘扰动影响的塑性变形煤体裂隙率演化控制方程:

$$\frac{\phi_f}{\phi_{f0}} = \left\{1 - \frac{3f}{\phi_{f0}}\left[\varepsilon_L\left(\frac{p_m}{p_L+p_m}-\frac{p_{m0}}{p_L+p_{m0}}\right)\exp\left[-\frac{d_2}{1+d_1 p_m}(T-T_0)\right]\right] - \frac{\Delta\sigma_e}{K_f}+\right\}\cdot$$
$$2^{\eta e^{\gamma\left[(\sigma_1-\sigma_{10})-(\sigma_3-\sigma_{30})\right]}} \tag{2.50}$$

假设煤体裂隙渗透率与裂隙孔隙率间满足立方定律,则可以得到适用于弹—塑性变形的煤体渗透率演化控制方程(PDP 模型):

$$\frac{k_f}{k_{f0}} = \left\{1 - \frac{3f}{\phi_{f0}}\left[\varepsilon_L\left(\frac{p_m}{p_L+p_m}-\frac{p_{m0}}{p_L+p_{m0}}\right)\exp\left[-\frac{d_2}{1+d_1 p_m}(T-T_0)\right]\right] - \frac{\Delta\sigma_e}{K_f}+\right\}^3\cdot$$
$$8^{\eta e^{\gamma\left[(\sigma_1-\sigma_{10})-(\sigma_3-\sigma_{30})\right]}} \tag{2.51}$$

2.5　多场耦合理论模型及其现场验证

煤矿瓦斯抽采及煤与瓦斯突出灾害的演化是一个复杂的多物理场耦合过程,本章在前文研究的基础上建立了单一物理场的控制方程,并在分析不同物理场互馈机制的基础上建立了原位煤层多场耦合理论模型和卸压煤层多场耦合理论模型,并进行相应的验证。

2.5.1　原位煤层多场耦合理论模型及其验证

1)弹性变形煤体多场耦合模型

(1)煤体变形场控制方程

根据均质各向同性介质动量守恒定律,可得含瓦斯煤的表征单元应力平衡方程为:

$$\sigma_{ij,j} + F_i = 0 \tag{2.52}$$

式中　σ_{ij}——应力张量的分量,MPa;

　　　　F_i——体积力,MPa。

因含瓦斯煤体骨架发生的变形为小变形,因此,其几何方程可表示为:

$$\varepsilon_{ij} = \frac{1}{2}(u_{i,j} + u_{j,i}) \tag{2.53}$$

式中　ε_{ij}——应变分量；

　　　$u_{i,j}, u_{j,i}$——位移分量，$(i, j = 1, 2, 3)$。

考虑吸附膨胀及温度效应的含瓦斯煤体本构方程可表示为：

$$\varepsilon_{ij} = \frac{1}{2G}\sigma_{ij} - \left(\frac{1}{6G} - \frac{1}{9K}\right)\sigma_{kk}\delta_{ij} + \frac{\alpha p_f}{3K}\delta_{ij} + \frac{\beta p_m}{3K}\delta_{ij} + \frac{1-f}{3}(\Delta\varepsilon_m^S + \Delta\varepsilon_m^T) \tag{2.54}$$

式中　G——含瓦斯煤的剪切模量，MPa。

联立式(2.52)—式(2.54)可得到煤体变形的 Navier 型控制方程：

$$Gu_{i,kk} + \frac{G}{1-2\nu}u_{k,ki} - \alpha p_{fi} - \beta p_{mi} - (1-f)K(\Delta\varepsilon_{mi}^S + \Delta\varepsilon_{mi}^T) + F_i = 0 \tag{2.55}$$

（2）基质内瓦斯扩散场控制方程

基质与裂隙间的质量交换可由式(2.56)表示：

$$Q_m = D_t\tau(c_m - \rho_f) \tag{2.56}$$

式中　Q_m——基质与裂隙间的质量交换量，kg/(m³·s)；

　　　τ——煤基质的形状因子，m⁻²；$\tau = 3\pi^2/L_m^2$；

　　　D_t——气体扩散系数 m²/s。根据上述研究结果，扩散系数依赖于扩散时间，两者存在如下关系：

　　　c_m, ρ_f——煤基质与裂隙内的瓦斯密度，kg/m³，可由式(2.57)表示：

$$\begin{cases} c_m = \dfrac{M_c}{RT}p_m \\[2mm] \rho_f = \dfrac{M_c}{RT}p_f \end{cases} \tag{2.57}$$

式中　M_C——CH₄ 的摩尔质量，kg/mol；

　　　R——气体常数，J/mol·g；

　　　T——煤体温度，K；

$$Q_t = D_0\exp(-\xi t) + D_r \tag{2.58}$$

式中　D_0——初始扩散系数，m²/s；

　　　ξ——衰减系数，t⁻¹；

　　　D_r——残余扩散系数，m²/s。

将式(2.57)和式(2.58)代入式(2.56)，基质与裂隙间的质量交换控制方程可转化为：

$$Q_m = \frac{3\pi^2 M_C(p_m - p_f)[D_0\exp(-\xi t) + D_r]}{L_m^2 RT} \tag{2.59}$$

考虑温度变化对吸附量的影响，则单位质量煤基质中瓦斯含量可由式(2.60)计算得到：

$$m_m = \frac{M_c\rho_c}{V_m} \cdot \frac{V_L p_m}{p_L + p_m}\exp\left[-\frac{d_2}{1 + d_1 p_m}(T - T_0)\right] + \phi_m\frac{M_c p_m}{RT} \tag{2.60}$$

单位质量煤体中瓦斯含量包括基质瓦斯含量和裂隙瓦斯含量，可由式(2.61)计算得到：

$$m_b = \frac{M_c\rho_c}{V_m} \cdot \frac{V_L p_m}{p_L + p_m}\exp\left[-\frac{d_2}{1 + d_1 p_m}(T - T_0)\right] + \phi_m\frac{M_c p_m}{RT} + \phi_f\frac{M_c p_f}{RT} \tag{2.61}$$

式中　m_m——单位质量煤基质的瓦斯含量，kg/m³；

m_b——单位质量煤体的瓦斯含量,kg/m^3;

ρ_c——煤体视密度,kg/m^3;

V_L——Langmuir 体积常数,kg/m^3;

V_m——气体摩尔体积,m^3/mol。

单位煤基质内瓦斯含量的变化量即为煤基质与裂隙之间的质量交换量,即:

$$\frac{\partial m_m}{\partial t} = - Q_m \tag{2.62}$$

将式(2.59)和式(2.60)代入式(2.62),可得到瓦斯在煤基质中扩散过程的控制方程:

$$\frac{\partial}{\partial t}\left\{\frac{M_C \rho_c}{V_m} \cdot \frac{V_L p_m}{p_L + p_m}\exp\left[-\frac{d_2}{1 + d_1 p_m}(T - T_0)\right] + \phi_m \frac{M_C p_m}{RT}\right\}$$
$$= -\frac{3\pi^2 M_C(p_m - p_f)\left[D_0\exp(-\xi t) + D_r\right]}{L_m^2 RT} \tag{2.63}$$

(3)裂隙内瓦斯流动场控制方程

裂隙内的瓦斯含量的质量守恒方程可由式(2.64)表示:

$$\frac{\partial(\phi_f \rho_f)}{\partial t} = Q_m - \nabla(\rho_f V_f) \tag{2.64}$$

式中,V_f 为裂隙内瓦斯流速,m/s;可由 Darcy 定量计算得到:

$$V_f = -\frac{k_f}{\mu}\nabla p_f \tag{2.65}$$

式中 μ——气体动力黏度,$Pa \cdot s$。

可以得到非等温条件下煤层裂隙内瓦斯流动过程的控制方程:

$$\phi_f \frac{\partial p_f}{\partial t} - \frac{\phi_f p_f}{T}\frac{\partial T}{\partial t} + p_f \frac{\partial \phi_f}{\partial t} + \nabla\left(-\frac{k_f}{\mu}p_f \nabla p_f\right) = \frac{3\pi^2 M_C\left[D_0\exp(-\xi t) + D_r\right]}{L_m^2}(p_m - p_f) \tag{2.66}$$

(4)煤体温度场控制方程

对于煤体骨架,其能量守恒方程可由式(2.67)表示:

$$\frac{\partial\left[(1 - \phi_m - \phi_f)\rho_s C_s T\right]}{\partial t} + \alpha_T K_s T\frac{\partial \varepsilon_V}{\partial t} + (1 - \phi_m - \phi_f)\nabla(\lambda_s \nabla T) = Q_{Ts} \tag{2.67}$$

式中 ρ_s——煤体骨架密度,kg/m^3;

C_s——煤体骨架比热容,$J/(kg \cdot K)$;

K_s——煤体骨架体积模量,MPa;

ε_V——煤体体积应变;

λ_s——煤体骨架热传导系数,$W/(m \cdot K)$;

Q_{Ts}——煤体骨架热源。

对于瓦斯气体,其能量守恒方程可由式(2.68)表示:

$$\frac{\partial\left[(1 - \phi_m - \phi_f)\rho_g C_g T\right]}{\partial t} + \nabla(\rho_g V_f C_g T) + (\phi_m + \phi_f)\nabla \cdot (\lambda_g \nabla T) = Q_{Tg} \tag{2.68}$$

式中 ρ_g——瓦斯密度;

C_g——瓦斯比热容;

λ_g——瓦斯热传导系数;

Q_{Tg}——瓦斯气体热源。

忽略热能与机械能间的相互转化,可得到含瓦斯煤体的热平衡方程:

$$\frac{\partial\left[(\rho C)_{s+g}T\right]}{\partial t} + \alpha_T K_s T \frac{\partial \varepsilon_V}{\partial t} + \nabla\left(\lambda_{s+g}\nabla T\right) - \frac{\rho_g C_g k_f}{\mu}\nabla p_f\nabla T = Q_T \tag{2.69}$$

式中　$(\rho C)_{s+g} = (1-\phi_m-\phi_f)\rho_s C_s + (\phi_m+\phi_f)\rho_g C_g$——含瓦斯煤体的有效热容;

$\lambda_{s+g} = (1-\phi_m-\phi_f)\lambda_s + (\phi_m+\phi_f)\lambda_g$——含瓦斯煤体的热传导系数;

$Q_T = Q_{Ts} + Q_{Tg}$——含瓦斯煤体的热源,煤层瓦斯抽采过程中,热源主要来自气体吸附解吸释放的热量,可由式(2.70)计算得到:

$$Q_T = -q_{st}\frac{\rho_s\rho_g}{M_C}\frac{\partial}{\partial t}\left\{\frac{V_L p_m}{p_L + p_m}\exp\left[-\frac{d_2}{1+d_1 p_m}(T-T_0)\right]\right\} \tag{2.70}$$

式中　q_{st}——等量吸附热。

（5）交叉耦合关系

式(2.55)、式(2.63)、式(2.66)和式(2.69)联立可定量表征煤层瓦斯抽采过程中各物理场的时空演化规律,并通过煤体渗透率和孔隙率方程进行耦合。

2）弹性变形煤多场耦合模型验证及分析

（1）弹性变形煤体多场耦合模型验证

对弹性变形煤体多场耦合模型进行现场验证,实验地点选择在某矿运输巷（图2.46）,该地点煤层分布稳定,构造简单,煤层均厚为5.0 m,煤层硬度$f=0.1\sim1.2$;煤层瓦斯压力$0.1\sim2.42$ MPa,含量$22.43\sim25.32$ m³/t;煤层渗透率$0.000\,6\sim0.075$ mD。

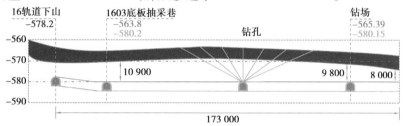

图 2.46　1603 工作面剖面图

为模拟穿层钻孔瓦斯抽采效果,构建了长20 m,高10 m的数值模型,设置3个钻孔,钻孔直径100 mm,钻孔间距5 m（图2.47）。模型顶部为载荷边界,施加18 MPa的上覆岩层压力（模拟埋深750 m）,两侧为辊支边界,约束法向位移,底部为固定边界。对于渗流场,模型四周为零流量边界,钻孔壁设置为狄氏边界,边界压力为85 kPa（模拟抽采负压15 kPa）。对于扩散场以及温度场,模型四周及钻孔壁均设置为零流量边界。模型初始瓦斯压力设置为0.8 MPa,煤层初始温度为303 K。模型输入参数见表2.3。

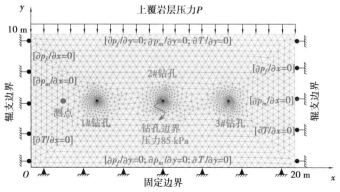

图 2.47　瓦斯抽采数值模型

表 2.3　模型输入参数

参数	取值	参数	取值
煤体最大吸附膨胀应变 ε_L	0.036	煤体泊松比 ν	0.339
煤体最大吸附量 $V_L/(\mathrm{m^3 \cdot kg^{-1}})$	0.024	基质孔隙率 ϕ_p	0.06
煤体骨架密度 $\rho_s/(\mathrm{kg \cdot m^{-3}})$	1 600	基质孔隙率 ϕ_f	0.09
煤体视密度 $\rho_c/(\mathrm{kg \cdot m^{-3}})$	1 450	Langmuir 压力常数 p_L/MPa	0.5
等量吸附热 $q_{st}/(\mathrm{J \cdot mol^{-1}})$	63 400	煤层初始渗透率 $k_0/\mathrm{m^2}$	1×10^{-16}
煤骨架热传导系数 $\lambda_s/(\mathrm{W \cdot m^{-1} \cdot K^{-1}})$	0.191	煤层内膨胀系数 f	0.1
瓦斯热传导系数 $\lambda_g/(\mathrm{W \cdot m^{-1} \cdot K^{-1}})$	0.031	煤体弹性模量 E/GPa	1.05
煤体骨架体积模量 K_s/GPa	2.1	初始扩散系数 $D_0/(\mathrm{m^2 \cdot s^{-1}})$	2×10^{-11}
煤基质弹性模量 E_m/GPa	8.469	残余扩散系数 $D_r/(\mathrm{m^2 \cdot s^{-1}})$	1×10^{-11}
煤体骨架比热容 $C_s/(\mathrm{J \cdot kg^{-1} \cdot K^{-1}})$	1 350	衰减系数 $\lambda/\mathrm{s^{-1}}$	1×10^{-7}
煤体骨架比热容 $C_g/(\mathrm{J \cdot kg^{-1} \cdot K^{-1}})$	2 160	气体压力系数 $d_1/\mathrm{MPa^{-1}}$	0.07
煤体骨架热膨胀系数 $\alpha_T/\mathrm{K^{-1}}$	2.4×10^{-5}	气体温度系数 $d_2/\mathrm{K^{-1}}$	0.04

　　图 2.48 为数值模型与现场瓦斯抽采流量的对比结果。如图所示,随着抽采时间的增加,钻孔周围压降漏斗逐渐增大,煤层整体瓦斯压力显著降低。1#、2#钻孔的多场耦合模拟结果与实测结果均具有较好的一致性,验证了多场耦合数学模型的合理性。

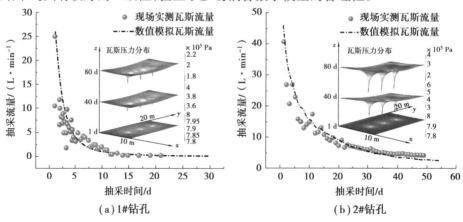

图 2.48　多场耦合模型与现场实测数据匹配结果

（2）模型参数敏感性分析

　　为了研究煤体最大吸附膨胀应变对物理场演化规律的影响,将 ε_L 设为自变量,图 2.49 为不同 ε_L 条件下各物理场的演化规律。抽采初期,ε_L 对裂隙瓦斯压力 p_f 影响较小,后期 ε_L 增大,p_f 逐渐降低;随着 ε_L 的增大,p_m 逐渐增大,裂隙瓦斯压力的降低促进基质瓦斯解吸,引起基质收缩,导致煤体渗透率增大,且 ε_L 越大,渗透率增幅越大,从而导致裂隙瓦斯压力降低越快。

　　将内膨胀系数 f 作为自变量,如图 2.50 所示,内膨胀系数 f 越大,同一时刻煤中瓦斯压力越低。随着 f 的增大,煤体基质收缩变形中用于改变裂隙开度的部分增加,裂隙中瓦斯压力降低更快。

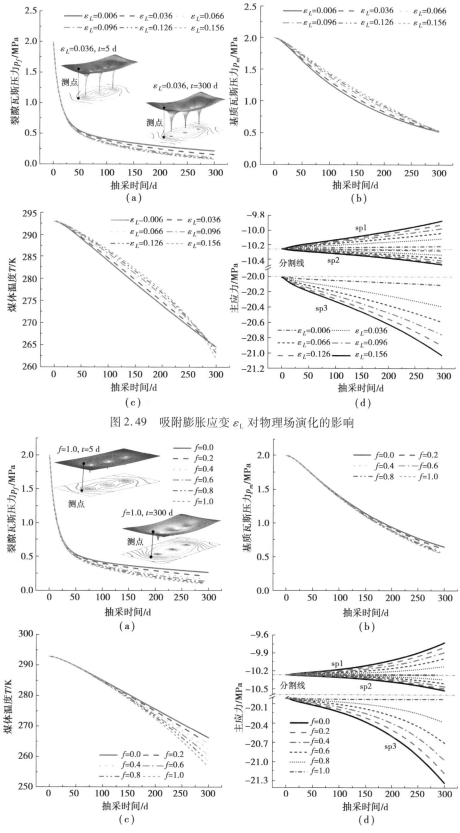

图 2.49　吸附膨胀应变 ε_L 对物理场演化的影响

图 2.50　内膨胀系数 f 对物理场演化的影响

将初始扩散系数 D_0 作为自变量,如图 2.51 所示,随着 D_0 的增大,裂隙瓦斯压力略有增加,但差异很小;而基质瓦斯压力则显著降低。这是因为,随着 D_0 的增大,基质与裂隙间的质量交换量显著提高,导致基质瓦斯压力快速降低,而裂隙内的瓦斯由于得到来自基质瓦斯的补充而略有升高。煤体温度变化与基质瓦斯压力变化一致。

将衰减系数图 λ 作为自变量,如图 2.52 所示,随着衰减系数的增大,基质瓦斯压力随抽采时间的降幅明显减小,λ 的增大导致煤体扩散系数快速降低,因而基质与裂隙间的质量交换减少,导致基质瓦斯压力相对增大。

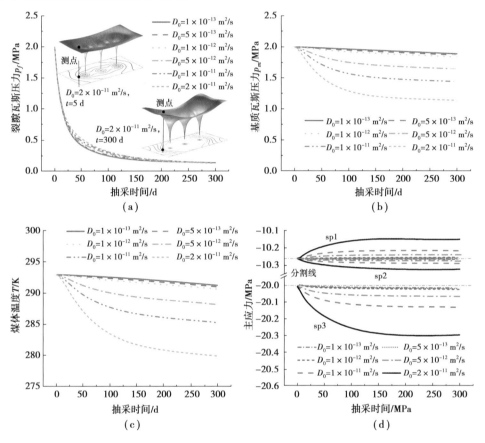

图 2.51 初始扩散系数 D_0 对物理场演化的影响

将初始渗透率 k_0 作为自变量,如图 2.53 所示,当煤体渗透率较低时(如 $k_0 = 1 \times 10^{-18}$ m^2),裂隙瓦斯压力随抽采时间缓慢降低,当渗透率较高时(如 $k_0 = 5 \times 10^{-16}$ m^2),裂隙瓦斯压力在初期快速降低,到一定值后缓慢降低。渗透率越高,裂隙瓦斯压力越低,基质与裂隙间的压差越大,两者之间的质量交换量相对较高,基质瓦斯压力降低较快。

将初始瓦斯压力 p_{f0},p_{m0} 作为自变量,如图 2.54 所示,抽采初期阶段,裂隙瓦斯压力差别较大,且初始压力越高,裂隙瓦斯压力越高,但后期差异很小;对于基质瓦斯压力,抽采过程中变化规律较为相似,初始压力越高,过程中基质瓦斯压力越高。

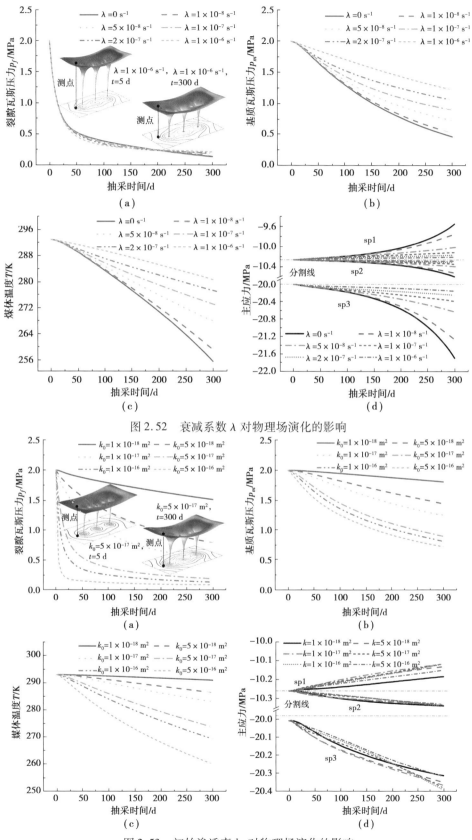

图 2.52　衰减系数 λ 对物理场演化的影响

图 2.53　初始渗透率 k_0 对物理场演化的影响

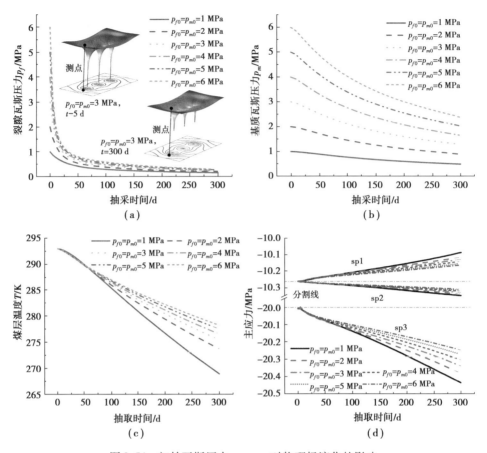

图 2.54　初始瓦斯压力 p_{f0}，p_{m0} 对物理场演化的影响

等量吸附热 q_{st} 作为自变量，如图 2.55 所示，煤体的等量吸附热对瓦斯流场的影响可以忽略不计。等量吸附热越低，相同抽采时间内煤体温度降低幅度越大。抽采过程中，煤体第一主应力逐渐降低，第二和第三主应力逐渐升高。此外，煤体第一主应力随等量吸附热的增大而增大，第二、三主应力随等量吸附热的增大而减小。

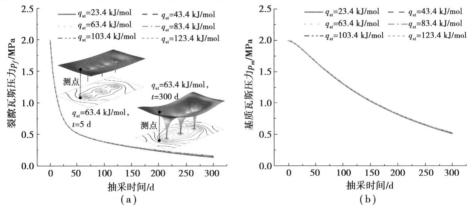

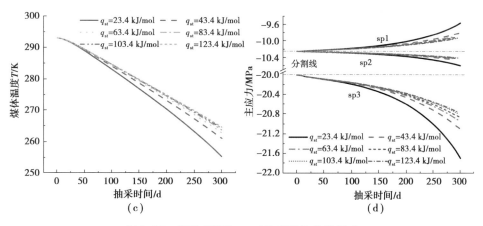

图 2.55　等量吸附热 q_{st} 对物理场演化的影响

2.5.2　卸压煤层多场耦合理论模型及其验证

1）卸压煤层瓦斯运移多场耦合模型

（1）煤体应力场控制方程

作为吸附性双重孔隙介质，煤体的变形同时受外部应力、孔隙压力以及瓦斯吸附膨胀等的影响，基于广义胡克定律，含瓦斯煤应力—应变关系可表示为：

$$Gu_{i,kk} + \frac{G}{1-2\nu}u_{k,ki} - \alpha p_{fi} - \beta p_{mi} - K\Delta\varepsilon_{mi}^{s} + F_i = 0 \qquad (2.71)$$

式中　G——煤的剪切模量，GPa；

E——煤的弹性模量，GPa；

ν——泊松比；

α,β——Biot 系数；

p_f,p_m——裂隙和基质孔隙内的瓦斯压力，MPa；

K——煤的体积模量，GPa；

$\Delta\varepsilon_m^s$——基质吸附变形增量；

F_i——体积力，MPa；

u——位移，m；下标"i"表示第 i 个方向。

采用 Drucker-Prager 准则匹配 Mohr-Coulomb 准则表征煤体损伤破坏。

$$F - (\sqrt{J_2} - \alpha_{D-P}I_1 - k_{D-P}) = 0 \qquad (2.72)$$

式中　J_2——第二偏应力不变量，MPa²；

I_1——第一应力不变量，MPa；

α_{D-P},k_{D-P}——材料常数，$\alpha_{D-P} = \dfrac{2\sin\phi}{\sqrt{3}\,(3-\sin\phi)}$，$k_{D-P} = \dfrac{2\sqrt{3}\,C\cos\phi}{3-\sin\phi}$；

C——煤体的黏聚力，MPa；

ϕ——煤体的内摩擦角，（°）。

（2）等效裂隙煤体模型

受卸压扰动的影响，煤体内常产生大量的扰动裂隙，这些裂隙在空间上随机分布，传统方法难以定量表征。针对该难题，本书提出了"等效裂隙煤体"的概念模型，如图 2.56 所示。

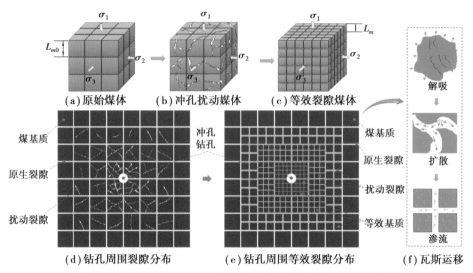

图 2.56　等效裂隙煤体模型及其在卸压煤体结构表征方面的应用

$$L_m = \frac{1}{n+1}L_{m0} = \frac{\phi_{f0}}{\varepsilon_b^p + \phi_{f0}}L_{m0} \tag{2.73}$$

式中　ε_b^p——煤基质的塑性体积应变；

　　　n——单个煤基质在指定方向上的新生裂隙数量；

　　　ϕ_{f0}——煤体的初始裂隙率，$\phi_{f0} = 3L_{f0}/L_{m0}$；

　　　L_{m0}, L_{f0}——原始煤体的基质尺寸和裂隙尺寸，m。

（3）卸压煤层瓦斯扩散控制方程

结合式（2.73），可以得到卸压煤体基质与裂隙间传质过程控制方程：

$$Q_m = \left(\frac{\phi_{f0} + \varepsilon_b^p}{\phi_{f0}}\right)^2 \cdot \frac{1}{\tau_0} \cdot \frac{M_C}{RT}(p_m - p_f) \tag{2.74}$$

式中　Q_m——质量交换量，kg/（m³·s）；

　　　M_C——甲烷的摩尔质量，g/mol；

　　　R——气体常数，J/（mol·K）；

　　　T——煤层温度，K；

　　　D——瓦斯扩散系数，m²/s；

　　　τ_0——原始煤层中煤基质的吸附时间，s。

根据质量守恒定律，可以得到煤基质内瓦斯运移过程的控制方程：

$$\frac{\partial}{\partial t}\left\{\frac{M_C\rho_c}{V_m} \cdot \frac{V_L p_m}{p_L + p_m} + \phi_m \frac{M_C p_m}{RT}\right\} = -\left(\frac{\phi_{f0} + \varepsilon_b^p}{\phi_{f0}}\right)^2 \cdot \frac{1}{\tau_0} \cdot \frac{M_C}{RT}(p_m - p_f) \tag{2.75}$$

式中　ρ_c——煤体密度，kg/m³；

　　　V_m——气体摩尔体积，22.4 L/mol；

　　　V_L——Langmuir 体积常数，m³/kg；

　　　p_L——Langmuir 体积常数，MPa；

　　　ϕ_m——煤基质孔隙率。

（4）卸压煤层瓦斯渗流控制方程

根据质量守恒定律，瓦斯在煤体裂隙内的运移过程可由式（2.76）表示：

$$\phi_f \frac{\partial p_f}{\partial t} + p_f \frac{\partial \phi_f}{\partial t} - \nabla\left(\frac{k}{\mu}p_f \nabla p_f\right) = \left(\frac{\phi_{f0} + \varepsilon_b^p}{\phi_{f0}}\right)^2 \cdot \frac{1}{\tau_0} \cdot (p_m - p_f) \tag{2.76}$$

式中　ϕ_{f0}——煤体的裂隙率；

ρ_f——裂隙内瓦斯密度，kg/m^3，$\rho_f = p_f M_C/RT$；

k——煤体渗透率，m^2；

μ——CH_4 的动力黏度。

（5）耦合项

当煤体处于应变软化阶段时，渗透率快速升高。而在残余阶段，渗透率几乎保持不变，这与试验研究结果一致。

$$\frac{k}{k_0} = \left(\frac{\phi_f}{\phi_{f0}}\right)^3 = \begin{cases} \left[\dfrac{\phi_{f0} + \varepsilon_b^p}{\phi_{f0}}\left(1 - \dfrac{3g}{\phi_{f0}}\Delta\varepsilon_m^s - \dfrac{\Delta\sigma^{eff}}{K_f}\right)\right]^3 & (\varepsilon_b^p \leq \varepsilon_{bc}^p) \\ \left[\dfrac{\phi_{f0} + \varepsilon_{bc}^p}{\phi_{f0}}\left(1 - \dfrac{3g}{\phi_{f0}}\Delta\varepsilon_m^s - \dfrac{\Delta\sigma^{eff}}{K_f}\right)\right]^3 & (\varepsilon_b^p > \varepsilon_{bc}^p) \end{cases} \tag{2.77}$$

式中　ε_{bc}^p——残余阶段起点对应的煤体塑性体积应变；

g——内膨胀系数；

$\Delta\sigma^{eff}$——有效应力增量，MPa；

K_f——裂隙体积模量，MPa。

在瓦斯抽采过程中，受应力变化和瓦斯解吸的影响，煤基质孔隙率处于动态变化中。这里采用的煤基质孔隙率控制方程由式（2.78）表示：

$$\phi_m = \phi_{m0}\exp\left\{\frac{1-\phi_{m0}}{\phi_{m0}}\left[\Delta\varepsilon_m^s - \frac{\Delta\sigma^{eff}}{K_m}\right]\right\} \tag{2.78}$$

式中　ϕ_{m0}——煤基质的初始孔隙率；

K_m——煤基质的体积模量，MPa。

2）卸压煤层瓦斯运移多场耦合模型验证

水力冲孔是一种典型的煤层卸压措施。本小节以水力冲孔为工程背景，验证卸压煤层瓦斯运移多场耦合模型的有效性。

（1）模型地质背景

在某矿工作面机巷和开切眼实施了水力冲孔措施。工作面埋深 630～800 m，煤层平均煤厚 3.6 m。煤的坚固系数 f 为 0.46～0.48，平均值为 0.47。瓦斯放散初速度 Δp 为 10.10～10.90 mmHg，平均值为 10.50 mmHg。此外，煤层平均瓦斯压力为 2.0 MPa，瓦斯含量为 22.0 m^3/t，具有较高的突出危险性。

（2）水力冲孔数值模型

为研究水力冲孔后的物理场变化，建立了如图 2.57 所示的数值模型。模型中输入的关键参数见表 2.4。

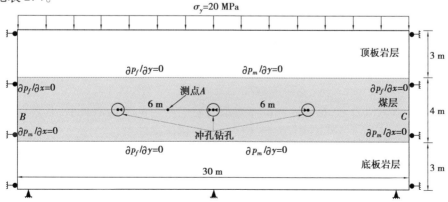

图 2.57　数值模型及边界条件示意图

表2.4　模型中输入的关键参数

参数	数值	参数	数值
煤层黏聚力 C_0/MPa	2.5	内摩擦角 φ/(°)	20
煤层弹性模量 E_0/GPa	0.8	泊松比 υ	0.33
煤基质的弹性模量 E_m/GPa	8.4	裂隙的体积模量 K_f/MPa	12
煤的密度 ρ_c/(kg·m^{-3})	1 300	残余阶段起点的塑性应变 ε_{bc}^p	0.02
气体常数 R/(J·mol^{-1}·K^{-1})	8.314	煤层温度 T/K	303
气体摩尔体积 V_m/(L·mol^{-1})	22.4	煤层渗透率 k_0/m^2	$1×10^{-18}$
Langmuir 气体常数 V_L/(m^3·kg^{-1})	0.036	Langmuir 压力常数 p_L/MPa	1.0
瓦斯的运动黏度 μ/(Pa·s)	$1.84×10^{-5}$	内膨胀系数 g	1.0
煤的初始吸收时间 τ_0/d	10	瓦斯的摩尔质量 M_c/(kg·mol^{-1})	0.016
裂隙的初始孔隙率	0.01	煤基质的初始孔隙率	0.045

（3）水力冲孔钻孔周围多场时空演化规律

图2.58（a）为不同内聚力煤层水力冲孔钻孔周围的应力分布。沿 ML-1 的应力分布表明，在1#钻孔左侧应力峰值随着 C_0 的减小而远离钻孔，而峰值没有发生明显变化。然而，钻孔之间的应力随着 C_0 的降低而增加。在图2.58（b）中，随着 φ 的减小，1#钻孔左侧的应力峰值向远离钻孔的方向移动，其峰值略有下降。从图2.58 可以看出，随着 C_0 和 φ 的增加，塑性区显著减小，特别是当 C_0 和 φ 相对较小时。

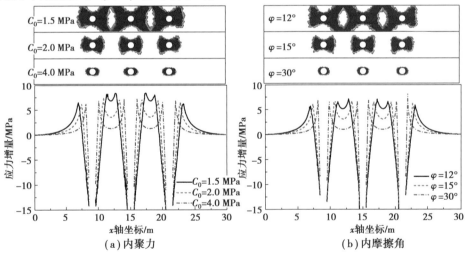

图2.58　不同强度煤层钻孔周围应力和塑性区分布

从图2.59（a）可以看出，高渗区和低渗区都随着内聚力的增加而减小，尤其是当 C_0 较小时变化更为明显。在图2.59（b）中，高渗透区和低渗透区都随着 φ 的增加而减小。

渗透率分布影响着煤层瓦斯压力的分布。如图2.60（a）—（c）所示，水力冲孔钻孔周围的瓦斯压力 p_f 随抽采时间的增加而降低。对于一定抽采时间，指定点的 p_f 随着 C_0 的减少而减少。如图2.60（d）—（f）所示，一定时间和指定点的气体压力也随着 φ 的减小而减小。

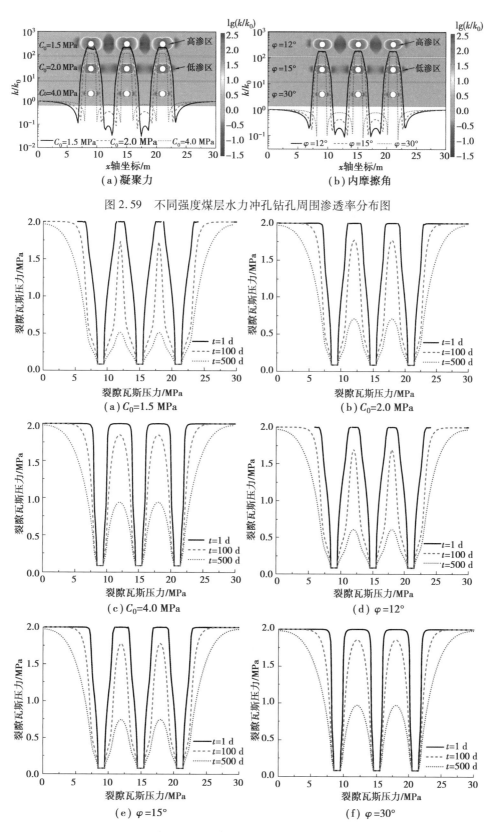

（a）凝聚力　　　　　　　　　（b）内摩擦角

图 2.59　不同强度煤层水力冲孔钻孔周围渗透率分布图

（a）C_0=1.5 MPa　　　　　　　（b）C_0=2.0 MPa

（c）C_0=4.0 MPa　　　　　　　（d）φ=12°

（e）φ=15°　　　　　　　　（f）φ=30°

图 2.60　不同强度煤层瓦斯压力分布

从图2.61(a)中应力云图可以看出,钻孔直径的增加可以明显扩大应力卸压区,但也会导致应力集中区的增加。ML-1测线监测的应力曲线表明,随着钻孔直径的增大,应力峰值逐渐远离钻孔,同时峰值逐渐增大。沿ML-1的曲线表明,随着钻孔直径的增加,渗透率升高,低渗透区逐渐远离钻孔。因此,钻孔的扩大可以增加高渗透区,但同时也导致钻孔之间的渗透率显著降低。如图2.62所示,孔周气压随着抽采时间的增加而降低,其影响范围也明显增大。

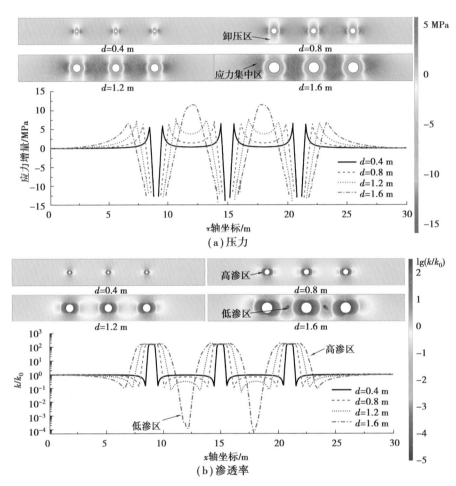

图2.61　不同直径水力冲孔钻孔周围应力和渗透率分布

如图2.63所示,$0.2 \sim 1.0$ m区间内p_f随着钻孔直径增加而减小,之后随直径增加而增加。据此可以判断不同抽采时间段的最佳抽采钻孔直径($100 \sim 200$ d,最佳的水力冲孔钻孔直径为1.0 m;$300 \sim 500$ d,最佳水力冲孔钻孔直径为1.1 m)。

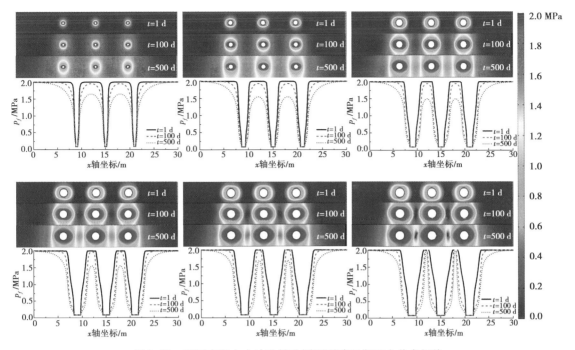

图 2.62　不同直径水力冲孔钻孔周围裂隙瓦斯压力分布规律

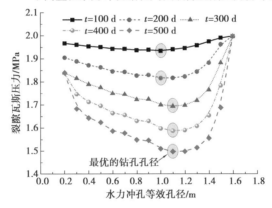

图 2.63　不同抽采时间后钻孔直径对测点 A 裂隙压力 p_f 的影响

本章小结

煤矿瓦斯抽采会引起煤层物理场之间复杂的相互作用,其中包括煤层瓦斯的吸附解吸和运移过程,以及煤层的物性参数(煤体变形、孔隙率和渗透率)等。本章从应力场、裂隙场、渗流场 3 个方面揭示了瓦斯跨尺度运移多场耦合机制,并验证了多场耦合理论在原位煤层和卸压煤层瓦斯抽采中的应用。主要结论如下:

①基于核磁共振 T_2 谱分布对煤样孔隙结构进行定量表征,并利用 NMR 研究了煤体孔隙多重分形特征。孔隙结构不同是导致煤体吸附解吸特性差异的根本原因,微孔、小孔等吸附孔数量增加,瓦斯的吸附能力逐渐增强,吸附难度降低而解吸瓦斯难度提高,解吸迟滞现象逐渐消失。中孔大孔等渗流孔数量增加,瓦斯的吸附能力先降低后升高,吸附难度先增加后降低,而瓦斯解吸的难度先降低后增加,解吸迟滞现象逐渐显著。

②瓦斯在煤体内的扩散具有明显的尺度效应,以煤体的基质尺度为临界值,当煤粒尺寸小于单个煤基质尺度时,煤粒尺度越小,煤样瓦斯扩散率越高,达到平衡所需时间越短;当煤粒尺度大于单个基质尺度时,煤粒的有效扩散系数不再发生变化;随着孔隙压力的增大,扩散率和有效扩散系数均显著升高;孔喉是控制气体在孔隙中扩散的关键,衰减系数越大的煤粒其对应的内部孔隙孔喉越小。扩散系数的衰减系数越大,煤粒内瓦斯压力衰减越慢,达到平衡所需的时间越久。

③在单轴应变及恒定有效应力条件下,随着孔隙压力的升高,内膨胀系数逐渐增大,而在恒定围压下,内膨胀系数随孔隙压力的升高而降低;气体吸附性越强、变质程度越低,测得的内膨胀系数越小;考虑基质—裂隙相互作用引入内膨胀系数建立了广泛适用性较好的煤体渗透率动态演化模型,基于"等效裂隙煤体"模型定量研究了煤体损伤与应力状态之间的关系。进一步建立了采掘扰动煤体渗透率动态演化模型并进行了实验验证。

④分析了实验室尺度非均质煤芯渗流过程中瓦斯流场演化规律,对渗透率、裂隙瓦斯流动和基质瓦斯扩散的控制方程进行了改进。结果表明,忽视煤体塑性破坏的影响会导致瓦斯压力的高估和瓦斯抽采量的低估。软煤中水力冲孔的卸压区和应力集中区范围明显大于硬煤,其对渗透率的提高效果优于硬煤。随着钻孔直径的增大,应力峰值逐渐远离钻孔,应力集中区域随之增加,钻孔周围高渗透带逐渐扩大,但孔间渗透率降低的幅度也随之增大。

第3章　不同荷载形式下煤岩力学行为特征

在煤炭开采过程中,煤岩会受到各种各样的扰动,包括采掘扰动、顶板断裂、断层滑移、爆破等,在实验室条件下可将这些扰动看作不同形式的载荷。载荷形式对煤岩的力学及渗透特性会产生较大影响,并具有广泛的工程应用基础,具体体现在不同加卸载路径、煤岩峰前及峰后受载状态、侧向应力水平对煤岩力学及渗透特性的影响。因此,本章重点阐述梯级和重复循环加卸载下煤的力学行为特征、围压加卸载作用下煤的力学行为特征、重复循环加卸载作用下砂岩的力学行为特征、加卸载作用下不同损伤程度煤岩力学及渗流特征,由简单载荷形式到复杂载荷形式,逐步探究不同载荷形式下煤岩力学行为特征,为揭示扰动作用下煤岩变形机理与瓦斯渗流机制提供理论基础。

3.1　梯级循环加卸载下煤的力学行为特征

煤炭开采过程中会受到各种来源的扰动,包括远场扰动和近场扰动。扰动对煤的力学性质具有显著影响。在实验室条件下,这种应力变化则常被简化为循环加卸载作用。本节针对不同形式梯级循环加卸载下煤体力学渗流特征展开研究,阐明了梯级循环加卸载下煤的力学行为特征。

3.1.1　梯级循环加卸载下煤的变形渗流特征

为了研究梯级循环加卸载下煤的变形渗流特征,设计了3种简化的应力路径,即变下限梯级加卸载应力路径、恒下限应力持续上升型梯级加卸载应力路径、恒下限应力间断上升型梯级加卸载应力路径,如图3.1所示。将煤样切割打磨后,制成直径为50 mm、长度为100 mm的标准圆柱体备用。以0.05 MPa/s的速度同时将轴向应力和围压以静水压条件加载到2 MPa,然后保持充入压力为1 MPa的瓦斯,保持围压不变,继续以0.05 MPa/s的速度施加或者卸载轴向应力直至煤样破坏。其中,恒下限应力路径中的应力下限为2 MPa。

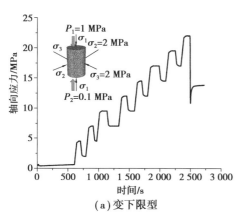

（a）变下限型

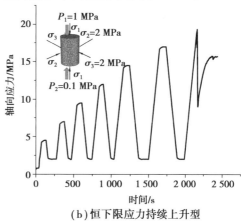

（b）恒下限应力持续上升型

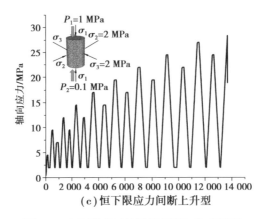

图 3.1   3 种形式下的梯级循环加卸载路径

1）煤的变形渗流特征

变下限梯级加卸载应力路径下煤的应力和渗透率变化规律如图 3.2 所示。由图 3.2 可知,渗透率呈 4 阶段变化特征:随着加卸载应力梯级的增加,煤的渗透率在压实阶段显著下降,在弹性阶段缓慢下降,在屈服阶段缓慢上升,当煤发生破坏时,渗透率急剧升高。

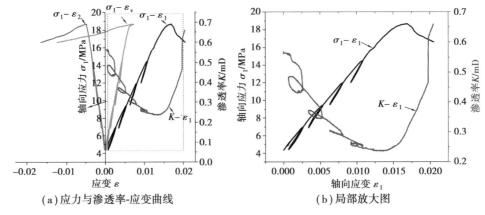

图 3.2   变下限梯级加卸载应力路径下煤的应力应变及渗透率关系曲线

图 3.3 给出了煤在恒下限应力持续上升型梯级加卸载应力路径下的应力应变及渗透率关系曲线。由图 3.3 可知,煤具有良好的力学记忆特性,煤的径向变形显著小于轴向变形。

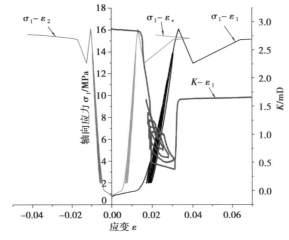

图 3.3   恒下限应力持续上升型梯级加卸载应力路径下煤的应力应变及渗透率关系曲线

恒下限应力间断上升型梯级加卸载应力路径下煤的应力应变及渗透率关系曲线如图 3.4 所示。图中给出了渗透率-轴向应变曲线的局部放大图。由图 3.4 可知：在恒下限应力间断上升型梯级加卸载应力路径下,第 4 和第 2 梯级应力水平相同,第 3 和第 6 梯级应力水平相同,但是相同应力水平下的应力曲线并不重合,说明经过历史高应力水平作用后产生了应变累积。

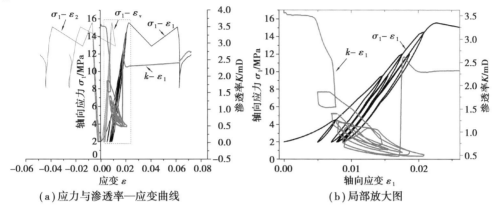

（a）应力与渗透率—应变曲线　　　　（b）局部放大图

图 3.4　恒下限应力间断上升型梯级加卸载应力路径下煤的
应力应变及渗透率关系曲线

2）煤的渗透率敏感性分析

（1）加卸载历史对渗透率的影响

为研究加卸载历史对渗透率的影响,本节以变下限梯级循环加卸载应力路径为例,定义首次加载至峰值时的渗透率值为 K_f,处于应力加载上升阶段与 K_f 同一应力水平处的渗透率值为 K_s,处于谷值的渗透率值为 K_g。K_s/K_f 和 K_g/K_f 分别是上升阶段和谷值阶段相对于峰值阶段时的渗透率恢复率。在变下限应力路径作用下,煤的上述渗透率值定义如图 3.5 所示。图 3.6 给出了变下限梯级循环加卸载应力路径中不同应力水平下煤的渗透率及其恢复率的变化情况。由图 3.6 可知：随着梯级荷载的施加,煤的 K_s/K_f 呈减小趋势,K_g/K_f 呈增大趋势。

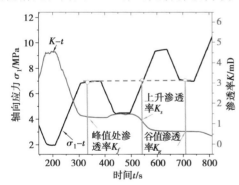 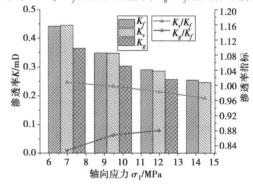

图 3.5　变下限条件下渗透率指标定义　　　图 3.6　变下限条件下煤的渗透率演化规律

（2）渗透率相对恢复率和绝对恢复率变化规律

为探究恒下限梯级循环加卸载条件下的渗透率相对恢复率和绝对恢复率变化规律,将每一个循环中卸载结束时的渗透率与初始加载时的渗透率的比值定义为绝对渗透率恢复率,计算如下：

$$\chi_a = \frac{K_i}{K_1} \tag{3.1}$$

式中　χ_a——绝对渗透率恢复率；

　　　K_i——第 i 个循环轴向应力被卸载至 2 MPa 时的渗透率，mD；

　　　K_1——第一次从 2 MPa 开始加载时的渗透率，mD。

每一个加卸载循环中卸载后的渗透率与本次循环中加载时的渗透率比值定义为相对渗透率恢复率，计算如下：

$$\chi_r = \frac{K_{i+1}}{K_i} \tag{3.2}$$

式中　χ_r——相对渗透率恢复率；

　　　K_{i+1}——第 $i+1$ 次加卸载循环轴向应力被卸载至 2 MPa 时的渗透率，mD。

图 3.7 给出了恒下限应力持续上升条件下煤的渗透率相对恢复率和绝对恢复率随循环次数的变化规律。由图 3.7 可知，随着循环荷载的施加，加载渗透率和卸载渗透率都逐渐减小，而且加载渗透率较卸载渗透率减小得更快。恒下限应力持续上升条件下煤的相对恢复率呈先快速增大后缓慢增加的趋势，绝对恢复率呈近似直线降低的趋势。

图 3.8 给出了恒下限应力间断上升条件下煤的渗透率相对恢复率和绝对恢复率随循环次数的变化规律。由图 3.8 可知，第 1 到 3 循环中，相对渗透率恢复率快速增大，第 4 个循环与第 2 个循环的应力水平相同，使应力造成的损伤减小，渗透率恢复率增加速率趋缓。同样地，第 6 循环的应力水平与第 3 循环的应力水平相等，使得渗透率恢复率与第 5 循环基本持平，渗透率增大量几乎为 0。上述分析表明，循环加卸载对煤造成了一定的损伤，但是对渗透率的影响是负面的，当应力超过煤的屈服阶段，渗透率显著增大。

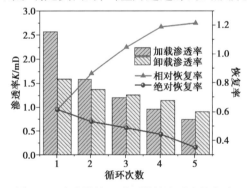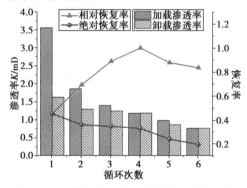

图 3.7　应力持续上升下煤的渗透率恢复率　　　图 3.8　应力间断上升下煤的渗透率恢复率

3.1.2　梯级循环加卸载下煤的能量耗散特征

煤在循环载荷作用下存在能量耗散，在加载过程中，外力对煤做的总功为总能量 U，主要以弹性势能 E_e 方式储存于煤中。其中有一部分能量 E_d 以多种破坏耗散方式损失。

$$U = E_e + E_d \tag{3.3}$$

研究含瓦斯煤加卸载条件下能量演化特征需要考虑瓦斯压力对轴向应力和围压的影响。有效轴向应力可以定义为：

$$\sigma_1' = \sigma_1 - \delta_{ij}p_1 \tag{3.4}$$

式中　σ_1'——轴向有效应力，MPa；

　　　σ_1——轴向应力，MPa；

δ_{ij}——Kronecker 符号;

p_1——瓦斯气体压力,MPa。

在整个加卸载过程中,有效围压对煤做的功远小于轴向有效应力对煤做的功。因此,只考虑轴向有效应力对煤所做的功。图 3.9 中 $AA'B'B$ 代表加载过程中有效轴向应力所做的总功 U。$CC'B'B$ 代表弹性能 E_e,该部分能量在轴向有效应力卸载过程中得到释放。滞回区域面积代表能量耗散,因此,可以用式(3.5)计算加载过程中的总能量,并且可以用相同的方法计算卸载过程中弹性能的释放量 E_e。

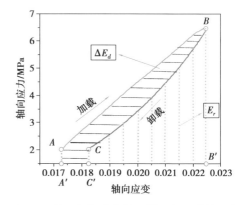

图 3.9　循环加卸载条件下煤的能量计算示意

$$U = \int \sigma_1' \mathrm{d}\varepsilon_1 = \sum_{i=1}^{n} \frac{1}{2}(\sigma_{1i}^+ + \sigma_{1i-1}^+ - 2\delta_{ij}p_1)(\varepsilon_{1i}^+ - \varepsilon_{1i-1}^+) \tag{3.5}$$

$$E_e = \sum_{i=1}^{n} \frac{1}{2}(\sigma_{1i}^- + \sigma_{1i-1}^- - 2\delta_{ij}p_1)(\varepsilon_{1i}^- - \varepsilon_{1i-1}^-) \tag{3.6}$$

式中　$\sigma_{1i}^+,\varepsilon_{1i}^+$——加载阶段应力—应变曲线上每一个点的应力和应变;

σ_{1i}^- 和 ε_{1i}^-——卸载阶段应力—应变曲线上每一个点的应力和应变;

p_1——对煤施加的进气压力,MPa,本次试验中 $p_1 = 1$ MPa。

为探究恒下限梯级循环加卸载条件下煤的能量耗散特征,对应力持续上升和应力间断上升两种条件下煤的累计耗散能随有效应力的变化规律进行计算,如图 3.10 所示。在恒下限应力持续上升的条件下,煤的累积耗散能量随着轴向有效应力的增大呈指数增大。恒下限应力间断上升条件下累积耗散能量随应力的施加而跳跃变化,第二次相同峰值载荷下的耗散能比第一次的小,但是累积耗散能随有效应力的增大整体仍然符合指数变化趋势。

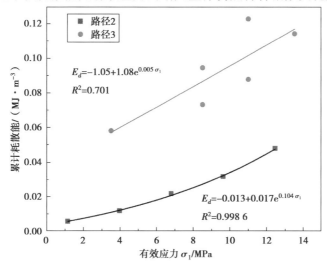

图 3.10　恒下限梯级循环加卸载条件下煤的累计耗散能变化特征

阻尼系数是一个加卸载循环中,耗散能与煤中储存的最大应变能之比,如式(3.7)所示。该系数可用于表征煤在受载过程中的耗散特征。

$$\lambda = \frac{\Delta E_d^i}{U_{\max}^i} \tag{3.7}$$

式中　λ——阻尼系数；

　　　ΔE_d^i——第 i 个循环的耗散能量；

　　　$U_{\max}^i$——第 i 个循环的最大应变能。

图 3.11 为恒下限梯级循环加卸载条件下煤的阻尼系数变化规律,由图 3.11 可知,两种应力路径下煤的阻尼系数 λ 随循环次数的变化规律基本相同。随着循环荷载的施加,煤的阻尼系数先减小再增大。这表明,煤中的非弹性性质先减弱后增强。当阻尼系数达到最小值时,煤的弹性性质最明显,这是由于煤内部孔隙及裂纹闭合程度增大,煤密实程度增加,应力-应变滞回圈面积逐渐减小,即在一次循环过程中所消耗的能量减小,从而阻尼系数也相应降低。

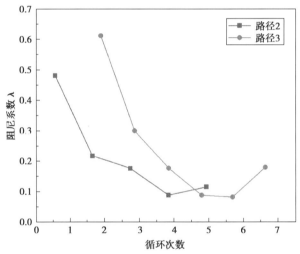

图 3.11　恒下限梯级循环加卸载条件下煤的阻尼系数变化规律

3.1.3　梯级循环加卸载下煤的声发射特征

声发射(AE)是超过声信号阈值的脉冲数,AE 能量是指 AE 事件释放的能量。图 3.12 为变下限条件下煤的声发射信号随时间的变化关系。由图 3.12 可知,煤的声发射计数和能量均随应力的增大而逐渐增多,在破裂阶段达到最大值。该路径下的声发射计数和能量信息反映了煤的损伤累积渐进过程,卸载作用使微裂隙变形有一定程度的恢复。

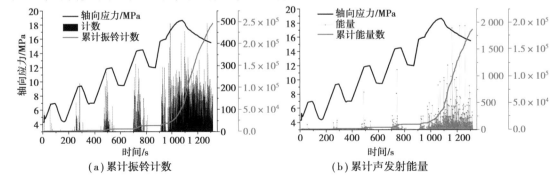

（a）累计振铃计数　　　　　　　　　　（b）累计声发射能量

图 3.12　变下限梯级循环加卸载应力路径下煤的声发射事件时变规律

图 3.13 为恒下限应力持续上升条件下煤的声发射信号随时间的变化关系,每个加卸载过程均产生了声发射信号,且声发射计数和能量值均随峰值应力的增大而逐渐密集,累计计数和累计能量曲线斜率都在各循环峰值前出现突增,煤在卸载阶段及之后的应力保持阶段较少产生声发射事件。

如图 3.14 所示,在恒下限应力间断上升条件下,煤在峰值应力与历史应力峰值相同时的加卸载过程中几乎不产生声发射事件,且累计计数和累计能量曲线的斜率几乎为 0,表明煤在应力达到历史峰值之前,加载作用不会使煤产生大量的裂隙扩展。

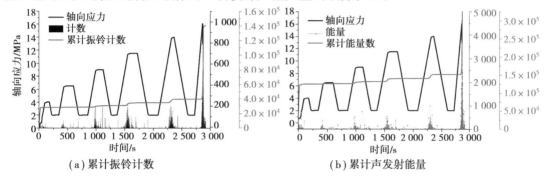

图 3.13　恒下限应力持续上升条件下煤的声发射参数随时间的演化规律

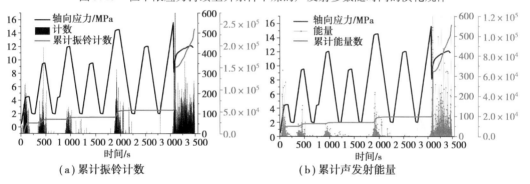

图 3.14　恒下限应力间断上升条件下煤的声发射参数随时间的演化规律

当应力加载到之前加载的最高应力时,煤开始出现明显的声发射事件的现象,这种现象被称为 Kaiser 效应;而当加载应力小于之前加载最高应力时,煤出现明显的声发射事件的现象,其被称为 Felicity 效应。可采用 Felicity 比值来确定两种效应显著与否,Felicity 比值可由式(3.8)计算。

$$F_R = \frac{\sigma_k}{\sigma_p} \tag{3.8}$$

式中　σ_p——历史加载的最大应力,MPa;

　　　σ_k——出现明显声发射信息时所对应的应力值。

图 3.15 为煤在不同应力路径下 Felicity 比值的变化规律,变下限条件下 Felicity 比值随循环次数的变化趋势明显不同于恒下限条件下的 Felicity 比值。在变下限梯级循环加卸载下,煤的 Felicity 比值均大于 1,说明煤的应力记忆滞后,表现出更明显的塑性和非均值性;在恒下限应力持续上升条件下,煤的 Felicity 比值也有相同的规律,且循环的最后比值接近 1,说明循环载荷降低了煤的应力记忆超前特征;在恒下限应力间断上升条件下,煤的 Felicity 比值在 1 下方起伏,当循环应力峰值小于前一个应力峰值时,该循环下的 Felicity 比值也小于前一个循

环的 Felicity 比值,最终 Felicity 比值达到最小,这可能是煤的记忆性能受加卸载历史的影响,通过 Kaiser 点并不能很好地判断煤岩受载历史。

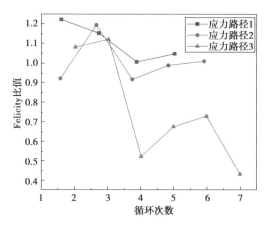

图 3.15　煤在不同应力路径下的 Felicity 比值

由以上结果可知,在梯级循环加卸载作用下,原煤渗透率随着应力的增大和循环次数的增加呈减小趋势,应力卸载和加载对渗透率的影响不同,渗透率受到应力和损伤累积的双重影响。在两种恒定下限应力路径下煤的累积耗散能量随着轴向有效应力呈指数增大。随着循环加卸载的施加,煤的阻尼系数先减小后增大。随着循环次数的增大,煤在 3 种路径下的 AE 能量和 AE 计数都呈周期性增长。

3.2　重复循环加卸载下煤的力学响应及渗流特征

重复循环加卸载作用被学者广泛应用于研究煤的疲劳与损伤特性。与梯级循环加卸载作用不同,重复循环加卸载条件下煤的渗流特性表现出不同的特征,为此,本节将针对重复循环加卸载下煤体力学渗流特征开展研究,讨论重复循环加卸载下煤的力学行为特征。

3.2.1　重复循环加卸载下煤的力学响应特性

为了研究重复循环加卸载下煤的力学响应及渗流特征,设计了如下 2 种应力路径,路径 Ⅰ 为恒应力下限重复循环加卸载路径,路径 Ⅱ 为变应力下限重复循环加卸载路径,如图 3.16 所示。

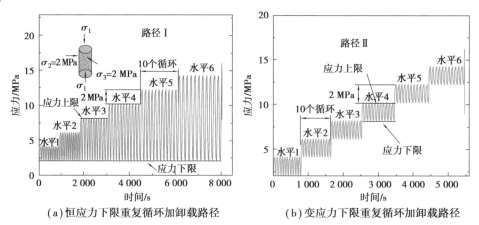

(a)恒应力下限重复循环加卸载路径　　　(b)变应力下限重复循环加卸载路径

图 3.16　重复循环加卸载试验路径

煤在受到外力的作用下会产生一定变形,变形程度的大小可用应变来表示。图 3.17 为重复循环载荷下的应力—应变曲线,在两种路径中,每一次循环加卸载都会产生塑性滞回环,在同一应力水平下的滞回环也不重合,说明煤在受到循环加卸载的作用后同时产生了弹性变形和塑性变形。在路径 Ⅰ 中,随着加卸载应力梯度的增加,塑性滞回环逐渐增大,且增大的程度越加明显;在路径 Ⅱ 中,同一应力水平下的塑性滞回环也不重合,随着应力梯度的增加,塑性滞回环呈现出缩小的趋势。

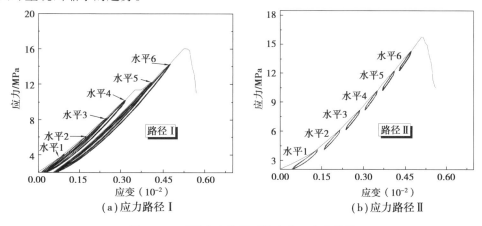

图 3.17　不同应力路径下的应力—应变曲线

为了展示加载和卸载点弹性模量的变化情况,本节将弹性模量分为加载弹性模量和卸载弹性模量,两种路径下煤的加载和卸载弹性模量如图 3.18 所示。由图 3.18 可知,在初始循环阶段,加载、卸载弹性模量最大,随着梯级应力水平的提高,路径 Ⅰ 中的加载和卸载弹性模量表现出一致性,随着循环次数的增加逐渐减小。而在路径 Ⅱ 中,卸载弹性模量明显高于加载弹性模量。

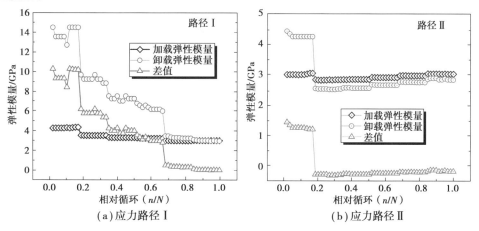

图 3.18　不同应力路径下加载、卸载弹性模量

煤在受到外力作用时会产生变形,当外力减小时,变形会逐步恢复,表现出弹性特征,不可恢复的变形称为不可逆变形。为了更准确地把握阐明不可逆应变的演化规律,特绘制了不可逆应变与循环次数和应力的关系曲线,分别如图 3.19 和图 3.20 所示。由图可知,两种应力路径下不可逆应变演化规律基本一致。不可逆应变随循环次数的增加而增加。在应力路径 Ⅰ 中不可逆应变增加缓慢,而应力路径 Ⅱ 中,不可逆应变随应力水平的增加,呈现出阶梯式增长。

　　图 3.21 为两种应力路径下能量密度的比较。由图 3.21(a)—(c)可知,应力路径Ⅰ的能量密度增长速度远大于应力路径Ⅱ,说明荷载形式不同,能量密度随应力的增长速度也不同,但能量密度的演化规律是相同的,能量密度的增长速度受应力路径的影响。

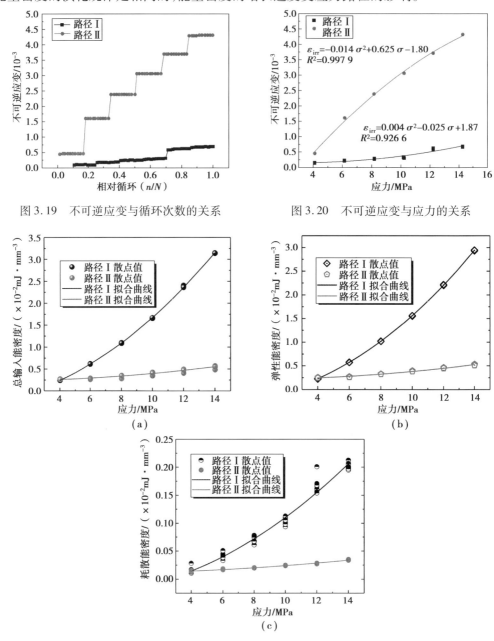

<table>
<tr><td>图 3.19　不可逆应变与循环次数的关系</td><td>图 3.20　不可逆应变与应力的关系</td></tr>
</table>

图 3.21　两种应力路径下能量密度演化规律

　　储能系数为弹性能与总能量的比值。图 3.22 为两种应力路径下储能系数的比较。应力路径Ⅱ的储能系数整体大于应力路径Ⅰ的储能系数,说明储能系数大小与荷载形式有关,应力路径Ⅱ更有利于弹性能密度的储存。

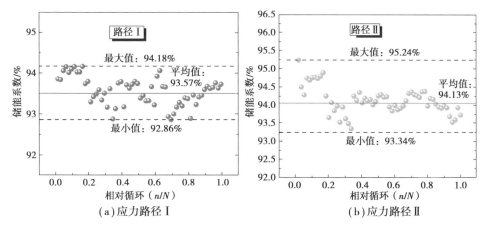

图 3.22　两种应力路径下储能系数

3.2.2　重复循环加卸载下煤的变形-渗透特征

两种应力路径下煤的渗透率变化曲线如图 3.23 所示。由图 3.23 可知,在屈服阶段之前,随着轴向应变的增加,渗透率总体逐渐降低。这表明随着轴向应变的增大,煤内部孔隙裂隙被压密,增加了瓦斯流动的阻力,从而导致渗透率随着轴向应变的增加而减小。在屈服阶段之后,由于孔隙裂隙的快速发育,渗透率逐渐增大。除此之外,两种应力路径下的瞬时渗透率曲线随着卸载应力的增加,总体由"稀疏"向"紧密"转变。

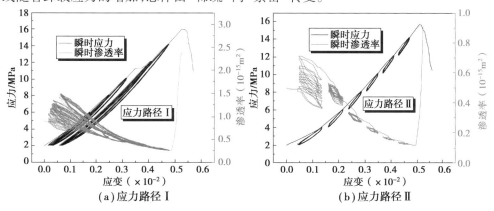

图 3.23　两种应力路径下渗透率变化曲线

两种应力路径下煤所受应力和瞬时渗透率与时间的对应关系如图 3.24 所示。由图 3.24 可知,在应力路径Ⅰ下,随着时间的推进,瞬时渗透率变化幅值也不断增大,与增大的应力幅值相对应,在整个受载过程中煤的瞬时渗透率无明显增大和减小趋势,维持在一定水平上下波动;而在应力路径Ⅱ下,应力随时间的变化曲线与瞬时渗透率随时间的变化曲线呈现出"χ"形状,即随着卸载应力上下限值的增加,瞬时渗透率的上下限幅值逐渐减小。应力—时间曲线呈阶梯式增加,瞬时渗透率—时间曲线呈阶梯式减小。

不同应力路径下的渗透率随轴向应力的变化规律如图 3.25 所示,此处将渗透率分为加载渗透率和卸载渗透率。加载渗透率是指每次加载至最大应力值处的渗透率,卸载渗透率则是卸载至初始应力值时的渗透率。由图 3.25 可知,在应力路径Ⅰ下,渗透率在应力卸载后得到了较好恢复,随着卸载应力幅值的增加,卸载渗透率逐渐增大。卸载渗透率与加载渗透率的变化规律相反。在应力路径Ⅱ下,渗透率在应力卸载后同样得到了一定的恢复,但卸载渗透率的演化规律与加载渗透率的相同,总体呈现出随着应力的增加而逐渐减小的趋势。

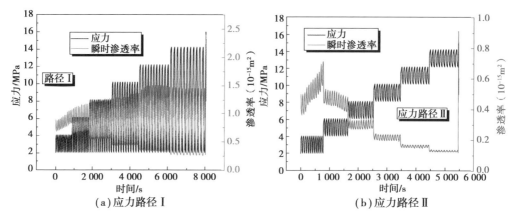

图3.24　应力和瞬时渗透率随时间的变化规律

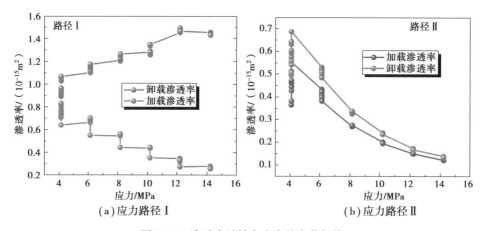

图3.25　渗透率随轴向应力的变化规律

3.2.3　重复循环加卸载下煤的渗透率恢复特性

图3.26展示了两种应力路径下煤的渗透率相对恢复率和绝对恢复率变化曲线。由图3.26可知,应力路径Ⅰ下,相对恢复率和绝对恢复率随着卸载水平的增大而增大。在前3个卸载循环阶段中,绝对恢复率小于相对恢复率。应力路径Ⅱ下,相对恢复率随着卸载水平的增加而减小,说明每次卸载后,渗透率得到部分恢复,但卸载渗透率始终小于初始渗透率。而绝对恢复率随卸载水平的增加而增加,主要原因是随卸载水平的增加,应力路径Ⅱ的卸载渗透率逐渐减小,与初始渗透率的差值逐渐增大,所以绝对恢复率随卸载水平的增大而增大。

由上述结果可知,两种应力路径下的瞬时应变随着时间增加而增加,加载和卸载时的应变呈阶梯式增加。不同路径下的应力应变滞回环有明显区别,应力路径Ⅰ滞回环逐渐增大,而应力路径Ⅱ则相反,滞回环逐渐减小。总能量密度随卸载水平的增加增长速度最快,弹性能密度次之,耗散能密度最小。在应力路径Ⅰ下,相对恢复率和绝对恢复率随卸载水平的增大而增大。在应力路径Ⅱ下,相对恢复率随卸载水平的增加而减小。

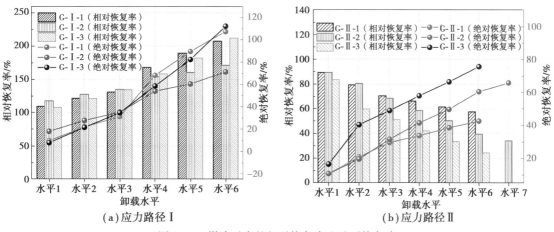

图 3.26 煤渗透率的相对恢复率和绝对恢复率

3.3 围压加卸载下煤的力学行为特征

在煤层开采过程中,煤体除受到轴向加卸载作用外,水平方向上应力也会发生变化,这更为符合煤体所处的真实应力环境。因此,研究不同围压加卸载应力路径下煤的力学行为特征具有重要意义。本节在前文第一、二小节的基础上,针对不同卸围压应力路径下煤的力学行为特征展开研究,探究围压加卸载下煤的力学行为特征。

3.3.1 分阶段卸围压作用下煤的力学及渗流特征

为了研究分阶段卸围压应力路径下煤的渗透特性,设计了 3 种分阶段卸围压渗流试验,如图 3.27 所示。

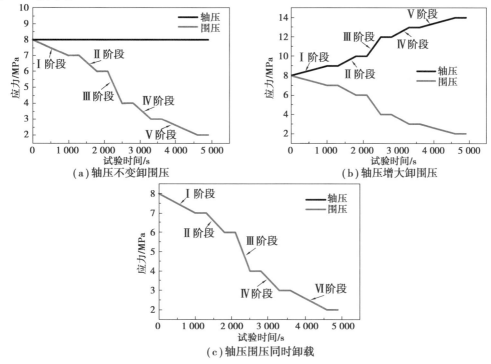

图 3.27 不同分阶段卸围压应力路径渗流试验方案

1）不同分阶段卸围压应力路径下煤的变形特征

为了阐明不同分阶段卸围压应力路径下煤的变形特征,本节采用煤的绝对应变增量和来分析 3 种加卸载条件下分阶段卸围压煤的变形规律。其中绝对应变增量为每次阶段结束时煤的应变与该次阶段开始时煤的应变之差,计算公式如下:

$$\varepsilon_{i\text{绝}} = \varepsilon_{i\text{终}} - \varepsilon_{i\text{始}} \tag{3.9}$$

式中　$\varepsilon_{i\text{绝}}$——第 i 阶段煤的绝对应变增量;

　　　$\varepsilon_{i\text{始}}$——第 i 阶段开始时煤的应变;

　　　$\varepsilon_{i\text{终}}$——第 i 阶段结束时煤的应变。

每次阶段煤的绝对应变增量与该次阶段开始时煤的应变之比的绝对值称为煤的应变率,其计算公式如下:

$$\varepsilon_{i\text{率}} = \left| \frac{\varepsilon_{i\text{终}} - \varepsilon_{i\text{始}}}{\varepsilon_{i\text{始}}} \right| \tag{3.10}$$

本书设定在轴向和径向变形中,压缩变形为正,膨胀变形为负。将不同分阶段卸围压渗流试验的变形结果代入式(3.9)和式(3.10)中计算得出不同分阶段卸围压应力路径下各阶段煤的绝对应变增量和应变率,如图 3.28 所示。煤的轴向绝对应变增量和径向绝对应变增量均随围压卸载速率的增大而增大。此外,在同一种卸围压路径中,相同围压卸载速率下煤受到的偏应力越大,其绝对轴向应变增量和径向绝对应变增量均越大。由图 3.28 还可以得出,煤的应变率随卸载速率和偏应力的变化规律和应变增量的一致。煤的轴向应变率随着偏应力的增大而减小,但其径向应变率却随着偏应力的增大而增大。由此说明,偏应力越大,煤的径向应变越大,即膨胀变形越大,破坏程度越大。

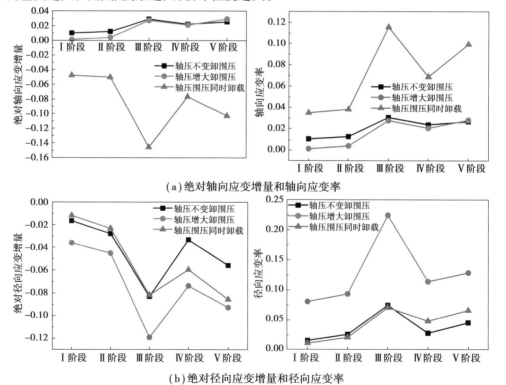

（a）绝对轴向应变增量和轴向应变率

（b）绝对径向应变增量和径向应变率

图 3.28　不同分阶段卸围压应力路径下煤的绝对应变增量和应变率

2）不同分阶段卸围压应力路径下煤的渗流特征

煤的体积应变与渗透率的变化关系曲线如图 3.29 所示。由图 3.29 可知,煤的体积应变增大时,其渗透率也增大,且体积应变变化较大时,其渗透率变化也较大。同时,在各围压卸载阶段径向膨胀变形不断增大,煤的破坏程度不断增加,从而导致其渗透率也呈阶梯性增大。此外还可看出,围压卸载速率越快,煤的体积应变和渗透率增加也越快。

煤在整个试验过程中渗透率不断增加,主要原因是已有的裂隙不断扩展,新的孔隙裂隙也不断产生,引起煤内部渗流通道不断增加,从而导致渗透率不断增大。

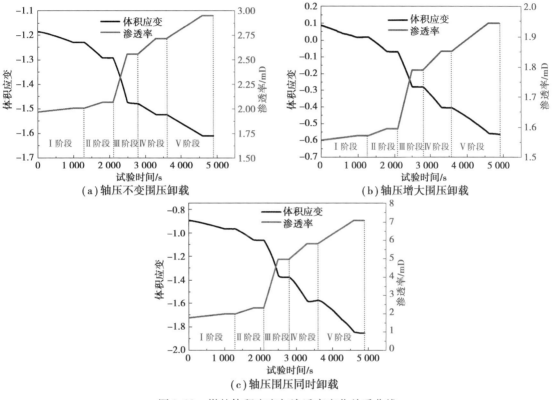

图 3.29　煤的体积应变与渗透率变化关系曲线

由图 3.29 可知,3 种不同加卸载条件下煤的渗透率与体积应变具有较好的相关性,即煤的体积应变增大时,其渗透率也增大,且体积应变变化较大时,其渗透率变化也较大,相反则渗透率变化较小。同时,煤的体积应变呈现阶梯性增大,即在各围压卸载阶段径向膨胀变形不断增大,煤的破坏程度不断增加,从而导致其渗透率也呈阶梯性增大。此外,还可以看出围压卸载速率越快,煤的体积应变和渗透率增加也越快。如图 3.30 所示,在 3 种卸围压渗流试验过程中,煤不断产生新的孔隙和裂隙,并且原生裂隙也不断扩展,引起煤样内部的渗流通道不断增加,从而导致渗透率不断增大。

3.3.2　围压加卸载条件下煤的渗透特征

为了研究围压加卸载条件下煤的渗透特征,本节设计了 2 种简化的围压加卸载应力路径,如图 3.31 所示。以 0.05 MPa/s 的加载速度将轴向应力和围压以静水平应力条件加载至 5 MPa,然后持续通入浓度为 99.99% 压力为 1 MPa 的瓦斯气体,保持 24 h 使煤达到吸附饱和状态;打开渗流装置出气端阀门,保持进气端瓦斯压力稳定在 1 MPa,围压保持 5 MPa 不变,采用速度为 0.1 mm/min 进行轴向位移加载直至煤破坏。在峰后围压加卸载阶段,将围压匀速加卸载至预定值,并且在下一阶段保持恒定。重复进行围压和轴向应力的加卸载至预定的围压最小值,并在此条件下获得轴向的残余应力。

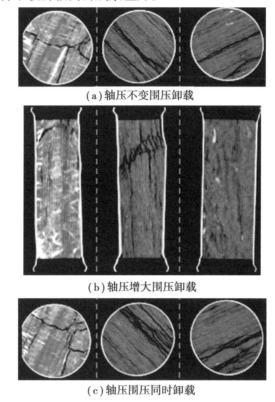

(a)轴压不变围压卸载

(b)轴压增大围压卸载

(c)轴压围压同时卸载

图 3.30　3 种加卸载路径下卸围压渗流试验煤的 CT 扫描

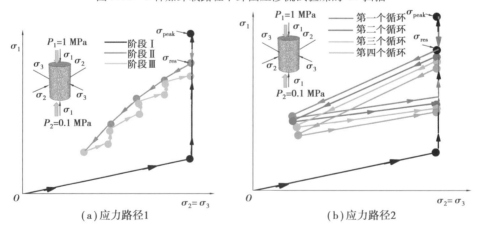

(a)应力路径1

(b)应力路径2

图 3.31　2 种围压加卸载应力路径

1)煤的渗透率演化特征

图 3.32 为煤从常规三轴加载破坏到峰后围压加卸载整个过程中渗透率随应力的变化曲线。由图 3.32 可知,应力路径 1 和 2 下峰前加载阶段,渗透率随着轴向应力增大而降低。在峰后阶段,渗透率随着轴向应力的突降而显著增大。在峰后围压循环加卸载阶段,渗透率与轴压和围压都有很好的对应关系,渗透率整体上随应力的增大而降低,随应力的释放而升高。

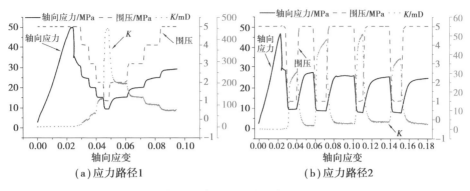

（a）应力路径1　　　　　　　　　　　（b）应力路径2

图 3.32　围压加卸载条件下煤渗透率随应力的变化规律

2）渗透率差值变化规律

卸载阶段渗透率差值定义为围压卸载过程中,卸载至最小有效应力处渗透率与最大有效应力处渗透率的差值;加载围压阶段渗透率差值定义为加载过程中,最小有效应力处渗透率与最大有效应力处渗透率的差值。通过式(3.11)和式(3.12)可分别计算卸载阶段渗透率差值 K_x 和加载阶段渗透率差值 K_j。加载阶段渗透率差值与卸载阶段渗透率差值可分别反映煤在加载与卸载阶段孔隙与裂隙的闭合量与张开量。

$$K_x = K_s - K_m \tag{3.11}$$
$$K_j = K_o - K_z \tag{3.12}$$

式中　K_s——卸载阶段最小有效应力处的渗透率,mD;

　　　　K_m——卸载阶段最小有效应力处的渗透率,mD;

　　　　K_o——加载阶段最小有效应力处的渗透率,mD;

　　　　K_z——加载阶段最小有效应力处的渗透率,mD。

如图 3.33(a)所示,应力路径 1 下卸围压阶段煤的渗透率差值随卸载次数的增大而呈指数增大,煤的渗透率变化量主要发生在后期卸载阶段;加载围压阶段煤的渗透率差值随加载次数的增大而降低。而对于应力路径 2,如图 3.33(b)所示,卸围压阶段和加载围压阶段煤的渗透率差值随卸载次数的增大而先增大后减小。

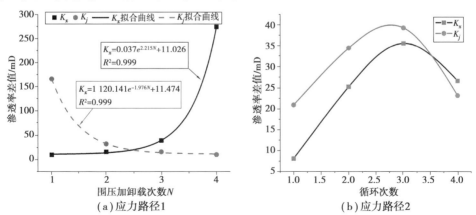

（a）应力路径1　　　　　　　　　　　（b）应力路径2

图 3.33　围压加卸载条件下煤的渗透率差值与围压加卸载次数的关系

3）围压加卸载条件下增透率变化规律

增透率可以反映煤体积发生改变时煤的增透效果,定义增透率 χ_p 为煤体单位体积改变下渗透率的改变量:

$$\chi_p = \frac{\mathrm{d}K}{\mathrm{d}\varepsilon_v} \tag{3.13}$$

式中 ε_v——煤体的体积应变。

图 3.34 为 2 种应力路径下煤的增透率演化规律,在应力路径 1 条件下,卸载阶段煤的增透率随卸载次数的增加呈指数函数增大,而加载阶段煤的增透率随加载次数的增加呈负指数函数减小。围压越低,峰后煤的渗透率对体积变形的敏感性越强。在应力路径 2 条件下,卸载阶段和加载阶段的增透率都随加载次数的增加呈指数增人。

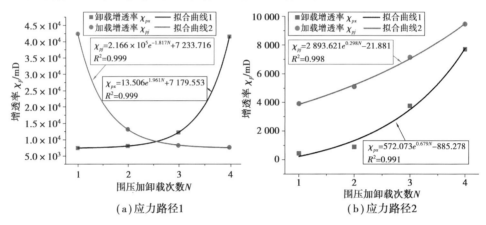

图 3.34 围压加卸载条件下煤的增透率随围压加卸载次数的变化规律

如图 3.35 所示,在两种应力路径下,轴向加载过程中渗透率随轴向应力的增大而减小。在应力路径 1 条件下,增透率随着围压的增大呈负指数函数减小,说明不同围压下相同体积应变变化量产生的增透效果不同,可根据应力水平估算增透效果。在应力路径 2 条件下,增透率随围压加卸载次数的增加而呈负指数减小。

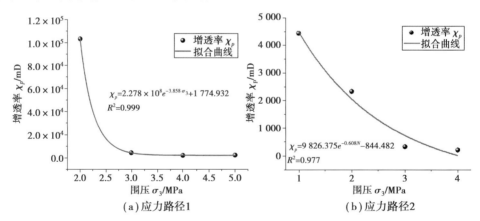

图 3.35 围压加卸载条件下煤的增透率随围压的变化规律

3.3.3 真三轴加卸载条件下煤的力学行为特征

为了研究真三轴围压加卸载条件下煤的力学行为特征,设计了如图 3.36 所示的 3 种应力路径。所用样品取自同一完整煤,用切割机将煤切割成 50 mm×50 mm×100 mm 的标准长方体试件。实验过程中设定最大主应力沿 Z 方向,中间主应力沿 Y 方向,最小主应力沿 X 方向。

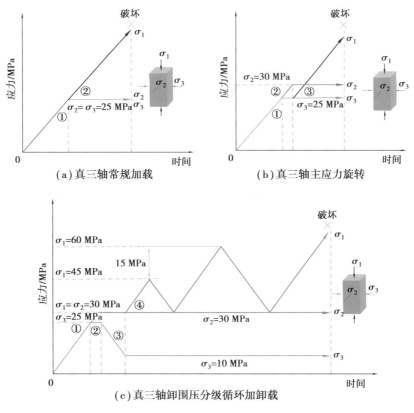

图 3.36　真三轴条件下应力路径示意

1）煤的变形与扩容特征

真三轴试验下煤的全应力—应变曲线如图 3.37 所示。

由图 3.37（a）可知，常规加载初始阶段，即静水压力段（≤25 MPa），各项应变均为正，且均随着 σ_1 的增大而近似线性增加；随着 σ_1 的不断增大，煤内部裂隙扩展贯通，ε_1 缓慢增长，以轴向压缩为主，ε_2，ε_3 缓慢减小且速率近似相等；随着 σ_1 的继续增加，体积应变增量开始由正转负，试件由体积压缩状态向扩容状态转变，将 ε_v 达到最大值后开始减小的点作为扩容起点，记为点 V，$\varepsilon_{v\max}=0.455\ 2\%$。破坏时其应变关系为 $\varepsilon_{1(a)}>\varepsilon_{v(a)}>\varepsilon_{3(a)}>\varepsilon_{2(a)}$。

由图 3.37（b）可知，主应力旋转试验应力应变曲线与常规加载条件下的应力应变曲线类似，但存在一定的差异。静水压力段各项应变均近似呈线性增长。主应力旋转阶段 σ_1 不变，σ_2 增大成为最大主应力，该阶段应变对应应变曲线上水平直线部分，表现出 ε_1，ε_2 基本不变，ε_3，ε_v 增大的特征。随着 σ_1 的不断增大，ε_2，ε_3 不断减小；到达扩容起点 V 后，ε_2 减小速率快于 ε_3。与常规加载条件不同，其扩容起点 V 出现的较早，且变形较大，$\varepsilon_{v\max}=0.610\ 6\%$。破坏时其应变关系为 $\varepsilon_{1(b)}>\varepsilon_{v(b)}>\varepsilon_{3(b)}>\varepsilon_{2(b)}$。

由图 3.37（c）可知，真三轴卸围压分级循环加卸载在加载初期阶段（静水压力段）的应力应变曲线与常规加载条件下的应力应变曲线大致相同，其余阶段变化较大。破坏时其应变关系为 $\varepsilon_{v(c)}>\varepsilon_{1(c)}>\varepsilon_{2(c)}>\varepsilon_{3(c)}$。

变形参数变形模量 E 与泊松比 μ 的计算方式如下：

$$\begin{cases} \mu = \dfrac{B\sigma_1 - \sigma_3}{B\sigma_2 - 1 + B\sigma_3 - \sigma_1} \\[3mm] E = \dfrac{\sigma_1 - \mu(\sigma_2 + \sigma_3)}{\varepsilon_1} \end{cases} \tag{3.14}$$

式中　μ——泊松比;

　　　E——变形模量,GPa;

　　　$\sigma_1,\sigma_2,\sigma_3$——3个方向的应力,MPa;$B = \varepsilon_3/\varepsilon_1$。

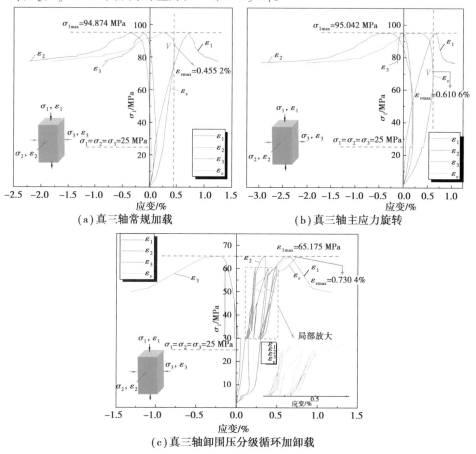

图 3.37　真三轴实验应力应变曲线

真三轴条件下煤的轴压与变形参数关系曲线如图 3.38 所示,常规加载与主应力旋转试验条件下,变形模量与泊松比呈负相关关系;轴压增大,变形模量减小,泊松比增大;变形模量与泊松比达到峰值后均迅速变化,变形模量减小,泊松比增大。对比图 3.38(a)与(c)发现,真三轴卸围压分级循环加卸载路径在加载情况下同样满足上述规律。还可以发现,σ_3 较小时,加载阶段变形模量在变化过程中相对缓慢,但是在卸载阶段变化相对更加迅速;超过峰值后,在 σ_3 较低的情况下,变形模量与泊松比的变化更为剧烈。

2)煤的能量耗散特征

以常规加载条件和真三轴卸围压分级循环加卸载为例,真三轴条件下煤的能量耗散特性显示出了不同的规律。常规加载条件下煤能量变化曲线如图 3.39(a)所示。煤在受力过程中,从微裂隙出现、扩展直至贯通整个过程中都伴随着能量的转化。压密段(oa)所做功均转化为弹性能；弹性段（ab），吸收的能量大部分以可释放弹性应变能的形式储存，耗散能很小，因此，总能量基本呈线性增长；屈服段（bc），总能量增长较缓，这是因为屈服段应变变化较缓，但煤内部微裂隙不断扩展，耗散能是增加的；在破坏点 c 处，总能量达到最大。

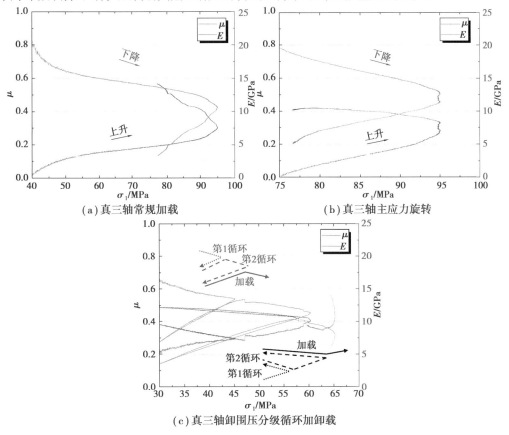

（a）真三轴常规加载　　　　　　（b）真三轴主应力旋转

（c）真三轴卸围压分级循环加卸载

图 3.38　煤的变形模量与泊松比演化规律

如图 3.39（b）所示。在循环加卸载阶段，能量变化也表现出类似塑性滞回环的"环形区域"，这是因为在加载时外力做正功，卸载时外力做负功。此外，还可以发现，在 d 点以后，应变迅速增大，表明该点以后煤的裂隙不断扩展，直至贯通破坏，该阶段产生的耗散能较多。在能量曲线点 e 处，能量发生陡增，ε_1 近乎不变，这可能是因为煤微裂隙快速向 σ_2 方向扩展扩大，损伤加剧，导致外力做功陡增。

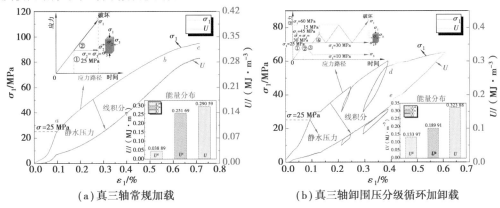

（a）真三轴常规加载　　　　　　（b）真三轴卸围压分级循环加卸载

图 3.39　煤的能量演化曲线

对两个路径下的能量占比进行对比分析,如图 3.40 所示。常规加载条件下耗散能占总能量的 13%,弹性能占 87%;而卸围压分级循环加卸载条件下耗散能占总能量的 41%,弹性能占59%。这表明循环加卸载作用下,煤内部损伤更为严重,破坏更为剧烈。

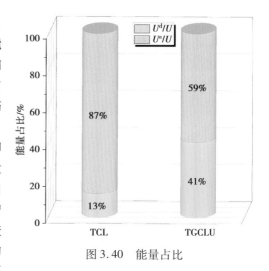

图 3.40　能量占比

由上述结果可知,煤在不同条件围压加卸载应力路径下表现出不同的力学特性。分阶段卸围压条件下,煤的轴向绝对应变增量和径向绝对应变增量均随围压卸载速率的增大而增大,且围压卸载速率越快,煤的体积应变和渗透率增加也越快。而在围压加卸载条件下,煤的渗透率随着轴向应力增大而降低,在峰后围压循环加卸载阶段,渗透率整体上随压力的增大而降低,随着压力的释放而升高。在真三轴围压加卸载条件下,变形模量与泊松比呈现负相关关系。耗散能占比较高,煤内部损伤更为严重,破坏更为剧烈。

3.4　重复循环加卸载作用下岩石的力学行为特征

在采矿工程中,煤层上覆岩层裂隙带岩石往往因受到循环载荷作用而发生破坏。不同幅值及围压循环荷载条件下岩石将展现出不同的力学行为,因采动作用而产出的瓦斯将以岩体破坏后所产生的裂隙通道作为主要的渗流通道,因此,研究不同循环加卸载作用下砂岩的力学行为特征对于研究瓦斯运移富集规律有着重要意义。本节探讨了不同影响因素对重复循环加卸载作用下砂岩力学行为的影响机制和损伤演化特征,并讨论了循环荷载下砂岩破碎后的裂隙通道演化规律。

3.4.1　不同参数对砂岩力学行为的影响机制

本节试验所用砂岩试件是表面为 50 mm、高度为 100 mm 的圆柱体。为研究变下限重复循环加卸载条件下砂岩力学行为,设计了如图 3.41 所示应力路径,试验中围压为 5 MPa。该组试验作为后续试验的对照试验,后续变下限的其他试验设置基本相同,仅调整围压、幅值和频率。

对于不同围压的变下限重循环加卸载测试,新增 10 MPa 和 15 MPa 围压的变下限梯级循环加卸载三轴压缩试验。对于不同幅值的变下限重复循环加卸载测试,新增 5 MPa 和 15 MPa 幅值的变下限重复循环加卸载三轴压缩试验。对于不同频率则考虑两种情况:

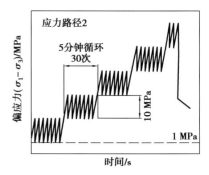

图 3.41　变下限重复循环加卸载应力路径

其一,每个梯级的加载次数被视为变量,时间保持不变(300 s)。通过增加每个梯级中的加载次数来实现频率变化。对于每个额外的 0.2 Hz,每个梯级中的加载循环数增加 60 次循环。即 0.1 Hz、0.3 Hz、0.5 Hz 分别对应的循环次数为 30 次、90 次和 150 次。

其二,将时间作为变量,同时每个梯级的循环次数保持不变(每个块中的加载循环数保持 30 个)。频率变化是通过缩短每个梯级的持续时间来实现的。在 0.3 Hz 时,每个梯级的持续时间为 100 s,在 0.5 Hz 时,为 60 s。

1)不同围压下砂岩破坏特征

由图 3.42 可知,在不同围压下的变下限过程中,3 个试件的破裂面形态均为斜面剪切破坏,且随着围压的增加,其破裂面与水平面的夹角在不断减小。另外其破裂面的贯通长度和所处位置也有明显变化,随着围压的增加,其破裂面贯通长度在不断减小,破裂面的位置也在不断向试件中部移动。此外,5 MPa 围压下的岩样破坏后斜面断口较为齐整,试件侧面的 U 形断口也较为平滑,呈现出明显的脆断形式,10 MPa 围压时破裂面断口处有较多的砂岩粉末,剪切斜面断口处啮合曲折,U 形断口凹凸不平,局部伴随少量剪切破裂面的出现,且破裂面凹凸不平且有细小颗粒状物质掉落,有明显的晶粒摩擦错动痕迹,说明破坏前发生过较严重的摩擦。15 MPa 围压时破裂面断口较小,且并未贯通试件的两端,仅在试件中部位置有一可见的闭合裂缝,周围有些许次生微裂隙裂纹存在,试件两端未能完全分开。这一现象再一次印证了围压的增加可使试件从脆性破坏向塑性破坏流动过渡。此外也说明了循环应力下限递增的循环加卸载将会使岩体内部的原生裂纹裂隙相互联结,最终成为一个贯通的断裂面失去承载能力而不会出现 X 形共轭剪切或腰鼓形的破坏形式,但随着围压的增加,则会限制岩体内部裂纹的发展和贯通方向,使得最后破裂面的形态和位置产生在应力和损伤的集中部位,并与低围压时产生较为不同的破坏现象。

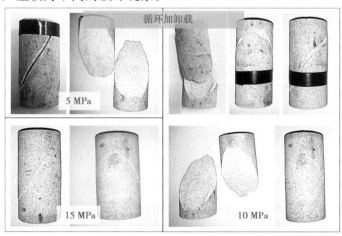

图 3.42　剪切面特征

2)幅值对砂岩力学行为的影响机制

结合 Martin 的阶段划分理论,在变下限三轴循环加卸载过程中,应力幅值的增加会使某些阶段被混合在一起,从而包含两个阶段的特征,使这一梯度内的变形特征杂糅得更像是一种偏向过渡的阶段。例如当应力上限为 45 MPa 时所表现出的泊松比和体积应变的不同。但仔细观察 15 MPa 应力幅值时的泊松比的发展趋势,其下降的趋势已经被缓和,并在下一个梯度内的泊松比呈现出上升的趋势。因此可认为这是一种两个阶段的过渡,即在梯度内实际上是包含了裂纹萌生这一点的,也就是裂纹稳定增长前后的两个阶段。而在这一阶段过程中,由于是两个阶段的过渡,实则包含着岩石的硬化和软化两种机制的竞争作用。

这些现象的产生都可归咎于应力幅值的增加会使某个梯度内包含有某些关键点的概率增加,尤其是当涉及裂缝闭合这一点时。这一点可以认为是岩石硬化与软化效应互相竞争的关键点。

当应力水平大于这一点时,硬化曲线的积分面积开始小于软化曲线的积分面积,卸载时软化效应的累计即开始大于加载时的硬化效应。此外当应力幅值较小时,软化与硬化的竞争效果会表现得较小,并且会相应地偏向软化或硬化特性,从而仅表达出单一的硬化或软化现象,不容易出现较大幅值时的过渡形式,如图3.43(a)所示。而另一个关键点为裂缝萌生,当应力水平达到这一点时,软化效应的累计速度开始加快。在这一应力梯度内,因为包含了裂缝萌生这一点,软化效应与硬化效应作用效果相平,在不断的加卸载过程中,软化与硬化机制相互竞争,两者的影响共同作用于砂岩。

如图3.43(b)所示。幅值较小条件下,会表现出一定的偏向性,使其更偏向软化。由于5 MPa幅值时已经越过过渡阶段,达到软化阶段。但在15 MPa幅值中,仍旧处在过渡阶段。

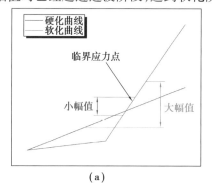
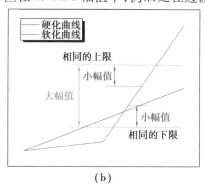

图3.43 应力幅值对软化硬化竞争的影响示意

当达到不同阈值时,硬化机制与软化机制在这一过程中所占的比重不同。在应力低水平阶段,约为峰值应力的50%之前,岩石的硬化占据了主导地位,岩石在这一过程中的变形参数演化趋势显示出明显的硬化特性;在中等应力水平,为峰值应力的50% ~80%,两种机制开始互相竞争,硬化效应在增强的同时,软化效应也在不断发展,在这一过程中既可观察到硬化特性,又能从总体上观察到岩石的软化特性;在高应力水平时,大于峰值应力的80%,软化效应逐渐占据主导地位,变形参数演化特征显示出明显的软化特性,并在最终达到失稳状态。

3)频率在变下限重复加卸载中的参与机制

孪生和交换是两种位错形式。在压缩时,如图3.44所示,晶体沿着晶体间的接触面转动,因此,相较于孪生,交换所需的应力更小,也更易发生。产生孪生位错时,需要较大的应力,且其产生的位移一般也不会超过两个质点的间距。但交换产生的位移则通常是沿着交换位错方向的质子间距的数倍,产生的变形更大。此外,在卸载时,由于质点间的相互作用力,晶体会沿着反方向转动,向原来的位置恢复。事实上,在整个过程中,由于转动角度和起始角度的不同,会相应产生硬化和软化。当晶体转动后的角度 λ 接近45°时,产生的是软化效应,此时晶体较易受外界扰动。相反,当 λ 远离45°时,则产生硬化效应,此时晶体受外界扰动的影响较小。

作为描述周期运动频繁程度的量,在改变单一变量的前提下,频率的改变有两种情况:保持次数不变,改变周期;保持周期不变,改变次数。但实际上,以本试验为例,第二组试验中保持循环次数不变,通过缩短周期增加频率,实际上可认为是增加了应变率。而第一组试验,在保持周期不变的前提下增加频率,则不仅增加了应变率,还相应地增加了循环次数。因此在分析第二组试验中频率的参与机制时,可认为仅是应变率的改变而导致的岩石在变形参数上产生的反应;但在分析第一组试验时,不仅要考虑应变率造成的影响,更应将循环次数带来的影响考虑进去,也就是"应变率+循环次数"的叠加效应。在上述所述前提与理论基础上,先分析第二组试验中的单一因素,再考虑二者的叠加效应,由宏观便于观察的变形参数反演微观视角下频率的参与机制。

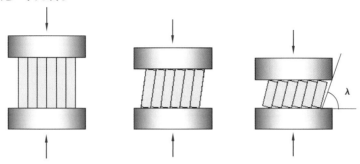

图 3.44　晶体压缩时的沿晶面转动示意

　　应变率改变带来的最显著效果是在岩石的压密阶段和塑性阶段。应变率的提高会导致微裂隙的萌生、闭合、发展受到阻滞作用。在压密阶段,岩石内主要发生的是原生微裂隙的闭合。在这一过程中,通常应力较小,裂隙的闭合过程本就缓慢,加上应变率的提高,会进一步加剧闭合受阻,进而使得岩石产生较小的变形,从而表现出一种硬化的假象,表现为弹性模量的提高和泊松比的大幅度下降。在塑性阶段,此时的应力通常较大,岩石内主要发生的是后生微裂隙的萌生、发展、贯通和相互联结。在这一过程中,微观中晶体产生的位错对温度和应变速率敏感,应变率的提高更利于孪生位错的发生。因此在第二组试验中,应变率的升高,加上石英具有天然的孪生结晶外形,导致岩石内部发生的塑性变形大多是孪生位错,位移量小。应变率提高的实质是缩短了外界扰动的作用时间,因而导致晶体沿晶体弱面产生转动的时间大幅度减少,晶体未能达到本应转动的角度,其所转角度也就相对较小,使 λ 更远离 45°,进而产生硬化效应。此外,更深入地,质点在长期保持高应力下时,通常会使孪生位错较大,质点间距变大,此时的合力却小于 P_{max},应变率越高,不可逆变形越大,合力就越小。另外,高应变率使此过程作用时间较短,因此质点间能够在不可逆变形较大的情况下保持较小的作用力,并相对提高强度,产生硬化效果。

　　频率提高的另一种表现形式与第一组试验相同,即不仅应变率提高,循环次数也相应成倍增加。因此在分析上述频率的参与机制之一——单纯应变率的提高之后,还应考虑循环次数与应变率的叠加效果。在宏观变形参数中,当两种主要因素叠加后,宏观变形参数的变化幅度显著增加。因此,在硬化岩石的前提下,频率的另一种参与机制是增加变形参数的累积量,尤其是不可逆变形等劣化效果,且当次数和应变率两种作用叠加时,次数产生的效果作用会更加显著。这是由于循环加卸载次数的增加,导致岩石的塑性变形中交换位错的次数大量增多,从而使不可逆的变形量大量增加。另外,随着频率的增加,第一组试验中弹性模量的变化趋势是先增加后降低。这是由于循环次数的增加量不同,所导致的结果也不相同。循环次数的增加会导致致密效应,在次数较小时,产生硬化效应,岩石内的孔隙被压密,相应就表现出强化和硬化的效果。然而当致密效应过度时,会使岩石内的孔隙在较小应力时,即由于次数的增加而提前压密,从而使岩石提前进入弹性阶段,并使弹性阶段的持续时间显著增加。

随着频率的增加,尽管由于高应变率导致晶体的转动不彻底,然而由于次数的大量增加产生了质变,导致 λ 趋于 $45°$,因此也使得硬化效果最终被软化效果所取代。

综上所述,频率在变下限重复加卸载过程中的参与机制主要可以表述为:单纯改变应变率和在改变应变率的基础上增加或减少作用次数。单纯改变应变率仅会小幅度地提高岩石的强度,较低程度地硬化岩石。而在改变应变率的基础上同时改变作用次数,通常会使劣化累积量改变。但此时频率的改变会根据次数的不同,导致两种不同的情况,一种是因致密效应产生的硬化,另外一种是因过度致密而产生的相对软化。

3.4.2 不同参数对砂岩损伤演化的影响机制

1) 不同影响因素下砂岩损伤演化特征

在恒定幅度的循环加卸载过程中,岩石的轴向应变遵循先增加,后不变,再上升的三段式"S形"发展规律。在统计学中,Logistic 函数也具有相同的三段式发展趋势,其表达式为:

$$y = \frac{\delta}{1 + e^{\alpha - \beta x}} \tag{3.15}$$

式中 α, β, δ ——均为待定常数。

Logistic 函数的逆函数曲线的趋势与恒幅循环加卸载的损伤演化趋势基本一致,因此,可用其逆函数来拟合循环加卸载过程中轴向应变的演化趋势。其逆函数可表示为:

$$y = \frac{\alpha}{\beta} - \frac{1}{\beta} \cdot \ln\left(\frac{\delta}{x} - 1\right) \tag{3.16}$$

另外,由于本节涉及的大多数循环加卸载试验中,循环次数仅为 30 次,在较低应力水平时很难达到快速增长阶段。尽管当应力水平较高时,经历较少次数的循环加卸载有可能进入快速增长阶段,但实际上,该阶段内损伤累计速度较快,一般进行极少量循环加卸载后便失稳。事实上,砂岩试件的破坏失稳多数发生在完成了一个完整的应力梯度向下一个应力水平攀升,仅有少量试验能够维持数个完整循环,但由于循环次数较少,数据较少,拟合效果较差。因此可将快速增长部分忽略,认为在达到快速增长阶段开始便已达到轴向应变极限。故此,式(3.16)可进一步简化为:

$$y = a + b \cdot \ln(x + c) \tag{3.17}$$

式中 a, b, c ——均为待定参数。

将 y 替换为轴向应变 ε_a,x 替换为循环次数 n,即可得到轴向应变量与循环次数的关系:

$$\varepsilon_a = a + b \cdot \ln(n + c) \tag{3.18}$$

取每个完整应力梯度内每个循环结束后的轴向应变值作为当前循环的轴向应变值,通过式(3.18)进行拟合,其拟合曲线如图 3.45 所示。

在图 3.45(a)中,由于围压的提高,岩石的轴向应变在每个应力水平都会相应下降。这说明围压的增加会硬化岩石,使岩石的刚度增加,产生的局部塑性变形就越少,抵抗疲劳的能力也就越强,相应的疲劳寿命也就越长。在图 3.45(b)中,由于幅值的增加,在岩石的轴向应变相同的应力梯度内,即在经历相同次数的循环加卸载后显著增加。这也和在恒幅循环时得到的结果相一致。在图 3.45(c)中,随着频率的增加,岩石的轴向应变呈下降趋势,这是由于频率越高,岩石内部微裂隙接触的时间就越多,原生裂隙的闭合和后生裂隙的张开都受到了抑制,轴向变形的发展受到阻碍,因此会使得岩石的抗疲劳能力得到一定的增强。但在图 3.45(c)中,随着频率的增加,却出现了轴向应变先降低后增加的现象。这是由于在该组试验中,改变频率不仅改变了应变率,也改变了循环次数,即产生了图 3.45(d)中的效果,也伴随着致密效应的出现。也就是说应变率的增加提高了岩石的抗疲劳能力,但由于循环次数的骤增,其疲劳变形的累计也会提高,出现图 3.45(c)中结果则是两种效应竞争产生的结果。

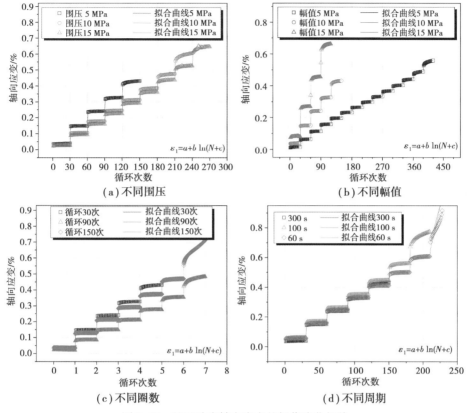

(a)不同围压   (b)不同幅值

(c)不同圈数   (d)不同周期

图 3.45   基于砂岩轴向应变的损伤演化规律

2)基于 SEM 电镜扫描的损伤演化机制的微观讨论

根据前面关于围压的分析,围压起到的主要效果是提高岩石的塑性。关于围压断口的分析,本书主要从韧窝的角度来考虑,因为在金属领域的疲劳研究中,通常认为韧窝的尺寸越大,塑性越强。因此本节选取 SEM 电镜扫描中 3 种围压下具有明显韧窝的图片进行对比。由图 3.46 中可见,随着围压的增加,韧窝的尺寸也在不断增加,无论从深度抑或尺寸皆明显增大,表明岩石的塑性逐渐增加。这是由于围压的增加,使岩石的内聚力增强,在峰值强度增加

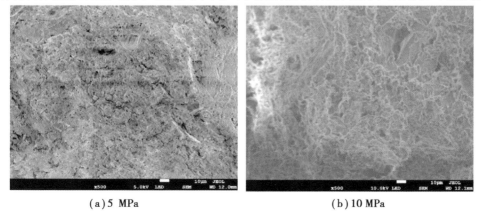

(a)5 MPa   (b)10 MPa

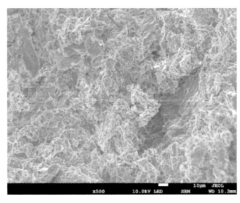

（c）15 MPa

图 3.46 不同围压断口分析

的同时也可承受更大的变形,在微观上的体现便是韧窝尺寸的增加,进而使裂纹拓展阻力增强,即抵抗裂纹进一步扩展的能力增强。

如图 3.47 所示是不同幅值变下限试验后试件的断口 SEM 扫描图片。其典型特征是在 5 MPa 幅值时,在图中发生的更多的解理断裂,断口上的片状碎屑粒径较小,断口表面粗糙,解理台阶广泛分布,参差不齐。在 10 MPa 幅值时,同样可见断口上具有大量的片状碎屑,同时断口表面也较为粗糙,但相比 5 MPa 幅值已略稍显光滑。在 15 MPa 幅值时,则仍可见部分碎屑。然而与前两者截然不同的是,断口表面已明显光滑。

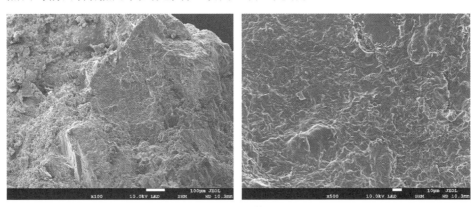

（a）5 MPa幅值

（b）10 MPa幅值

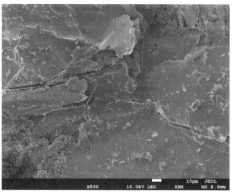

（c）15 MPa 幅值

图 3.47　不同幅值的断口特征

　　由上文可知,断口上的碎屑通常是黏土矿物,是砂岩的主要胶结成分,在岩石失效时最先断裂,断裂时所需要的能量也较小。而在 5 MPa 幅值时,由于幅值较小,破坏时梯级较多,当达到某一阈值后,使得石英能够有大量时间和机会沿着解理面反复错动和分离。但由于岩石中天然存在的位错等缺陷的阻碍作用,使得解理面的分离过程经常由一个层面向另一个层面转移,因而更容易形成如图 3.47(a)所示的解理台阶。这也是竞争机制的一个微观证据。岩石在加卸载过程中天生向使岩石向强化方向发展,这是由于加卸载过程中输入的能量倾向于压密岩石中的孔隙和裂隙。

　　不同频率的断口特征分析依然从单纯改变时间开始,再将改变次数耦合进来。如图 3.48所示,当频率增加时,可见整体上穿晶断裂的数量逐渐增加,且从穿晶的宽度和长度上皆有增加。随着频率的增加,岩石的断裂形式仍旧以沿晶断裂为主,但长度和宽度有所增加,且由沿晶断裂逐渐向沿晶和穿晶耦合断裂发展,进而发展至以穿晶断裂为主。这是由于频率较低时,晶体的位移相对平稳,能量的释放有足够时间沿着晶间释放,因此相对而言更容易产生晶间的相互滑移,即沿晶裂纹。而当频率较高时,晶体的相对位移较快,能量的释放时间变短,只能从泄能速度最快的晶粒内部进行迅速释放,因此晶粒更易形成局部弱化和新的位错,即孪生位错,孪生位错在外力的张拉下进一步形成晶粒内部的新断裂,因此更容易产生穿晶裂纹。但由于滑移产生的位移更大,而穿晶产生的裂纹相对位移较小,因此在宏观上表现出频率增大时不可逆变形反倒更小的特点。而当次数增多时,由图 3.48(d)和 3.48(e)中可见,同样也是随频率增加,穿晶断裂的数量逐渐增多,但沿晶断裂的长度和宽度也在增加,穿晶和沿晶耦合断裂形成的片状脱落物也就越来越多,即沿晶的破坏程度更彻底。

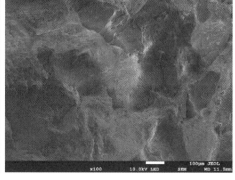

（a）0.1 Hz　　　　　　　　　　　　　　　　　　　（b）0.3 Hz, 100 s

（c）0.5 Hz, 60 s　　　　　　　　　　（d）0.3 Hz, 90圈

（e）0.3 Hz, 90圈

图 3.48　不同频率断口特征

3.4.3　砂岩破裂后裂隙通道形态演化特征

为研究不同初始应力水平循环加卸载条件下砂岩破裂后裂隙通道演化特征,设计了如图 3.49 所示的应力路径,砂岩为 ϕ50 mm×100 mm 的圆柱形试样。

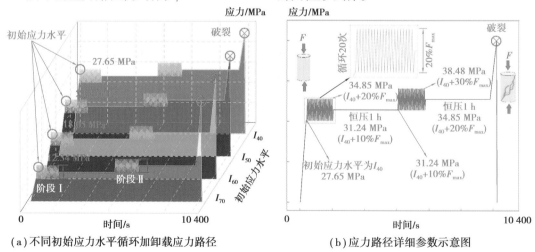

（a）不同初始应力水平循环加卸载应力路径　　　　　（b）应力路径详细参数示意图

图 3.49　不同初始应力水平循环加卸载应力路径

1）砂岩破裂后裂隙通道体积演化规律

采用 SOMATOM Ccope CT 扫描仪对破裂后的砂岩进行扫描,对扫描后的砂岩进行三维重

构。通过顶帽算法(Top-hat)对扫描后的砂岩进行阈值分割,进而构建砂岩破裂后的三维块体模型与三维裂隙通道模型。

图 3.50 (a)—(d)分别显示了破裂砂岩在初始应力为 I_{40},I_{50},I_{60} 和 I_{70} 时的块体和裂隙通道三维重建模型。可以看出,当初始应力为 I_{40} 和 I_{70} 时,破裂砂岩的三维重建模型表现出较高破裂程度。当初始应力为 I_{50} 时,破裂砂岩的三维重建模型具有良好的完整性。由图 3.50 可知,在初始应力为 I_{40} 和 I_{70} 时,岩石的破裂形态较为复杂,呈现出两种类型。一种是线形,另一种是 X 形。在初始应力为 I_{50} 和 I_{60} 时,破裂形态相对均匀,呈线性。可以看出,砂岩的破裂程度随着应力的增加而增大,砂岩中的裂缝随着应力的增加而减少。

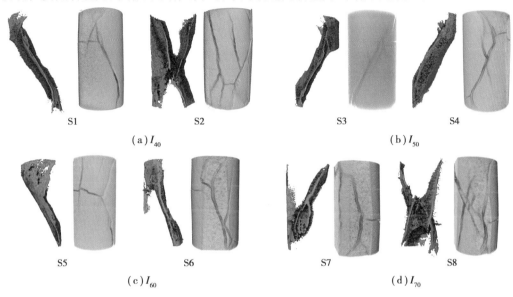

图 3.50　砂岩破裂后块体与裂隙通道的三维重构模型

图 3.51(a)显示了初始应力为 I_{40},I_{50},I_{60} 和 I_{70} 时破裂砂岩中块体的平均质量分数。由图 3.51(a)可知,当初始应力为 I_{70} 时,砂岩中中等块体的质量分数比初始应力为 I_{40} 时更大。这表明,在初始应力为 I_{70} 时,砂岩中产生了更多的中等块体。如图 3.51(b)所示,以 S2、S4、S6

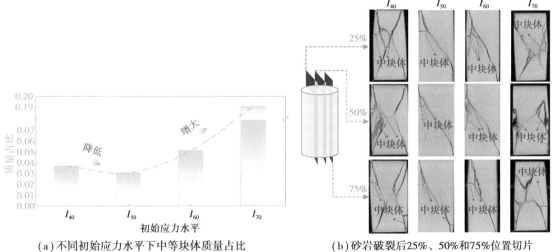

(a)不同初始应力水平下中等块体质量占比　　　　(b)砂岩破裂后25%、50%和75%位置切片中等块体分布

图 3.51　砂岩破裂后中等块体分布特征

和 S8 为例,分别在 25% ,50% 和 75% 的位置切割砂岩,形成切片。当初始应力为 I_{70} 时,砂岩中的裂隙通道因中块体的存在而被切断。因此,裂隙通道的体积变窄。虽然初始应力为 I_{40} 砂岩的破裂程度低于初始应力为 I_{70} 砂岩的,但由于中块体的平均质量分数较低,内部裂隙通道的完整性较高,因此,砂岩的裂隙通道体积较大。可见,粒度分布对破裂砂岩裂隙通道体积的影响显著。破裂砂岩中大块体的质量分数越低,小块体的质量分数越高,砂岩破坏越严重,越有利于砂岩裂隙通道的形成和扩展。中等块体的存在切断了裂隙通道,因此,中等块体的质量分数越大,砂岩中形成的裂隙通道体积越小。

2）砂岩破裂后裂隙通道形态演化规律

砂岩内部裂隙通道是砂岩渗透性主要影响因素之一。明确砂岩内部裂隙通道形态有利于明确流体在砂岩裂隙中的渗流路径,因此,将砂岩破裂后三维重构的块体模型与裂隙通道模型切片进行横向与纵向排列组合,如图 3.52 所示。

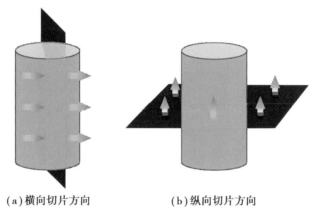

(a)横向切片方向   (b)纵向切片方向

图 3.52　砂岩破裂后三维重构模型切片

图 3.53(a)—(d)显示了横向裂隙通道模型切片与破裂砂岩块体模型切片的组合。在初始应力水平为 I_{40}、I_{60} 和 I_{70} 时,从左到右的破裂形态大多向中心靠拢并向不同方向扩展。此外,在初始应力水平为 I_{40} 时,砂岩破裂形态仍可能呈线性变化。在初始应力水平为 I_{50} 时,砂岩的断裂通道从左到右呈现出均匀的线性形状。从上述变化规律可以看出,随着初始应力水平的降低,裂隙通道的均匀性先增大后减小。这说明在初始应力较高和较低时,气体在砂岩内部的流动扩散性都很大。在初始应力的中间阶段,气体在砂岩内部的流动路径是恒定的。

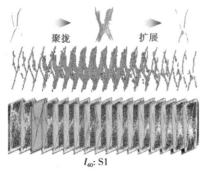
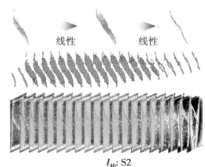

(a)初始应力I_{40}

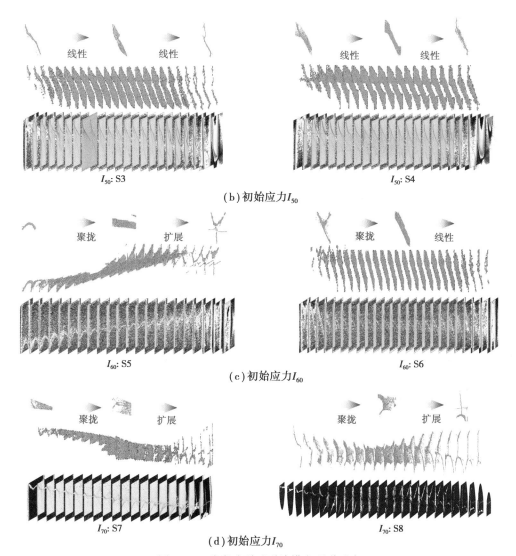

(b) 初始应力 I_{50}

(c) 初始应力 I_{60}

(d) 初始应力 I_{70}

图 3.53　砂岩破裂后裂隙横向通道形态

图 3.54(a)—(d)显示了破裂砂岩中纵向裂隙通道模型切片和块体模型切片的组合。在 I_{40} 和 I_{70} 的初始应力下,砂岩中从上到下的纵向破裂通道在中间汇聚,然后向四周扩展,呈漏斗状。此外,在这两个阶段中,砂岩内的破裂通道可能会从一端向另一端移动。在 I_{50} 和 I_{60} 的初始应力作用下,砂岩中从上到下的纵向破裂通道逐渐从一端向另一端延伸。从上述变化可以看出,在高初始应力和低初始应力下,气体倾向于聚集在砂岩的中部。在中间初始应力阶段,气体倾向于从砂岩的一端向另一端转移。

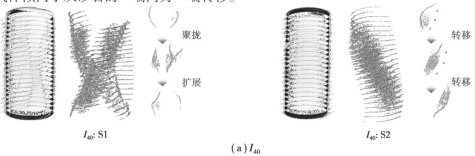

(a) I_{40}

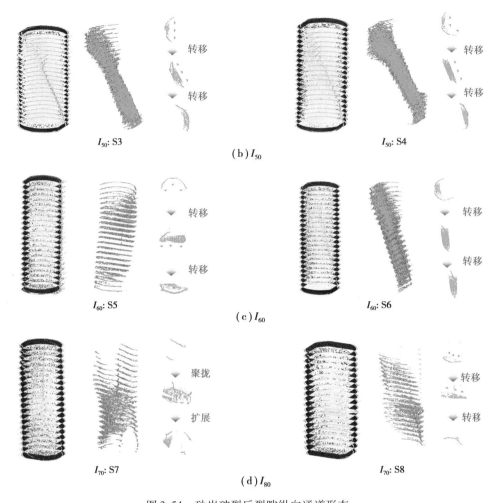

图 3.54　砂岩破裂后裂隙纵向通道形态

3.5　加卸载作用下不同损伤程度煤岩力学及渗流特征

煤层开采后,保护层上方的上覆岩层从下至上依次为垮落带、裂隙带和弯曲下沉带。三带内煤岩体损伤程度显然不同,根据其煤体损伤程度不同可将其分为破碎煤体、裂隙煤体和弹性煤体。垮落带主要由不规则的破碎煤岩体组成,阐明和表征采空区破碎煤岩体压实特征及其引起的渗透率变化对采空区及卸压被保护层的瓦斯抽采具有重要的意义。本节探讨了加卸载作用下不同损伤程度煤的力学及渗流特性,进一步讨论了加卸载作用下破碎煤岩体的压实破碎及渗透性能。

3.5.1　加卸载作用下不同损伤程度煤的渗流特征

为了研究加卸载作用下不同损伤程度煤的渗流特征,采用循环等压加卸载路径,共进行 3 次循环加卸载渗流试验,最大加载应力为 16 MPa,每次循环加载路径如图 3.55 所示。不同损伤程度煤(弹性煤、裂隙煤和破碎煤)的具体制备过程如下:

①弹性煤:钻取 50 mm×100 mm 标准煤样,并将煤样两端磨平,弹性煤即可获得。

②裂隙煤:钻取 50 mm×100 mm 标准煤样,并将煤样两端磨平;最后将磨平的标准煤样放入 MTS 上进行单轴压缩,直至煤样出现贯穿裂隙时停止,此时即可获得裂隙煤。

③破碎煤:通过人工破碎方法将大块原煤破碎成粒径不一的混合破碎煤体,最后通过不同孔径的筛网将混合破碎煤筛分成粒径为 1~2.8 mm、2.8~4.6 mm、4.6~6.8 mm、6.8~10.2 mm、10.2~15.1 mm 和 15.1~18.2 mm 6 种破碎煤。

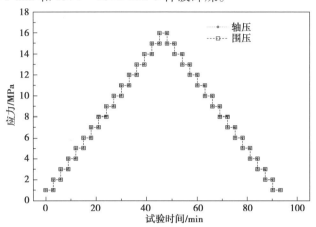

图 3.55　不同损伤程度煤的渗流试验循环加卸载路径

1）弹性煤渗流特征

图 3.56 为循环加卸载作用下弹性煤的渗流率特征,由图 3.56 可知,第一次加载过程中煤的渗透率明显大于后两次加载过程中煤的渗透率。第一次煤卸载到初始应力点时,煤渗透率大幅度降低,后面两次加卸载渗透率的变化幅度则相对较小,且每次加卸载渗透率的减小量也在逐渐减小。

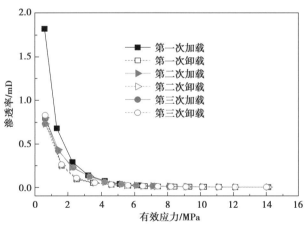

图 3.56　弹性煤循环加卸载渗流试验结果

2）裂隙煤渗流特征

图 3.57 为循环加卸载作用下裂隙煤的渗流特征,根据图 3.57 可以得出裂隙煤与弹性煤相似,第一次加载渗流过程中裂隙煤的渗透率远大于后两次加载过程中的渗透率,但裂隙煤循环加卸载过程中的渗透率比弹性煤高出 1 个数量级。裂隙煤 3 次加卸载过程中渗透率的变化趋势保持不变,每次循环加卸载中加载阶段的渗透率始终大于卸载阶段,且随着循环加卸载次数的增加,每次循环加卸载后煤的渗透率减小量逐渐减小。

3）破碎煤压实渗流特征

图 3.58 为循环加卸载作用下破碎煤的渗流特征。与弹性煤、裂隙煤类似，第一次加载渗流过程中破碎煤的渗透率远大于后两次加载过程中的渗透率，但破碎煤循环加卸载过程中的整体渗透率比弹性煤高出 2 个数量级，比裂隙煤高出 1 个数量级。当各破碎煤处在高应力（16 MPa 有效应力）下时，其渗透率仍大于 50 mD。此外，破碎煤的粒径越大，相同应力状态下煤的渗透率越高，破碎煤加卸载过程中的应力敏感性越高。

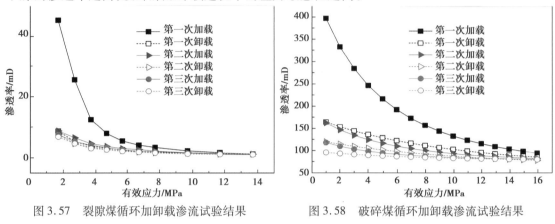

图 3.57　裂隙煤循环加卸载渗流试验结果　　图 3.58　破碎煤循环加卸载渗流试验结果

每次加卸载渗流试验后，用孔径分别为 1 mm、2.8 mm、4.6 mm、6.8 mm、10.2 mm、15.1 mm 和 18.2 mm 的筛网对破碎煤进行筛选称重。然后记录并计算不同粒径煤的质量和质量百分比，如图 3.59 所示。

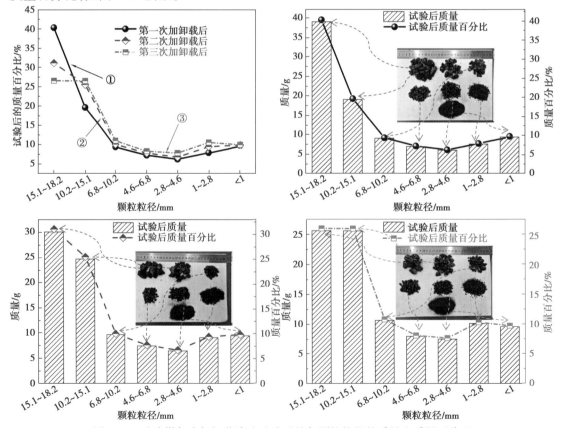

图 3.59　破碎煤每次加卸载渗流试验后的各颗粒粒径的质量和质量百分比

由图 3.59 可以看出,煤颗粒粒径越大,相同应力加卸载条件下颗粒破碎概率和破碎量越大,主要原因为:大粒径颗粒可能蕴含更多缺陷,强度一般低于小粒径颗粒,在受到相同应力下,大颗粒破坏概率和破碎量显然更大。此外,破碎煤随循环加卸载次数的增加,破碎量逐渐减小(59.74% > 9.21% > 4.59%),主要原因为:破碎煤随循环加卸载次数的增加,整体粒径越来越小,其等效弹性模量不断增加。

3.5.2　循环加卸载压实作用下不同混合比破碎煤岩压实分形特征

为了研究不同混合比破碎煤岩的压实破碎特性和分形特征,将试验试样按照煤岩不同的体积配比分为 5 组,配比比例分别为 1∶0、1∶1、1∶2、1∶4 和 0∶1,试样编号记为 G1 ~ G5,配比的混合煤岩如图 3.60 所示,其中 1∶0 和 0∶1 分别代表纯煤和纯岩,压实试验的配比方案见表 3.1,共设计了 20 次压实试验,见表 3.2。

(a)G1试样　　　　　　　(b)G2试样　　　　　　　(c)G3试样

(d)G4试样　　　　　　　　　　(e)G5试样

图 3.60　配比的混合煤岩

表 3.1　混合煤岩配比方案

试样 ID	总体积/cm^3	煤与砂岩体积比	煤体质量/g	砂岩质量/g
G1	157.08	1∶0	124.30	0
G2	157.08	1∶1	61.93	103.62
G3	157.08	1∶2	41.27	138.20
G4	157.08	1∶4	24.53	166.39
G5	157.08	0∶1	0	207.48

表 3.2　破碎煤岩压实试验方案

试样 ID	最大加载应力/MPa				附注
G1	4	8	12	16	
G2	4	8	12	16	
G3	4	8	12	16	轴压等于围压,加载梯度为 1 MPa
G4	4	8	12	16	
G5	4	8	12	16	

1）压实过程中应变和孔隙率与应力的关系

循环加卸载作用下混合煤岩应变和孔隙率与应力的关系如图 3.61 所示。由图 3.61 可知,混合破碎煤岩随应力的增加,应变逐渐增加,孔隙率逐渐减小,同时变化程度也逐渐变小。整个压实过程可分为快速压实 A 阶段和缓慢压实 B 阶段两个阶段。A 阶段为加载初期,由于混合破碎煤岩中存在大量孔隙,颗粒间抵抗变形的能力很小,因此变形很快;B 阶段应力逐渐增加,颗粒开始大量破碎,破碎的小颗粒填充了孔隙,混合破碎煤岩中的孔隙率减小,混合破碎煤岩的结构抵抗变形的能力逐渐增大,因此,应变增长率逐渐减少。

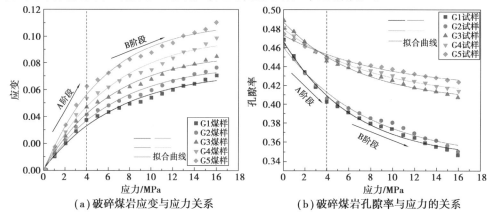

图 3.61　加卸载作用下破碎煤岩应变、孔隙率随应力变化的演化曲线

根据破碎煤岩的应力—应变数据得出不同混合比破碎煤岩的割线模量与应力的关系曲线如图 3.62 所示,由图 3.62 可知,在整个压实过程中,不同混合比破碎煤岩的割线模量始终

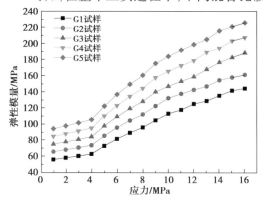

图 3.62　混合破碎煤岩压实过程中的割线模量与应力的关系曲线

为 G1<G2<G3<G4<G5,由于煤岩的割线模量反应煤岩的平均刚度,故在整个压实过程中不同混合比破碎煤岩的强度始终为 G1<G2<G3<G4<G5,从而导致在整个压实过程中的应变增长速率和孔隙率减小速率始终为 G1>G2>G3>G4>G5。因此,破碎煤岩中煤所占比例越大,破碎煤岩压实过程中应变增长速率和孔隙率减小速率越大。此外,由图 3.62 可知,G1 到 G5 破碎煤岩压实过程中随应力的增加,割线模量逐渐增加,即强度逐渐增加,从而导致破碎煤岩的应变和孔隙率变化程度逐渐变小,与图 3.61 中的应变和孔隙率变化规律一致。

2）压实过程中碎胀系数和压实度与应力的关系

碎胀系数和压实度与应力的关系如图 3.63 所示。由图 3.63 可知:①破碎煤岩的碎胀系数和压实度随应力增加而减少。在初始加载阶段,破碎煤岩的碎胀系数和压实度减幅较大;随着应力的增加,破碎煤岩的碎胀系数和压实度减小的速率趋缓。②压实过程中破碎煤岩中煤所占比例越大,其碎胀系数和压实度减小速率越快。

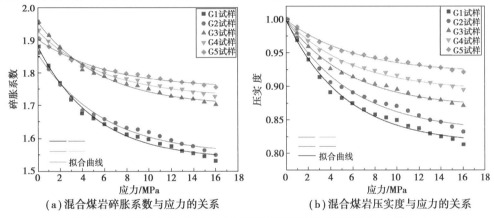

（a）混合煤岩碎胀系数与应力的关系　　（b）混合煤岩压实度与应力的关系

图 3.63　循环加卸载作用下混合煤岩碎胀系数和压实度与应力的关系

3）压实过程中煤岩体的粒径分布特征

循环加卸载压实试验后采用孔径为 1 mm、2.8 mm、4.6 mm 和 6.8 mm 的筛网对压实后破碎煤岩进行筛分和称重,然后根据压实后筛分称量的数据,以筛网孔径为横坐标,过筛率(通过某一级筛网的煤岩质量除以煤岩总质量)为纵坐标,绘出不同混合比破碎煤岩压实前后的粒径级配曲线。由图 3.64 可知,不同混合比破碎煤岩粒径级配曲线在压实后均较压实前向上偏移,即压实后颗粒发生破碎,细颗粒含量增加,且应力越大,破碎量越大,这表明粒径级配随应力的增加逐渐变好,但粒径级配的变好速率由快到慢。由此可以得出,破碎煤岩的粒径级配越好,其压实后颗粒破碎越小。

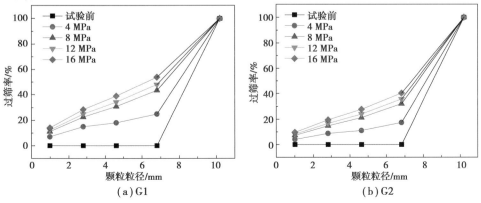

（a）G1　　　　　　　　　　　（b）G2

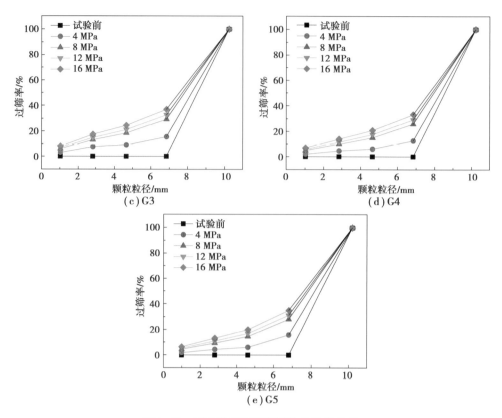

图 3.64　压实前后破碎煤岩粒径级配曲线

3.5.3　不同因素对破碎煤岩体渗流特征的影响

破碎煤岩渗流特征符合立方定律,即破碎煤岩孔隙率比值与渗透率比值符合以下关系:

$$\frac{K}{K_0} = \left(\frac{\varphi}{\varphi_0}\right)^{\alpha} \tag{3.19}$$

由式(3.19)可知,破碎煤岩的孔隙率比值与其渗透率的比值成正比,因此,可以通过分析各因素对破碎煤岩孔隙率比值影响的变化规律来得出其各因素对渗透率影响的变化规律。

破碎煤岩加载阶段孔隙率减小的原因有以下 3 个方面:

①破碎煤岩加载初期,一般由多个颗粒组成大孔隙结构,此时破碎煤岩的孔隙率最大,孔隙率最高。随着加载应力的升高,由于颗粒与颗粒之间不存在黏聚力,多颗粒孔隙结构开始发生结构破坏,形成四颗粒和五颗粒孔隙结构,此时其孔隙率大幅度降低。随着应力的进一步升高,最终能够形成较为稳定的三颗粒孔隙结构。这部分的孔隙率减小主要原因是孔隙结构的重新调整。

②由于破碎煤岩强度很低,形状不规则,在应力加载过程中一直存在着颗粒的相互挤压破碎,破碎的细小颗粒充填至孔隙空间使孔隙率降低。这部分的孔隙率减小主要原因是颗粒破碎充填。

③破碎煤岩加载后期颗粒形成的稳定颗粒孔隙结构相互挤压变形导致的孔隙率减小。而破碎煤岩卸载阶段孔隙率增加的原因为:破碎煤岩卸载阶段只有颗粒之间的压缩变形可以恢复,从而引起孔隙率的增加。

综上所述,破碎煤岩加载阶段孔隙率的减小是因颗粒结构重新调整、颗粒破碎充填和颗粒压缩变形 3 个方面引起的,而卸载阶段孔隙率的增加只由颗粒压缩变形的恢复引起。以下分别对这 3 种原因引起的孔隙率变化率进行计算并对其影响因素进行分析。

(1)颗粒结构的重新调整引起的孔隙率减小率

在破碎煤岩加载初期,一般由多个颗粒组成大孔隙结构,假设大孔隙结构为六颗粒结构,随着加载应力的升高,六颗粒孔隙结构开始发生结构破坏,最终能够形成较为稳定的三颗粒孔隙结构,其孔隙变化计算如图 3.65 所示。

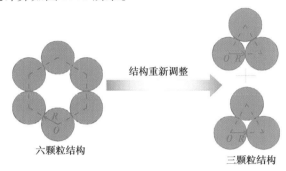

图 3.65 颗粒结构重新调整引起的孔隙率变化

由图 3.65 可知,颗粒结构调整前六颗粒结构的孔隙面积为:

$$A_0 = 6\sqrt{3}R^2 - 2\pi R^2 \tag{3.20}$$

颗粒结构调整后稳定的三颗粒结构的孔隙面积为:

$$A = 2\sqrt{3}R^2 - \pi R^2 \tag{3.21}$$

颗粒结构调整前后的孔隙率比值为:

$$\frac{\varphi}{\varphi_0} = \left(\frac{2\sqrt{3}R^2 - \pi R^2}{6\sqrt{3}R^2 - 2\pi R^2}\right)^3 = \left(\frac{2\sqrt{3} - \pi}{6\sqrt{3} - 2\pi}\right)^3 \tag{3.22}$$

式中 φ——颗粒结构调整后的孔隙率;

φ_0——颗粒结构调整前的孔隙率。

因此,颗粒结构重新调整引起的孔隙率减小率为:

$$\frac{\varphi_0 - \varphi}{\varphi_0} = 1 - \frac{\varphi}{\varphi_0} = 1 - \left(\frac{2\sqrt{3} - \pi}{6\sqrt{3} - 2\pi}\right)^3 \tag{3.23}$$

由式(3.23)可知,颗粒结构重新调整引起的孔隙率减小率为常数,与煤岩混合比、煤岩混合方式无关。

(2)颗粒破碎充填引起的孔隙率减小率

破碎煤岩加载过程中颗粒破碎充填引起的孔隙率减小率可由颗粒的破碎量(试验后破碎煤岩颗粒破碎质量除以颗粒原有质量)间接反映,即颗粒的破碎量越大,破碎成的细小颗粒越多,充填孔隙空间越大,导致孔隙减小量越大,孔隙率减小率越大。因此,在不同煤岩混合比、煤岩混合方式条件下,使用筛网筛选并称重出未破碎的煤岩质量,根据称重结果计算出煤岩渗流试验后的破碎量,如图 3.66 所示。

由图 3.66 可知,颗粒破碎充填引起的破碎量(孔隙率减小率)随不同混合比的煤岩中煤所占比例的减小而减小,但与煤岩混合方式无关。

(3)颗粒压缩变形引起的孔隙率变化率

由前文分析可知,破碎煤岩颗粒在加载过程中由于颗粒结构的重新调整,最终形成较为稳定的三颗粒孔隙结构,又因为颗粒间的相互挤压压缩,中部孔隙空间大幅度减小,其挤压变形量可根据 Hertz 接触变形原理进行计算,如图 3.67 所示。

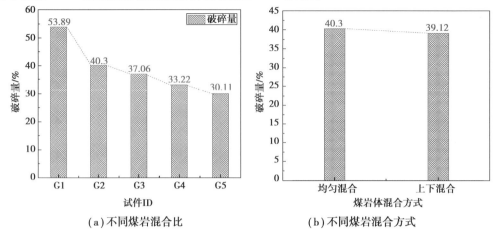

（a）不同煤岩混合比　　　　　　（b）不同煤岩混合方式

图 3.66　破碎煤岩渗流试验后的破碎量

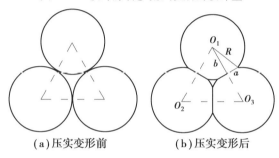

（a）压实变形前　　　　　　（b）压实变形后

图 3.67　三颗粒结构压缩变形示意

由 Hertz 变形法则可知,煤岩体颗粒接触面半径 a 为:

$$a = \sqrt[3]{\frac{3FR(1 - \nu^2)}{4E}} \tag{3.24}$$

式中　E——破碎煤岩颗粒弹性模量;

　　　ν——破碎煤岩颗粒泊松比;

　　　R——破碎煤岩颗粒粒径;

　　　F——作用于破碎煤岩颗粒上的应力。

应力 F 可由式(3.25)计算:

$$F = \frac{2\sigma_1 \pi b^2}{3} \tag{3.25}$$

式中　σ_1——作用在颗粒上的有效应力;

　　　b——煤岩颗粒变形后的长度。

由图 3.67 的几何关系可知:

$$b = \sqrt{R^2 - a^2} \tag{3.26}$$

破碎煤岩颗粒变形前的孔隙面积为:

$$A_0 = \sqrt{3} R^2 - \frac{\pi R^2}{2} \tag{3.27}$$

破碎煤岩颗粒发生变形后的孔隙面积为:

$$A = \sqrt{3}\,b^2 - 3ab - \frac{3}{2}\left[\frac{\pi}{3} - 2\arctan\left(\frac{a}{b}\right)\right]R^2 \tag{3.28}$$

将式(3.24)和式(3.26)带入式(3.28)可知:变形后的孔隙面积 A 为颗粒粒径 R,弹性模量 E,泊松比 ν 和有效应力 σ_1 的函数,即 $A(R,\sigma_1,E,\nu)$。$A_0(R,\sigma_1,E,\nu)$ 代表变形前的孔隙面积。故破碎煤岩变形前后的孔隙率比值为:

$$\frac{\varphi}{\varphi_0} = \left(1 - \frac{\sqrt{A_0(R,\sigma_1,E,\nu)} - \sqrt{A(R,\sigma_1,E,\nu)}}{\sqrt{A_0(R,\sigma_1,E,\nu)}}\right)^3 = \left[\frac{A(R,\sigma_1,E,\nu)}{A_0(R,\sigma_1,E,\nu)}\right]^{\frac{3}{2}} \tag{3.29}$$

式中　φ——破碎煤岩颗粒变形后的孔隙率;

　　　φ_0——破碎煤岩变形前的孔隙率。

由式(3.29)可知,颗粒压缩变形引起破碎煤岩孔隙率比值变化与弹性模量 E,泊松比 ν 和颗粒粒径 R 有关。由前文分析可知,颗粒的粒径越大,其弹性模量越小;不同混合比煤岩中煤所占比例越小,其弹性模量越大;不同混合方式破碎煤岩,弹性模量相等。因此,颗粒压缩变形引起的孔隙率变化率随不同混合比破碎煤岩中煤所占比例的减小而减小,但与煤岩混合方式无关。

由前面分析可知:颗粒结构重新调整引起的孔隙率减小率与煤岩混合比无关;颗粒破碎充填引起的孔隙率减小率随不同混合比破碎煤岩中煤所占比例的减小而减小;颗粒压缩变形引起的孔隙率变化率随不同混合比混合煤岩中煤所占比例的减小而减小。因此,破碎煤岩加载阶段孔隙率减小率、卸载阶段孔隙率增加率和一次加卸载后孔隙率减小率均随破碎煤岩中煤所占比例的减小而减小,从而解释了破碎煤岩加卸载过程中渗透率的应力敏感性随煤所占比例的减小而减小的现象。

而对煤岩混合方式,颗粒结构重新调整引起的孔隙率减小率、颗粒破碎充填引起的孔隙率减小率和颗粒压缩变形引起的孔隙率变化率均与煤岩混合方式无关。因此,破碎煤岩加载阶段孔隙率减小率、卸载阶段孔隙率增加率和一次加卸载后孔隙率减小率均与煤岩混合方式无关,从而解释了破碎煤岩加卸载过程中渗透率的应力敏感性与煤岩混合方式无关的现象。

本章小结

在煤炭开采过程中,煤岩会受到各种各样的扰动,包括采掘扰动、顶板断裂、断层滑移、爆破等,在实验室条件下可将这种扰动看作不同形式的载荷。荷载形式对煤岩的力学及渗透特性会产生较大影响并具有广泛的工程应用基础,具体体现在不同加卸载路径、煤岩峰前及峰后受载状态、侧向应力水平对煤岩力学及渗透特性的影响。本章研究了梯级和重复循环加卸载下煤的力学行为特征、围压加卸载作用下煤的力学行为特征、重复循环加卸载作用下砂岩的力学行为特征、加卸载作用下不同损伤程度煤岩力学及渗流特征,由浅入深、由简单载荷形式到复杂载荷形式,逐步探究不同荷载形式下煤岩力学行为特征,为揭示扰动作用下煤岩变形机理与瓦斯渗流机制提供理论基础。主要结论如下:

①在梯级循环加卸载作用下,原煤渗透率随应力的增大和循环次数的增加呈减小趋势,应力卸载和加载对渗透率的影响不同,渗透率受到应力和损伤累积的双重影响。煤的累计耗散能在两种恒下限应力路径下煤的累积耗散能量随轴向有效应力呈指数增大。随着循环加卸载的施加,煤的阻尼系数先减小后增大。而随着循环次数的增加,煤在 3 种路径下的 AE 能量和 AE 计数都呈周期性增长。

②在重复循环加卸载路径下,无论是变下限还是恒下限条件,煤的瞬时应变随着时间增加而增加,加载和卸载时的应变呈阶梯式增加。恒下限条件下滞回环逐渐增大,渗透率相对恢复率和绝对恢复率随卸载水平的增大而增大。而变下限条件下滞回环则逐渐减小,渗透率相对恢复率随卸载水平的增加而减小。总能量密度随卸载水平的增加增长速度最快,弹性能密度次之,耗散能密度最小。

③煤在不同条件围压加卸载应力路径下表现出不同的力学特性。在分阶段卸围压条件下,煤的轴向绝对应变增量和径向绝对应变增量均随围压卸载速率的增大而增大,且围压卸载速率越快,煤的体积应变和渗透率增加也就越快。而在围压加卸载条件下,煤的渗透率随轴向应力的增大而降低,在峰后围压循环加卸载阶段,渗透率整体上随压力的增大而降低,随压力的释放而升高。在真三轴围压加卸载条件下,变形模量与泊松比呈负相关关系。耗散能占比较高,煤内部损伤更为严重,破坏更为剧烈。

④在变下限重复加卸载过程中,围压对砂岩力学行为的影响主要集中在塑性阶段。幅值对变下限过程的影响主要表现在硬化效应和软化效应的竞争上,即使得某些梯级出现过渡状态。频率对变下限过程影响主要体现在应变率及循环次数两方面。在不同影响因素中,减少应力幅值对提高疲劳寿命效果显著。随着初始应力水平的降低,加卸载作用下砂岩失效后横向通道占比峰值由砂岩中间段向砂岩一端进行转移,裂隙通道占比峰型越加平缓。

⑤在循环加卸载条件下,不同损伤程度煤的渗透率随有效应力的增加呈指数减小,破碎煤在加卸载过程中的整体渗透率比弹性煤高出 2 个数量级,比裂隙煤高出 1 个数量级。此外,破碎煤的粒径越大,相同应力状态下煤的渗透率越高。混合破碎煤岩随着应力的增加,应变逐渐增加,孔隙率逐渐减小,但应变和孔隙率速率逐渐变小。破碎煤岩加卸载过程中渗透率的应力敏感性随煤所占比例的减小而减小,与煤岩体混合方式无关。

第4章 地面井抽采及固井技术

地面井技术因瓦斯治理优势在国内外取得了广泛应用。地面井分为地面预抽井和采动地面井。地面预抽井在开采前抽采煤层瓦斯已达到降突目的;而采动地面井主要抽采采后卸压范围内的瓦斯。本章针对多分支水平井的抽采量与有效抽采半径、采动地面井的变形规律与失稳特性开展了深入研究,并由此提出了采动井井位优选原则与局部防护措施。此外,无论是预抽井还是采动井,固井的质量直接决定了地面井的寿命,对地面井的长期有效抽采至关重要,因此,本章也开展了有机材料改性地面井固井水泥特性的研究。研究成果在沙曲煤矿与新疆矿区进行了应用,取得了良好的瓦斯治理效果。

4.1 多分支水平井预抽技术及产能预测

地面井预抽技术是将地面井开发原理与矿井井巷工程相结合的技术工艺。目前我国地面井主要井型有4种:直井、丛式井、U型井、多分支水平井。其中,多分支水平井具有抽采范围广、抽采效果好等优点,在国内外瓦斯抽采中得到了广泛应用,但该技术仍存在松软煤层分支钻孔易塌孔、低透气煤层瓦斯抽采效率低等难题。因此,本节探究了多分支水平井预抽技术的适用条件及优势,同时以沙曲一号煤矿4501工作面为背景,建立了多分支水平井预抽瓦斯运移模型,并基于此模型预测了多分支水平井瓦斯抽采量及有效影响半径。

4.1.1 多分支水平井适用条件及优势

1)多分支水平井适用条件

多分支水平井的抽采效果受多方面制约。赋存条件要求中高阶煤层且煤层强度较高,厚度适中,横向连续稳定分布,煤层中夹矸不发育;地质条件要求埋深适中,构造稳定,避开断层和破碎带;技术条件要求水平井布置区域必须具有地质构造简单、煤层埋藏浅、厚度大、中低渗透性、瓦斯含量高、煤体结构完整、水文地质条件简单等特征。

2)多分支水平井的特点

多分支水平井主要有以下5个方面的特点。

(1)增加有效供给范围

多分支水平井在煤层中呈网状分布,将煤层分割成许多连续的狭长条带,从而显著增加瓦斯的供给范围。

(2)提高煤层导流能力

多分支水平井分支井眼与煤层割理相互交错,煤层割理与裂隙更畅通,提高了裂隙导流能力。

（3）单井产量高，经济效益好

多分支水平井单井成本高，但在较大区块开发方面，有效减少了钻井数量，降低了钻井工程、抽采工程等费用，从而降低了综合成本。

（4）施工条件容易满足

对地表条件复杂，无法大规模施工直井的未采动区域进行瓦斯治理，在钻前工程、征地协调方面优势明显。

（5）有利于环境保护

同样的开采面积，钻井数量减少，减少了地面建设的占用面积，对地面环境伤害最小。

4.1.2　多分支水平井预抽瓦斯运移模型

1）模型基本假设

大量瓦斯以吸附态储存于基质内部煤颗粒骨架表面，小部分游离态气体则在割理系统中存储、运移。为了研究多分支水平井瓦斯抽采效果，建立了煤层瓦斯渗流耦合分析模型，假设如下：

①煤层是连续、均匀、各向同性的弹性介质。

②瓦斯抽采过程中煤岩变形符合小变形假设。

③煤储层内部等温且气体动力黏度在等温条件下为常数。

④煤储层气体为单一甲烷。

⑤割理中的气体流动满足 Darcy 定律。

⑥气体吸附/解吸过程可用等温 Langmuir 方程描述，且气体吸附/解吸瞬间完成。

2）煤体变形控制方程

（1）煤体平衡 Navier-Stokes 方程

假设游离瓦斯渗流和煤体变形运动的惯性力及瓦斯的体积力忽略不计，在含瓦斯煤内的任一点取微小平行六面体单元，各棱边长分别为 dx, dy, dz。微元体 6 个表面承受应力是连续且对面应力不等。微元体表面体积力很小且均匀作用在形心上。单位体积体积力坐标轴分量分别以 x, y, z 表示。

以 x 方向为例，考虑单元体的力平衡条件，作用在 x 方向的合力为零，即 $\sum F_x = 0$，得到：

$$\left.\begin{aligned} \frac{\partial \sigma_x}{\partial x} + \frac{\partial \tau_{yx}}{\partial y} + \frac{\partial \tau_{zx}}{\partial z} + X = 0 \\ \frac{\partial \sigma_y}{\partial y} + \frac{\partial \tau_{zy}}{\partial z} + \frac{\partial \tau_{xy}}{\partial x} + Y = 0 \\ \frac{\partial \sigma_z}{\partial z} + \frac{\partial \tau_{yz}}{\partial y} + \frac{\partial \tau_{xy}}{\partial x} + Z = 0 \end{aligned}\right\} \tag{4.1}$$

用张量形式可将煤体平衡 Navier-Stokes 方程表示为：

$$\sigma_{ij,j} + F_i = 0 \tag{4.2}$$

（2）几何方程

设 $u(x,y,z), v(x,y,z), w(x,y,z)$ 分别为 x, y, z 向的位移分量，是坐标的连续单值函数，应变分量与位移分量应满足柯西方程，用张量符号表示：

$$\varepsilon_{ij} = \frac{1}{2}(u_{ij} + u_{ji}) \tag{4.3}$$

式中　ε_{ij}——应变张量的分量，m；

　　　u_{ij}——煤体位移分量，m。

（3）含瓦斯煤本构方程

基于线弹性假设建立模型中的含瓦斯煤本构关系，即含瓦斯煤总应变是瓦斯压力引起压缩煤体的应变、吸附瓦斯引起煤体膨胀的应变及应力引起煤体变形的应变之和。

因瓦斯压力引起的线压缩应变量为：

$$\varepsilon_p = \frac{\alpha}{3K}(p - p_0) \tag{4.4}$$

式中　K——煤体体积模量，Pa；

　　　$\alpha = 1 - K/K_s$——煤体的 Biot 系数；

　　　K_s——煤骨架体积模量，Pa；

　　　p——瓦斯压力，Pa；

　　　p_0——初始瓦斯压力，Pa。

因吸附瓦斯引起的线吸附应变量为：

$$\varepsilon_s = \frac{2a\rho RT}{9VK}\ln(1 + bp) - \frac{2a\rho RT}{9VK}\ln(1 + bp_0) \tag{4.5}$$

式中　R——气体摩尔常数，J/（mol·K）；

　　　T——煤层温度，K；

　　　V——气体摩尔体积，m^3/mol；

　　　ρ——煤体密度，kg/m^3；

　　　a——朗缪尔体积，m^3/kg；

　　　b——朗缪尔压力倒数，Pa^{-1}。

根据 Hooke 定律，因地应力引起的应变为：

$$\varepsilon_w = \frac{1}{2G}\left(\sigma - \frac{\lambda}{3\lambda + 2G}\sigma_{kk}\right) \tag{4.6}$$

根据以上分析可得到含瓦斯煤总应变为：

$$\varepsilon = \varepsilon_w + \varepsilon_p + \varepsilon_s = \frac{1}{2G}\left(\sigma - \frac{\lambda}{3\lambda + 2G}\sigma_{kk}\right) + \frac{\alpha}{3K}(p - p_0) + \frac{2a\rho RT}{9VK}\ln(1 + bp) - \frac{2a\rho RT}{9VK}\ln(1 + bp_0) \tag{4.7}$$

由上式得：

$$\sigma_{ij} = 2G\varepsilon_{ij} + \lambda e\delta_{ij} - \alpha(p - p_0)\delta_{ij} - \left[\frac{2a\rho RT}{3V}\ln(1 + bp) + \frac{2a\rho RT}{3V}\ln(1 + bp_0)\right]\delta_{ij} \tag{4.8}$$

煤体变形控制方程可用张量形式表示为：

$$Gu_{i,jj} + \frac{G}{1 - 2\nu}u_{j,ji} - \alpha p_i - \frac{2a\rho RT}{3V}\left[\ln(1 + bp)\right]_{,i} + F_i = 0 \tag{4.9}$$

3）瓦斯运移控制方程

在孔隙率为 φ 的含瓦斯煤系统中某点取一微小平行六面体，该体积元为表征体积元，其边长为 dx，dy，dz，分别与各坐标轴平行。令 q_x，q_y，q_z 分别是瓦斯流速 q 在坐标轴分量，令 I 为源汇项的单位体积质量源。

在 dt 时间内流入和流出六面体的瓦斯流体质量的差值为：

$$\mathrm{d}m = \mathrm{d}m_x + \mathrm{d}m_y + \mathrm{d}m_z = \left[-\frac{\partial(\rho_g q_x)}{\partial x} - \frac{\partial(\rho_g q_y)}{\partial y} - \frac{\partial(\rho_g q_z)}{\partial z} \right] \mathrm{d}x\mathrm{d}y\mathrm{d}z\mathrm{d}t \qquad (4.10)$$

若设单位体积煤的瓦斯含量为 Q，则在 $\mathrm{d}t$ 时间段内微元体内的质量变化为：

$$\mathrm{d}m_t = \left(Q + \frac{\partial Q}{\partial t}\mathrm{d}t \right)\mathrm{d}x\mathrm{d}y\mathrm{d}z - \rho_g\varphi\mathrm{d}x\mathrm{d}y\mathrm{d}z = \frac{\partial Q}{\partial t}\mathrm{d}x\mathrm{d}y\mathrm{d}z\mathrm{d}t \qquad (4.11)$$

由 $\mathrm{d}m + I\mathrm{d}x\mathrm{d}y\mathrm{d}z\mathrm{d}t = \mathrm{d}m_t$ 得：

$$-\left[\frac{\partial(\rho_g q_x)}{\partial x} + \frac{\partial(\rho_g q_y)}{\partial y} + \frac{\partial(\rho_g q_z)}{\partial z} \right] + I = \frac{\partial Q}{\partial t} \qquad (4.12)$$

引入 Laplace 运算符号可得：

$$\frac{\partial Q}{\partial t} + \nabla \cdot (\rho_g q) = I \qquad (4.13)$$

当源汇项 $I = 0$ 时，式（4.13）可化为：

$$\frac{\partial Q}{\partial t} + \nabla \cdot (\rho_g q) = 0 \qquad (4.14)$$

4）渗流场方程

根据本章前述的基本假设，瓦斯在煤层中的流动符合 Darcy 定律：

$$q = -\frac{k}{\mu}\nabla p \qquad (4.15)$$

单位体积煤所含气体质量为：

$$Q = \frac{M_g p}{RT}\varphi + (1 - \varphi)\rho_{ga}\rho_c\frac{abp}{1 + bp} \qquad (4.16)$$

得到瓦斯运移的控制方程：

$$\frac{\partial\left[\dfrac{M_g p}{RT}\varphi + (1 - \varphi)\rho_{ga}\rho_c\dfrac{abp}{1 + bp} \right]}{\partial t} + \nabla \cdot \left(-\frac{Mgpk}{RT\mu}\nabla p \right) = I \qquad (4.17)$$

5）耦合项与定解条件

（1）孔隙率

孔隙率是多孔介质最重要的物理力学参数之一。假设煤层中只有单相饱和的瓦斯流体，根据孔隙率 φ 的定义有：

$$\varphi = \frac{V_P}{V_B} = \frac{V_{P0} + \Delta V_P}{V_{B0} + \Delta V_B} = 1 - \frac{V_{S0} + \Delta V_S}{V_{B0} + \Delta V_B} = 1 - \frac{V_{S0}(1 + \Delta V_S / V_{S0})}{V_{B0}(1 + \Delta V_B / V_{B0})}$$

$$= 1 - \frac{(1 - \varphi_0)}{1 + e}\left(1 + \frac{\Delta V_S}{V_{S0}} \right) \qquad (4.18)$$

式中　V_S——煤体骨架体积，cm^3；

　　　ΔV_S——煤体骨架体积变化，cm^3；

　　　V_P——孔隙体积，cm^3；

　　　ΔV_P——煤体孔隙体积变化，cm^3；

　　　V_B——煤体外观总体积，cm^3；

　　　ΔV_B——煤体外观总体积变化，cm^3；

　　　e——体积应变，%；

　　　φ_0——初始孔隙率，%。

煤体颗粒体积应变增量 $\dfrac{\Delta V_S}{V_{S0}}$ 表示为：

$$\frac{\Delta V_S}{V_{S0}} = -\frac{\alpha}{K}\Delta p + \frac{2a\rho RT}{3VK}\ln(1+bp) - \frac{2a\rho RT}{3VK}\ln(1+bp_0) \tag{4.19}$$

在压缩条件下的孔隙率动态演化模型：

$$\varphi = 1 - \frac{1-\varphi_0}{1+e}\left(1 - \frac{\alpha}{K}\Delta p + \frac{2a\rho RT}{3VK}\ln(1+bp) - \frac{2a\rho RT}{3VK}\ln(1+bp_0)\right) \tag{4.20}$$

（2）渗透率

渗透率反映煤层渗透性能，是用来表征煤层介质对瓦斯渗流的阻力。考虑到含瓦斯煤变形过程中单位体积煤颗粒总表面积的变化可忽略。煤层渗透率演化公式可化简为：

$$k = \frac{k_0}{1+e}\left(1 + \frac{e}{\varphi_0} - \frac{\left[-\dfrac{\alpha}{K}\Delta p + \dfrac{2a\rho RT}{3VK}\ln(1+bp) - \dfrac{2a\rho RT}{3VK}\ln(1+bp)\right](1-\varphi_0)}{\varphi_0}\right)^3 \tag{4.21}$$

4.1.3　多分支水平井瓦斯抽采量及有效影响半径预测

1）分支形态对多分支水平井产能的影响

由图 4.1 可知，3 种钻孔分支形态所产生的降突范围最终扩大为一个整体。平行叶脉型钻井对工作面回采巷道区域和工作面内部煤体瓦斯卸压都有很好的效果，但工程投入最高；羽状叶脉型多分支水平井工程投入最低，但不能使工作面回采巷道煤层瓦斯压力均匀卸压，部分区域仍具有突出危险性；混合叶脉型多分支水平井工程投入介于两者之间，对煤层回采巷道区域处瓦斯压力能达到降突要求，工作面有效消突面积和平行叶脉钻孔大体相同。非对称分布下瓦斯抽采速率和累计抽采量均高于对称分布。从分支长度来看，分支长度越长，抽采速率越大，累计抽采量也随之增大；从分支夹角来看，分支夹角越长，单位长度抽采量越大；从分支数目来看，分支数目越大，煤层平均孔隙压力越小。

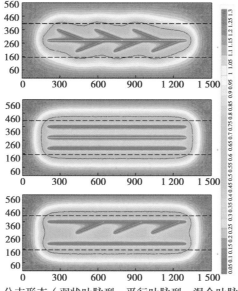

（a）分支形态（羽状叶脉型、平行叶脉型、混合叶脉型）

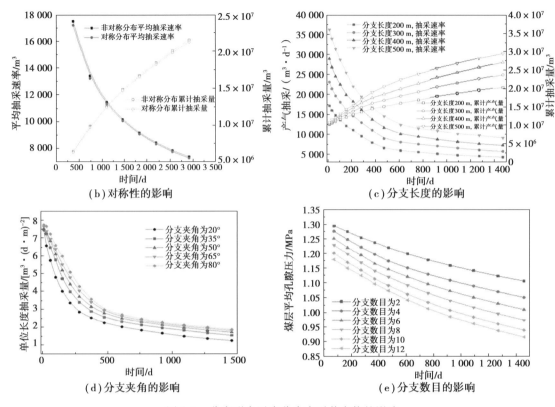

图 4.1　分支形态对多分支水平井产能的影响

2）混合型多分支水平井瓦斯抽采量预测模型

4501 工作面多分支水平井工程布置如图 4.2 所示。模型边界条件包括应力边界条件和流动边界条件：

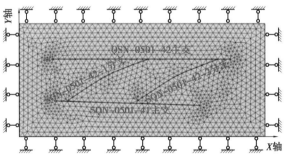

图 4.2　4501 工作面多分支水平井几何模型网格划分

①应力边界条件：四周为辊轴支撑，中间钻井为自由边界。

②流动边界条件：多分支水平井位于模型中心位置，且与抽采管路连通，边界压力等于 −0.1 MPa，对瓦斯流动方程而言，除了生产井边界外，其余边界均设置为无流动边界。

3）混合型多分支水平井降突效果分析

抽采半径一般可根据不同的目的分为瓦斯抽采影响半径和瓦斯抽采有效影响半径，瓦斯抽采有效影响半径可简称为有效半径。影响半径主要用来衡量钻孔进行瓦斯抽采时能够影响的最大范围，即在一定时间内煤层原始瓦斯压力开始下降的点到该抽采钻孔中心点的距离。有效影响半径主要是衡量在钻孔抽采影响下能够达到消突效果的有效距离，即在一定时间内煤层瓦斯压力或含量降低到安全允许范围的点到该抽采钻孔中心点的最大距离。瓦斯抽采有效半径主要与煤层原始瓦斯压力、抽采时间、煤层透气性系数等有关。

由图 4.3 可知,煤层有效卸压面积随瓦斯抽采的进行而逐渐增大。抽采 365 d,有效卸压面积小且仅分布于钻孔两侧;抽采 730 d,水平井主支之间有效卸压面积增大;抽采 1 095 d,煤层有效卸压面积为 2.16×10^5 m^2 且瓦斯压力最小达到 0.015 MPa,分支间瓦斯压力稳定在 0.55 MPa。

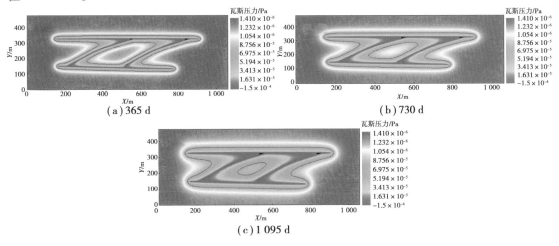

图 4.3　4501 工作面煤层孔隙压力分布云图

由图 4.4 可知,在抽采初期地面井抽采影响半径迅速增加,在抽采 160 d 以内,影响半径上升趋势明显,随着抽采时间由 160 d 增加到 1 095 d,有效半径变化速率逐步减缓。由图 4.5 可知,有效卸压面积随抽采时间不断增加,抽采 1 095 d,钻孔有效卸压面积 2.16×10^5 m^2。

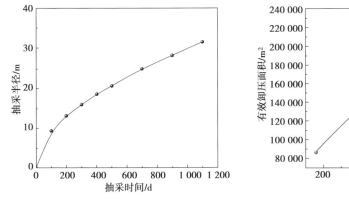
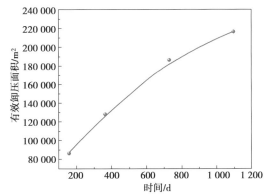

图 4.4　瓦斯抽采影响半径随时间变化规律　　　图 4.5　有效卸压面积随时间变化规律

由图 4.6 可知,抽采初期,瓦斯储层与井口间存在压差,瓦斯从压力大的一端流动到压力小的一端。压力差导致抽采初期瓦斯抽采速率最大,在抽采第一年内多分支水平井平均瓦斯抽采速率达到 1.82×10^5 m^3/d,随后降低并趋于稳定。

由图 4.6 可知,累计瓦斯抽采量呈非线性增加,增速逐渐降低,抽采 365 d,累积产气量为 4.21×10^6 m^3,抽采 1 095 d,累计产气量达到 7.87×10^6 m^3,瓦斯抽采速率和累积瓦斯抽采量均有所减小,这是由于抽采中后期随着瓦斯的抽出,孔隙压力降速减缓,影响了瓦斯流动,导致煤层有效卸压面积增速减缓。

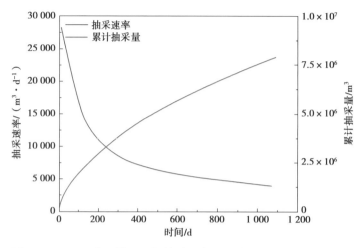

图 4.6　4501 工作面煤层瓦斯抽采速率和累计瓦斯抽采量时变规律

4.2　采动区地面井变形规律及失稳特征

采动区地面井瓦斯抽采技术因抽采效果好,在国内外得到了广泛应用,但由于采动的影响,覆岩挤压、剪切等应力作用导致地面井发生缩颈、错断等破坏。因此,如何保证采动影响下地面井井身结构的稳定性成为采动区地面井瓦斯抽采技术成功应用的关键。本节拟以新疆 1930 煤矿 24312 工作面的实际开采条件为基础,采用可旋转式相似模拟实验架,研究大倾角煤层群采动区地面井变形规律,并分析采动区地面井的高危位置,同时针对地面井高危位置提出地面井布井位置选择原则,为采动地面井技术在类似地质条件下的工程应用提供理论基础。

4.2.1　采动区地面井变形规律

相似模拟研究具有直观、简便、经济、快速与实验周期短等优点。本节以新疆 1930 煤矿 24312 工作面的实际开采条件为原型,采用可旋转式相似模拟实验架,研究大倾角煤层群采动区地面井变形规律,并分析采动区地面井失效的高危位置。

1)实验装置及模型

本章采用长×宽×高为 2 700 mm×300 mm×2 300 mm 的可旋转相似模拟试验台,开展大倾角煤层群采动区地面井变形相似模拟研究,试验台由加载系统、旋转系统和试验架组成,可以模拟 0°~90°范围内任意角度的煤层开采实验,如图 4.7 所示。

2)模型搭建

相似模拟试验模型以新疆 1930 煤矿 24312 工作面为原型。模型从下至上依次水平铺设,为防止模型失稳坍塌,待模型搭建完成后旋转模型至岩层与水平面成 30°夹角,取下部分挡板待彻底风干后拆除所有挡板进行开挖试验。实验模型尺寸 1.5 m×0.1 m×1.5 m,相似材料主要包括沙子、石膏、碳酸钙、水等,配比见表 4.1,各岩层间均匀撒上云母粉模拟岩层间的软弱结构面。

图 4.7　相似模拟试验系统

表 4.1　煤岩层相似配比

岩性	厚度/cm	配比号	砂子/kg	碳酸钙/kg	石膏/kg	水/kg
上覆岩层	—	3：4：6	31.74	4.23	6.35	4.70
粉砂岩	2.30	4.5：3：7	1.77	1.77	0.28	0.24
砂质泥岩	1.00	6：5：5	0.79	0.79	0.07	0.10
粉砂岩	2.50	4.5：3：7	2.00	2.00	0.31	0.27
中砂岩	19.60	4：6：4	17.55	17.55	1.75	2.44
砾粗砂岩	2.50	7：7：3	2.52	2.52	0.11	0.32
3#煤	1.56	8：7：3	1.60	1.60	0.06	0.20
粉砂岩	1.30	5.5：3：7	1.35	1.35	0.17	0.18
中砂岩	2.35	6：3：7	2.48	2.48	0.29	0.32
粗砂岩	11.70	4：7：3	12.78	12.78	0.96	1.78
砾岩	1.50	7：7：3	1.69	1.69	0.07	0.21
4#煤	2.81	8：7：3	3.17	3.17	0.12	0.40
粉砂质泥岩	1.30	7：7：5	1.46	1.46	0.10	0.19
细砂岩	1.20	6：7：3	1.35	1.35	0.07	0.17
中砂岩	4.60	4：7：3	5.10	5.10	0.38	0.71
粗砂岩	4.10	6：3：7	4.60	4.60	0.54	0.60
中砂岩	8.60	4：7：3	9.54	9.54	0.72	1.32
粗砂岩	6.30	6：7：3	7.07	7.07	0.35	0.92
中砂岩	1.80	5：5：5	2.01	2.01	0.20	0.27

续表

岩性	厚度/cm	配比号	砂子/kg	碳酸钙/kg	石膏/kg	水/kg
5#煤	5.23	8∶7∶3	5.89	5.89	0.22	0.74
粉砂岩	2.50	6∶3∶7	2.81	2.81	0.33	0.36
中砂岩	7.00	6∶7∶3	7.79	7.79	0.39	1.01
砾岩	1.80	7∶7∶3	1.95	1.95	0.08	0.25
粗砂岩	1.40	4.5∶3∶7	0.74	0.74	0.11	0.10
含砾粗砂岩	9.10	7∶3∶7	9.29	9.29	0.93	1.18
6#煤	3.60	8∶7∶3	3.47	3.47	0.13	0.43
粉砂岩	2.20	5∶3∶7	2.05	2.05	0.29	0.27
中砂岩	1.90	4∶3∶7	1.72	1.72	0.30	0.24
粗砂岩	2.80	6∶3∶7	2.51	2.51	0.14	0.33

3) 模拟方案

铺设模型过程中,在3#、5#、6#煤层中分别埋设了10个应力传感器,根据覆岩采动卸压情况将传感器布置在距离模型左边界20 cm处,此后每10 cm布置一个传感器,共布置10个传感器,实时监测煤层垂直应力变化,采用直径10 mm、壁厚1 mm的薄壁铝管模拟地面井,地面井垂直于水平面布置在距离模型左边界60 cm处,终孔位置位于4#煤层顶板之上,地面井的变形由贴附于管道内表面的应变片监测。监测点分别布置在距离4#煤层顶板15 cm(D点)、35 cm(C点)、50 cm(B点)、65 cm(A点)处,尽可能让监测点位置处于层与层结合位置附近,以更好地监测地面井的变形情况。

为了消除模型边界效应的影响,模型左右边界均预留30 cm。开挖顺序从上到下依次为4#、5#、6#煤层。从距模型左侧边界30 cm处向右侧开挖,每次开挖长度为10 cm,单次煤层开挖长度为90 cm,开挖时间按相似比,每次开挖间隔为2 h,单个煤层开采完成后,需要经过10 h模型稳定期再开始下一煤层开挖,直至3个煤层全部开挖完成。实验过程中动态应变仪与应力传感器全程采集数据,每次开挖完成后对模型拍照,记录岩层移动,稳定过程中出现的明显垮塌现象同样进行了拍照记录。

地面井各位置的变形情况如图4.8、图4.9所示,其中试验过程中B点轴向应变片损坏,未采集到该点轴向应变数据。在此规定轴向应变拉伸为正值,压缩为负值。

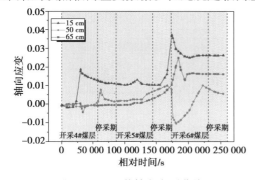
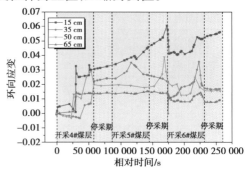

图4.8　地面井轴向变形曲线　　　　　图4.9　地面井环向变形曲线

地面井在煤层开采过程中会受到拉伸、挤压、剪切的综合作用。由地面井变形曲线(图 4.9)可知,在煤层开采过程中,地面井主要受拉伸和剪切作用。地面井的轴向拉伸与压缩交替,且拉压状态与位置、开采时间有较大关系;但剪切作用仅发生在倾斜方向。煤层从开采阶段到停采稳定阶段,地面井都经历了一个"加载—卸载—稳定"的过程。工作面经过地面井下方(图 4.10)中每个开采阶段的中间位置时,地面井会产生较大变形,地面井施工破坏了岩层完整性和稳定性。因此,当工作面推进至地面井附近时,岩体发生破坏导致地面井管道变形,这种现象在大倾角煤层群的开采过程中更加明显。在开采过程中,地面井变形程度随井深增大而逐步增大,且因采动引起的覆岩移动总是由工作面不断向上部传递,导致浅部位置的变形曲线突变点总是滞后于深部位置。

关键层理论认为,采场上覆岩层的变形破断等主要由坚硬岩层中的关键层控制,关键层的断裂、破坏导致覆岩发生剧烈移动,短时间内将对地面井产生巨大冲击,导致地面井内产生较大变形。C 点位置厚度远高于其他岩层。在开采完 5# 煤层后的停采稳定期内,地面井各监测点位置都发生了一次较大的变形突变,特别是 C 点位置,从原来的拉伸状态变为压缩状态。从以上特点来看,C 点满足关键层特征,判定 C 点为关键层位置。从变形曲线来看,在关键层断裂之前,由于离层拉伸作用 C 点位置的地面井处于拉伸状态,在关键层断裂塌陷后,地面井由拉伸状态转为压缩状态,如图 4.10 所示。由图 4.11 可知,在开采完 5# 煤层后,地面井在关键层位置出现了明显的断裂。

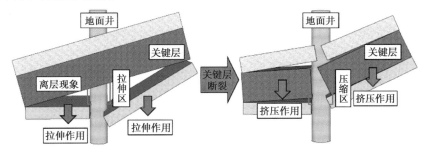

图 4.10　关键层作用下地面井受力情况示意

由图 4.12 可知,环向应变总是大于轴向应变,地面井在采动影响下剪切作用占主导地位,且轴向应变和环向应变的变化同时进行。以关键层为界线,地面井的变形规律呈现关键层上部"增大—减小"交替 3 次,关键层及下部"增大—减小"交替 4 次的规律,即每一次开采都是一个加卸载过程。而停采期地面井变形较小,但 5# 煤层开采完后,关键层断裂破坏,导致地面井在停采期变形较大。此外,轴向应变与环向应变变化方向相反,说明地面井在采动影响下发生变形的过程中,环向剪切变形与轴向拉伸压缩变形存在负相关关系,剪切作用和拉压作用存在相互制约的关系。

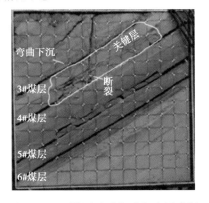

图 4.11　5# 煤层开采停采期岩层破断

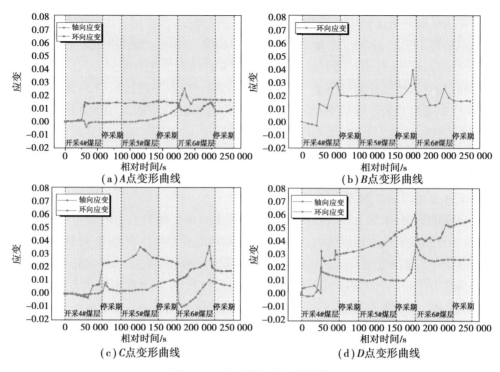

图4.12　地面井各点变形曲线

4.2.2　采动区地面井失效高危位置影响因素

根据大倾角煤层群开采实验结果,综合分析地面井变形、煤层应力、覆岩移动规律,可知对地面井失效高危位置的识别主要考虑以下几个方面:

1)变形模式影响效应

地面井挤压变形破坏主要发生在单个岩层内部,而剪切和拉伸失稳破坏主要发生在岩层与岩层的界面位置。工程中的地面井套管多为低碳钢,薄壁管材剪切变形是地面井发生剪切失稳破坏的常见原因。同时地层中复合应力的影响也导致地面井更容易破坏。

2)关键层影响效应

关键层使岩层之间只存在层间滑移与压缩。就本实验而言,关键层的破断对地面井有较大影响。因此,随工作面推进,关键层断裂崩塌,上部岩层随之断裂移动,对套管冲击较大;根据动力学原理,岩层冲击导致一部分动能施加在套管上,地面井套管破坏加剧。同时,关键层垮落导致的岩层移动量比一般岩层的断裂垮落移动量更大,对地面井套管产生了较大影响。

3)岩层岩性及厚度的影响效应

上覆岩层厚度越大,层间剪切滑移位移量就越大,地面井套管剪切变形越大,发生失稳破坏的风险越高。在岩层厚度不变的情况下,相邻岩层的弹性模量差距越大,层间滑移位移就越大;同时,如果相邻岩层弹性模量一定,厚度差距越大,交界面处滑移位移就越大。此外,相邻岩层间弹性模量的差距是导致岩层发生离层作用的主要原因,在此情况下,地面井往往出现拉剪综合破坏模式。

4)多煤层重复采动的影响效应

首先,煤层群开采条件下岩层的反复断裂、塌陷导致地面井各个位置的受力状态发生较大变化。由本实验可知,地面井在多种扰动作用下更易发生失稳破坏。其次,地面井的变形存在于煤层开采全过程,这一过程套管变形区的挠度方向随着煤层的开采而逐渐变化,第一次开采将使钻孔经历严重的岩层剪切、压缩和分层拉伸作用,而随后的开采过程,套管将在岩层移动的影响下再次受到一定程度的剪切、拉伸作用。因此,在这种状态下的套管更容易发生损坏,即多煤层重复开采下的套管变形和损坏程度,比一次开采中的变形和损坏程度更加严重。

4.2.3　复杂应力路径下地面井剪切失稳特征

1）试样准备

选择两块 100 mm×100 mm×50 mm 花岗岩,在两块岩石结合面上均匀涂抹环氧树脂,拼接成 100 mm×100 mm×100 mm 正方体试件,经过 24 h 风干让树脂充分凝固后在试件中部开一个直径 15 mm 的贯穿孔,用于放置地面井模型,同时在试件表面开一个宽度为 5 mm、深度为 2 mm 的凹槽,剪切模型组合流程如图 4.13 所示。选择直径 12 mm、壁厚 2 mm、长度 100 mm 标准 20#钢管模拟地面井,在钢管外壁中部靠上的位置贴一组应变片并在表面贴隔热胶,防止应变片损坏,应变片用于监测剪切位置应变,将钢管放入试件中,并在管道与孔周灌入环氧树脂,用于固定钢管,同样放置 24 h,待树脂完全凝固后,试件制作完成。

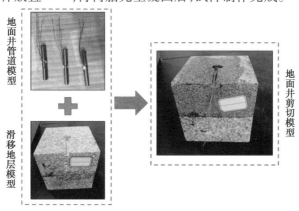

图 4.13　地面井剪切破坏模拟模型

制备相同参数的钢管试件,进行剪切试验,测得试件胶结面的剪切强度在 0.5 MPa 左右,在后续试验中须考虑此胶结面剪切强度的影响。

2）试验方案

（1）直剪实验

加载曲线如图 4.14 所示,试验机先以 400 N/s 的速度加载至 5 kN,保持 20 s,然后再以 400 N/s 的恒定加载速率持续加载直至试件发生破坏,停止加载。

（2）逐级加卸载剪切实验

加载曲线如图 4.14 所示,试验机先以 400 N/s 的速度加载至载荷达到 5 kN,将载荷稳定在 5 kN 保持 20 s,然后再以 400 N/s 的恒定加载速率加载至 20 kN,再以 400 N/s 的恒定卸载速率将载荷卸至 10 kN,之后再以同样的加载速率将载荷加载至 25 kN,再卸载至 15 kN,即每次加卸载循环的上限为上一次加载循环峰值的 1.5 倍,而卸载下限也为上一次卸载下限的 1.5 倍,直至试件发生破坏,停止实验。

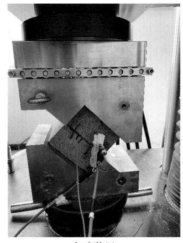

（a）实验装置

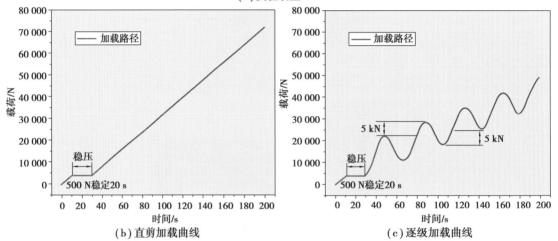

（b）直剪加载曲线　　　（c）逐级加载曲线

图 4.14　实验装置及实验应力路径

3）两种剪切实验应力-应变曲线对比

（1）直剪实验

如图 4.15 所示，将模型试样剪切变形过程的应力应变曲线分为胶结面变形段、胶结面破坏段、剪切段和钢管破坏段。由应力应变曲线可知，试件破坏主要分为胶结面的剪切破坏和护环与钢管的剪切破坏，这与实际工程相似。实际工程中，首先是岩层在挤压和自重应力的作用下，克服相邻岩层结合面的摩擦阻力，产生滑移运动，滑移运动又导致地面井及其水泥固井护环发生变形和破坏。从峰值与极限应变的角度分析，试样的峰值应力在 9 MPa 左右，破坏时的极限应变值在 0.45 左右。当地面井最大剪切变形值超过套管极限时，地面井发生失稳破坏。

（2）逐级加卸载剪切实验

逐级加卸载剪切实验对应地面井套管在多重采动扰动下的变形失稳模拟。以 2#试样为例，分析应力—应变曲线的变化情况，如图 4.16 所示，应力小于 1 MPa 时，应变曲线来回往复，表明胶结面破坏前变形无明显规律；应力大于 1 MPa，前几个循环曲线出现"滞回环"现象，但应力升高"滞回环"消失，曲线直线下降，这是由于 20#钢管为低碳钢，属于塑性材料，这与地面井施工中常采用的 N80 石油套管有相似的性质。此外，对比直剪实验可知，在循环加卸载的过程中,胶结面峰值强度和管道峰值强度都有所增加,但破坏时的极限应变减小。管道的剪切破坏主要是由于其剪切变形超过了设计极限。综上所述,扰动作用下地面井极限变形减小,更易发生破坏。由此可知,地面井在煤层群开采条件下,发生失稳破坏的概率更大。

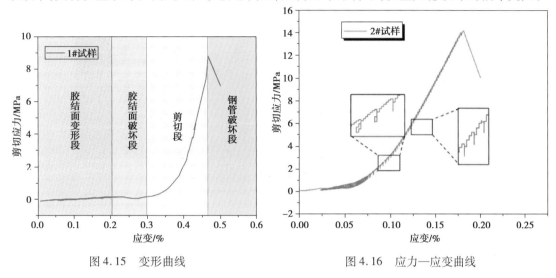

图 4.15　变形曲线　　　　　　　　　图 4.16　应力—应变曲线

4.3　采动地面井位置优选及防护措施

采动引起岩层移动导致地面井变形,地面井套管变形超过设计强度后,套管破坏,导致地面井抽采管路整体失效。因此,研究地面井破坏区域与破坏模式,对采动区地面井的工程应用有重大意义。本节在大倾角煤层群采动井变形规律基础上,对大倾角地面井失稳模式及机制进行了研究,并提出大倾角地面井局部防护措施,为地面井工程应用提供基础。

4.3.1　采动区地表移动监测

1）地表沉降观测点布置与观测过程

地表观测站观测线设计时应使两条观测线均不受邻近开采的影响,在符合设计要求的原则下要充分考虑地表地形地貌的影响。根据《煤矿测量规程》,24312 工作面平均采深约 190 m,地表移动观测站测点设计间距取 15 m,横向和纵向测线的长度分别为 915 m 和 615 m。横测线设置 62 个观测站,固定间隔 15 m。在这条线上还设置了两个控制点,AK1-AK2。纵向测线设在工作面中心。该线由名为 B1-B42 的 42 个观察点组成。此外,该线路有 3 个控制点,即BK1-BK3,固定间隔为 50 m,如图 4.17 所示。

2）地表沉降在走向和倾向方向的分布及应力分布

地表下沉随 24312 工作面推进的演化过程如图 4.18(a)所示,沉降量随推进距离的增加逐步增加,且最大下沉位置和范围也在逐步向前移动。当工作面推进到 230 m 时,B13 点的最大位移沉降量达到 224 mm。此后,随推进距离的增加,最大下沉的位置保持一致。然而,当推进距离达到 500 m 左右,最大下沉量增加到 387 mm。地表水平变形随 24312 工作面推进的演化过程如图 4.18(b)所示,可见地表水平变化不显著。地表曲率随 24312 工作面推进的演化过程如图 4.18(c)所示,曲率的变化较小且呈现不对称的趋势,此外,曲率随推进距离的增加逐渐增加。整体来看,24312 工作面地面下沉速度随时间的推移逐渐减小,水平变形和曲率也呈现相似的趋势。

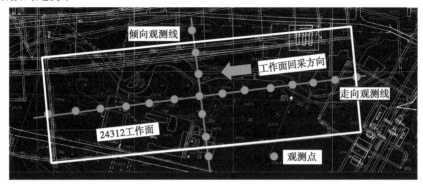

图 4.17　地表移动观测站布设

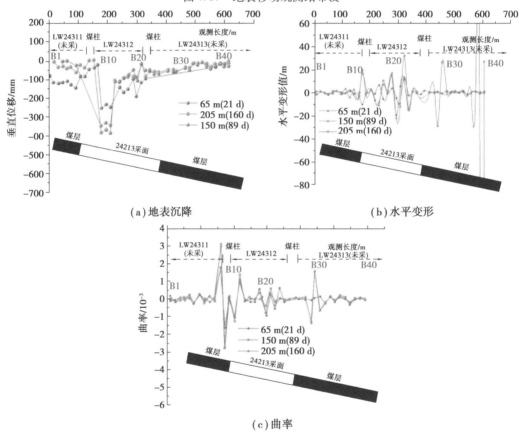

（a）地表沉降　　　　　　　　　　　　　　（b）水平变形

（c）曲率

图 4.18　24312 工作面地面沉降

图 4.19 反映了地面沉降盆地的倾向性断面特征。地表沉降剖面呈现出平底。地表下沉的最大值出现在前进距离接近 200 m 时。地表下沉的最大值出现在 A45 处,下沉垂直位移 1 846 mm。地表的水平变形呈现出对称的波动,在中央区域的数值相对较小。两侧的数值则相对较大。此外,水平变形在该区域波动很大,这可能是出现表面断裂。曲率表明,开采引起的曲率是不连续的,表面的岩石可能经历了压缩和拉伸状态的转换。当存在煤柱时,表面台阶较多,曲率和张力较大。总的来说,这个方向的地面沉降近乎是对称的。

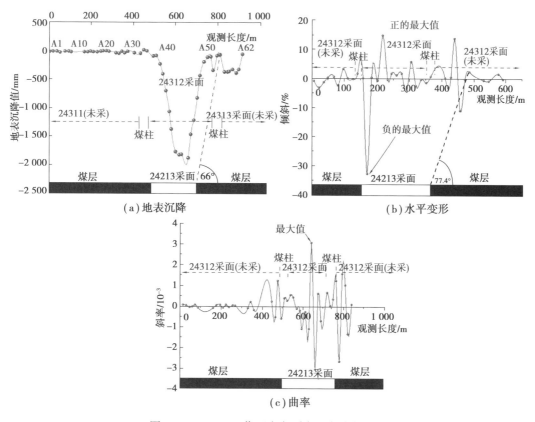

图 4.19　24312 工作面走向覆岩地表动态变形

由图 4.20(a)可知,在较深一侧开采导致了广泛的表面下沉,而且这种影响延伸到了未工作的煤层之外。图 4.20(b)显示了横测线上各观测站的水平变形,它可以描述地面下沉的特征和严重程度。地面的最大水平变形在 B16 处。此外,水平变形先降低后增加,最后趋于稳定。这是由于上覆地层在推进距离等于工作面长度时,会达到完全活动状态。结果表明,下沉是由于变形从低层传递到高层,直到地下采矿活动传递到地表而产生的。图 4.20(c)显示了横测线上各观测站的曲率,反映了地表下沉的不均匀性。最大曲率值在 B12 处,在 B13 处出现急剧下降。此外,从 B20 到 B25,曲率变化波动很大,这表明采矿对地表产生的影响是阶梯式的,这可能是由于岩石破坏产生的裂缝和原生缝隙致使位移不连续。

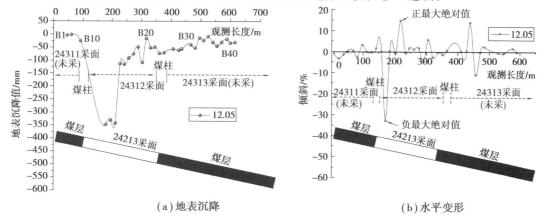

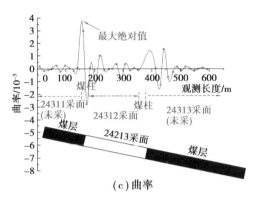

图 4.20 24312 工作面倾向地表动态变形

3）地表沉降时变特征及渗透率分布时变规律

在大倾角不对称采矿作业中确定合适的时间函数模型。每个纵向测线点的观测值是在不同的推进距离获得的。图 4.21（a）表明了每个点的趋势都是相似的,因此,A42 被选为位于采空区中心的代表点。图 4.21（b）拟合了几个时间函数模型,一般来说,除了 Knothe 函数外,拟合曲线的形状与实测数据几乎相同。结果表明,Knothe 函数模型并不能准确描述特定点在倾角更显著条件下的动态沉降过程;而 Weibull 在这些时间函数中更适合用来拟合现场数据。

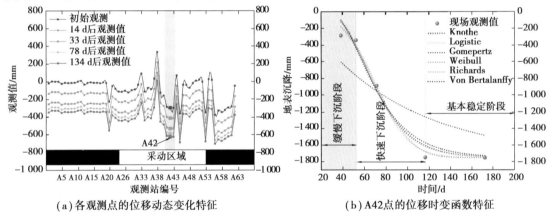

（a）各观测点的位移动态变化特征　　　（b）A42点的位移时变函数特征

图 4.21 各观测点的位移动态变化特征和 A42 点的位移时变函数特征

图 4.22 为不同时间尺度及非对称条件下渗透率分布,由图 4.22 可以看出随着时间的增加,采空区中部的渗透率逐渐由 0.1 年的 $3×10^{-8}$ mD 降低至 0.3 年的约 $0.8×10^{-8}$ mD,而在低位侧卸压区渗透率由原来的 $3.5×10^{-8}$ mD 降低至 0.3 年的 $3.5×10^{-8}$ mD。在高位侧渗透率由 0.1 年的 $5.5×10^{-8}$ mD 降低至 $5×10^{-8}$ mD,虽然有一定程度的降低,但高位侧整体依旧能够保持较高的渗透率。随着非对称程度的增加高渗区在覆岩高位侧分布增加,为卸压瓦斯抽采提供了较大的作用空间,能够在一定程度下保证卸压瓦斯的治理效果。

4.3.2 采动井布井及结构优化技术

中煤科工集团重庆研究院孙东玲研究员等提出了"避""抗""让""疏""护"的采动井防护的五字原则,本节结合该原则及前述研究结果进行阐述。

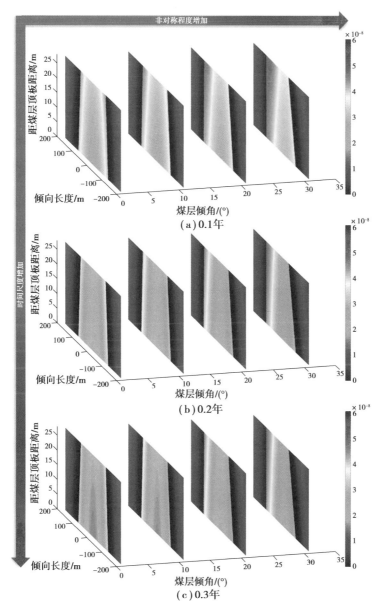

图 4.22 不同时间尺度及非对称条件下渗透率分布

1）布井位置

从抽采效果及施工条件等方面考虑,地面井布置位置选择主要考虑:

①地面井位置应有利于最大限度抽采回采工作面附近的瓦斯。

②地面钻井位置应为采动影响下采场覆岩运动影响综合效应较弱的位置,规避岩层剪切、离层、挤压等对地面井套管的破坏作用。

煤炭开采后,上覆岩层不可避免地会发生移动、旋转及下沉,采动区地面井受此影响将发生一定程度的变形破坏。避开应力集中区或变形强烈区,选择受应力小或变形小的区域布井,便能较好地保护地面井套管的变形破坏,但采动区地面井布置的目的是抽采瓦斯,还需考虑抽采瓦斯的效果。用"避"的理论,分析地面井结构稳定性最好且抽采效果好的区域,确定地面井井位。

在进行采动区地面井井位布置时主要应遵循如下原则：

①地面井的施工布井应该综合考虑采场岩层移动下地面井套管发生剪切破坏、离层拉伸破坏的影响和钻井瓦斯抽采效果等综合因素，应该在分析采场岩层移动规律和地面井抽采效率的基础上进行。

②在采场倾向上，当地面井的变形破坏以剪切破坏为主时，根据地面井剪切变形破坏的空间分布规律，宜将钻井布置在采场沉降拐点连线偏向上山方向的一定区域；当地面井的变形破坏以离层拉伸破坏为主时，根据地面井离层拉伸变形破坏的空间分布规律，宜将钻井布置在靠近采场两帮的位置；避开在采场中心线施工安全系数最低值点附近进行地面井施工，在位移场中线上侧靠近采场边界施工。

③在采场走向上，随着回采工作面的推进，地面井套管位移将逐步增大，但回采工作面开切眼和停采线附近的地面井套管也是损坏高发区。因而，应将地面井位置尽可能地避开沉降拐点与开切眼和停采线之间的区域，而偏向采场内部。

④综合考虑各因素时，大倾角煤层地面井井位安全度分布较高的区域为完全充填区沿上山方向边界处，避开在采场中心线施工安全系数最低值点，在位移场中线上侧靠近采场边界施工。

2）采动地面井井身结构优化

确定了采动区地面井瓦斯抽采井的井位后，需设计地面井的井身结构，五字理念中的四个地面井结构设计理念如下：用"抗"的理念，完善地面井结构，提高井身抗破坏能力；用"让"的理念，完善局部固井技术，"让"出岩层水平移动量；用"护"的理念，开发局部安全防护装置，包括偏转结构、伸缩结构、厚壁刚性结构等；用"疏"的理念，研发悬挂完井技术，解决三开筛管段泥沙堵孔难题。通过对上述技术理念的掌握，形成一套成熟的采动区地面井瓦斯抽采技术。

（1）基于"抗"的结构优化技术

①地面井的生产套管宜高强度厚壁的标准油井套管管材，一般情况下宜使用 N80 以上钢级且壁厚不低于 10 mm 的管材。

②优化护井水泥环的成分及厚度保证其对井身套管压力的正增益，一般情况下使用 G 级高强度水泥固井，水泥环厚度约 40 mm。

（2）基于"护"的局部固井技术

①分析覆岩的岩性特征，将固井位置终点布置在岩性强度中等的岩性中，深度范围大于一开深度，小于二开深度的 1/3，晋城矿区地质条件为 100 m 左右。

②在下二开套管时，在套管上的设定位置上安设 4～5 个水泥伞并缠绕干海带，在下管后，把碎海带等发泡材料倒入二开环空空间，再倒入一定量的干水泥灰和水。

③待海带膨胀和水泥凝固后，再从地表向二开环空内灌入水泥浆进行固井。

④候凝后，局部固井完成。

（3）基于"护"的防护技术

通过分析采场覆岩的结构特征发现：

①采场上覆岩层的运动形式主要有层间剪切滑移，受两相邻岩层相对滑移特性的影响，两岩层界面处钻井易发生剪切变形破坏。

②随着煤层的回采，采场上覆岩层中关键层（或组合关键层）下往往发生明显的离层位移。

③在层合板内,钻井套管易发生非均匀挤压变形,井身结构变形破坏很可能是在两种或三种形式综合作用下发生破坏的。在安装防护装置之前,根据地层的详细资料结合地面井套管损坏的模型进行高危位置的判断,根据判断结果在合理岩层层位安装相应的防护装置。

(4)基于"疏"的悬挂完井技术

①预先在二开的最下端一根套管的底部的内侧焊接 4 块挡套,4 块挡套在套管内侧十字对称布置,然后下放二开套管并固井,候凝结束钻三开。

②在三开最上端一根生产套管外侧焊接一环形挂套,并在环形挂套下侧同样焊接 4 块十字对称布置的钢锥。

③在三开最上端的生产套管上端连接两段螺纹短节,下紧上松螺纹短节与生产套管连接,上紧下松螺纹短节上端与钻杆连接,以实现钻机正转时,下紧上松螺纹短节为松开过程。

④三开钻井结束后,用钻杆下放三开生产套管,在预计生产套管上的环形挂套快至挡套上时,需慢慢下放,以减少挡套上侧的冲击。

⑤通过钻机缓慢正转使十字对称的钢锥嵌入套管内侧十字布置的挡套空隙处,从而使钢锥与挡套接触以松开生产套管上端的螺纹短节,然后上提钻杆,通过地面的拉力计可判断生产套管是否下放好,精确下放悬挂生产套管完毕。

4.3.3 采动井局部防护装置

地面井套管受采动影响将发生剪切、拉伸、挤压和拉剪综合型破坏等,因此,针对大倾角煤层群采动区地面井的变形失稳特征,在地面井套管易发生破坏的位置安装破坏防护结构,依靠防护结构来保护套管,降低套管在剪切、拉伸等作用下的损伤。

1)地面井套管偏转防护装置

地面井套管偏转防护装置,一般安装在剪切滑移岩层界面位置,防止地面井套管剪切破坏。根据岩层滑移情况,在套管易受剪切破坏的岩层交界面对应的深度,使用偏转接头连接原套管。地面井套管防偏装置允许结构在任一方向上有一定偏转能力,可根据岩层滑动方向发生一定角度偏移,减弱套管刚性破坏,设计原理如图 4.23 所示,实物图如图 4.24 所示。

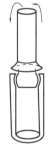
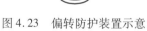

图 4.23 偏转防护装置示意

图 4.24 偏转防护装置实物

2)地面井套管伸缩防护装置

地面井套管伸缩防护装置一般安装在拉伸破坏岩层交界面位置,防止地面井套管拉伸破坏,根据岩层沉降,在易拉伸变形岩层相应深度处连接原套管。该装置在岩层移动时根据岩层沉降上下产生一定的移动,减小岩层离层作用对套管拉伸破坏,伸缩防护装置示意如图 4.25 所示。地面井套管伸缩防护装置的加工实物如图 4.26 所示。在套管剪切破坏和拉压破坏均存在的岩层,同时采用偏转接头和伸缩接头连接,以保障采动区地面井瓦斯的顺利抽采。

图 4.25 伸缩防护装置示意 　　　　　　图 4.26 伸缩装置实物

非均匀载荷是圆筒型套管失稳破坏的重要原因,结合大倾角煤层开采特点,双层组合套管结构能够有效减弱非均布载荷的影响。局部双层组合套管充分利用水泥环特性,外层套管承受并吸收部分非均匀载荷,再将剩余载荷均匀分布并传递到内层套管,如图 4.27 所示。

图 4.27 非均布载荷下套管的工作原理图

地面井深度较小时,套管受挤压作用较小,套管压缩作用较小。此时套管的主要破坏是轴向拉压和剪切破坏,可以选择塑性水泥环。当套管受到岩层滑移产生剪切力时,塑性水泥环能通过变形吸收剪切应力产生的破坏作用,使套管所受破坏减小。在塑性水泥环外侧增加一些既能起到一定固定作用但强度又相对水泥环低的材料,这类材料能提供一定支撑强度,同时吸收一部分岩层移动过程中产生的能量,进一步减小水泥环与套管所受的破坏力。

4.4 有机分散剂改性地面井固井水泥水化特征及力学特性

水泥环作为固井措施中的关键一环,对保护卸压瓦斯地面井免受采动影响发挥着重要作用。然而,普通固井水泥环属于脆性材料,存在早期韧性差等固有缺陷,在采动作用下容易出现裂纹而导致宏观力学性能变差。为了改善普通水泥材料的固有局限性,一般在水泥浆中添加外加剂来提高其综合性能。通过添加有机分散剂来改善固井水泥浆的流动性和早期强度是提高固井效果的有效途径之一。木质素磺酸钙作为有机分散剂的代表之一,本节通过在固井水泥浆中加入木质素磺酸钙,探究了有机分散剂改性后固井水泥的水化特征和力学特性。

4.4.1 有机分散剂改性固井水泥水化特征

1)试验过程

选取相同质量的 G 级水泥,分别添加质量分数为 0‰、1‰、2‰、3‰、4‰的木质素磺酸钙,按照水灰比 0.44 将水、水泥和木质素磺酸钙均匀混合,制备 5 个水泥浆试样,水泥浆体编号为 Blank group、M#1、M#2、M#3、M#4。

　　通过泥浆比重计测定不同质量分数木质素磺酸钙对水泥浆密度的影响。通过维卡仪测定不同质量分数木质素磺酸钙对水泥浆初终凝时间的影响,测量原理如图 4.28 所示。

　　①初凝时间测定:由水泥全部加入水中至初凝状态的时间为水泥的初凝时间,用"min"表示。

　　②终凝时间测定:由水泥全部加入水中至终凝状态的时间为水泥浆的终凝时间,用"min"表示。

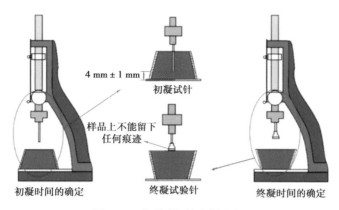

图 4.28　初终凝时间测定原理

　　采用纽迈公司 NMR 型核磁共振分析仪,采集的弛豫数据经反演软件进行反演计算,获得样品的 T_2 值分布曲线。同时对各个水泥浆体水化 5,30,60,120,360,1 380,1 680 min 时的 T_2 值进行测试。将固化后的水泥石制作成块状 1 试样,将其粘在导电胶带上,对其进行烘干与喷金处理。采用扫描电子显微镜对喷金处理后的水泥试样的细观形貌进行观察。实验过程如图 4.29 所示。

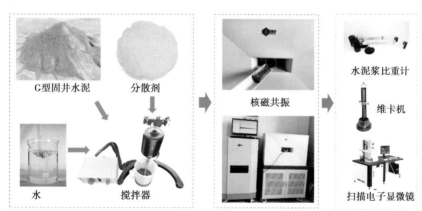

图 4.29　实验过程

2)实验结果

(1)水泥浆体密度变化特征

　　采用泥浆比重计分别对水泥浆体进行密度测量。由图 4.30 可知,随着木质素磺酸钙质量分数的增加,水泥浆密度逐渐下降。木质素磺酸钙的质量分数和水泥浆的密度呈现良好的负线性关系,其线性拟合方程的 R^2 值达到了 0.937 6。

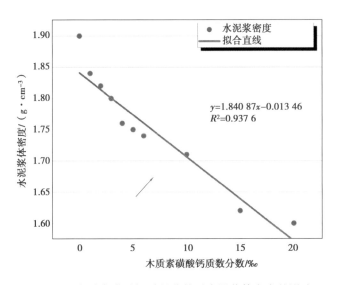

图4.30　木质素磺酸钙质量分数对水泥浆体密度的影响

（2）水泥浆体初凝时间

水泥的凝结时间反映了水泥的硬化过程。水泥初凝过快，终凝太迟，均不能满足固井要求。为了保证水泥浆体有充分的时间进行搅拌、运输和灌送，要求水泥初凝时间较长。通过维卡机分别对水泥浆体初凝和终凝时间进行测量，结果如图4.31所示。随着木质素磺酸钙质量分数增加，水泥浆的初凝时间逐步增加。木质素磺酸钙的质量分数和初凝时间呈现良好的线性增加关系，拟合度 R^2 达到了0.972 98。

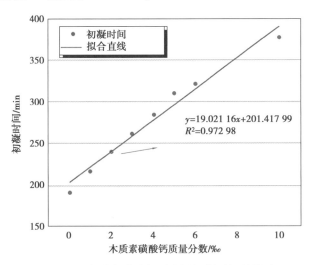

图4.31　木质素磺酸钙对水泥初凝时间的影响

（3）水泥浆体 T_2 值分布

对水化5,30,60,120,360,1 380,1 680 min时的空白组、M#1、M#2、M#3、M#4的5种水泥浆体的 T_2 值进行测试，测试结果如图4.32所示。

T_2 值分布图中弛豫峰从左到右定义为第1弛豫峰和第2弛豫峰。第1弛豫峰位于0.8～5 ms和5～10 ms。第2弛豫峰位于1 000～5 000 ms，在水泥浆体水化反应过程中至少存在3种不同水相。随着木质素磺酸钙质量分数的增加，水泥浆体第1弛豫峰向短弛豫时间方向迁移程度减小。第 2 弛豫峰在空白组和 M#1 中没有出现。随着木质素磺酸钙质量分数的增大，第 2 弛豫峰逐步显现，且第 2 弛豫峰面积随木质素磺酸钙质量分数的增加而增大。第 2 弛豫峰面积先增大后减小直至消失。添加木质素磺酸钙的水泥试样水化反应 60 min 左右弛豫值急剧上升，发现试管中存在自由水，倒出后再进行测试该现象消失。T_2 总峰面积表征了浆体内水及水合物的弛豫特征，如图 4.33 所示。多孔介质比表面积越大，对水分子弛豫时间影响越强，T_2 值越短。在水化过程中，大量水化产物填充了水泥浆体微孔，导致后期 T_2 值减小。随着木质素磺酸钙质量分数的增加，水泥浆体 T_2 总峰面积在各时期逐步降低。

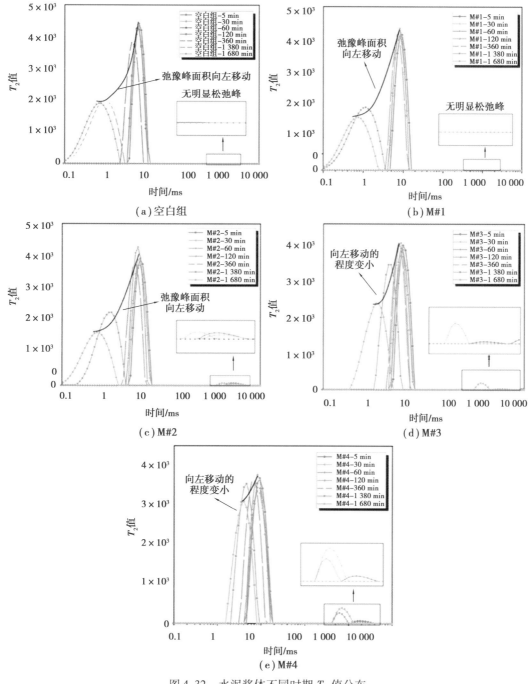

图 4.32　水泥浆体不同时期 T_2 值分布

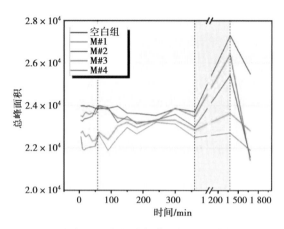

图 4.33　T_2 总峰面积随木质素磺酸钙质量分数的时变曲线

3）有机分散剂改性固井水泥水化特征

由图 4.34 可知,木质素磺酸钙对水泥浆体的第 1 弛豫峰和第 2 弛豫峰影响显著。第 1 弛豫峰对应填充水,是水泥浆体中的主要部分。水泥浆体的第 1 弛豫峰和第 2 弛豫峰特征可以反映浆体的流动性。随着水化反应的进行,水泥浆体第 1 弛豫峰峰面积整体上呈现出先减小后增大的趋势,添加木质素磺酸钙后降幅和升幅明显增大。第 2 弛豫峰峰面积先增大后减小直至消失,同时添加木质素磺酸钙后降幅和升幅也明显增大。木质素磺酸钙质量分数的增加,加速了水泥浆浆体水化反应。

水泥的水化反应过程可以用下列化学反应式表示:

$$2(3CaO \cdot SiO_2) + 6H_2O === 3CaO \cdot 2SiO_2 \cdot 3H_2O(胶体) + 3Ca(OH)_2(晶体)$$

$$\tag{4.22}$$

$$2(2CaO \cdot SiO_2) + 4H_2O === 3CaO \cdot 2SiO_2 \cdot 3H_2O + Ca(OH)_2(晶体) \tag{4.23}$$

$$3CaO \cdot Al_2O_3 + 6H_2O === 3CaO \cdot Al_2O_3 \cdot 6H_2O(晶体) \tag{4.24}$$

$$4CaO \cdot Al_2O_3 \cdot Fe_2O_3 + 7H_2O === 3CaO \cdot Al_2O_3 \cdot 6H_2O + CaO \cdot Fe_2O_3 \cdot H_2O(胶体)$$

$$\tag{4.25}$$

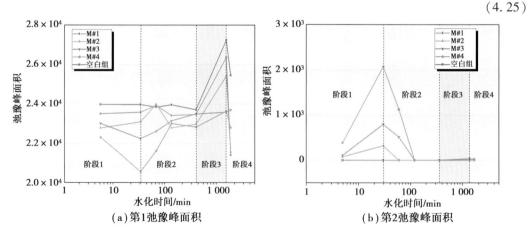

图 4.34　水泥浆体弛豫峰面积随水化时间的变化特征

将 T_2 曲线变化过程的 4 个阶段进行细化:

①溶解阶段(0 ~ 0.5 h):木质素磺酸钙作用于水泥浆体促使水泥颗粒相互分散,絮凝结构破坏,释放出被包裹部分水,此时期结束时自由水含量达到最大值,是现场水泥浆泵送的最

佳时期。

②结晶阶段(0.5~6 h):纯水泥试样与其他添加木质素磺酸钙试样的 T_2 值总量在此阶段波动较大,该阶段对应化学反应式(4.22)和式(4.23)。该阶段木质素磺酸钙分子定向吸附于水泥颗粒表面,使水泥颗粒表面带有同种电荷,形成静电排斥作用,促使水泥颗粒分散,絮凝结构破坏,释放出被包裹部分水参与流动,有效增加了浆体流动性。

③加速阶段(6~23 h):该阶段各水泥试样总信号量变化较大,对应化学反应式(4.24)和式(4.25)。该阶段是水泥微结构形成时期,轻微的扰动会造成大量裂隙,对固井效果造成不良影响。

④衰退阶段(23~28 h):木质素磺酸钙作用后,水化反应持续,但是 T_2 总量值快速下降,此时浆体已经凝结,水泥微结构初步形成,浆体内部水分除化学结合水外,主要存在于多孔介质中的毛细水或凝胶水。此时水泥浆体抵抗外界能力增强,为安全考虑,建议现场施工过程中,注浆结束 23 h 后接入抽采管路进行瓦斯抽采。

4)木质素磺酸钙对水泥浆体水化反应的影响机制

分散剂对水泥浆体的作用机理主要为:

①改变水泥颗粒的电性。分散剂在水泥浆体中离解成阴离子基团和普通金属阳离子。阴离子亲水基团吸附于水泥颗粒表面,使水泥颗粒表面上带有相同符号的电荷。电性斥力作用使水泥—水体系处于相对稳定的悬浮状态,且能使絮凝状结构分散解体。从而释放包裹在絮凝状结构内部的游离水,提高水泥浆的流动性,如图 4.35(b)所示。

②引气作用。分散剂能降低气—液界面张力。在搅拌等作用下会引入一定量的气泡。这些微气泡被分散剂的分子膜包围,并与水泥颗粒带有相同符号的电荷,因而气泡与水泥颗粒间也因电性斥力而使水泥颗粒分散,从而增加了水泥颗粒间的滑动能力,如图 4.35(c)所示。

③溶剂化作用。吸附于水泥表面的分散剂借助于亲水基团,很容易和水分子以氢键形式缔合起来[加之极性水分子之间的氢键缔合作用,使水泥颗粒表面形成一层稳定的溶剂化膜,从而使微粒间产生以水为润滑介质的润滑减阻作用],由于水化膜的存在及增厚形成了稳定的保护膜,使水泥微粒分子间距得以增大,从而减小了水泥微粒的分子引力,减小了水泥微粒间的接近和凝聚,使水泥微粒得以分散,如图 4.35(d)所示。

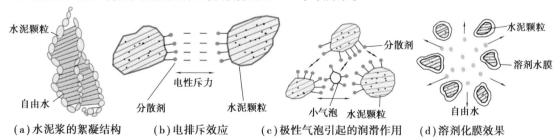

(a)水泥浆的絮凝结构   (b)电排斥效应   (c)极性气泡引起的润滑作用   (d)溶剂化膜效果

图 4.35 分散剂对水泥浆体的作用机制

如图 4.36 所示,随着木质素磺酸钙质量分数的逐渐增大,固化后水泥试样的表面会出现越来越多的气泡,气泡与水泥颗粒间因电性斥力而使水泥颗粒分散,增加了水泥颗粒间的滑动能力,从而促使絮凝结构破坏,释放出被包裹的部分水参与流动,有效增加水泥拌和物的流动性。上述现象结合现有监测手段说明木质素磺酸钙的引气作用对水泥浆体具有重要作用。

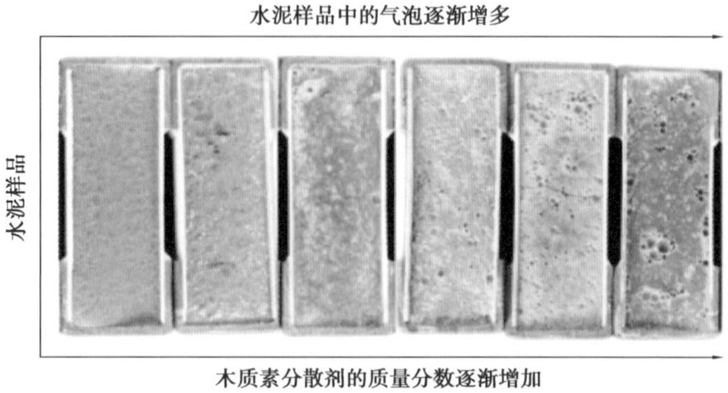

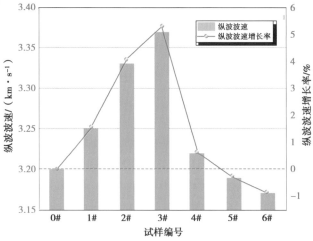

水泥样品中的气泡逐渐增多

水泥样品

木质素分散剂的质量分数逐渐增加

图4.36 各水泥试样的表观特征

4.4.2 有机材料改性水泥石力学响应特征

为了研究有机材料改性水泥石的力学响应特征,试验选取相同质量的 G 级水泥,按照水灰比为 0.44 的比例把水和水泥混合,再分别加入质量分数为 0‰,1‰,2‰,3‰,4‰,5‰,6‰的木质素磺酸钙,通过搅拌器进行均匀混合,得到 7 种不同配比的水泥浆体,分别编号为 0#、1#、2#、3#、4#、5#、6#。

1)水泥石纵波波速变化特征

纵波波速在一定程度上反映了水泥石内部孔隙和裂隙发育情况,同时为了量化分析水泥石纵波波速的变化特征,引入纵波波速增长率,其表达式如下:

$$k = \frac{v_x - v_0}{v_0} \times 100\% \tag{4.26}$$

式中　k——纵波波速增长率;

　　　v_x——纵波波速,$km \cdot s^{-1}$;

　　　v_0——纵波波速,$km \cdot s^{-1}$。

如图 4.37 所示,随木质素磺酸钙质量分数的增大,水泥石纵波波速先增大后减小。3#试样的波速达到最大,此后木质素磺酸钙质量分数的增大,波速急剧降低,质量分数大于 4‰,波速降低的速率减缓。

图 4.37 水泥石纵波波速变化特征

2）水泥石应力—应变曲线

由图 4.38 可知,水泥石应力—应变曲线可分为 4 个阶段:压密阶段、弹性阶段、峰前阶段及峰后阶段。不同木质素磺酸钙质量分数的水泥石变形特征差异显著。随着木质素磺酸钙的加入,水泥石应变先降后升。在水泥石压缩过程中,2#和 3#水泥石表现出显著的脆性特征,峰后应力下降很快,并伴随有较大破裂声。相比 2#和 3#水泥石,其余水泥石在加载初期应力—应变曲线产生明显的弯曲,同时弹性变形阶段的持续时间缩短,峰后应力跌落的幅度较小。

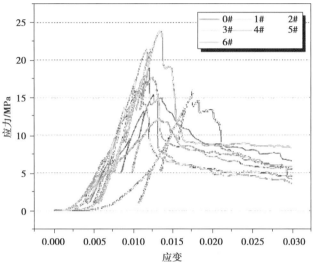

图 4.38　水泥石单轴应力—应变曲线

为了量化分析水泥石峰值应力的变化特征,引入峰值应力增长率,其表达式如下:

$$M = \frac{\sigma_x - \sigma_0}{\sigma_0} \times 100\% \tag{4.27}$$

式中　M——峰值应力增长率;

　　　σ_x——改性水泥石的峰值应力,MPa;

　　　σ_0——空白水泥石的峰值应力,MPa。

水泥石峰值应力及增长率的变化曲线如图 4.39 所示。由图 4.39 可知,水泥石峰值应力与纵波波速具有一致的变化趋势,随着木质素磺酸钙质量分数的增大,水泥石峰值应力呈现

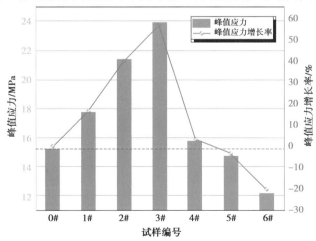

图 4.39　水泥石峰值应力变化特征

先增大后减小的趋势。由此可见,添加木质素磺酸钙能有效提升水泥石的单轴抗压强度,但存在一定的阈值。

变形模量可以表征材料在外部扰动下抵抗变形的能力,是衡量水泥石力学性能的重要指标。加载阶段各个时期变形模量的变化特征可以表征水泥石中微裂缝的发展过程。对于水泥石等非均质材料,其变形模量的常见求取方法包括计算切线模量,割线模量和平均模量等3种方法。目前最为广泛采用的是平均模量,即:

$$E = \frac{f(\varepsilon_2) - f(\varepsilon_1)}{\varepsilon_2 - \varepsilon_1} \tag{4.28}$$

式中　E——变形模量;

$f(\varepsilon_1)$, $f(\varepsilon_2)$——分别代表弹性阶段开始点和结束点对应的应力值,MPa;

ε_1, ε_2——分别表示弹性阶段开始点和结束点对应的应变。

木质素磺酸钙对单轴循环加卸载下水泥石变形模量的影响如图4.40所示。由图4.40可知,随着荷载的增加,水泥石加卸载变形模量均增大,且第一次循环荷载对变形模量的强化作用最为显著;随着循环梯级增加,水泥石变形模量增幅减小。王述红等探究了循环荷载作用下砂岩弹性模量的变化特征,发现了类似规律,指出这与试样内部细观结构的调整有关。由此分析,循环荷载可以调整水泥石微裂隙层间结构,提高水泥石密实程度。首次加载时,水泥石内部大量原生微裂隙被压密,初始荷载后水泥石密实程度有较大提升。水泥石内部微裂隙等缺陷在压密和释放过程中,部分缺陷卸载后不能完全释放,同时随着内部微裂隙的重新调整,下个梯级荷载过程中水泥石变形模量增大。随着加载继续推进,水泥石内部微裂隙在每级荷载进一步扩展,水泥石损伤累积,但当外部荷载未超过微裂隙不稳定扩展的临界荷载时,水泥石损伤累积速度小,而变形模量继续增大,增速较小。木质素磺酸钙质量分数为1‰~3‰时,水泥石变形模量随质量分数的增大而增大,与水泥石峰值应力的变化规律相似,反映出适量添加木质素磺酸钙,水泥石变形模量增大,变形越难。

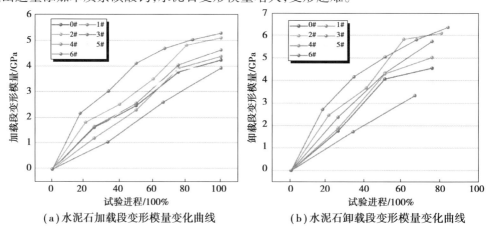

(a)水泥石加载段变形模量变化曲线　　(b)水泥石卸载段变形模量变化曲线

图4.40　水泥石变形模量变化曲线

3)水泥石声发射演化特征

声发射是水泥石变形破坏的伴生现象,可作为微裂隙扩展的可靠指标。本书采用振铃计数以及累计振铃计数分析单轴循环加卸载下水泥石变形破坏过程中的声发射现象。图4.41显示了水泥石总梯级数变化特征。随着木质素磺酸钙质量分数的增加,水泥石总梯级数先增大后减小。

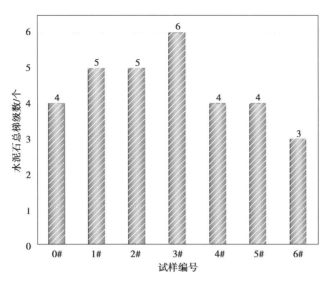

图 4.41　水泥石总梯级数变化特征

如图 4.42 所示,各荷载阶段荷载峰值点与振铃计数峰值点基本对应,说明各荷载阶段荷载峰值点水泥石裂隙萌生,产生高能量声发射事件。随着循环梯级的增加,产生新裂隙形成新的振铃计数峰值点,直至最后一个循环,裂隙贯通形成宏观裂隙,水泥石破坏,振铃计数突增。

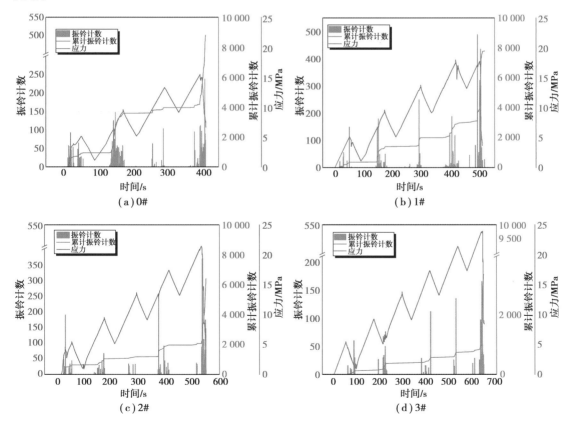

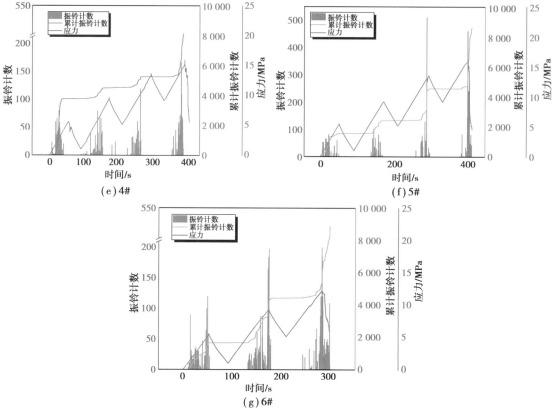

图 4.42　水泥石应力、振铃计数和累计振铃计数的时变曲线

由图 4.43 可知,在整个加载过程中,初始荷载下水泥石累计振铃计数较低,当加载达到各阶段荷载峰值时,振铃计数急剧增加,累计振铃计数显著增大。而水泥石总振铃计数随着木质素磺酸钙质量分数的增加先减小后增大,这和水泥石波速和峰值应力的变化趋势相反。

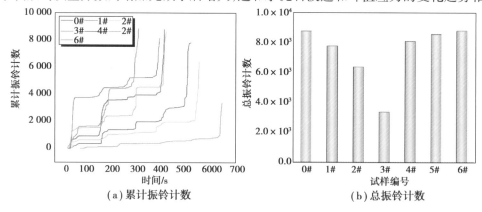

图 4.43　水泥石累计振铃计数和总振铃计数变化特征

水泥石破坏过程中主要出现拉伸破坏和剪切破坏两种形式。本节采用 RA-AF 两个参数分析单轴循环加卸载下水泥石的破坏模式。两个参数值的计算方法如下:

$$AF = \frac{振铃计数}{持续时间} \tag{4.29}$$

$$RA = \frac{上升时间}{幅度} \tag{4.30}$$

拉伸裂纹弹性能瞬间释放,上升时间和持续时间短,幅度大,振铃多。因此,RA 低,AF 高,剪切裂纹则相反。王桂林等认为对角线可作为拉伸和剪切裂纹分界线,直线上侧为拉伸裂纹,直线下侧为剪切裂纹,直线斜率 AF/RA 为拉剪裂纹判断阈值,该方法应用广泛。

如图 4.44 所示,含木质素磺酸钙水泥石的破坏呈现出拉伸—剪切组合破坏模式。纯水泥石呈现出拉伸主导的拉伸—剪切组合破坏模式。随着木质素磺酸钙的加入,拉伸破坏占比

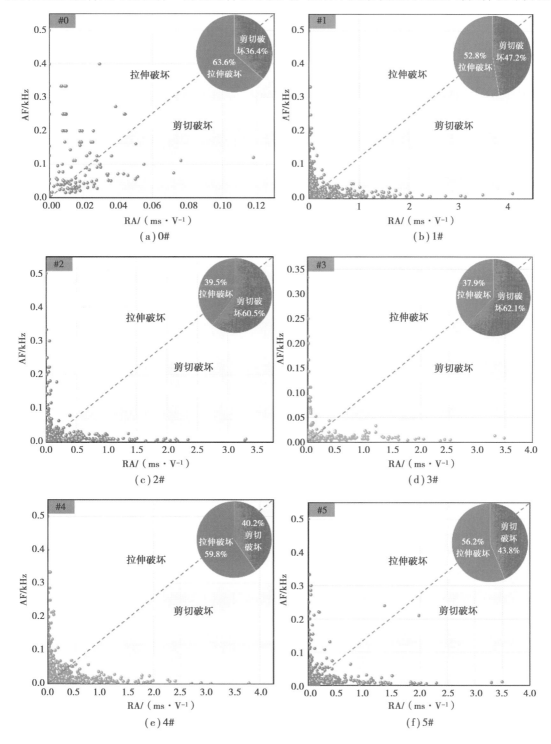

（a）0#　　　　　　（b）1#

（c）2#　　　　　　（d）3#

（e）4#　　　　　　（f）5#

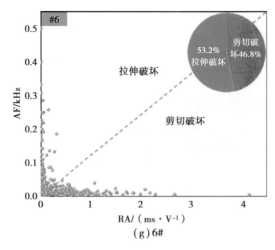

图 4.44　水泥石累计振铃计数和总振铃计数

减小,水泥石呈现偏向于以剪切主导的拉伸-剪切组合破坏模式。在木质素磺酸钙质量分数为 3‰时,剪切破坏占整个破坏模式的比例最大,随木质素磺酸钙的进一步加入,水泥石又呈现出拉伸主导的拉伸—剪切组合破坏模式。这种破坏模式的转变和水泥石的峰值应力变化趋势存在一致性。

采用分形维数对水泥石粒径分布特征进行量化分析,从整体上看,随着木质素磺酸钙质量分数的增大,水泥石对数粒径累计质量占比波动变化,如图 4.45(a)所示。根据 Mandelbrot 对岩石破碎后分形维数 D 的研究,岩石破碎后碎块的质量、粒径及分形维数之间的关系如下所示:

$$\frac{M(X)}{M_T} = \left(\frac{X}{X_m}\right)^{3-D} \tag{4.31}$$

式中　X——某一粒径,mm;

$\quad\quad X_m$——岩石破碎后的最大粒径,mm;

$\quad\quad M(X)$——小于某粒径下岩石碎块的累计质量,g;

$\quad\quad M_T$——岩石破碎后总质量,g;

$\quad\quad D$——表征水泥石均匀度的分形维数,简称破碎分形维数,可以定量地评估水泥石破碎后的块度分布规律。

将式(4.31)两边取对数可得:

$$\ln\frac{M(X)}{M_T} = (3 - D)\ln\frac{X}{X_m} \tag{4.32}$$

由图 4.45(b)拟合结果求出不同质量分数水泥石的破碎分形维数,如图 4.45(c)所示。分形维数随木质素磺酸钙质量分数的增加先降后增,表明水泥石在单轴压缩后的破碎程度随质量分数增加先降后增。当质量分数小于 3‰时,水泥石的破碎程度随着木质素磺酸钙质量分数的增加而减小,说明在此范围内添加木质素磺酸钙可以减小水泥石的破碎程度,提高水泥石抗破坏能力。

4)水泥石破碎粒度分布特征

筛分后破碎水泥石的形态如图 4.46 所示,通过统计各粒径块体质量占总质量的百分比绘制破碎水泥石粒径变化情况如图 4.47 所示。对筛分结果进行分析可知,质量分数为 1‰,2‰和 3‰的水泥石变化趋势相同,质量分数为 4‰,5‰和 6‰的水泥石变化趋势相同。以木质素磺酸钙质量分数为 0‰,3‰和 4‰为例进行分析。3 种破碎水泥石中粗颗粒偏多,细颗粒居少,整体平均粒径较大,说明了破碎水泥石在承压过程中颗粒之间互相挤压破碎的行为较少,颗粒之间的接触、摩擦、挤压不够活跃,所以导致块体破碎得不够严重,大粒径的质量偏多。

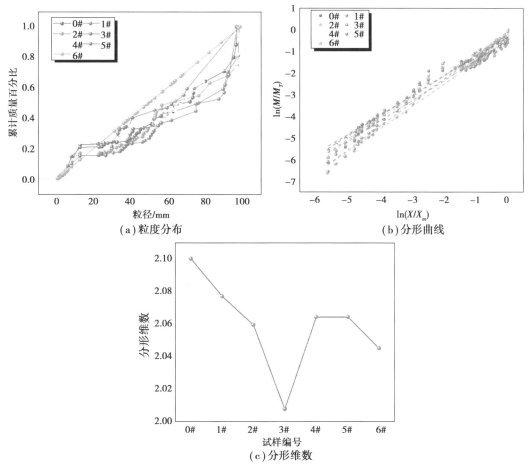

（a）粒度分布　　　　　　　　　　（b）分形曲线

（c）分形维数

图 4.45　水泥石的粒度分布及分形特征

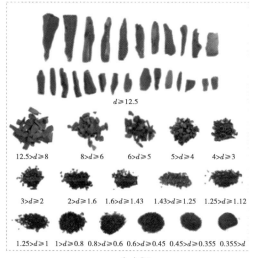

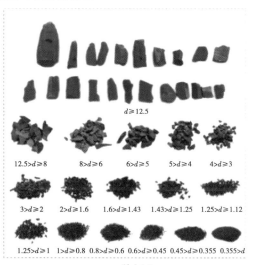

（a）0#　　　　　　　　　　　　　　　（b）1#

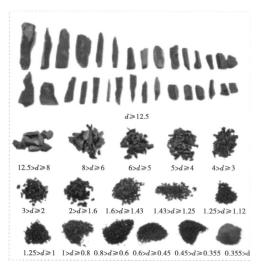

$d \geq 12.5$

12.5>$d \geq 8$ 8>$d \geq 6$ 6>$d \geq 5$ 5>$d \geq 4$ 4>$d \geq 3$

3>$d \geq 2$ 2>$d \geq 1.6$ 1.6>$d \geq 1.43$ 1.43>$d \geq 1.25$ 1.25>$d \geq 1.12$

1.25>$d \geq 1$ 1>$d \geq 0.8$ 0.8>$d \geq 0.6$ 0.6>$d \geq 0.45$ 0.45>$d \geq 0.355$ 0.355>d

（c）2#

$d \geq 12.5$

12.5>$d \geq 8$ 8>$d \geq 6$ 6>$d \geq 5$ 5>$d \geq 4$ 4>$d \geq 3$

3>$d \geq 2$ 2>$d \geq 1.6$ 1.6>$d \geq 1.43$ 1.43>$d \geq 1.25$ 1.25>$d \geq 1.12$

1.25>$d \geq 1$ 1>$d \geq 0.8$ 0.8>$d \geq 0.6$ 0.6>$d \geq 0.45$ 0.45>$d \geq 0.355$ 0.355>d

（d）3#

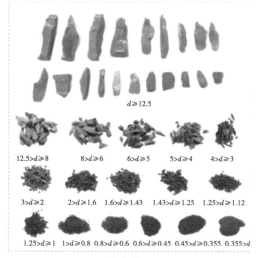

$d \geq 12.5$

12.5>$d \geq 8$ 8>$d \geq 6$ 6>$d \geq 5$ 5>$d \geq 4$ 4>$d \geq 3$

3>$d \geq 2$ 2>$d \geq 1.6$ 1.6>$d \geq 1.43$ 1.43>$d \geq 1.25$ 1.25>$d \geq 1.12$

1.25>$d \geq 1$ 1>$d \geq 0.8$ 0.8>$d \geq 0.6$ 0.6>$d \geq 0.45$ 0.45>$d \geq 0.355$ 0.355>d

（e）4#

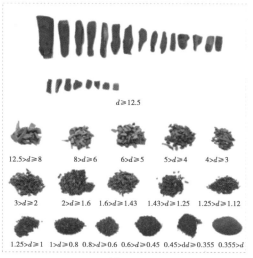

$d \geq 12.5$

12.5>$d \geq 8$ 8>$d \geq 6$ 6>$d \geq 5$ 5>$d \geq 4$ 4>$d \geq 3$

3>$d \geq 2$ 2>$d \geq 1.6$ 1.6>$d \geq 1.43$ 1.43>$d \geq 1.25$ 1.25>$d \geq 1.12$

1.25>$d \geq 1$ 1>$d \geq 0.8$ 0.8>$d \geq 0.6$ 0.6>$d \geq 0.45$ 0.45>$dd \geq 0.355$ 0.355>d

（f）5#

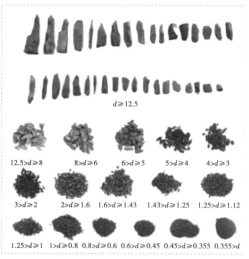

$d \geq 12.5$

12.5>$d \geq 8$ 8>$d \geq 6$ 6>$d \geq 5$ 5>$d \geq 4$ 4>$d \geq 3$

3>$d \geq 2$ 2>$d \geq 1.6$ 1.6>$d \geq 1.43$ 1.43>$d \geq 1.25$ 1.25>$d \geq 1.12$

1.25>$d \geq 1$ 1>$d \geq 0.8$ 0.8>$d \geq 0.6$ 0.6>$d \geq 0.45$ 0.45>$d \geq 0.355$ 0.355>d

（g）6#

图 4.46   水泥石的破坏形态

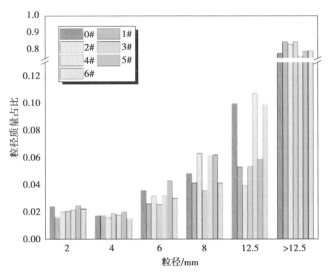

图 4.47　水泥石粒径质量占比

　　不同木质素磺酸钙质量分数的破碎水泥石粒径分布区间在粒径小于 8 mm 的范围内差异较小,而在粒径大于 8 mm 的范围内差异显著,这说明木质素磺酸钙对破碎水泥石的大粒径分布影响较大。随着木质素磺酸钙质量分数的增加,破碎水泥石中粗颗粒占比先增后降,质量分数为 3‰时破碎水泥石中粗颗粒占比最大。说明添加木质素磺酸钙可以降低水泥石碎裂程度,但存在阈值。这与前文添加木质素磺酸钙可以提升水泥石峰值应力但存在阈值具有一致性。

4.4.3　有机材料改性水泥石的改性机制及现场指导意义

1）有机材料改性水泥石的改性机制

　　由图 4.48 可知,水泥石峰值应力和纵波波速随木质素磺酸钙质量分数的增加先升后降,声发射总振铃计数和分形维数变化相反。结合前文可知,质量分数为 0‰～1‰时,水泥石呈现出拉伸主导的拉剪组合破坏模式,质量分数为 2‰～3‰时,呈现出剪切主导的拉剪组合破坏模式,质量分数超过 3‰时,又呈现出拉伸主导的拉剪组合破坏模式。水泥石破坏模式的转变与各参数的转变对应性较强,水泥石各参数变化特征及变形破坏模式具有一致性。

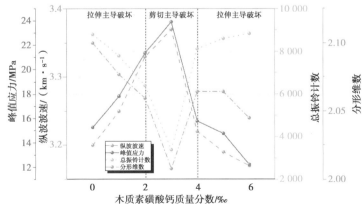

图 4.48　水泥石各参数之间的关系

采用扫描电镜观察改性水泥石中各种水化产物的细观形貌,结果如图 4.49 所示,通过与空白水泥石水化产物细观形貌的比较,进一步阐明木质素磺酸钙对水泥石力学性质的影响机制。水泥石中 C-S-H 凝胶相互吸引,构成空间网架是决定其强度的关键因素。钙矾石的无数针棒状晶体相互交织,Ca(OH)$_2$ 填充至空隙中,可显著提高水泥石强度。

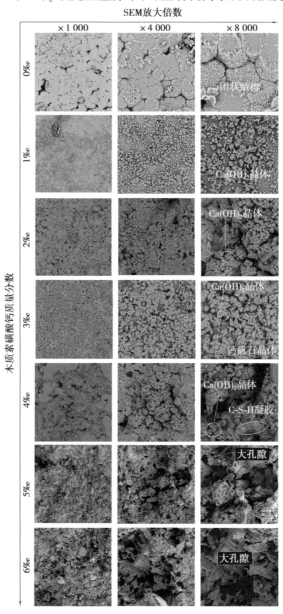

图 4.49　水泥石细观形貌

水化过程中水泥浆溶液中 Ca^{2+} 浓度逐步升高并达到过饱和,形成 Ca(OH)$_2$ 晶体促进水化产物大量生成。但初始阶段生成的水化产物包裹在水泥颗粒表面,阻碍了水泥颗粒内部熟料矿物相的溶解,延缓了 Ca^{2+} 达到过饱和浓度的时间。贾陆军等研究表明木质素磺酸钙能促进 Ca(OH)$_2$ 晶体和钙矾石的结晶析出,同时阻碍硅酸三钙和硅酸二钙的水化,起到缓凝作用。所以添加木质素磺酸钙的水泥试样,其存在促使水泥颗粒相互分散,絮凝结构破坏,随着水化反应进行,Ca(OH)$_2$ 晶体的产量也逐渐增大,逐渐填充了水泥絮凝结构的空间,减少表面积。同时少量钙矾石晶体分布在水泥石表面。WANG 等研究表明木质素磺酸钙可以促进钙矾石的形成,使钙矾石晶体的尺寸变大。当木质素磺酸钙的质量分数为 3‰时,大量的针棒状钙矾石晶体相互交错,钙矾石晶体变得粗壮且聚集较为紧密,Ca(OH)$_2$ 晶体嵌入其中,两者搭接紧密,同时含有少量结晶度较低的纤维状 C-S-H 凝胶。Halperin 和 Bohris 等研究发现当木质素磺酸钙加入水泥体系后,木质素磺酸钙分子(主要吸附于石膏和铝酸盐相表面,阻碍半水石膏和无水石膏向二水石膏的转化,由于半水石膏和无水石膏在水泥浆体系中的溶解度更大),使得水泥体系中溶出更多的 Ca^{2+} 和 SO$_4^{2-}$,促使钙矾石大量生成,沉淀在水泥颗粒表面。同时木质素磺酸钙中的磺酸基能够代替 SO$_4^{2-}$ 且部分参与了硅酸三钙与 SO$_4^{2-}$ 的反应也促进了钙矾石的生成,这对提高水泥石的力学性能具有积极作用。当木质素磺酸钙的质量分数超过 3‰时,C-S-H 凝胶则变为团絮状,说明过多的木质素磺酸钙会抑制水化产物晶体及结构的长大,尤其是 C-S-H 凝胶难以形成联接的空间网架,将削弱水泥石强度。由于水泥和水接触后即开始水化反应,水泥熟料矿物和 CaSO$_4$ 逐渐水化生成 Ca(OH)$_2$ 晶体、C-S-H 凝胶和钙矾石。因此,高质量分数木质素磺酸钙对水泥早期水化的延缓作用抑制了 C-S-H 凝胶和 Ca(OH)$_2$ 晶体的早期生成。同时 Ca(OH)$_2$ 晶体和 C-S-H 凝胶团聚在一起,团聚状结构之间产生了较多的孔隙结构,这是由于木质素磺酸钙的引气作用能降低气—液界面张力。在水泥制备过程中,搅拌等作用会引入一定量的气泡,这些微气泡被木质素磺酸钙的分子膜所包围,并与水泥带有相同符号的电荷,因而气泡与水泥颗粒间也因电性斥力而使水泥颗粒分散,如图 4.50 所示。

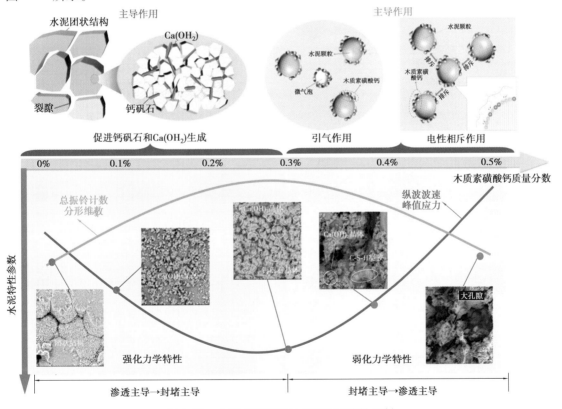

图 4.50　木质素磺酸钙对水泥石的改性机制

通过对水泥石中各种水化产物的微观形貌分析可知,适量木质素磺酸钙的加入对提高水泥石的力学性能具有积极作用,可显著提高水泥石的峰值应力,同时也使得水泥石的孔隙率降低,进而导致水泥石纵波波速增加。过量加入木质素磺酸钙时,木质素磺酸钙的引气作用和电性相斥作用开始在水泥水化反应中占据主导作用,造成水泥颗粒之间大量孔隙的产生,对水泥石的力学性能造成不良影响,同时会造成水泥石孔隙率增加进而导致水泥石纵波波速减小,循环荷载过程中水泥石累计声发射振铃计数增加。

2)现场指导意义

低密度水泥浆固井技术在目前固井领域应用广泛。但仅靠增大水灰比来降低水泥浆密度非常有限,过大的水灰比会造成水泥浆的沉降、稠化性能差等,固井质量难以保证。木质素磺酸钙的质量分数和水泥浆的密度呈现良好的负线性关系。因此,可以通过适量增加木质素磺酸钙的质量分数来降低水泥浆体的密度,以满足固井工程的实际要求。

木质素磺酸钙对水泥起到了良好的缓凝效果,对延长水泥浆体的初凝时间和终凝时间具有显著作用。图4.51和图4.52展示了固井作业流程和固井水泥作用部位。通过添加木质素磺酸钙可以保证水泥浆体有充分的时间进行搅拌、运输和灌送,同时可以满足施工完毕后水泥能较快硬化,形成早期强度。此外,掺入分散剂会提高水泥基体材料的密实度,对于提高固化后水泥石的力学强度具有积极作用。在现场固井作业中,可以适量添加木质素磺酸钙于水泥浆体中,不仅可以满足其流动性和凝结要求,还可以提升固化后水泥石的力学性能。

图 4.51　固井作业流程

在固井水泥浆中添加木质素磺酸钙可以有效改善固结后水泥石的力学性能,提高水泥石的抗压强度,显著提升扰动作用下水泥石的稳定性。添加木质素磺酸钙的水泥环受采动作用的损伤示意如图4.53所示。改性水泥石提高了水泥石的力学性能,因此,改性水泥环在受到上覆岩层层间移动等作用只在表面产生了少量的裂纹,改性水泥环可在一定程度上使地面井能够抵抗采动的扰动作用,这对充分发挥地面钻井的抽采效能具有积极意义。

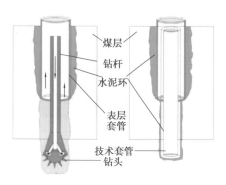

图 4.52　固井水泥作用部位

图 4.53　改性水泥环破坏示意

4.5　地面井瓦斯抽采技术应用

本节分别以沙曲一号煤矿 24307 工作面和新疆 1930 煤矿 24312 工作面为背景,开展了多分支水平防突地面井预抽瓦斯技术与采动区地面井卸压瓦斯抽采技术的应用,并对应用后的有效抽采范围、瓦斯抽采量、抽采效率等参数进行了分析。

4.5.1　多分支水平地面井预抽瓦斯技术应用

1）工作面基本情况

24307 工作面主采 3+4# 合并层;南面为 24306 工作面;西面为北轨、北胶大巷,北面为未开掘区。该工作面走向长度为 1 540 m,倾向长度为 260 m,采高为 4.3 m。其中胶带巷、进风巷分别沿用原 24306 的轨道、回风巷。工作面平均瓦斯压力为 1.4 MPa,原始煤层瓦斯含量为 12.85 m³/t,透气性系数为 3.524 ~ 3.785 m²/(MPa² · d)。煤层物理性质与煤层工业指标见表 4.2。

表 4.2　3+4#、5#煤层物理性质

煤层	颜色	光泽	硬度	重容	煤岩类型	瓦斯含量 /(m³ · t⁻¹)	透气性系数 /[m² · (MPa² · d⁻¹)]	渗透率 /mD
3+4#	黑色	强玻璃光泽	2 ~ 2.5	1.36	光亮型煤	5.00 ~ 12.84	1.78 ~ 3.785	0.045 ~ 0.095
5#	黑色	弱玻璃光泽	2 ~ 2.5	1.47	半亮型煤	3.83 ~ 12.43	1.78 ~ 3.785	0.050 ~ 0.056

2）地面井设计方案

结合沙曲一矿煤岩层赋存及开采条件,选择五采区首采工作面进行工程布置。多分支水平井井上下对接钻孔井下规模化抽采共设计 SQN-0501-41、SQN-0501-42 和 SQN-0501-5 三口地面多分支水平井,水平井进入煤层后分别沿 3+4# 及 5# 煤层钻进。其中 0501-41 及 0501-42 井布置在 3+4# 煤层中;0501-5 井布置于 5# 煤层中。其中 0501-41 井为单主支井,主要预抽 4501 工作面胶带巷掘进区域的煤层瓦斯;0501-42 井设计主支和分支,主支主要预抽 4501 轨道巷掘进区域煤层瓦斯,分支预抽工作面区域煤层瓦斯;0501-5 井设计主支和羽状分支,主支距轨道巷 10 ~ 45 m,分支长度 360 ~ 470 m,形成对工作面的控煤、控瓦斯要求,主要抽采 5501 与 5502 工作面煤层瓦斯及上组煤层采动时邻近层卸压瓦斯。

3）瓦斯抽采量

4501 工作面平均纯煤厚度 4.85 m,平均瓦斯含量 11.06 m³/t;5501 和 5502 工作面平均纯煤厚度 3.40 m,平均瓦斯含量 10.79 m³/t。4501、5501 以及 5502 三个工作面的煤炭储量分别为 167.16 万 t、117.90 万 t 和 98.81 万 t,瓦斯储量分别为 1 848.40 万 m³、1272.13 万 m³ 和 1 066.17 万 m³。SQN-0501 对接井组瓦斯抽采量统计如图 4.54 所示。抽采 460 d,SQN-0501 对接井组累计瓦斯抽采量达 869.44 万 m³,日均瓦斯抽采量达 1.89 万 m³。

4）瓦斯含量变化

沙曲一矿 3+4#煤层瓦斯含量测定地点 5 个,5#煤层瓦斯含量测定地点 5 个,共 10 个测定地点。各采样点测得的井下瓦斯解吸量如图 4.55 所示。

5）煤层瓦斯含量测定结果

最终将上述方法计算出的井下瓦斯解吸量、瓦斯损失量、粉碎前自然解吸瓦斯量、粉碎后解吸瓦斯量及不可解吸瓦斯量等相加,其和即为煤层瓦斯含量。同时,根据上述方法对沙曲矿 10 个测定地点的瓦斯含量进行了测定。得出沙曲矿 3+4#煤层的瓦斯含量为 7.980 9 ~ 8.336 0 m^3/t,5#煤层的瓦斯含量为 7.952 6 ~ 8.687 2 m^3/t。

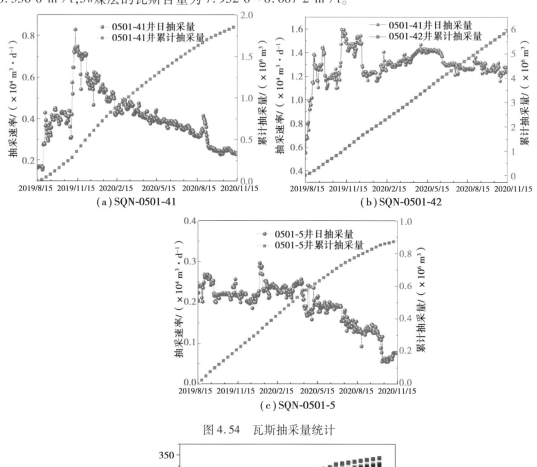

(a) SQN-0501-41　　　　(b) SQN-0501-42

(c) SQN-0501-5

图 4.54　瓦斯抽采量统计

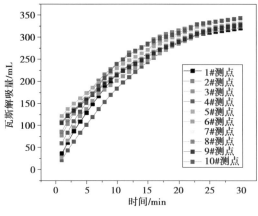

图 4.55　井下瓦斯解吸量

SQN-0501-4 井服务 4501 工作面,SQN-0501-5 井服务 5501 和 5502 两个工作面,4501、5501 与 5502 工作面平均吨煤瓦斯含量变化梯度如图 4.56 所示。随着 SQN-0501 井组的抽采作业,抽采 460 d 后,服务区域内 4501 工作面平均吨煤瓦斯含量由 11.06 m³/t 下降至 6.38 m³/t;5501 与 5502 工作面平均吨煤瓦斯含量由 10.79 m³/t 下降至 8.57 m³/t。

6)抽采效率

通过统计 4502 工作面 194 d 的钻孔瓦斯抽采数据,3+4#煤层累计产气量为 35.7 万 m³;地面多分支水平井 SQN-0501-41 和 SQN-0501-42 的日抽采量分别为 4 413.67 m³/d 和 13 001.59 m³/d。相比常规瓦斯抽采钻孔,地面多分支水平井的抽采效率提高了 57.8%。

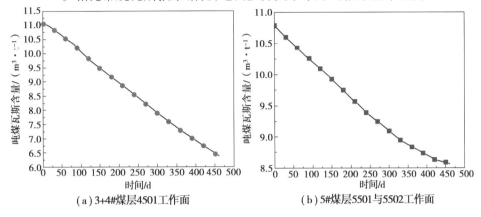

(a)3+4#煤层4501工作面　　　　　(b)5#煤层5501与5502工作面

图 4.56　平均吨煤瓦斯含量变化梯度

4.5.2　采动区地面井卸压瓦斯抽采技术应用

1)工作面基本情况

(1)1930 煤矿 24312 工作面概况

24312 工作面采动区地面井为 CD01 地面井。工作面走向长度平均为 553 m,倾向长度平均为 193 m,面积为 106 729 m²。24312 工作面回采范围内无断层、褶皱构造影响。工作面于 2019 年 6 月 15 日进行试采,试采期间日推进度约 1 m,日产煤量约 1 000 t,计划 2019 年 12 月采完。现工作面实际供风量为 701 m³/min。

(2)1930 煤矿 24223 工作面概况

24312 工作面采动区地面井为 CD02 ~ CD04 井。工作面走向长度平均 960 m,倾向长度平均 170 m。工作面布置在 1930 煤矿二采区+2 054 m ~ +2 079 m 水平之间。工作面顶底板均为弱冲击倾向性。在运输巷内 510 m 左右实测瓦斯含量 14.1 m³/t,瓦斯含量随埋深增大而增大,预测最大瓦斯含量约 15 m³/t。

2)地面井施工方案设计

(1)导气裂隙带高度

井下煤层开采后,其顶板岩层会发生破坏、垮落及移动变形。从煤层顶板到地表可以总体划分为三带:冒落带、裂隙带、弯曲下沉带。冒落带和裂隙带合称导气裂隙带,该带不会透砂但能透水透气。为了保证抽采效果,采动区地面井的生产井段需要布置在导气裂隙带中,因此,需要进行开采煤层导气裂隙带高度的估算(表 4.3)。试验工作面 4#煤层开采高度为 2.2 ~ 2.4 m,倾角为 19° ~ 43°。4#煤层顶板多为砂岩、砾岩,为坚硬岩层顶板结构,利用公式可算得导气裂隙带高度为 40.28 ~ 58.08 m,以最大高度 58.08 m 作为井身结构设计依据。

表 4.3　煤层(0°~54°)开采的导水裂隙带高度计算公式

岩性	计算公式
坚硬	$H_m = 100 \sum M / (1.2 \sum M + 2.0) \pm 8.9$
中硬	$H_m = 100 \sum M / (1.6 \sum M + 3.6) \pm 5.6$
较软	$H_m = 100 \sum M / (3.1 \sum M + 5.0) \pm 4.0$
极软岩	$H_m = 100 \sum M / (5.0 \sum M + 8.0) \pm 3.0$

(2)地面井位置

基于卸压范围及煤层导气裂隙带高度分析,结合煤矿地形条件及采掘部署情况,综合考虑试验工作面开采煤层埋深条件、地面场地等实际条件,地面试验井井位坐标见表 4.4。

表 4.4　设计井位基本数据

井号	井口坐标			钻井深度/m	目的层	井口相对位置
	X	Y	H			
CD01	41 060	63 790	1 950	166	4#煤层底板下 5 m	距 24312 回风巷约 20 m,距 24312 切眼约 450 m
CD02	34 191	65 538	2 387	350	4#煤层底板下 5 m	距 24223 面切眼约 330 m,距 24223 回风巷约 14 m
CD03	34 368	65 500	2 356.6	330	4#煤层底板下 5 m	距 24223 面切眼约 511 m,距 24223 回风巷约 14 m
CD04	34 802	65 435	2 324	270	4#煤层底板下 5 m	距 24223 面切眼约 900 m,距 24223 回风巷约 14 m

注:实际钻深以 4#煤层见深为准。

(3)地面井结构设计

地面井整体按照三开结构设计,地面井防护方式见表 4.5,钻井结构示意如图 4.57 所示。

表 4.5　地面井防护方式

固井、护井方式	固井位置	水泥返高
三开结构,二开局部固井	地表下 80~100 m	地表

地面试验钻井的一开钻进深度至少保证 30 m,并要达到表土层与基岩层界面位置下 10 m 以上,二开钻井进入 4#煤层试验工作面覆岩裂隙区,三开筛孔管进入采场覆岩垮落区。三开结束后下入筛孔 API 套管后,将该段筛管放置于三开井段。三开套管作为瓦斯抽采的采集管,三开套管透气孔尺寸为上端(30 m 长套管)200 mm×40 mm,下端(30 m 长套管)200 mm× 20 mm。单组透气孔呈轴对称布置,每组透气孔彼此间距 200 mm。

(4)地面井套管选型

根据已有的采动区地面瓦斯抽采经验,采用三级套管的钻井结构模式较为合理可靠,一开、二开、三开套管的型号要求见表 4.6。

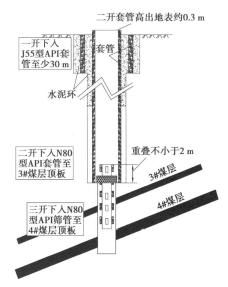

图 4.57　地面井结构示意

表 4.6　钻井套管选型要求

序号	钻井分级	套管钢级	套管外径/mm	套管壁厚/mm
1	一开	J55	406.4	11.13
2	二开	N80	298.4	13.56
3	三开	N80	177.8	13.72

（5）钻井工艺

采动区地面井钻进优先选用潜孔锤钻进工艺,如涌水严重可以考虑使用清水钻进工艺。以 CD01 井为例,钻进结构如图 4.58 所示。

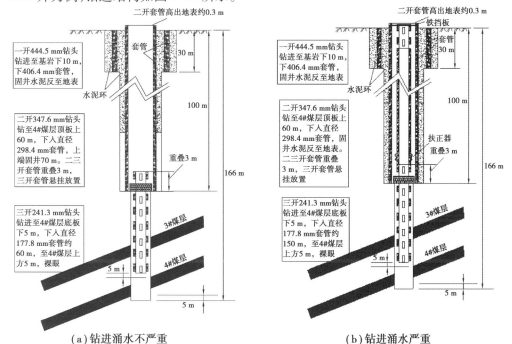

（a）钻进涌水不严重　　　　　　　　（b）钻进涌水严重

图 4.58　CD01 地面井钻进结构

（6）固井及测井

①固井。表层套管固井使用 G 级油井水泥，生产套管固井使用 G 级油井水泥。试压结束后测双界面声幅，检查固井质量。技术要求见表 4.7。

表 4.7　固井设计参数

套管	水泥规格	水泥浆密度/(g·cm^{-3})	水泥返高	试压/MPa	30 min 压降/MPa
表层套管	G 级	1.85	地面	6	<0.5
生产套管	G 级	1.6~1.8	地面	—	<0.5

②测井。对直井进行测井施工。测井采用数字测井设备，内容根据实际施工和生产需要进行。裸眼测井项目：常规测井。固井质量测井：声幅测井等。

3）地面试验井施工

（1）CD01 井

CD01 地面井 2020 年 3 月 22 日开始施工，2020 年 4 月 10 日施工完成。地面井钻进至 4# 煤层底板下 10 m 完井，总进尺 170 m，其中一开钻深 27 m，二开钻深 107 m，三开钻深 170 m。地面井钻进时累计钻遇煤层（煤线）7 层，钻遇煤层记录见表 4.8。

表 4.8　CD01 井钻遇煤层情况

序号	煤层位置			备注
	顶深/m	底深/m	厚度/m	
1	46.45	48.04	1.59	1-1#煤层
2	50.30	52.16	1.86	1-2#煤层
3	72.35	73.57	1.22	2-1#煤层
4	73.90	77.60	3.70	2-2#煤层
5	80.20	81.60	1.46	2 下煤线
6	123.10	127.60	1.50	3#煤层
7	150.00	153.00	3.00	4#煤层

（2）CD02 ~ CD04 井

CD02 ~ CD04 井 2020 年 4 月 20 日开始施工（表 4.9），至 2020 年 10 月 24 日施工工程结束。地面井钻进至 4# 煤层底板下 5 m 完井，总进尺 999.64 m。

表 4.9　CD02 ~ CD04 井钻进情况

井号	一开钻深/m	二开钻深/m	三开钻深/m	总进尺/m
CD02 井	26.36	294.55	387.2	387.2
CD03 井	26.5	298.4	358.6	358.6
CD04 井	26	231.22	253.84	253.84

4）地面试验井抽采情况

CD01 地面井在 4 口试验井中具有一定的代表性,选取 CD01 地面井作为代表进行分析。截至 2020 年 9 月 22 日,CD01 井稳定持续抽采 30 d,累计抽采标况纯瓦斯量 23 067 m³,最高日抽采瓦斯量 2 098 m³,日均抽采瓦斯量 760 m³,抽采瓦斯最高浓度 23.5%,平均浓度 4.4%。CD01 井抽采瓦斯浓度随工作面推离的变化趋势如图 4.59 所示。

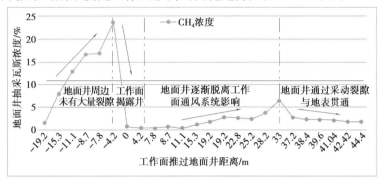

图 4.59　CD01 井抽采瓦斯浓度随工作面推离的变化趋势

由图 4.59 可知,CD01 井在未揭露井眼前抽采负压较高且抽采瓦斯浓度较高,表明此时地面井周边未产生大量彼此连通的采动裂隙。工作面揭露井眼时,抽采负压及抽采气浓度迅速降低,表明地面井贯通了井下工作面通风系统。工作面推过井眼 19 m 后,CD01 井的抽采负压及抽采瓦斯浓度呈上升趋势,随着工作面的推离,地面井逐渐脱离了井下工作面通风系统的影响。当工作面推离井眼 37 m 时,CD01 井抽采负压陡然降低至 10 kPa 以下,同时抽采瓦斯浓度降低至 3% 以下,并且此后的抽采数据一直在此水平波动,表明地面井很可能与某一大裂隙(或地表)贯通。24312 工作面埋深只有 140 m,在工作面开采后采场上覆岩层的采动裂隙很容易发育至地表,使得地面井通过裂隙与地表贯通,导致地面大气成为地面井的补充抽采气源;而地面井抽采瓦斯浓度始终维持在 2% 上下,表明地面井井套未发生损毁性的失效变形,工作面采空区内的集聚瓦斯同样是地面井的补充抽采气源;即此时 CD01 井的抽采气源包括地表大气和工作面采空区聚集瓦斯气体两大部分。现场巡查 CD01 井场附近的地表沉降情况发现,井场附近的地表肉眼可见大裂隙发育明显,表明受 24312 工作面的采动影响,确实有裂隙发育至地表,使得地面井通过裂隙与地表贯通,导致地面大气成为地面井的补充抽采气源。

5）工作面涌出瓦斯抽采效率

工作面瓦斯抽采率是指工作面回采期间,从工作面抽采出的瓦斯量占采动卸压涌出的气量比例。由下式计算:

$$\eta = \frac{Q_u + Q_g}{Q_u + Q_g + Q_p} \tag{4.33}$$

式中　Q_u——井下工作面抽采干管内计量的日抽采瓦斯量,m³/d;

　　　Q_g——采动区地面井抽采干管内计量的日抽采瓦斯量,m³/d;

　　　Q_p——井下工作面巷道日风排瓦斯量,m³/d。

24312 工作面因开采煤层瓦斯含量较低(原始含量平均 6.15 m³/t,可解吸含量约 4.62 m³/t),使用常规的井下通风系统已经可以治理正常的采掘卸压涌出瓦斯,未采取其他井下抽采技术,因此,在 CD01 井抽采后,24312 工作面总的卸压涌出瓦斯量为地面井瓦斯抽

采量与井下通风排放瓦斯量之和,即

$$Q_t = Q_g + Q_p \tag{4.34}$$

式中 Q_t——工作面卸压瓦斯的日涌出量,m^3/d。

在 CD01 井抽采期间,地面井日抽采瓦斯量及井下通风日排放瓦斯量如图 4.60 所示。

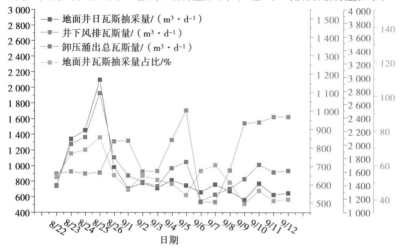

图 4.60 地面井日抽采瓦斯量及井下通风日排放瓦斯量

图 4.61 为 CD01 井口抽采瓦斯量占 24312 工作面总卸压涌出瓦斯量的比例变化,由于 24312 工作面没有采取其他抽采技术,因此,地面井瓦斯抽采比例就是工作面的卸压涌出瓦斯抽采效率,可以看出地面井正常运行情况下,24312 工作面的卸压涌出瓦斯抽采比例为 37.51% ~75.92%,平均比例为 53.13%。

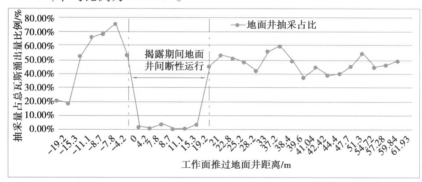

图 4.61 CD01 井日瓦斯抽采量占工作面涌出瓦斯量比例变化

6) 地面井变形观测

24312 工作面于 2020 年 10 月 12 日停采,工作面推过 CD01 井井口 93.12 m。使用 JL-IDOI(A)智能钻孔成像仪观测 CD01 井,验证 24312 工作面推过后地面井是否产生了破坏变形。探测中钻孔成像仪探头顺利下放至井底 100 m(二开套管底部),由于地面井二开与三开直径差异较大(二开 ϕ298 mm,三开 ϕ177 mm),探头因岩层挡阻未能成功放入三开井身。但是在二开套管内下放过程中未发现钻井套管产生异常变形情况,同时钻井套管壁干燥、光滑,可以判断 CD01 井在 24312 工作面推过 81 d、93 m 后,基本未发生变形破坏,表明 CD01 地面井在工作面推过后井身结构稳定,该井结构设计合理,能够保证地面井的持续抽采。二开套管内的管壁图片(部分)如图 4.62 所示。

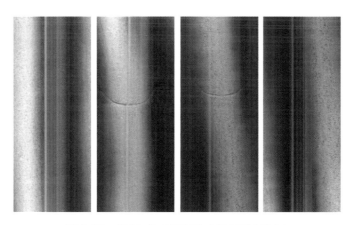

图 4.62 CD01 井二开套管内的管壁(部分)

本章小结

本章分别以沙曲一号煤矿 4501 工作面与新疆 1930 煤矿 24312 工作面的实际开采条件为基础,建立了多分支水平防突地面井预抽瓦斯运移模型,预测了多分支井瓦斯抽采产气量及有效影响半径,阐明了大倾角煤层群采动区地面井的变形规律与失稳机制,提出了合理的布井优选原则与局部防护措施,同时还揭示了有机材料改性固井水泥的水化特征与力学特性,为改性后固井水泥的应用提供了工程指导意义,最后基于上述研究对多分支水平预抽井与采动地面井进行了现场应用,主要结论如下:

①地面井中的多分支水平井技术具有增加有效供给范围、提高煤层导流能力、单井产量高等多个优势。建立了多分支水平井预抽瓦斯运移模型,并在此基础上评估了多分支水平井降突效果,结果表明,累计瓦斯抽采量呈非线性增加,增速逐渐降低,这是由于抽采中后期随着瓦斯的抽出,孔隙压力降速减缓,影响了瓦斯流动,导致煤层有效卸压面积增速减缓。

②煤层群开采条件下,地面井套管受采动影响发生剪切、拉伸、挤压和拉剪综合型破坏等。地面井在采动影响下发生变形的过程中,环向剪切变形与轴向拉伸压缩变形呈负相关关系,剪切作用和拉压作用相互制约。扰动作用下地面井极限变形减小,更易发生破坏。因此,地面井在煤层群开采条件下,发生失稳破坏的概率更大。

③倾斜煤层的地表沉降呈现明显的非对称特征。地表沉降最大值偏向于低位侧,而高位侧卸压空间较低位侧较大,卸压程度也较高。基于以上规律完善了"避、抗、让、疏、护"五字理念的采动区地面井井位及结构设计技术,防伸缩、防偏转等防护装置可有效减弱套管受剪切、拉伸等作用力时产生的破坏作用。

④适量木质素磺酸钙的加入可以显著提高水泥石的力学性能;而添加过量木质素磺酸钙的引气作用和电性相斥作用在水化过程中占据主导作用,引入较多气泡,对水泥石的力学性能造成消极影响。因此,木质素磺酸钙对水泥石的力学性能的影响具有双重效应。研究结果揭示了木质素磺酸钙改性水泥石在地面井固井方面的潜在应用价值。

⑤多分支水平防突地面井预抽瓦斯相比常规瓦斯抽采钻孔,地面多分支水平井的抽采效率提高了 57.8% 。采动区地面井以 CD01 井为例,累计抽采标况纯瓦斯量 23 067 m^3,最高日抽采瓦斯量 2 098 m^3,日均抽采瓦斯量 760 m^3,抽采瓦斯最高浓度 23.5% ,平均浓度 4.4% 。抽采量占 24312 工作面的卸压涌出瓦斯抽采比例为 37.51% ~ 75.92% ,平均比例为 53.13% 。

第 5 章　瓦斯抽采钻孔孔周多场演化特征及防偏维稳技术

钻进过程中,瓦斯抽采钻孔孔周煤岩处于不同的受力状态,导致孔周多场响应不同。成孔后,钻孔所处环境会对瓦斯抽采效果产生显著影响。本章首先揭示了钻孔失效主控因素,对影响钻孔轨迹因素进行了量化分析;其次,探究了钻进过程三场演化特征,揭示了孔周多因素致斜机制;随后,通过开展瓦斯抽采钻孔力学试验,阐明了瓦斯抽采钻孔失稳的裂隙控制机制;然后采用数值分析方法,研究了多参数影响下瓦斯抽采效果,提出了孔群强化抽采效应;最后,提出了各类钻孔施工及防偏维稳技术,并对瓦斯抽采钻孔防偏维稳技术的应用效果进行了现场验证。

5.1　钻孔偏斜主控因素辨识

在瓦斯抽采钻孔施工以及抽采过程中,因岩性组合、设备机具和技术参数等因素的影响,部分钻孔失效,难以达到预期抽采效果,瓦斯抽采效率低,导致出现瓦斯抽采空白带。

5.1.1　钻孔失效主控因素分析

（1）钻孔偏斜与钻孔失效的相关性分析

为了探究钻孔偏斜与钻孔失效的相关性,我们对桑北煤矿 11308 底抽巷钻孔抽采浓度衰减情况进行了统计分析。11308 运输顺槽底抽巷共计施工钻孔 2 728 个,经排查抽采浓度衰减较快的钻孔 309 个,占比 11.32%。发生偏斜钻孔 2 404 个。抽采浓度衰减较快的钻孔中,未偏斜钻孔 23 个,占比 7.44%,偏斜钻孔 286 个,占比 92.56%。偏斜钻孔的分析与 11308 工作面运输顺槽测孔结果吻合。对钻孔偏斜和钻孔失效进行独立性检验。

拒绝域为:

$$\chi_0 = \{\hat{\chi}^2 > \chi^2_{1-\alpha}(1)\} \tag{5.1}$$

取 $\alpha = 0.05$,$n = 2\ 728$,拒绝域为:

$$\chi_0 = \{\hat{\chi} > \chi^2_{0.95}(1)\} = \{\hat{\chi} > 3.842\} \tag{5.2}$$

计算得到样本值为:

$$\chi_0 = \left\{\frac{2\ 728 \times (2\ 118 \times 23 - 286 \times 301)^2}{2\ 404 \times 324 \times 309 \times 2\ 419}\right\} = 6.544 \in \chi_0 \tag{5.3}$$

因此,钻孔偏斜与钻孔失效显著相关。

（2）钻孔失稳与钻孔失效的相关性分析

11308 运输顺槽底抽巷失稳失效钻孔统计见表 5.1。11308 回风顺槽底抽巷失稳失效钻孔统计见表 5.2。

表 5.1　11308 运输顺槽底抽巷失稳失效钻孔统计

11308 运输顺槽底抽巷	失稳钻孔	稳定钻孔	总计
失效钻孔	137	172	309
有效钻孔	70	2 349	2 419
总计	207	2 521	2 728

表 5.2　11308 回风顺槽底抽巷失稳失效钻孔统计

11308 回风顺槽底抽巷	失稳钻孔	稳定钻孔	总计
失效钻孔	199	100	299
有效钻孔	95	3 279	3 374
总计	294	3 379	3 673

计算得到 11308 运输顺槽底抽巷独立性检验样本值为：

$$\chi_0 = \left\{ \frac{2\ 728 \times (2\ 349 \times 137 - 70 \times 172)^2}{207 \times 2\ 521 \times 2\ 419 \times 309} \right\} = 671.11 \in \chi_0 \tag{5.4}$$

11308 回风顺槽底抽巷独立性检验样本值为：

$$\chi_0 = \left\{ \frac{3\ 673 \times (3\ 279 \times 199 - 95 \times 100)^2}{294 \times 3\ 379 \times 299 \times 3\ 374} \right\} = 1\ 515.373 \in \chi_0 \tag{5.5}$$

因此,钻孔失稳与钻孔失效显著相关。

5.1.2　偏斜主控因素重要度分析

1）钻孔偏斜的影响因素分析

在瓦斯抽采过程中,钻孔偏斜的影响因素可以归纳为岩性组合因素、设备机具因素和技术参数 3 个方面。

（1）岩性组合因素

岩性组合因素是导致钻孔轨迹偏斜的客观原因,主要包括岩石各向异性、软硬互层和岩层倾角 3 个因素。

（2）设备机具因素

设备机具因素影响着整个钻进过程,主要包括设备安装、钻具结构和钻具自重 3 个因素。

（3）技术参数

技术参数决定了钻进的效率,主要包括钻进方法、钻进参数协调性、钻进压力选择和钻进转速选择。

2）重要度分析

专家评分法是采用德尔菲法,采集专家的意见对各级指标进行重要度排序,得到专家们对各个指标的总体认定度,并将其归一化,最终得到各个指标的具体权重。

（1）专家意见收集

邀请 5 位以上的专家对所列出的指标按照重要性进行定性排序,并按照德尔菲法的程序和要求填写调查表。

（2）不确定度分析

采用专家排序评分法确定影响钻孔轨迹偏斜的各个评价指标权重值 ω，具体步骤如下：

有 k 个专家对各个评价指标进行评价，记为 $U=\{u_1,u_2,\cdots,u_k\}$，u_i 指 $\{a_{i1},a_{i2},\cdots,a_{in}\}$（$i=1,2,\cdots,k$）表示的专家排序数组，$a_{i1},a_{i2},\cdots,a_{in}$ 可以是 $\{1,2,\cdots,n\}$ 中的任意自然数。由 k 个表格得到的指标排序矩阵记为矩阵 A。

$$A=\begin{pmatrix} a_{11} & a_{12} & a_{13} & \cdots & a_{1n} \\ a_{21} & a_{22} & a_{23} & \cdots & a_{2n} \\ \vdots & \vdots & \vdots & & \vdots \\ a_{k1} & a_{k2} & a_{k3} & \cdots & a_{kn} \end{pmatrix} \tag{5.6}$$

其中，a_{ij} 代表第 i 位专家对该组指标中第 j 个指标的重要度排序。定性排序的结果转化的定量结果为：

$$\chi(I)=-\lambda p_n(I)\ln p_n(I) \tag{5.7}$$

式中 $p_n(I)=\dfrac{m-I}{m-1}$，$\lambda=\dfrac{l}{\ln(m-1)}$，代入上式得：

$$\chi(I)=\frac{1}{\ln(m-1)}\left(\frac{m-I}{m-1}\right)\ln\left(\frac{m-I}{m-1}\right) \tag{5.8}$$

设 $I-\chi(I)\big/\dfrac{m-I}{m-1}=\mu(I)$。则有：

$$\mu(I)=\frac{\ln(m-I)}{\ln(m-1)} \tag{5.9}$$

式中　I——某一指标被专家评定的定性等级。

将定性等级代入式（5.9）中，得到 b_{ij} 的定量变换值。$b_{ij}=\mu(a_i)$ 被称为定性等级 I 的认定度，矩阵 $B=(b_{ij})_k\times n$ 被定义为认定度矩阵。由此可计算代表 k 个专家对某指标 j 评价的一致认定程度：

$$b_j=\frac{b_{1j}+b_{2j}+\cdots+b_{kj}}{k} \tag{5.10}$$

式中　b_{kj}——平均认定程度。

将 k 个专家对指标 j 评价的差异定义为不确定度 σ_j，

$$\sigma_j=\left|\left\{\frac{[\max(b_{1j},b_{2j},\cdots,b_{kj})-b_j]+[b_j-\min(b_{1j},b_{2j},\cdots,b_{kj})]}{2}\right\}\right| \tag{5.11}$$

所有被邀请的 k 位专家对指标 j 的评价程度定义为总体认定度 X_j，

$$\chi_j=b_j(1-\sigma_j) \tag{5.12}$$

k 位专家评价指标的总体认定度表示为 $X_j=(X_1,X_2,\cdots,X_j)$。

为了得到指标 j 的权重，需要归一化处理。

$$\omega_j=\frac{\chi_j}{\sum\limits_{j=1}^{n}\chi_j} \tag{5.13}$$

很明显 $\omega_j>0$，$\sum\limits_{j=1}^{k}\omega_j=1$。$\omega_j=(\omega_1,\omega_2,\cdots,\omega_j)$ 为指标集 $U=\{u_1,u_2,\cdots,u_k\}$ 的权重。

（3）结构熵权法权重计算

熵权法是一种客观赋权方法，尤其适用于综合评价中的权重确定，步骤如下：

①对各指标打分并进行标准化处理。根据重要性评分的原则与标准,对各个二级指标进行打分,并将其对应分数进行标准化处理。假设给定了 j 个指标(指标 1,指标 2,…,指标 j),并有 i 个专家(专家 1,专家 2,…,专家 i)进行评价,那么 x_{ij} 即表示专家 i 对指标 j 的分数。假设对各指标分数标准化后的值为 Y_{ij},那么:

$$Y_{ij} = \frac{x_{ij} - \min(x_j)}{\max(x_j) - \min(x_j)} \tag{5.14}$$

②求各指标的信息熵 E_j。根据信息论中信息熵的定义,一组数据的信息熵为:

$$E_j = - \ln(m)^{-1} \sum_{i=-1}^{n} P_{ij} \ln P_{ij} \tag{5.15}$$

式中　$P_{ij} = Y_{ij} / \sum_{i=-1}^{n} Y_{ij}$。

③确定各指标权重 W_j。根据信息熵的计算公式,计算出各个指标的信息熵为 $E_1,E_2,\cdots,E_n$。通过信息熵计算各指标权重为:

$$W_j = \frac{1 - E_j}{k - \sum E_j} \tag{5.16}$$

(4)组合权重计算

将主观的专家评分法与客观的熵权法得出的各个指标的权重值进行组合,得到最终的组合权重 P_j,如式(5.17)所示。

$$P_j = \lambda W_j + (1 - \lambda) \omega_j \tag{5.17}$$

式中　ω_j——专家排序法所得二级指标权重;

　　　W_j——熵权法所得二级指标权重;

　　　λ——变量。

其取值依据专家的数量和从业时间而定,其取值范围为 $[0.2,0.6]$,见表5.3。

表5.3　λ 取值范围

平均从业时间/年	λ 取值			
	专家人数/人			
	0 ~ 5	5 ~ 10	10 ~ 15	15 ~ 20
5 ~ 10	0.2	0.25	0.3	0.35
10 ~ 15	0.25	0.3	0.35	0.4
15 ~ 20	0.3	0.35	0.4	0.5
20 年以上	0.35	0.4	0.5	0.6

本次评价邀请了 5 位专家,其平均从业时间超过 20 年。根据 5 位专家的意见,通过计算和归一化处理,得到各指标的主观权重。同时利用重要度评分表中钻进轨迹偏斜评价指标及评分标准可得出相应的分数进而得到客观权重,见表5.4。

表5.4　钻孔偏斜评价指标权重

指标	U_{11}	U_{12}	U_{13}	U_{21}	U_{22}	U_{23}	U_{31}	U_{32}	U_{33}	U_{34}
主观权重	0.153	0.216	0.119	0.077	0.071	0.099	0.104	0.085	0.015	0.061
客观权重	0.136	0.148	0.101	0.098	0.089	0.084	0.132	0.079	0.012	0.121

利用组合权重法,将两种评价方法得出的各个指标权重值进行组合,得到组合权重 P,使主观经验与客观因素在权重值的确定上得到综合反映。

$$P_{ij} = \lambda W_{ij} + (1 - \lambda)\omega_{ij} \tag{5.18}$$

依据 λ 取值表,此处 λ 取 0.4,得到组合权重,见表 5.5。

表 5.5　钻孔偏斜组合权重

指标	U_{11}	U_{12}	U_{13}	U_{21}	U_{22}	U_{23}	U_{31}	U_{32}	U_{33}	U_{34}
主观权重	0.119	0.216	0.153	0.077	0.104	0.099	0.071	0.085	0.015	0.061
客观权重	0.101	0.148	0.136	0.098	0.132	0.084	0.089	0.079	0.012	0.121
组合权重	0.108	0.175	0.143	0.090	0.121	0.090	0.082	0.081	0.013	0.107

综上所述,通过专家评分法与结构熵权法对瓦斯抽采钻孔偏斜因素的研究可以得到:岩性组合因素对钻孔轨迹影响最大,其次是设备机具因素和技术参数影响。在岩性组合因素中,软硬互层对钻孔轨迹影响最大,其次是层理角度和各向异性;在设备机具因素中,钻具结构对钻孔轨迹影响最大,其次是设备安装和钻具自重;在技术参数中,钻进转速选择对钻孔偏斜影响最大,其次是钻进方法。

5.1.3　钻孔偏斜主控因素现场验证

1)现场试验方案

试验在桑北煤矿 11308 工作面底抽巷向 3#煤层施工瓦斯抽采钻孔,钻孔轨迹由 YCJ90/360 矿用钻孔测井分析仪测量。钻孔的偏斜情况见表 5.6。

表 5.6　瓦斯抽采钻孔偏斜情况

序号	设计倾角/(°)	设计孔深/m	偏斜情况
1	35	30	钻进至 15 m 处偏斜 0.4 m,18 m 处偏斜 0.5 m,21 m 处偏斜 0.9 m,24 m 处偏斜 1.3 m,27 m 处偏斜 1.8 m,见煤位置 28 m 处偏斜 2 m(有软硬互层)
2	21	30	钻进至 11 m 处偏斜 0.33 m,13 m 处偏斜 0.3 m,15 m 处偏斜 0.3 m,17 m 处偏斜 0.35 m,19 m 处偏斜 0.3 m,见煤位置 29.5 m 处偏斜 0.3 m(无软硬互层)
3	21	44	钻进至 14 m 处偏斜 0.7 m,19 m 处偏斜 1.1 m,24 m 处偏斜 1.5 m,31 m 处偏斜 1.7 m,35 m 处偏斜 1.9 m,见煤位置 38.9 m 处偏斜 2.4 m(有软硬互层)
4	15	45	钻进至 17 m 处偏斜 0.9 m,21 m 处偏斜 1.9 m,24 m 处偏斜 2.9 m,26 m 处偏斜 3.6 m,28 m 处偏斜 4.6 m,见煤位置 29 m 处偏斜 5.1 m(有软硬互层)
5	21	33	钻进至 15 m 处偏斜 0.9 m,20 m 处偏斜 1.5 m,23 m 处偏斜 1.9 m,26 m 处偏斜 2.5 m,29 m 处偏斜 3.2 m,见煤位置 29 m 处偏斜 4.2 m(有软硬互层)

续表

序号	设计倾角/(°)	设计孔深/m	偏斜情况
6	25	53	钻进至 15 m 处偏斜 0.3 m,25 m 处偏斜 0.7 m, 32 m 处偏斜 1 m,39 m 处偏斜 1.4 m,45 m 处偏 斜 1.9 m,见煤位置 52 m 处偏斜 2.4 m(有软硬互层)

2)软硬互层对钻孔轨迹的影响

由重要度分析可知,软硬互层是影响瓦斯抽采钻孔轨迹的关键因素,因此,选取倾角一致(21°)的 2#(无软硬互层)、5#(有软硬互层)及 6#(有软硬互层)钻孔偏斜情况进行分析。

2#、5#、6#钻孔偏斜轨迹如图 5.1 所示。在无软硬互层的情况下,瓦斯抽采钻孔的偏斜距离随着钻进距离的增加变化较小,且始终保持着较低的偏斜距离;在有软硬互层的情况下,瓦斯抽采钻孔的偏斜距离会随着钻进距离的增加而明显增大。由此可见,软硬互层对钻孔的偏斜情况具有较大的影响。

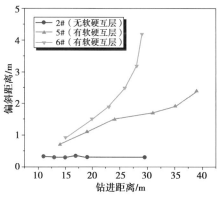

图 5.1　软硬互层对瓦斯抽采
钻孔轨迹的影响

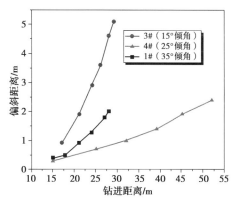

图 5.2　钻孔设计角度对瓦斯
抽采钻孔轨迹的影响

3)设计角度对钻孔轨迹的影响

由重要度分析可知,钻进设计角度是影响钻孔轨迹的重要因素,因此,选取均存在软硬互层的 3#(15°倾角)、4#(25°倾角)及 1#(35°倾角)钻孔偏斜情况进行分析,如图 5.2 所示。由图 5.2 可知,不同倾角下瓦斯抽采钻孔偏斜距离均随钻进距离的增大而逐渐增大,说明钻进设计角度对钻孔的偏斜情况也具有较大的影响。

5.2　孔周三场演化特征及多因素致斜机制

钻孔钻进过程中存在不同的受力状态,引起孔周应力场的不同,进而产生了位移场及裂隙场的差异。本节采用数值分析方法,探究了钻进过程孔周应力场、位移场及裂隙场三场演化特征,并对数值结果进行有效性验证;进而结合上节钻进偏斜规律,揭示了孔周多因素致斜机制。

5.2.1 孔周三场演化特征

1）孔周应力场演化特征

以瓦斯抽采钻孔为研究对象,结合现场钻孔施工数据,使用 PFC 离散元数值模拟软件对钻孔孔周三场进行模拟分析。数值模型参数见表5.7。

表 5.7 数值模型参数

粒子基本参数		平行键参数	
粒子密度 $\rho/(\text{kg} \cdot \text{m}^{-3})$	1 450	平均正态强度 σ/MPa	4
颗粒接触模量 $\bar{E}/\text{GPa}$	0.8	标准强度标准差 σ_s/MPa	0.1
颗粒最小半径 $r_{\min}$	2×10^{-4}	均剪切强度 τ/MPa	4
球径比 $r_{\max}/r_{\min}$	1.8	剪切强度的标准差 τ_s/MPa	0.1
刚度比 k_n/k_s	1	弹性模量 E_c/GPa	0.8
摩擦系数 μ	0.4	刚度比 k_n^*/k_s^*	1
阻尼常数 α	0.7		

（1）孔周应力时变规律

图 5.3 展示了埋深 h 为 200 m,400 m,600 m,800 m,侧压系数 $\lambda=1.0$ 的条件下,钻孔周围应力变化情况。由图 5.3 可知,钻进时,孔周煤体卸压,随着埋深的增加,卸压幅度逐渐增大。

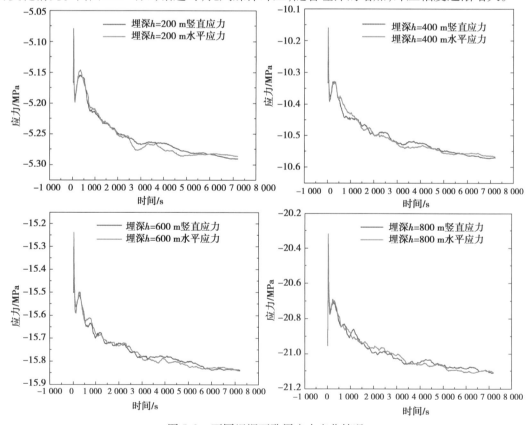

图 5.3 不同埋深下孔周应力变化情况

不同侧压系数影响下孔周煤体的应力场调整细观机制如图 5.4 所示,钻孔形成后,侧压系数 λ<1.0 时裂隙主要沿水平方向扩展。当 λ>1.0 时,裂隙主要沿垂直方向扩展。随着侧压系数的增加,竖直方向的应力水平依次增加。水平方向应力变化情况与竖直方向变化基本一致,应力先大幅度下降,随后发生波动,最后再次达到平衡。

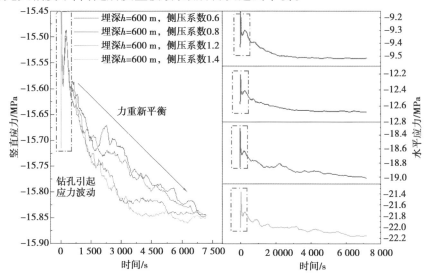

图 5.4　600 m 埋深条件钻孔周围应力动态调整

(2)孔周力链分布规律

不同埋深下钻进初期与稳定后孔周力链分布如图 5.5 所示。由图 5.5 可知,孔周力链随着埋深的增加而逐渐增加,同时煤体的应力集中区范围不断增大。

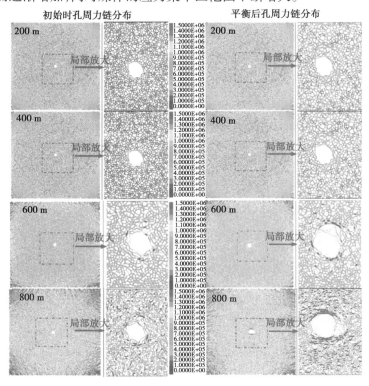

图 5.5　不同埋深下孔周力链变化特征

　　图5.6反映了600 m埋深下不同侧压系数的力链变化特征。由图5.6可以看出,随着侧压系数的增大,应力集中的位置逐渐从水平方向变化到垂直方向。侧压系数小于1.0时,应力主要集中在垂直方向。侧压系数大于1.0时,应力主要集中在水平方向。随着侧压系数的增大,顶部竖向应力和两侧水平应力逐渐增大。

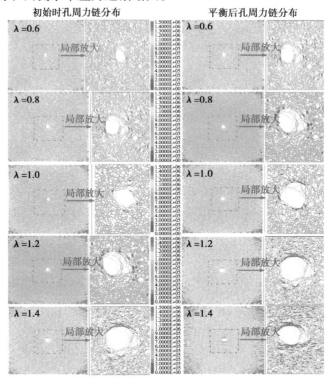

图5.6　不同侧压系数下孔周力链变化特征

2)孔周位移场演化特征

(1)孔周位移时变规律

　　不同埋深条件下孔周煤体轴向变形特征如图5.7所示。当埋深为200 m时,孔周煤体应变水平最低。随着埋深的增加,孔周煤体变形增大,变形速率加快。

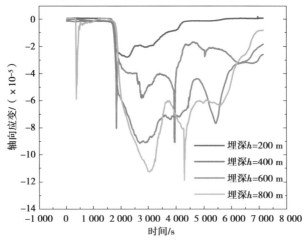

图5.7　不同埋深下孔周煤体轴向变形特征

（2）孔周应力变化特征

侧压系数 $\lambda = 1.0$ 时,不同埋深下初始阶段与平衡后孔周煤体应变变化特征如图5.8所示。由图5.8分析可知,随着埋深的不断增大,应力场逐渐由分布不均转变成分布均匀。在钻进初期,孔周煤体主要变形区域内呈现出随着距离钻孔中心距离的减小,变形越明显的特点。

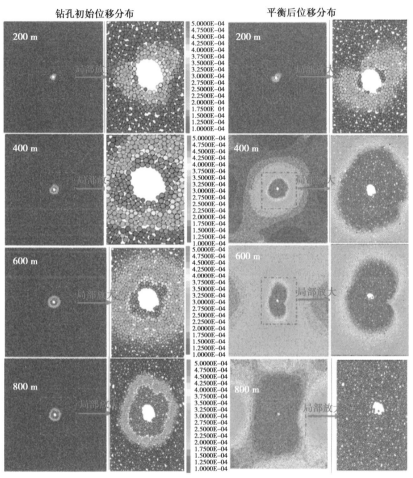

图5.8　孔周应变变化特征

600 m 埋深下不同侧压系数孔周位移变化特征如图5.9所示。当侧压系数 $\lambda < 1.0$ 时,钻孔引起的最大位移发生在钻孔的上下侧。当侧压系数 $\lambda > 1.0$ 时,钻孔的最大位移发生在钻孔的两侧;距离钻孔较远位置的煤体受钻孔形成过程的影响较小。

3）孔周裂隙场演化特征

（1）孔周裂隙分布形态

由图5.10可知,随着埋深的增大,离散裂隙数量逐渐增多。

结合前文应力场、位移场变化情况,对不同侧压系数条件下裂隙演化特征进行分析。由图5.11可知,应力集中区域产生大变形,大变形诱导煤体裂隙发育。此外,垂直于主要变形方向的低应力和小变形区域依然产生了裂隙。在侧压系数 $\lambda \neq 1$ 的条件下,裂隙的发育存在显著的不均匀性。

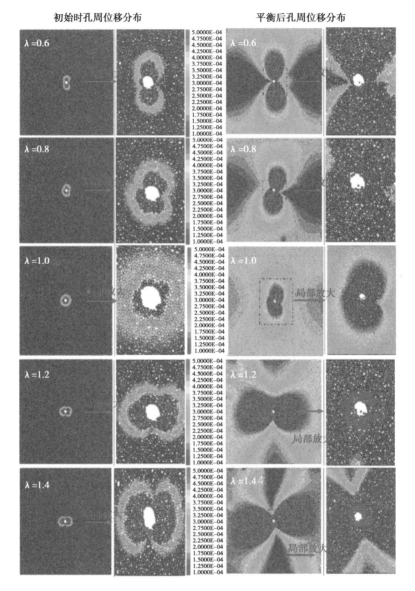

图 5.9 孔周应变变化特征

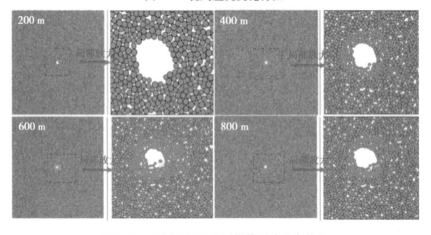

图 5.10 不同埋深下孔周煤体裂隙发育特征

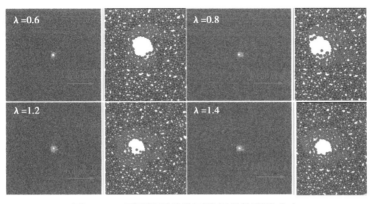

图 5.11　不同侧压系数下孔周煤体裂隙分布

（2）孔周微裂隙量化表征

如图 5.12 所示，在 200 m 埋深条件下，由于地应力较小，裂隙数量也较少，仅在前期产生几条裂隙，在后期基本没有裂隙产生。在 800 m 埋深范围内，随着埋深的增加，裂隙整体发育水平更高。

如图 5.13 所示，$\lambda>1$ 时，裂隙数量普遍比 $\lambda<1$ 时的高，侧压系数越靠近 1，裂隙发育越明显。侧压系数 $\lambda>1$ 时，孔周煤体裂隙发育较为明显。

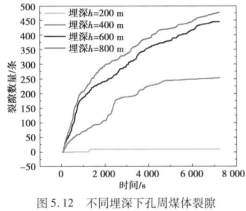

图 5.12　不同埋深下孔周煤体裂隙
数目发育特征

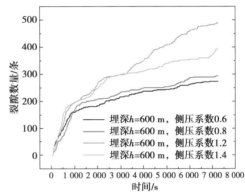

图 5.13　不同侧压系数下孔周煤体
裂隙发育特征

5.2.2　孔周三场形态分析

结合已有理论对数值模拟结果进行验证。钻孔形成后，地应力重新分布，开挖后孔周煤体应力变化特征如式（5.19）所示。

$$\left.\begin{array}{l} \sigma_{\theta1} = \sigma_{x0} + \sigma_{y0} - 2(\sigma_{x0} - \sigma_{y0})\cos(2\theta) - 4\tau_{xy0}\sin(2\theta) \\ \sigma_{z1} = \sigma_{z0} - v[2(\sigma_{x0} - \sigma_{y0})\cos(2\theta) + 4\tau_{xy0}\sin(2\theta)] \\ \tau_{\theta z1} = 2(-\tau_{xz0}\sin\theta + \tau_{yz0}\cos\theta) \\ \tau_{r\theta1} = \tau_{rz1} = 0 \end{array}\right\} \quad (5.19)$$

式中　$\sigma_{\theta1}$——环向有效应力，MPa；

　　　σ_{z1}——垂向有效应力，MPa；

　　　$\tau_{\theta z1}, \tau_{r\theta1}, \tau_{rz1}$——切向剪应力，MPa；

　　　v——泊松比；

　　　θ——由钻孔坐系 x 轴顺时针量测的钻孔周向某点的方位角。

钻孔形成后,孔周煤体的应力分布如式(5.20)所示。

$$
\begin{aligned}
\sigma_{\theta 1} &= \sigma_1(2\sin(2\alpha)\cos\beta\sin(2\theta) + (1 - 2\cos^2\alpha)\cos^2\beta\cos(2\theta) + 2\sin^2\alpha(1 + \cos(2\theta)) \\
&\quad + \sigma_2(\sin^2\alpha\cos^2\beta + \cos^2\alpha + (\sin^2\alpha\cos^2\beta + \cos^2\alpha)2\cos(2\theta) \\
&\quad - 2\sin(2\alpha)\cos\beta\sin(2\theta)) + \sigma_S(\sin^2\beta\,2\cos(2\theta) + \sin^2\beta) \\
\sigma_{z1} &= \sigma_1(\sin^2\beta\cos^2\alpha - 2\nu\cos^2\alpha\cos^2\beta\cos(2\theta) - 2\nu\sin^2\alpha\cos(2\theta) \\
&\quad - 2\nu\sin(2\alpha)\cos\beta\sin(2\theta)) + \sigma_2(\sin^2\beta\sin^2\alpha + 2\nu\sin^2\alpha\cos^2\beta\cos(2\theta) \\
&\quad + 2\nu\cos^2\alpha\cos(2\theta) + 2\nu\sin(2\alpha)\cos\beta\sin(2\theta)) + \sigma_S(\cos^2\beta + 2\nu\sin^2\beta\cos(2\theta)) \\
\tau_{\theta z 1} &= \sigma_2(\sin(2\alpha)\sin\beta\cos\theta - \sin^2\alpha\sin(2\beta)\sin\theta) - \sigma_1(\sin(2\alpha)\sin\beta\cos\theta \\
&\quad + \cos^2\alpha\sin(2\beta)\sin\theta) + \sigma_5\sin(2\beta)\sin\theta) \\
\tau_{r\theta 1} &= \tau_{rz1} = 0
\end{aligned} \right\}
$$

$$(5.20)$$

根据工程实际对钻孔的应力状态进行分析,孔周的应力状态可能存在 3 种情况,其中两种情况较为常见 $\sigma_{z1} \geqslant \sigma_{\theta 1} \geqslant \sigma_{r1}$,$\sigma_{\theta 1} \geqslant \sigma_{z1} \geqslant \sigma_{r1}$。

此条件下各个方向主应力的变化情况结合式(5.19)变换出孔周煤体应力 3 个方向变化主应力方程式如式(5.21)所示。

$$
\left.
\begin{aligned}
\sigma_1 &= \frac{1}{2}(\sigma_{\theta 1} + \sigma_{z1} - 2P_0) + \sqrt{\tau_{\theta z1} + \frac{1}{4}(\sigma_{\theta 1} - \sigma_{z1})^2} \\
\sigma_3 &= \sigma_{r1} \\
\sigma_2 &= \frac{1}{2}(\sigma_{\theta 1} + \sigma_{z1} - 2P_0) - \sqrt{\tau_{\theta z1} + \frac{1}{4}(\sigma_{\theta 1} - \sigma_{z1})^2}
\end{aligned}
\right\}
$$

$$(5.21)$$

由式(5.21)可知,在 3 个主应力方向上,σ_1,σ_2 为 σ_{z1},σ_{r1},$\tau_{\theta z1}$ 的函数,进一步得出:

$$
\left.
\begin{aligned}
\sigma_{\theta 1} &= \sigma_{x0} + \sigma_{y0} - 2(\sigma_{x0} - \sigma_{y0})\cos(2\theta) - 4\tau_{xy0}\sin(2\theta) \\
\sigma_{z1} &= \sigma_{z0} - v[2(\sigma_{x0} - \sigma_{y0})\cos(2\theta) + 4\tau_{xy0}\sin(2\theta)] \\
\sigma_{r1} &= P_0 \\
\tau_{\theta z1} &= 2(-\tau_{xz0}\sin(2\theta) + \tau_{yz0}\cos\theta)
\end{aligned}
\right\}
$$

$$(5.22)$$

可得 $\sigma_{\theta 1}$,σ_{z1},σ_{r1},$\tau_{\theta z1}$ 中 σ_{r1} 为常数,$\tau_{\theta z1}$ 的量级小于 $\sigma_{\theta 1}$,σ_{z1},而 $\sigma_{\theta 1}$,σ_{z1} 为 σ_1,σ_2 的主控因素,其中 $\sigma_{\theta 1}$,σ_{z1} 为 θ 的函数,所以可以得到最大应力值点和最小应力值点的方位,如式(5.23)所示:

$$
\theta_1 = \frac{1}{2}\arctan\left(\frac{2\tau_{xy0}}{\sigma_{x0} - \sigma_{y0}}\right); \quad \theta_2 = \theta_1 + \frac{\pi}{2}
$$

$$(5.23)$$

结合式(5.23)可以得到 θ 与埋深的关系,随埋深的增加,θ 值减小,与数值模拟结果一致。不同埋深下孔周煤体最大位移变化特征如图 5.14 所示。

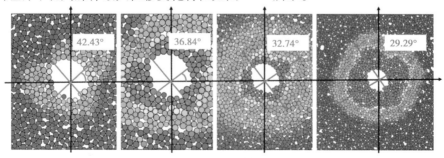

图 5.14 不同埋深下孔周煤体最大位移变化特征

为了论证数值模拟结果的合理性,引入线弹性无限长板内圆模型,得到不同侧压力系数下孔周裂纹分布规律。圆孔周围的应力分布可以表示为:

$$\begin{cases} \sigma_r = \dfrac{kP}{2}\left(1 - \dfrac{a^2}{r^2}\right) - \dfrac{kP}{2}\left(1 - 4\dfrac{a^2}{r^2} + 3\dfrac{a^4}{r^4}\right)\cos 2\theta \\[2mm] \sigma_\theta = \dfrac{kP}{2}\left(1 + \dfrac{a^2}{r^2}\right) + \dfrac{kP}{2}\left(1 + 3\dfrac{a^4}{r^4}\right)\cos 2\theta \\[2mm] \tau_{r\theta} = \dfrac{kP}{2}\left(1 + 2\dfrac{a^2}{r^2} - 3\dfrac{a^4}{r^4}\right)\sin 2\theta \end{cases} \tag{5.24}$$

式中　σ_r——残余应力,MPa;

　　　σ_θ——煤岩的切向应力,MPa;

　　　$\tau_{r\theta}$——煤岩的剪切应力,MPa;

　　　P——原位应力,MPa;

　　　k——表征不同深度下的特征参数;

　　　a——圆的半径,m。

裂纹的形成应满足法向应力或切向强度超过颗粒间键合的法向强度 σ_{cn},剪切应力超过 τ_{cs},可得钻孔周围裂隙分布范围:

$$\{\sigma_r > \sigma_{cn}\} \cup \{\sigma_\theta > \sigma_{cn}\} \cup \{\tau_{r\theta} > \tau_{cs}\} \tag{5.25}$$

以 $\sigma_\theta > \sigma_{cn}$ 为例,分析钻孔周围裂隙的分布范围。假设在损伤区边界处 σ_θ 等于 σ_{cn}。因此,可以推导出如下方程:

$$\frac{kP}{2}\left(1 + \frac{a^2}{r^2}\right) + \frac{kP}{2}\left(1 + 3\frac{a^4}{r^4}\right)\cos 2\theta = \sigma_{cn} \tag{5.26}$$

根据上述方程,可得到侧压系数 $\lambda = 1$ 时,不同埋深下钻孔周围的破坏区域。根据理论分析结果可知,侧压系数 $\lambda = 1.0$ 时,不同埋深下孔周煤体裂隙主要呈圆形分布特征,且随着埋深的增加,裂隙圆不断增大。不同埋深下数值方法得到的裂隙分布特征如图 5.15 所示。

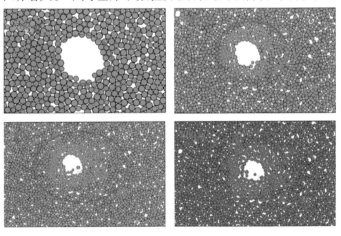

图 5.15　不同埋深下数值方法得到的裂隙分布特征

由式(5.26)进一步分析 $\sigma_\theta > \sigma_{cn}$ 时钻孔周围裂隙的分布范围,假设在损伤区边界处 σ_θ 等于 σ_{cn},可以推导如下方程:

$$\frac{P}{2}(1 + \lambda)\left(1 + \frac{a^2}{r^2}\right) + \frac{P}{2}(1 - \lambda)\left(1 + 3\frac{a^4}{r^4}\right)\cos 2\theta = \sigma_{cn} \tag{5.27}$$

当 $\theta=0$ 时, $\sigma_\theta=(3-\lambda)P$, $\theta=\pi/2$, $\sigma_\theta=(3\lambda-1)P$。

理论验证模型如图 5.16 所示。

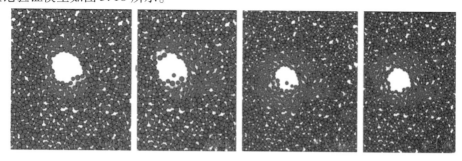

图 5.16 理论验证模型

当 $\lambda>1.0$ 时,水平方向的应力大于垂直方向的应力。水平方向的裂隙范围大于垂直方向的裂隙范围,可以近似为一个椭圆,长轴在水平方向。当 $\lambda<1.0$ 时,水平方向的应力小于垂直方向的应力。裂隙在水平方向上的分布范围比垂直方向上的分布范围小,即裂隙与长轴在垂直方向上近似为椭圆。

数值计算结果与理论计算结果基本一致,因此,实验结果合理。$\lambda<1.0$ 时,裂纹主要沿垂直方向扩展,部分沿水平方向扩展。损伤区可以看作是一个长轴在垂直方向的椭圆。$\lambda>1.0$ 时,裂纹主要集中在水平方向上,可认为裂纹区在水平方向上是一个长轴椭圆。

5.2.3 钻孔多因素致斜机制

1)不同因素对钻孔偏斜的影响规律

(1)软硬互层对偏斜的影响

钻头在遇到软硬互层时,由于岩层反馈的作用力不均匀,钻头受力不平衡,导致钻头所受合力方向与钻杆钻进轨迹偏斜,进而导致钻速差的出现,钻进偏离设计轨迹。

钻头遇软硬互层时的偏斜情况和钻头偏斜受力分析如图 5.17、图 5.18 所示。

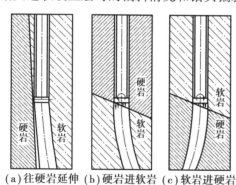

(a)往硬岩延伸 (b)硬岩进软岩 (c)软岩进硬岩

图 5.17 钻头遇软硬互层时的偏斜情况

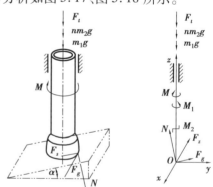

图 5.18 钻头偏斜受力分析

钻孔在坚固性系数不均的煤岩层中钻进时,因端面受力不平衡而产生偏斜,从软煤层钻进入硬煤层时,受不平衡力产生的力矩 M_a 计算如下:

$$M_a = \frac{2}{3}(\sigma_n - \sigma_m) \cdot (R^2 - X^2)^{\frac{3}{2}} \tag{5.28}$$

式中 σ_n——硬岩的压入强度,N/m^2;

σ_m——软岩的压入强度, N/m^2;

R——钻头半径, m;

X——钻头中心轴线距岩层交界面的距离, m。

力矩 M_a 与岩层的硬度差是正相关关系。由力学平移原理可知:

$$\begin{cases} M_1 = F_z \times R \\ M_2 = (N\cos\alpha + F_s\sin\alpha)R \end{cases} \tag{5.29}$$

式中　M_1——钻头所受回转阻力矩;

M_2——钻具的弯矩;

F_z——岩面对钻头边的回转阻力;

F_s——钻头所受的下滑阻力;

N　——钻头所受支撑力;

α——岩面倾角。

当 F_s 等于滑动摩擦力时, 钻头的位移和转角为:

$$\begin{cases} \Delta y = \left[\dfrac{L_z^3(f\cos\alpha - \sin\alpha)}{3EI(f\sin\alpha + \cos\alpha)} + \dfrac{RL_z^2}{2EI} \right] \cdot F_d \\ \theta_{yOz} = \left[\dfrac{L_z^2(f\cos\alpha - \sin\alpha)}{2EI(f\sin\alpha + \cos\alpha)} + \dfrac{RL_z}{EI} \right] \cdot F_d \end{cases} \tag{5.30}$$

式中　L_z——钻具长度。

令 $\mu = \dfrac{f\cos\alpha - \sin\alpha}{f\sin\alpha + \cos\alpha}$, 则有:

$$\frac{\partial\mu}{\partial\alpha} = -\frac{(1 + f^2)\sec^2\alpha}{(f\cdot\tan\alpha + 1)^2}, \frac{\partial\mu}{\partial\alpha} < 0 \tag{5.31}$$

故钻具的弯曲程度与倾角正相关。均质煤层中钻具所受回转阻力方向与钻具径向轴线方向平行, 故钻头趋于平衡。而在非均质煤层中, 钻具所受回转阻力方向与钻具径向轴线方向存在一定夹角。回转阻力矩 M_1 可表示为:

$$M_1 = f(\Psi, F_d) \tag{5.32}$$

式中　Ψ——岩石性质影响因子。

简化岩石性质, 则回转阻力矩 M_1 可用下式表示:

$$M_1 = kF_d^n \tag{5.33}$$

式中　k——比例系数;

n——指数, $n>0$。

则钻头位移和转角为:

$$\begin{cases} \Delta x = \dfrac{kF_d^n L_z^3}{3REI} \\ \theta_{xOy} = \dfrac{kF_d^n L_z^2}{2REI} \end{cases} \tag{5.34}$$

由式(5.34)可知, 在非均质岩层中钻进, 钻具所受偏向力与钻头轴向推进力成比例, 大小与倾角相关。因此, 为了控制偏斜, 需要控制钻头推进力的大小, 在非均质岩层中钻进应以较小的推进力推进避免产生过大的偏斜力。

(2)钻头切削力对偏斜的影响

钻头对整个壁面进行侧切削时会产生侧切削反力, 其大小与钻孔的挠度有很强的相关性。

近水平钻杆受力如图 5.19 所示。

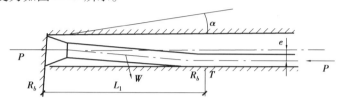

图 5.19　近水平钻杆受力

钻头侧向切削力表达式为：

$$R_b = \frac{L_1}{2} \times \cos\alpha - \frac{P}{L_1} \times E \tag{5.35}$$

式中　R_b——L_1 段钻杆重量，N；

　　　　W——钻头到切点 T 的距离，m；

　　　　A——钻杆倾角，(°)；

　　　　$E = (D_b - D_c)/2$；

　　　　D_b——钻头直径，m；

　　　　D_c——钻杆直径，m。

侧向切削力 $R_b > 0$，则钻具产生向下的偏斜力；侧向切削力 $R_b < 0$，则钻具产生向上的偏斜力；侧向切削力 $R_b = 0$，则钻具不产生偏斜力。钻杆直径与钻头之间的差值越小，钻头侧向力值的大小也就越小，钻孔轨迹的偏斜量也就越小。

2）钻孔多因素致斜机制

在瓦斯抽采钻孔钻进过程中孔周应力状态不断发生变化，极易导致孔周多场演化。此外，由于所受煤屑支撑作用及软硬互层、钻杆转速等其他偏斜因素，进而导致成孔阶段钻孔偏斜，如图 5.20 所示。

钻孔偏斜与岩性、转速、钻进设计角度 3 个偏斜因素密切相关。煤岩坚固性系数不同，偏斜程度往往不同。岩层岩性不均匀，易导致钻头受力不均，形成倾倒力矩，从而产生钻头位移与转角，造成钻孔偏斜，差异越大，偏斜程度越大；钻杆转速增加，导致离心力增大，进而引起纵向弯曲半波的长度减小以及孔底钻杆偏移增大，造成钻孔易偏斜；钻进设计角度不当，钻头受力不均，进而形成偏转角，从而引起钻孔偏斜。

因此，钻孔偏斜可分为 3 个过程，分别是初始钻进过程、初始偏斜过程、偏斜增大过程，如图 5.20 所示。在初始钻进过程中，孔周应力、位移、裂隙三场发生变化。由于孔周多场演化的影响，再加上煤屑支撑作用、软硬互层、钻杆转速、钻孔设计角度误差、设备安装等偏斜因素的作用，诱导了孔周煤岩多场异常调整，进而导致钻头受力不均、离心力增大，造成碎软煤岩层瓦斯抽采钻孔发生初始偏斜；该过程即为初始偏斜过程。钻孔偏斜的机制是一个正反馈的机制，初始偏斜的形成会进一步放大这些偏斜因素的作用效果，导致钻孔的偏斜不断增大。

综上所述，钻进过程钻孔多因素致斜机制可归纳为钻孔钻进过程多场演化特征是瓦斯抽采钻孔偏斜的基础。煤屑支撑作用、软硬互层、钻杆转速、钻孔设计角度误差、设备安装等偏斜因素的综合作用诱导孔周煤岩多场异常调整，进而导致碎软煤岩层瓦斯抽采钻孔发生初始偏斜，随后岩性差异、煤屑支撑等偏斜因素的作用效果逐渐累积，形成正反馈作用，最终导致钻孔的大幅偏斜。

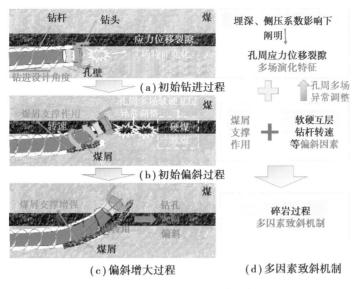

图 5.20 钻进过程钻孔多因素致斜机制

5.3 扰动下孔周裂隙演化特征及其对失稳的控制机制

在瓦斯抽采过程中,钻孔的稳定性是影响瓦斯抽采效果的主要因素之一。本节针对瓦斯抽采钻孔成孔后孔周裂隙的演化特征及其对瓦斯抽采钻孔失稳的控制机制进行探究。

5.3.1 瓦斯抽采钻孔孔周多参数响应特征

本节采用混合浇筑的方式制备含孔试样,进而小尺度模拟瓦斯抽采钻孔。配制浆液时,每个试样水泥、石膏与水质量分别为 533 g、133 g 和 233 g。试样静置 23 h 后拆模,并在养护箱内静置 28 d 后取出。本节所采用的实验装置包含控制系统、数据监测系统和图像采集系统,如图 5.21 所示。

图 5.21 实验设备

实验具体应力路径设置如下所述。

应力路径 1:单轴压缩试验,如图 5.22(a)所示。加载过程采用位移控制,加载速率为

1 000 N/s,加载直至试样破坏,确定试样的峰值荷载 F_{max},为应力路径 2、应力路径 3 梯级循环参数的设定提供依据。

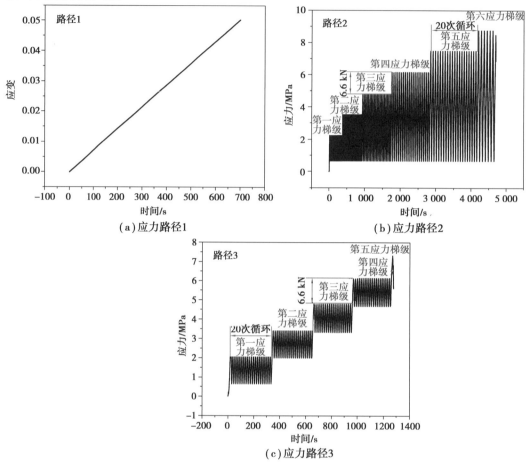

图 5.22　加载路径示意

应力路径 2:恒下限梯级循环加卸载试验,如图 5.22(b)所示。加载过程采用应力加载,加载速率为 1 000 N/s,荷载幅值为 6 600 N,各梯级循环次数为 20 次。

应力路径 3:等幅值梯级循环加卸载实验,如图 5.22(c)所示。该加载过程为应力加载,加载速率为 1 000 N/s,荷载幅值为 6 600 N,每个应力梯级的加卸载次数为 20 次。3 种应力路径下试样的应力—应变曲线如图 5.23 所示。

应力路径 1 中试样的单轴抗压强度为 6.94 MPa,峰值应变为 0.024 3。应力路径 2 中,试样的单轴抗压强度为 8.47 MPa,峰值应变为 0.036 5。应力路径 3 中,试样的单轴抗压强度为 7.32 MPa,峰值应变为 0.029。

应力路径 1 中孔周煤体裂隙演化过程的声发射能量曲线如图 5.24(a)所示。试样在破坏过程中声发射事件主要集中在 200～350 s 和 500～750 s 两个阶段。这主要是因为在试样受载到 200～350 s 时,主裂隙开始发育;当试样受载到 500～750 s 时,试样微小裂隙发育。因此,在这两阶段内声发射事件能量较高。

应力路径 2 下孔周煤体裂隙演化声发射规律如图 5.24(b)所示。由图 5.24 可知,声发射事件可以划分为两个阶段,第一阶段主要集中在第一个应力梯级和第二个应力梯级之间;第二阶段主要集中在第五个应力梯级和第六个应力梯级之间。

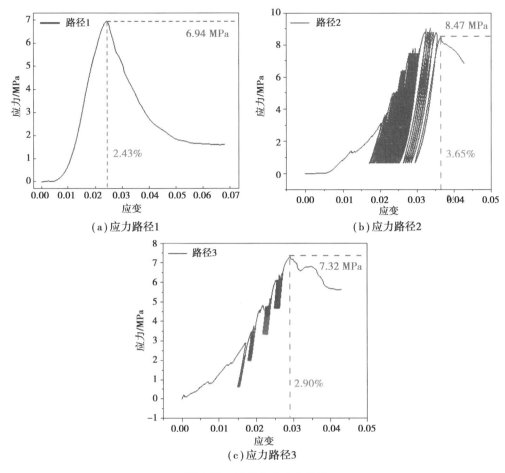

图 5.23　试样应力应变曲线

应力路径 3 中孔周煤体裂隙演化声发射规律如图 5.24(c)所示。应力路径 3 中,声发射事件可以根据其发生的频率与事件大小划分为两个阶段。第一阶段在第一个应力梯级开始到第二个应力梯级结束之间。第二个阶段主要在第五个应力梯级。

5.3.2　瓦斯抽采钻孔孔周裂隙发育行为特征

1)孔周裂隙扩展过程

应力路径 1 的孔周裂隙扩展过程如图 5.25 所示。随着应力的逐步增加,试样表面逐渐开始出现裂隙。直至应力为 4.32 9 MPa 时,试样含孔观测面出现较为完整的贯穿大裂隙,多条裂隙相互贯通出现宏观断裂。当应力荷载为 4.33 MPa 时,加载停止,试样破坏。

应力路径 2 的孔周裂隙扩展过程如图 5.26 所示。随着应力的逐步增加,试样表面逐渐开始出现裂隙。应力加载到 7.048 MPa 时,孔周微裂隙发育贯通,并在孔的上下部分别产生一条明显的长裂隙,试样含孔观测面的右上部原生裂隙发育至钻孔周围,与孔右上部裂隙贯通连接形成一条大裂隙。当到达第五个梯级时,钻孔发生失稳破坏。

应力路径 3 的孔周裂隙扩展过程如图 5.27 所示。随着应力的逐步增加,试样表面逐渐开始出现裂隙。直至应力加载到 7.408 MPa 时,试样右下部周围有新的裂隙发育和产生,裂隙在竖直方向延伸;孔左上部开始断裂。在第六个梯级的第五个循环时,钻孔破坏。

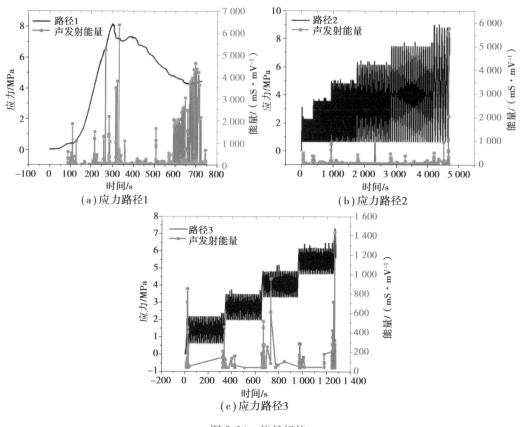

（a）应力路径1　　　　　　　　　　　（b）应力路径2

（c）应力路径3

图 5.24　能量规律

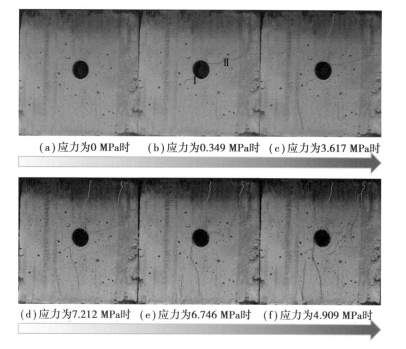

（a）应力为0 MPa时　　（b）应力为0.349 MPa时　　（c）应力为3.617 MPa时

（d）应力为7.212 MPa时　　（e）应力为6.746 MPa时　　（f）应力为4.909 MPa时

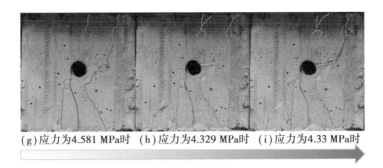

（g）应力为4.581 MPa时 （h）应力为4.329 MPa时 （i）应力为4.33 MPa时

图 5.25 应力路径 1 下孔周裂隙分布形态

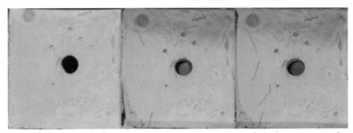

（a）应力为0 MPa时 （b）应力为2.02 MPa时 （c）应力为3.367 MPa时

（d）应力为4.71 MPa时 （e）应力为6.061 MPa时 （f）应力为7.048 MPa时

图 5.26 应力路径 2 下孔周裂隙分布形态

（a）应力为0 MPa时 （b）应力为2.02 MPa时 （c）应力为3.367 MPa时

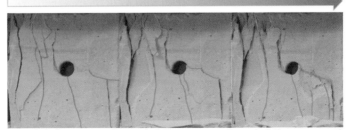

（d）应力为4.71 MPa时 （e）应力为6.061 MPa时 （f）应力为7.408 MPa时

图 5.27 应力路径 3 下孔周裂隙分布形态

2）孔周裂隙最终形态特征

应力路径 1 下孔周裂隙最终形态特征如图 5.28(a)所示。当加载停止时,孔周主要分布 3 条裂隙,其中,裂隙Ⅰ从孔左下部向下延伸至底端;裂隙Ⅲ可以分为自钻孔右部偏上向右延伸和向上偏右扩展至顶端两个部分;裂隙Ⅱ与裂隙Ⅲ横向部分相互贯穿,自孔周向观测面顶端扩展。裂隙Ⅰ与裂隙Ⅱ以钻孔为中心,两条裂隙和孔洞贯穿试样。

应力路径 2 下孔周裂隙最终形态特征如图 5.28(b)所示。钻孔破坏后,试样含孔观测面的主要裂隙有 4 条。其中,裂隙Ⅰ自孔左侧向左下部扩展至底端;裂隙Ⅱ自孔下侧向右下部扩展至底端;裂隙Ⅳ自孔右侧向右上部延伸至顶端;裂隙Ⅲ位于孔上侧,分为竖向和斜向裂隙两部分。

应力路径 3 下孔周裂隙最终形态特征如图 5.28(c)所示。钻孔破坏时,试样含孔观测面左部存在多条宏观裂隙。裂隙Ⅰ自孔左部沿竖直方向向上扩展至顶端;裂隙Ⅱ自孔下部延伸至试样底端;裂隙Ⅲ为多条裂隙共同贯通连接形成。

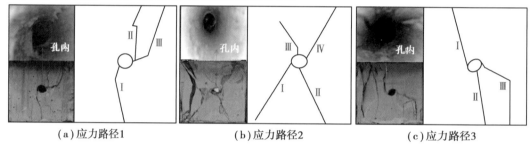

(a)应力路径1　　　　　　　　(b)应力路径2　　　　　　　　(c)应力路径3

图 5.28　孔破坏特征

5.3.3　瓦斯抽采钻孔失稳的裂隙控制机制

在孔周裂隙发育前期瓦斯抽采钻孔仍能够保持相对明显的轮廓,进而能够持续进行瓦斯抽采,而在裂隙发育后期瓦斯抽采钻孔则难以保持明显的轮廓,易导致钻孔收缩或堵塞,无法进行瓦斯抽采作业。但现有研究主要讨论了瓦斯抽采钻孔孔周裂隙分布形态,对孔周裂隙如何影响瓦斯抽采钻孔失稳形态的研究相对较少。因此,本节根据含孔试样受载过程中主裂隙和次生裂隙发育情况讨论瓦斯抽采钻孔失稳形态的裂隙控制因素。

1）主裂隙数量对含孔试样失稳形态影响分析

在恒定循环应力下限循环加卸载作用下,含孔试样表面共有 4 条主裂隙与孔连接;在升高循环应力下限循环加卸载作用下,含孔试样表面共有 3 条主裂隙与孔连接。如图 5.29(a)所示,主裂隙与孔的连接处形成一个连接点,在循环载荷作用下,连接点两端的钻孔轮廓会发生错动,并进行收缩变形,使得瓦斯抽采钻孔截面积逐渐缩小。这种轮廓收缩变形的特点与光圈结构的收缩变形特征相似。因此,将不同循环应力下限循环加卸载条件下的含孔试样失稳变形过程抽象为光圈结构的变形过程[图 5.29(b)]进行讨论。在 3 条和 4 条主裂隙条件下抽象为光圈变形结构的含孔试样失稳过程形态变化如图 5.29(c)、(d)所示。此外,由图 5.29(a)可知,含孔试样失稳变形过程中发生了一定程度的收缩变形。同时,在恒定循环应力下限的循环加卸载作用下含孔试样收缩变形成具有 4 个端点的几何形状;在升高循环应力下限的循环加卸载作用下含孔试样收缩变形成具有 3 个端点的几何形状。这一试验现象与光圈机构变形过程会形成与其叶片数等同数量的多端点几何形状类似。因此,本书根据上述试验结果进一步推导可知,含孔试样失稳后孔的轮廓形态会形成与主裂隙数相同数量的多端点几何形状。此外,光圈结构叶片数量越多其边缘轮廓越趋近于圆形,并且在叶片位移量相同的情况下叶片数量越多的光圈结构缩小的面积越多。由此类推可知,主裂隙数量越多含孔试样失稳后孔的轮廓形态越趋近于圆形。同时,孔的面积也随着主裂隙增多而减小,进而导致瓦斯抽采失效。

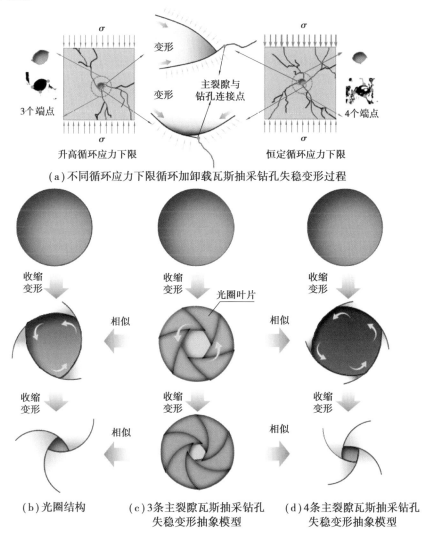

图5.29 钻孔周围主裂隙分布情况主裂隙数量对瓦斯抽采钻孔失稳形态的影响

2)主裂隙分布均匀度对含孔试样失稳变形程度影响分析

含孔试样在恒定循环应力下限和升高循环应力下限的循环加卸载过程中产生的主裂隙如图5.30所示。由图5.30可知,主裂隙与孔直接连接,同时,孔失稳变形过程与光圈结构的收缩变形相似。而在光圈结构中,叶片分布得越均匀则各叶片变形同步性越好,机械结构收缩得越快。由此类比可知,孔与主裂隙的连接点分布位置对孔失稳变形程度具有一定的影响。此外,主裂隙分布得越均匀,其变形过程连接点两端轮廓变形同步性越高,其失稳变形程度越大。因此,本书通过计算各主裂隙夹角度数的离散程度来反映主裂隙分布的离散度,离散度越小说明主裂隙分布得越均匀。如图5.30(a)、(b)所示为孔周主裂隙分布图,将连接点与孔的圆心进行连接,测量每个连接点与孔圆心连接线的夹角,进而得到主裂隙与主裂隙之间的夹角为 α_j。进一步将每个夹角测量值代入主裂隙分布离散度计算式(5.36)。

$$U_c = \sqrt{\frac{\sum_{j=1}^{n}(\alpha_j - \overline{\alpha_A})}{j}} \qquad \overline{\alpha_A} = \frac{360°}{j} \quad j = 2,3,4,\cdots,n \qquad (5.36)$$

式中　U_c——主裂隙分布离散度,(°);

　　　　α_j——瓦斯抽采钻孔各主裂隙之间的夹角,(°);

　　　　$\overline{\alpha_A}$——不同主裂隙数量下裂隙均匀夹角,(°);

　　　　j——主裂隙夹角数量。

含孔试样在恒定循环应力下限和升高循环应力下限循环加卸载后孔周主裂隙分布位置、孔的失稳形态和孔的内部失稳形态如图5.30(c)、(d)所示。测量各主裂隙夹角值并带入式(5.35)中进行计算,求得主裂隙分布离散度。在恒定循环应力下限和升高循环应力下限循环加卸载后各主裂隙之间夹角测量值与主裂隙分布离散度值见表5.8。

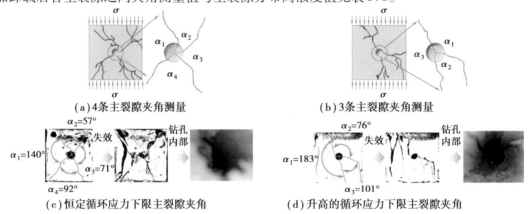

图5.30　主裂隙分布均匀度对含孔试样失稳变形程度影响

表5.8　主裂隙之间夹角与主裂隙分布离散度

应力路径	各主裂隙间夹角/(°)				主裂隙分布离散度
	α_1	α_2	α_4	α_4	
恒定循环应力下限	140	57	71	92	31
升高循环应力下限	183	76	101	—	46

由表5.8得到的计算结果可知,恒定循环应力下限循环加卸载条件下含孔试样主裂隙分布离散度低于升高循环应力下限循环加卸载条件下主裂隙分布离散度。这说明主裂隙分布均匀度在恒定循环应力下限循环加卸载中比升高循环应力下限循环加卸载高,即在恒定循环应力下限循环加卸载条件下的含孔试样的失稳变形程度更大。如图5.30(c)、(d)所示,对比含孔试样在恒定循环应力下限和升高循环应力下限循环加卸载后孔的失稳形态与孔内失稳形态可知,恒定循环应力下限循环加卸载后孔失稳时变形程度更加明显,这与主裂隙分布离散度计算结果相一致。因此,本书推导的含孔试样主裂隙分布离散度计算公式能有效反映含孔试样孔的失稳变形程度。但值得注意的是,含孔试样失稳变形过程中产生的主裂隙数量具有随机性。而主裂隙的分布至少需要2条的主裂隙。因此,本书主要讨论的是2条以上主裂隙分布均匀度对孔的失稳变形程度的影响。

5.4　钻孔瓦斯抽采特征及其影响因素

对瓦斯抽采方法合理优选和抽采工程参数的精准定量化设计,是保证抽采高效和达标的前提。本节采用全耦合数值模拟方法分析钻孔瓦斯运移规律,量化分析钻孔参数对瓦斯抽采效果的影响,结合群孔抽采仿真模拟,提出群孔强化抽采效应,揭示偏斜群孔弱化抽采特征,为煤层抽采钻孔优化布置提供理论基础。

5.4.1　多因素影响下瓦斯抽采效果量化表征

瓦斯在煤体中的流动的气固耦合模型为:

$$\frac{\rho_c V_L M_c p_L}{V_M (p + p_L)^2} \frac{\partial p}{\partial t} + \frac{M_c}{RT}\Big(\varphi \frac{\partial p}{\partial t} + p \frac{\partial \varphi}{\partial t}\Big) -$$

$$\nabla\Big(D \nabla c + \frac{\rho}{\mu}\Big(k_0 e^{-3C_f\Big[-\frac{v}{1-v}(p-p_0)+\frac{E\varepsilon_{\max}}{3(1-v)}\big(\frac{pb}{1+pb}-\frac{p_0 b}{1+p_0 b}\big)\Big]}\Big)\nabla p\Big) = 0 \qquad (5.37)$$

在 t 和 $t+\Delta t$ 时间时,煤层中的瓦斯含量为:

$$m_t = \frac{V_L p(t)}{p(t) + P_L} \frac{M_c}{V_M} \rho_c + \phi \frac{M_c}{RT} p(t) \qquad (5.38)$$

$$m_{t+\Delta t} = \frac{V_L p(t + \Delta t)}{p(t + \Delta t) + P_L} \frac{M_c}{V_M} \rho_c + \phi \frac{M_c}{RT} p(t + \Delta t) \qquad (5.39)$$

式中　$m_t, m_{t+\Delta t}$——分别代表抽采时间为 t 和 $t+\Delta t$ 时煤层中的瓦斯含量。

根据式(5.39)可知,在进行 Δt 时间的瓦斯抽采后,从煤层中抽采出的瓦斯量为:

$$m_{\Delta t} = \iint_{\Omega}(m_t - m_{t+\Delta t})\mathrm{d}\nu \qquad (5.40)$$

基于上式,可在 COMSOL 软件中积分求得一定时间内钻孔抽采出的瓦斯量。

1)钻孔长度对瓦斯抽采效果的影响

不同钻孔长度下煤层瓦斯含量分布影响云图如图 5.31 所示。由图 5.31 可知,随着抽采时间的增加,钻孔周围瓦斯含量逐渐减小,钻孔抽采影响范围逐渐增大。钻孔长度的增加使钻孔抽采范围更广,抽采效果更为显著。

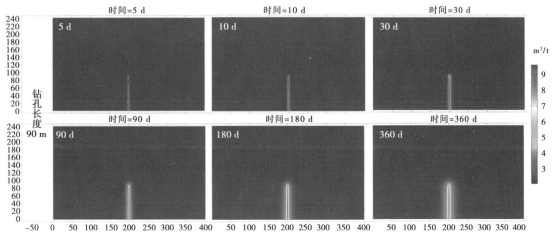

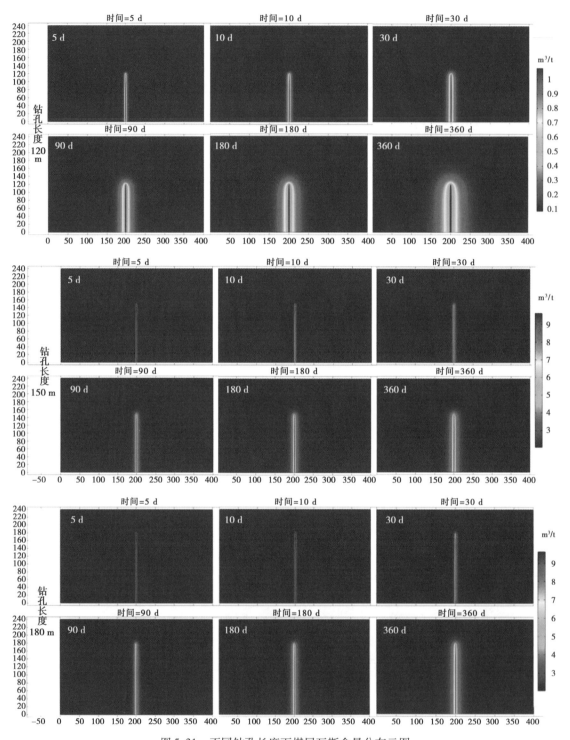

图 5.31　不同钻孔长度下煤层瓦斯含量分布云图

　　不同钻孔深度下瓦斯含量分布如图 5.32 所示。由图 5.32 可知,在走向和倾向上,随着抽采时间的增加,煤层瓦斯含量均逐渐降低。

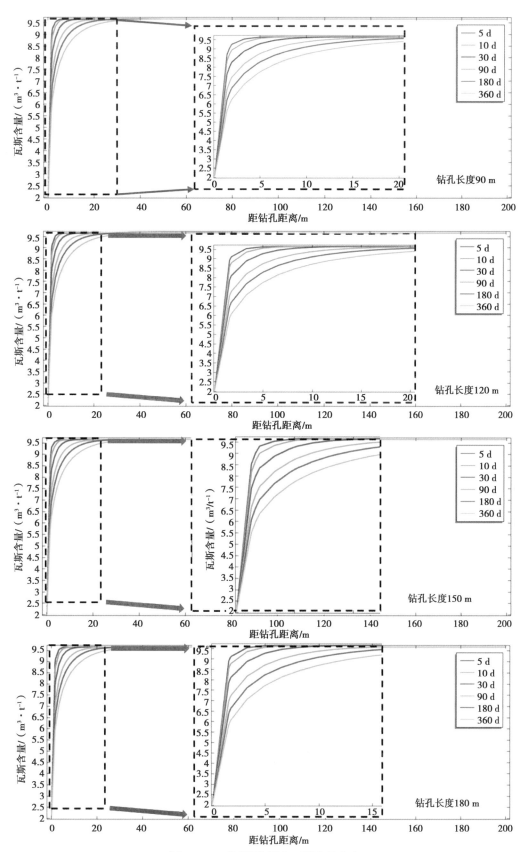

图 5.32　不同钻孔深度瓦斯含量分布

2）钻孔直径对瓦斯抽采效果的影响

不同钻孔直径下煤层瓦斯含量云图如图 5.33 所示。由图 5.33 可知,随着抽采时间增加,钻孔周围瓦斯含量逐渐减小,钻孔抽采影响范围逐渐增大。

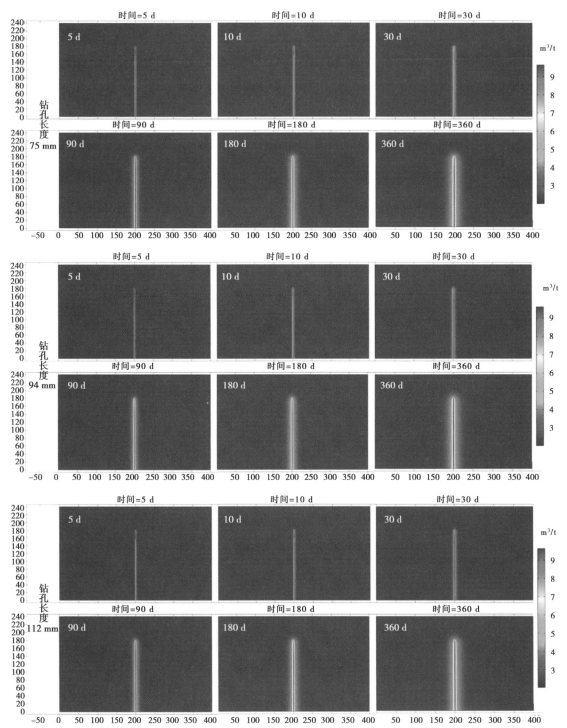

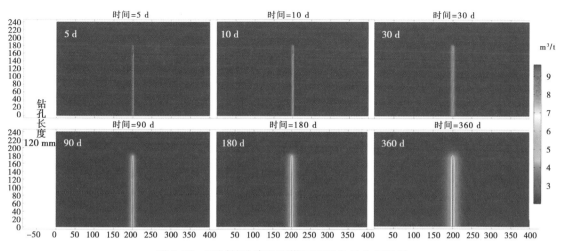

图 5.33　不同钻孔直径下煤层瓦斯含量分布云图

不同钻孔直径下瓦斯含量分布如图 5.34 所示。由图 5.34 可知,随着抽采时间的增加,距钻孔不同位置上的瓦斯含量均呈下降趋势,直至 80 m 处瓦斯抽采效果逐渐不显著。

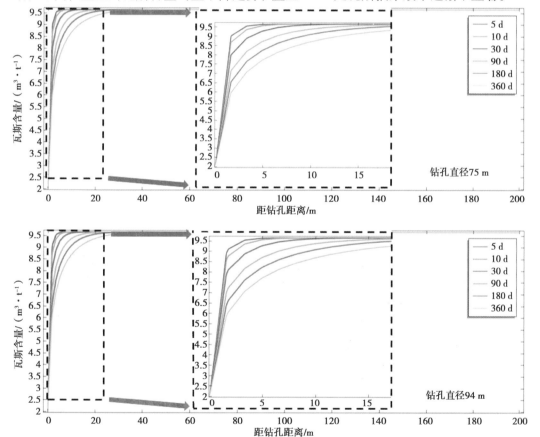

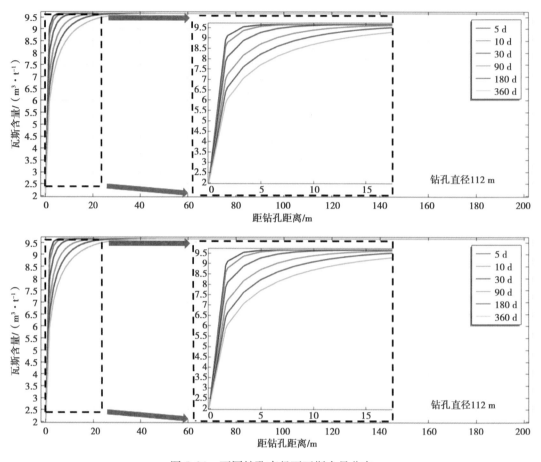

图 5.34　不同钻孔直径下瓦斯含量分布

3）钻孔间距对瓦斯抽采效果的影响

不同钻孔间距下煤层瓦斯含量云图如图 5.35 所示。由图 5.35 可知,随着抽采时间的增加,钻孔周围瓦斯含量逐渐减小,钻孔抽采影响范围逐渐增大。

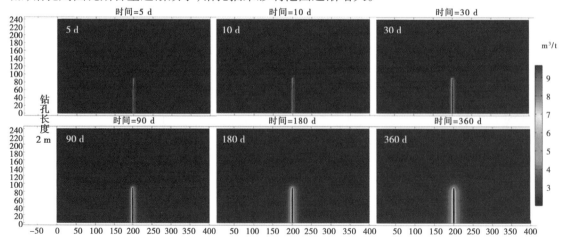

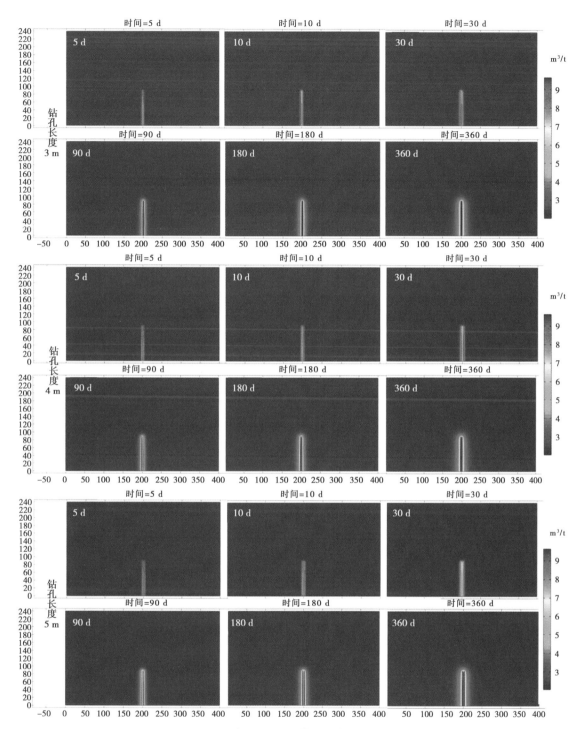

图 5.35　不同钻孔间距下煤层瓦斯含量分布云图

　　不同间距下瓦斯含量分布如图 5.36 所示。由图 5.36 可知,沿走向两个钻孔之间的瓦斯含量显著下降,随着钻孔间距的增加及抽采时间的延长,煤层瓦斯含量不断下降。倾向上,瓦斯含量逐渐下降至稳定水平。

　　为分析钻孔间距对瓦斯抽采效果的影响,现以钻孔间距 2 m 时的抽采量为基准,如图 5.37 所示,由图 5.37 可知,在一定抽采时间内,钻孔间距的增大可以提升瓦斯抽采效果。

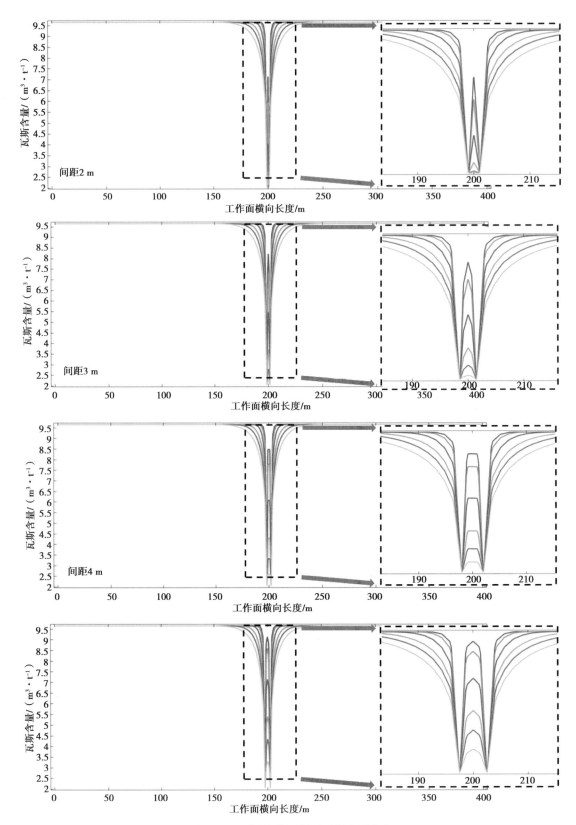

图 5.36　不同钻孔间距下瓦斯含量分布

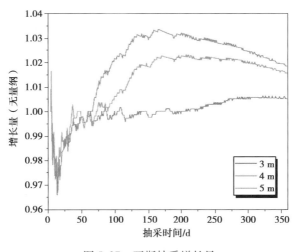

图 5.37　瓦斯抽采增长量

4）钻孔布置方式对瓦斯抽采效果的影响

（1）顺层钻孔与穿层钻孔联合抽采

顺层钻孔与穿层钻孔联合抽采下煤层瓦斯含量云图如图 5.38 所示。由图 5.38 可知，随着抽采时间增加，钻孔周围瓦斯含量逐渐减小，钻孔抽采影响范围逐渐增大。

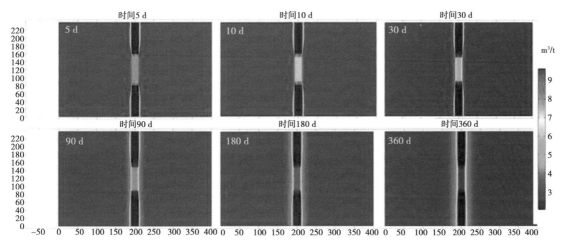

图 5.38　顺层钻孔和穿层钻孔联合抽采情况下煤层瓦斯含量云图

（2）顺层钻孔抽采

顺层钻孔抽采下煤层瓦斯含量云图如图 5.39 所示。由图 5.39 可知，随着抽采时间的增加，钻孔周围瓦斯含量逐渐减小。增长率随抽采时间增加呈现先增加后降低的趋势。

为了定量分析钻孔布置方式对瓦斯抽采效果的影响，以顺层和穿层钻孔联合抽采时的抽采量为基准，得出顺层长钻孔条件下的抽采增加量，如图 5.40 所示。由图 5.40 可知，抽采初期，长钻孔布置方式下的抽采量是联合抽采的 1.03 倍，后期逐渐降低。

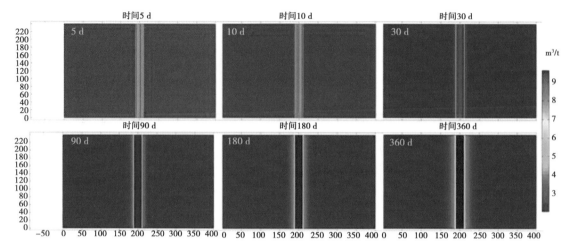

图 5.39　顺层钻孔抽采情况下煤层瓦斯含量云图

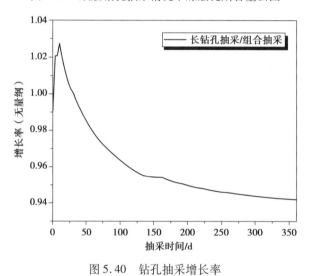

图 5.40　钻孔抽采增长率

5.4.2　多因素影响下瓦斯流动机制

为了研究瓦斯抽采钻孔布置方式对瓦斯抽采的影响,分别进行顺层与穿层钻孔联合抽采、顺层长钻孔抽采两种布置方式下的瓦斯抽采数值模拟。

1）钻孔长度对瓦斯流动的影响

由图 5.41 可知,瓦斯流动流线基本垂直于钻孔,钻孔尖端处瓦斯运移符合球向流动规律,中后部瓦斯运移则符合径向流动。随着钻孔长度的增加,垂直钻孔孔壁的流线区域显著增大,钻孔影响范围增大,这也与前述章节的研究结果一致。

2）钻孔间距对瓦斯流动的影响

由图 5.42 可知,钻孔间距对流场影响有限。瓦斯运移流线与单钻孔相比未产生明显变化,缝槽尖端处瓦斯运移符合球向流动规律,中后部瓦斯运移则符合径向流动。2 m 间距下缝槽尖端处流线分布较为疏散,5 m 间距下缝槽尖端处流线分布较为密集。

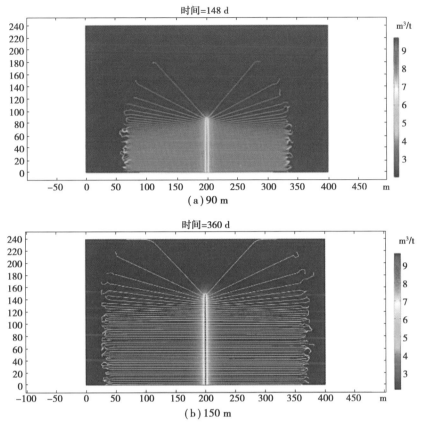

图 5.41　抽采 360 d 后 90 m 和 150 m 长钻孔孔壁流线分布

3）钻孔布置方式对瓦斯流动的影响

　　穿层和顺层钻孔联合布置与顺层长钻孔布置条件下流线分布如图 5.43 所示，顺层长钻孔瓦斯运移符合径向流动，联合布置下瓦斯运移规律与单一顺层长钻孔差别较大，顺层和穿层交会处瓦斯流线紊乱，相互干扰，不利于瓦斯抽采。

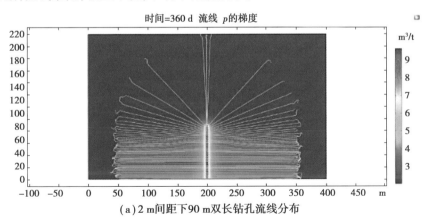

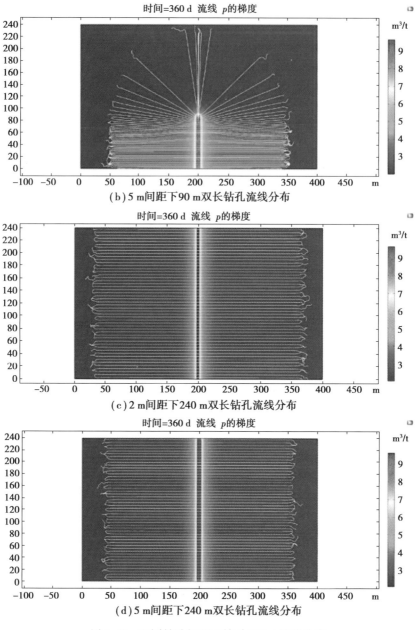

(b) 5 m间距下90 m双长钻孔流线分布

(c) 2 m间距下240 m双长钻孔流线分布

(d) 5 m间距下240 m双长钻孔流线分布

图5.42　不同钻孔间距下抽采360 d流线分布

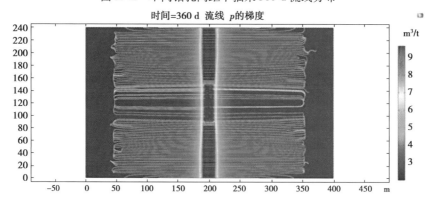

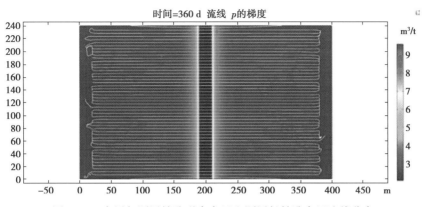

图 5.43　穿层与顺层钻孔联合布置和顺层长钻孔布置流线分布

5.4.3　钻孔偏斜与不偏斜条件下群孔效应特征

为了探究工程实际中群孔抽采受钻孔偏斜的影响,本节以韩城煤矿 11308 运输顺槽为背景,其钻孔水平面模型如图 5.44 所示,为了分析现场抽采钻孔偏斜对瓦斯抽采效果的影响,基于煤层抽采钻孔设计方案,开展了水平和垂直剖面下的瓦斯抽采数值模拟。

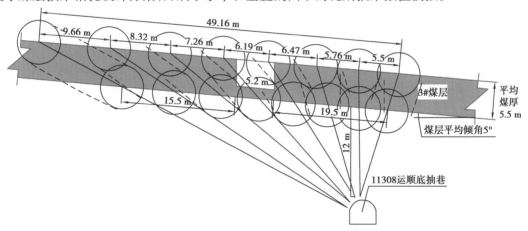

图 5.44　钻孔水平面模型

1）煤层水平剖面群孔效应特征

钻孔垂直面模型如图 5.45 所示,共计施工 40 个抽采钻孔。煤层水平剖面群孔不偏斜条件下不同时间瓦斯压力云图如图 5.46(a)所示。由图 5.46(a)可知,钻孔抽采后瓦斯压力降低,低瓦斯压力区由钻孔位置呈圆形向外辐射。在较长时间抽采后,钻孔间抽采范围重叠。钻孔抽采形成的瓦斯低压区相互联通,呈现为矩形。

为了确定有效瓦斯抽采面积,选取压力小于 0.74 MPa 的区域作为抽采达标区域,如图 5.46(b)所示。在未偏斜状态下有效抽采面积以钻孔为中心向外呈圆形扩散,右侧钻孔间距较小致使右侧有效抽采面积先互相联通,边界呈波浪状。随着抽采时间的增加,右侧波浪状边界逐渐转化成平缓的外凸曲线。左侧面积增长速度明显快于右侧边界增长速度,最终有效抽采面积呈椭圆状。

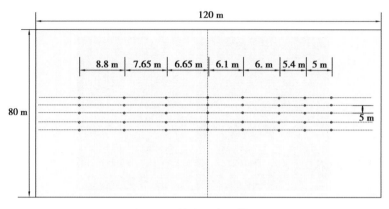

图 5.45　钻孔垂直面模型

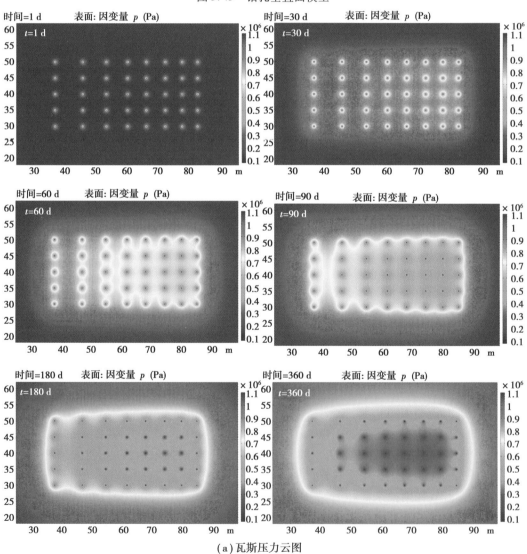

（a）瓦斯压力云图

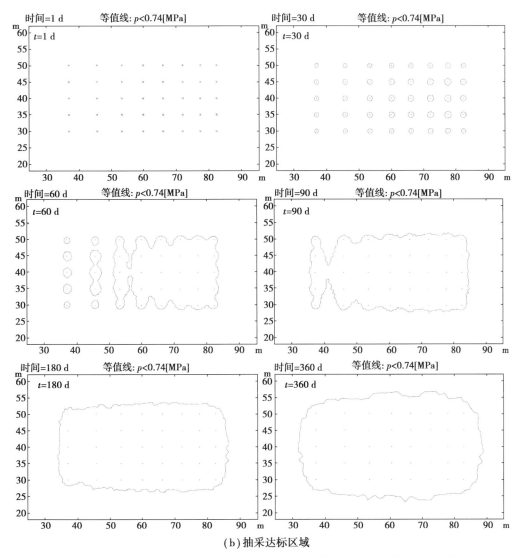

（b）抽采达标区域

图 5.46　群孔不偏斜条件下水平剖面不同时间瓦斯压力云图及抽采达标区域

水平剖面群孔偏斜几何模型如图 5.47 所示。在同一方向上设置 8 个钻孔，为了避免边界效应对实验结果的影响，最左侧及最右侧钻孔设定为不偏斜钻孔。

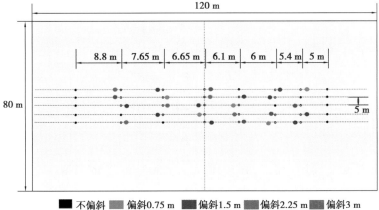

图 5.47　群孔偏斜下水平剖面几何模型

群孔偏斜条件下水平剖面不同时间瓦斯压力云图如图 5.48(a)所示。由图 5.48(a)可知,瓦斯压力云图在抽采范围相互联通后,在外围钻孔外侧形成不规则边界,边界之内是瓦斯抽采的主要区域。相较于无偏斜下的云图,偏斜下云图出现蓝色低压瓦斯压力区的时间更长,且低压区分布不均。

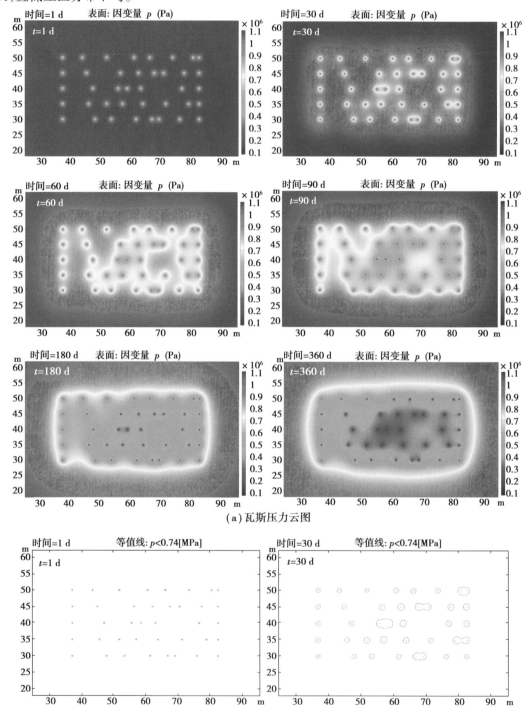

(a)瓦斯压力云图

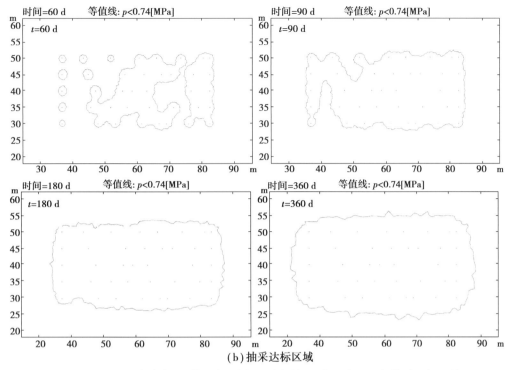

（b）抽采达标区域

图 5.48　群孔偏斜条件下 煤层水平剖面不同时间瓦斯压力云图与抽采达标区域

选取瓦斯压力低于 0.74 MPa 的区域作为瓦斯抽采达标区域,如图 5.48(b)所示。对比不偏斜条件下时空演化规律,偏斜作用下瓦斯抽采达标区域分布更加随机。

为了研究煤层水平剖面群孔效应特征,统计了群孔不偏斜与偏斜状态下抽采达标区域面积随时间的变化,如图 5.49 所示。群孔抽采可以划分为 3 个阶段,第一阶段为抽采初期,即偏斜群孔效应显现期,此时抽采达标区域以钻孔为中心呈圆形分散分布,相互独立。但由于部分钻孔在抽采初期后段发生了抽采区域连通,在此期间局部位置的抽采区域瓦斯压力急剧下降,抽采面积加大。第二阶段为均匀群孔效应显现期,此阶段大部分钻孔抽采区域发生了连通,抽采速率加快。而个别钻孔位置的偏离导致抽采联通区域出现空白带,抽采效率较低。第三阶段为抽采效果减缓期,此阶段抽采联通区域基本上全部达标,瓦斯抽采达标区域逐步向外辐射。总体来看,煤层水平剖面群孔不偏斜条件较群孔偏斜条件下的瓦斯抽采效果更好。

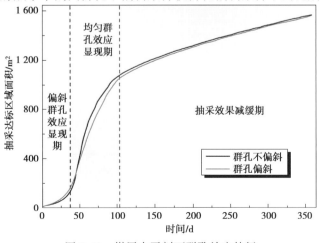

图 5.49　煤层水平剖面群孔效应特征

2）煤层垂直剖面群孔效应特征

煤层垂直剖面抽采钻孔几何模型如图5.50所示，共包含8个抽采钻孔。

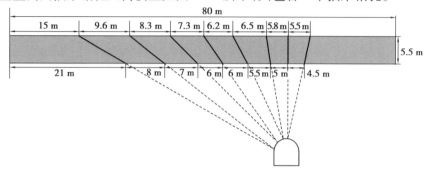

图5.50　煤层垂直剖面几何模型

煤层垂直剖面群孔不偏斜条件下不同时间瓦斯压力云图如图5.51所示。由图5.51可知，瓦斯低压区以钻孔为中心向两侧辐射，随着抽采时间的增长，辐射距离越远，最终钻孔群内侧低压区相互联通，但距离钻孔越远，瓦斯压力分布越接近竖状条带式分布。

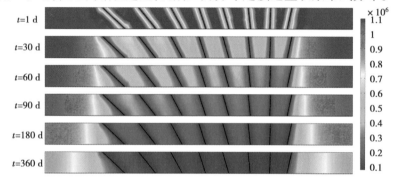

图5.51　瓦斯压力云图

基于统计学原理，将钻孔偏斜情况简化。设定不偏斜、偏斜0.5 m、偏斜1 m、偏斜1.5 m、偏斜2 m钻孔数量分别为1,1,2,1,1，上述偏斜距离是针对见煤位置而设定的。

钻孔轨迹剖面如图5.52所示。

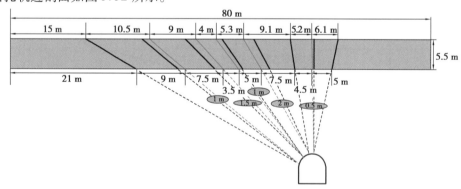

图5.52　钻孔轨迹剖面图

煤层垂直剖面群孔偏斜条件下不同时间瓦斯压力云图如图5.53所示，在偏斜状态下瓦斯低压力区的联通受到影响，在抽采过程中出现了明显的空白带。但钻孔群外侧区域受到偏斜影响较小。

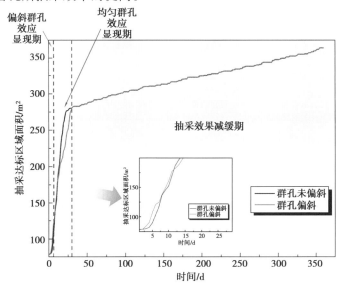

图 5.53　瓦斯压力云图

煤层垂直剖面群孔效应特征如图 5.54 所示,垂直剖面瓦斯抽采仍表现为 3 阶段,群孔抽采导致的抽采区域联合是导致抽采速率提升的关键因素,而钻孔偏斜导致的抽采区域联合不充分仍严重影响着瓦斯抽采效率的提高。

图 5.54　煤层垂直剖面群孔效应特征

5.5　钻孔施工及防偏维稳技术工程应用

本节针对钻进过程瓦斯抽采钻孔出现的偏斜难题,提出了多种钻孔施工模式,并研发了瓦斯抽采钻孔防偏技术,全方位纠正偏斜钻孔。同时基于瓦斯抽采钻孔孔周裂隙形态及失稳规律,通过筛管、囊袋式注浆及扩孔封孔技术维持钻孔稳定,保障钻孔高效抽采瓦斯。最后开展了现场试验并取得了较好的防偏和抽采效果。

5.5.1　工艺流程

钻孔偏斜与失稳严重影响瓦斯抽采效率,甚至可能会形成煤层瓦斯抽采空白带导致煤与瓦斯突出的潜在威胁。本书结合现场实际情况,提出了突出煤层瓦斯抽采钻孔防偏维稳技术工艺流程。如图 5.55 所示,主要包含选型、防偏、封孔 3 个方面。

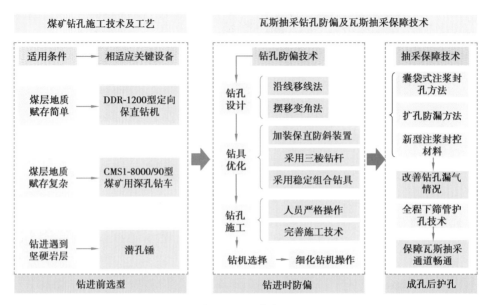

图 5.55　工艺流程

5.5.2　不同地质条件下钻孔施工技术

1）碎软煤层钻孔破堵功率模型

（1）钻孔堵塞段力学模型

考虑钻孔倾角 θ，假设形成的钻孔为标准的圆形，钻杆轴线与钻孔轴线重合，不考虑钻杆弯曲或扰动，建立相应钻孔堵塞段力学模型。以水平线 H 为基准，钻孔倾角 θ 范围为 $-\pi/2 \sim \pi/2$，仰孔倾角 θ 为 $0 \sim \pi/2$，水平孔时 $\theta = 0$，俯孔倾角 θ 为 $-\pi/2 \sim 0$。图 5.56 为仰孔钻孔堵塞段力学模型。

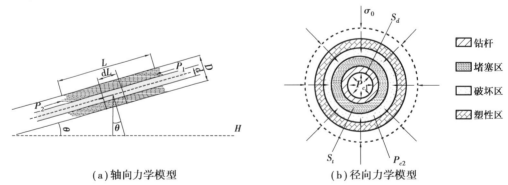

（a）轴向力学模型　　　　　（b）径向力学模型

图 5.56　仰孔钻孔堵塞段力学模型

L—堵塞段长度；θ—钻孔倾角；D—钻孔直径；d—钻杆直径；
P_1—堵塞段钻孔内部气体压力；P_2—堵塞段钻孔外部气体压力

（2）堵塞段力学模型求解

据堵塞段的受力情况，以堵塞段的煤体为研究对象，整理得：

$$L = \frac{S_r}{(f_1 d + f_2 D)k\pi} \ln \frac{(f_1 d + f_2 D)k\pi p_1 + \rho_b g [S_d \cos\theta f_1 + (S_r - S_d)\cos\theta f_2 - S_r \sin\theta]}{(f_2 d + f_2 D)k\pi p_2 + \rho_b g [S_d \cos\theta f_1 + (S_r - S_d)\cos\theta f_2 - S_r \sin\theta]}$$

$$(5.41)$$

式中　S_r——钻杆周围堵塞区圆环面积；

　　　S_d——钻杆上方直线所围面积；

　　　L——堵塞段长度；

　　　ρ_b——钻屑堆积密度；

　　　f_1——堵塞段煤与钻杆表面的摩擦因数；

　　　f_2——堵塞段煤与孔壁的摩擦因数。

基于式(5.41)可求得钻孔疏通压力 p 的表达式：

$$p = \left[e^{\frac{(f_1 d + f_2 D)k\pi}{S_r}L} - 1 \right] \frac{\rho_b g \left[S_d \cos\theta f_1 + (S_r - S_d)\cos\theta f_2 - S_r \sin\theta \right]}{(f_1 d + f_2 D)k\pi} \tag{5.42}$$

当钻孔堵塞段内疏通压力达到了井下风管供风能力的极限值 p_{max} 时，基于式(5.41)结合功率计算式可得，需要的疏通钻孔钻机所需的功率为：

$$P = \left[e^{\frac{(f_1 d + f_2 D)k\pi}{S_r}L} - 1 \right] \frac{\rho_b g r n \left[S_d \cos\theta f_1 + (S_r - S_d)\cos\theta f_2 - S_r \sin\theta \right]}{9\,550(f_1 d + f_2 D)k\pi} \tag{5.43}$$

式中　n——转速,r/min；

　　　r——钻杆半径,m。

该模型为不同地质条件下钻机的选型提供依据。

2）长钻孔施工工艺

针对不同类型的地质条件及钻进过程中遇到的各类问题，采用 CMS1-8000/90 型矿用深孔钻车，DDR-1200 型定向保直钻机及潜孔锤实现了煤矿巷道长钻孔高效施工，三类装置适用的地质条件如图 5.57 所示。

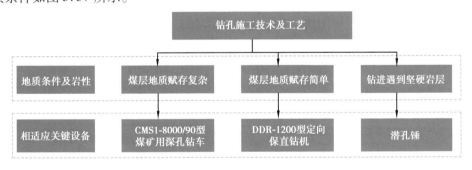

图 5.57　不同地质条件下钻孔施工工艺

3）突出煤层钻孔施工

现场试验地点为龙滩煤矿，属煤与瓦斯突出矿井。实测龙滩煤矿主采 K1 煤层最大瓦斯压力为 1.08 MPa，平均瓦斯含量为 9.55 m^3/t，煤层透气性系数为 3.47 m^2/(MPa² · d)，最小坚固性系数 f=0.19。

(1)3111 北工作面切眼顺层钻孔施工

在龙滩煤矿 3111 北工作面切眼施工顺层长钻孔，钻孔设计长度 300 m，共计 2 个，编号试验-1#、试验-2#，其具体孔径、倾角、方位角及钻孔深度见表 5.9。

表 5.9 百米级长钻孔设计参数

孔号	孔径/mm	倾角/(°)	方位角/(°)	钻孔深度/m		
				设计孔深	煤	累计孔深
试验-1#	115	29	313	300	260	260
试验-2#	115	5	318	300	235	235

（2）3111 北工作面切眼普通顺层钻孔施工

在龙滩煤矿 3111 北工作面切眼进行顺层预抽钻孔施工,钻孔设计长度为 170 m,共计 8 个。设计孔径 115 mm,倾角 4°,方位角 299°,设计孔深 170 m。

（3）抽采效果

结合图 5.58 及图 5.59 可知,钻孔瓦斯抽采措施效果显著,百米级试验钻孔平均瓦斯抽采效率是普通钻孔的 4.5 倍左右。试验-1#、试验-2#两个百米级钻孔均达到了 235 m 以上的孔深,平均抽采效率达 13%;普通钻孔孔深均不超过 170 m,抽采效果不稳定,平均抽采效率仅有 2.9%。因此,百米级钻孔预抽瓦斯措施在采前预抽方面具有很大的推广意义。

4）坚硬岩层钻孔施工

现场试验地点为四川广旺唐家河煤矿,位于广旺煤田中段。1#煤层最大埋深 652 m,煤层赋存较稳定,煤层结构复杂,存在坚硬岩层段。

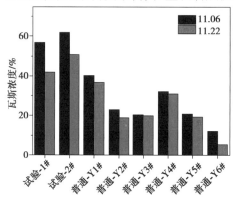

图 5.58 钻孔瓦斯浓度

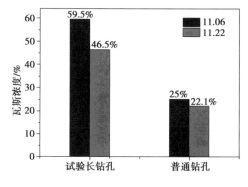

图 5.59 试验钻孔和普通钻孔
平均瓦斯浓度

（1）实施方案

在 31847 机巷施工一组瓦斯抽采钻孔,要求施工的平行钻孔终孔位置必须控制瓦斯范围达到 20 m 以上,避免瓦斯涌向机巷,造成瓦斯超限。钻场及钻孔布置如图 5.60 所示。钻孔需穿过坚硬岩层段。

（2）实施效果

钻孔开孔位置均布置在机巷上帮底板上,1#钻孔开孔位置布置在距离采煤工作面装煤口 1 m 的位置,1#~6#钻孔间距均为 20 m。各钻孔深度分别为 65 m,30 m,33 m,30 m,30 m,59 m,根据现场瓦斯、地质岩层和施工情况,决定在 2#钻孔与 3#钻孔间补打 1 个 7#钻孔。钻孔瓦斯抽采纯流量及浓度见表 5.10。

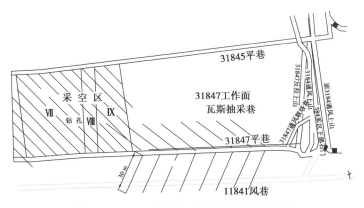

图 5.60　31847 机巷抽采巷及钻孔布置示意

表 5.10　瓦斯抽采纯流量及浓度

指标	设计	实际验收
瓦斯纯流量/($m^3 \cdot min^{-1}$)	5.6	5.75
瓦斯浓度/%	80	82

综上所述,31847 采煤工作面机巷底板穿层抽采钻孔工程完工后,各项技术参数指标均达到设计要求,提高了矿井瓦斯抽采浓度和抽采量,达到了预期效果,为 31847 采煤工作面安全回采提供了可靠保障,解决了该工作面的瓦斯隐患。

5) 大孔径千米定向钻进技术

(1) 实施方案

现场实验选在沙曲二矿 4301 工作面。4301 工作面共布置 7 个钻孔,每个钻孔孔深 1 200 m,总进尺为 7 200 m。其中,4 个钻孔布置在 4301 工作面的上邻近层岩层中,垂直距离 4 号煤层 20 m 左右,垂直距离保持为 1 ~ 2 m,另外 2 个钻孔布置在 4 号底板裂隙发育区,钻孔整体偏向尾巷布置,靠近回风巷的钻孔距回风巷 15 m,钻孔间距为 40 m,钻孔以交叉方式布置。

钻场位置及布置参数如图 5.61 所示。

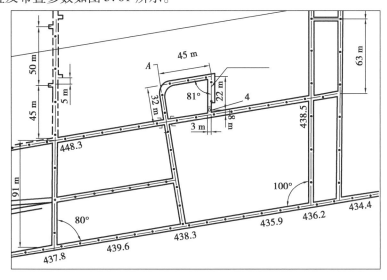

图 5.61　钻场位置及布置参数

（2）实施效果

图5.62展示了钻孔瓦斯抽采效果，由图5.62可知，瓦斯抽采浓度大，且瓦斯抽采时间长。1号钻孔瓦斯抽采时间在120 d以上，平均瓦斯抽采浓度达到75%，抽采纯量为0.8 m³/min，前期瓦斯抽采浓度不稳定，15 d后瓦斯抽采浓度趋于稳定，瓦斯抽采效果好，抽采时间长。2号钻孔瓦斯有效抽采时间为71 d，前15 d平均瓦斯抽采浓度为60%，抽采效果较好，15～71 d瓦斯抽采浓度降低到30%，71 d后2号钻孔不具有瓦斯抽采价值，抽采时间较短，抽采纯量为0.32 m³/min。3号钻孔瓦斯抽采时间达到120 d及以上，平均瓦斯抽采浓度为45%，瓦斯抽采稳定，但浓度相对较低，抽采纯量为0.5 m³/min。

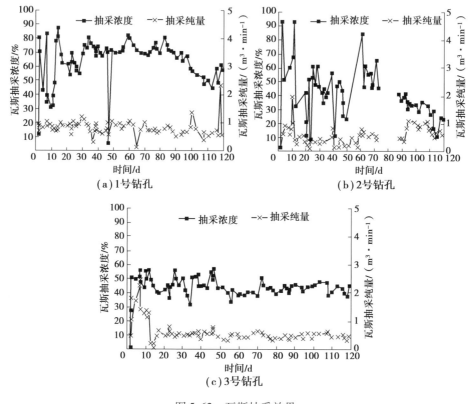

图5.62　瓦斯抽采效果

5.5.3　钻孔防偏维稳技术及瓦斯抽采效果

1）防偏技术及装备

（1）钻孔设计

钻孔轨迹设计主要包括移线法和摆角变化法两种方法。移线法是指在不改变钻孔设计原始倾角的情况下，在钻孔设计剖面中沿勘探线移动孔的位置。钻孔发生偏斜时会自动调整孔口，从而达到防止偏斜的目的，如图5.63所示。摆角变化法是指在不改变原孔口设计位置的情况下，通过改变设计倾角，使钻孔按自然弯曲规律弯曲，达到防止偏斜的目的，如图5.64所示。

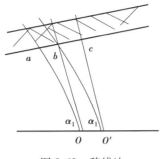

图 5.63　移线法

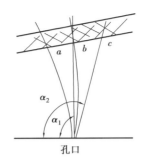

图 5.64　摆移变角法

（2）钻具优化

设备机具因素和技术参数是人为产生的钻进过程中导致偏斜的原因。通过改进设备机具和技术参数，可以减少钻孔偏斜，主要有以下几种方法：

①加装防斜保直装置。安装防斜保直装置后（图 5.65），钻头附近的应力支撑点增大，重心从 B 点向后移动。当钻头发生偏移时，作用在钻头顶部的原始力主要集中在防斜保直转装置上，确保钻头能够保持直线钻进。

采用三棱钻杆，通过其较强的煤岩粉输送能力，显著提高了钻进效率和成孔率，三棱钻杆实物如图 5.66 所示。

②采用稳定组合钻具可以提高底部钻具组合在井眼中的居中度，降低压差卡钻的风险，有效控制钻孔偏斜。通过设置扶正器主体和轴向限制环，在不影响钻杆钻进的同时能够在钻杆偏斜时进行扶正，进而提高钻进效率，扶正器如图 5.67 所示。

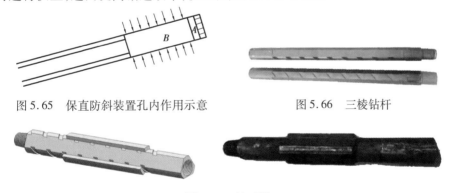

图 5.65　保直防斜装置孔内作用示意　　图 5.66　三棱钻杆

图 5.67　扶正器

（3）钻孔施工

在钻孔施工前，施工人员需进行瓦斯抽采设计，确定钻孔位置及相关参数，包括倾角、方位角和钻孔间距。在作业过程中，需加强钻孔位置检查；选择合适的开启速度，调整推进节流阀。在钻进到煤层中，一般突出煤层会出现喷孔、顶钻等现象，此时要注意及时调整钻压和钻速，采取"低压慢进，边进边退，掏空前进"，确保钻进到位。

2）瓦斯抽采保障技术及装备

（1）囊袋式注浆封孔方法

囊袋式注浆封孔方法能使封孔材料填充至孔周煤体的裂隙中，封闭钻孔内漏气通道（图 5.68），改善钻孔漏气情况，且与煤壁紧密结合，增强孔周煤体的强度，延长钻孔寿命，起到好的封孔效果。

为防止注浆囊袋破裂导致封孔失败,在注浆过程中需安装注浆压力表。而使用压力表时常出现压力表封堵现象,长时间会造成压力表损坏。因此,应配套使用安全限压阀代替压力表,方便井下和地面试验。安全限压阀主要由阀芯、调节螺母、压力调节弹簧、O 形圈、密封垫和阀体构成,如图 5.69 所示。

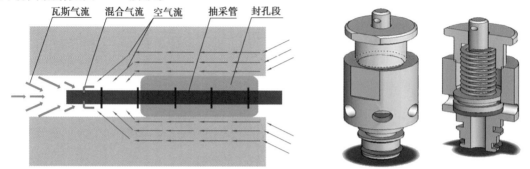

图 5.68　孔周裂隙漏气示意　　　　　图 5.69　安全限压阀结构示意

（2）扩孔封孔方法

该方法主要针对扩孔后的瓦斯抽采钻孔,封孔材料注入后在注浆段进行径向渗流,封闭周围的煤体裂隙,同时封孔材料在扩孔段发生径向和轴向的双向渗透扩散流动。另外由于封孔材料与周围煤体煤壁的接触面积大,封孔材料对裂隙内部的渗透加强,提高了孔周煤体的密实性。扩孔封孔方法如图 5.70 所示。

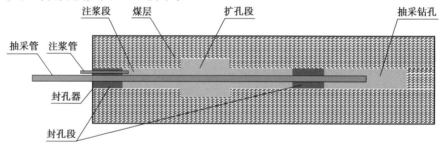

图 5.70　扩孔封孔方法示意

（3）全程下筛管封孔技术

针对钻进过程中瓦斯压力较大,施工过程中容易出现排渣不畅等情况,采用全程下筛管封孔技术,确保瓦斯抽采钻孔畅通。全程下筛管技术需要大通径钻杆、开闭式钻头、筛管与孔底悬挂等构成成套装备。具体操作步骤为:设计好钻孔后,测量开孔参数,进行钻孔施工,检查钻进是否正常,若正常则继续施工;否则重新调整钻进参数。当钻机钻至设计孔深后,不退钻,将筛管径由钻杆和钻头内部通孔送入钻孔内,接着退出钻杆,筛管则留在钻孔内作为瓦斯抽采通道。

3）实施方案及效果

工业性试验选择在桑北煤矿 11308 回顺底抽巷,利用瓦斯钻孔防偏技术、全程下筛管技术、扩孔护孔及囊袋式注浆方法进行瓦斯抽采钻孔的防偏及维稳,并与未护孔的钻孔进行效果对比,考查瓦斯抽采钻孔防偏维稳效果。

（1）防偏施工方案

钻孔钻进使用 ZDY-3200 钻机,钻头直径 94 mm,钻杆直径 73 mm,长度 1 m。测试钻孔共计 6 个,均为瓦斯抽采钻孔,采用导向器进行钻孔施工测斜试验。同时,采用 YCJ90/360 型矿用钻孔测井分析仪进行钻孔测斜,最后生成钻孔轨迹平面图、剖面图等。

（2）封孔施工方案

11308 回顺底抽巷共计施工穿层钻孔 3 673 个,抽采浓度衰减较快的钻孔共计 298 个,占比 6.1%,对其中 149 个钻孔进行护孔,在孔周应力较高部分采用囊袋式注浆封孔方法结合全程下筛管技术封孔,在其余部分使用扩孔封孔方法结合全程下筛管技术封孔,剩余 149 个钻孔不进行封孔措施,便于后期对比分析。

（3）钻孔防偏斜现场试验及防偏评价

针对现场中 1#与 2#瓦斯抽采钻孔进行现场防偏,并对防偏结果进行评价。1#钻孔钻进距离为 40 m,按照原设计参数,得到钻进轨迹如图 5.71 所示。由图 5.71 可知,钻孔方位角基本没有发生偏斜,主要是钻孔倾角发生变化。采用移动孔位法进行钻孔轨迹防偏后,得到钻进轨迹参数如下:

由计算可知:

$$f = \sqrt{l_1^2 \cos^2 \beta_1 + l_2^2 \cos^2 \beta_2 + m^2 - 2 \cos\left(\alpha_2 - \arctan\frac{m}{l_2 \cos \beta_2}\right) l_1 \cos \beta_2 \sqrt{l_2^2 \cos^2 \beta_2 + m^2}}$$

$$(5.44)$$

$$\Delta h = h_1 - h_3 = l_1 \sin \beta_1 - \sqrt{n^2 + l^2 - (l_2 \sin \beta_2 \sin \alpha_2)^2} \tag{5.45}$$

$$k = \sqrt{f^2 + (\Delta h)^2} \tag{5.46}$$

式中　k——开挖修正效果的评价指标,k 值越小,校正偏差效果越好。计算得到 k 为 0.3 m。
　　　　分析可知,采取相应的防偏措施后,钻孔上下偏斜距离显著缩小,取得了较好的防偏效果。

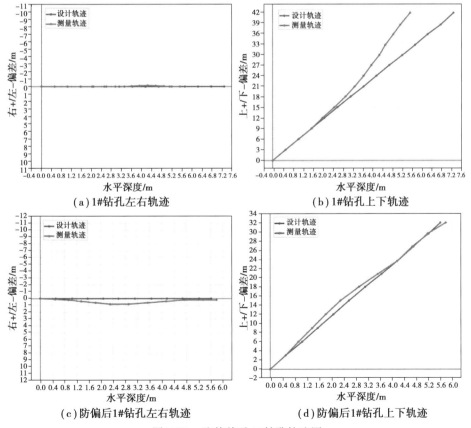

图 5.71　防偏前后 1#钻孔轨迹图

由以上数据可进行钻孔防偏效果评价,如图5.72所示。

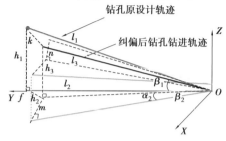

图5.72　钻孔防偏效果评价示意

2#钻孔钻进距离为51 m,按原设计参数,得到钻进轨迹如图5.73所示。同理得到2#钻孔偏斜距离为 $Z=2.3$ m。经计算得到 $k=0.5$ m,钻孔方位角、倾角均得到很好的防偏,取得了较好的防偏效果。

（4）钻孔封孔现场试验

图5.74和图5.75对比了采用新型封孔技术和未采用新型封孔技术的瓦斯抽采效果。由图5.74和图5.75可知,未采用新型封孔技术的钻孔瓦斯抽采量较小且衰减快,而采用新型封孔技术后,钻孔瓦斯抽采量明显增加,且衰减速度较慢。新型封孔改善瓦斯抽采效果显著。

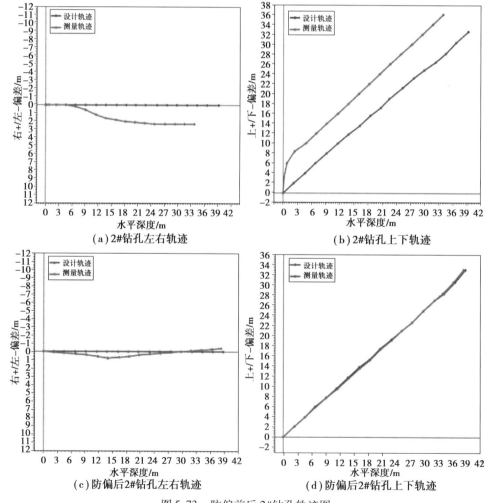

图5.73　防偏前后2#钻孔轨迹图

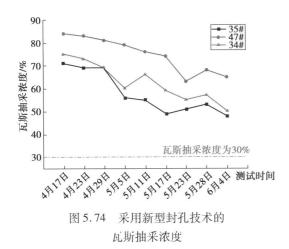

图 5.74　采用新型封孔技术的
瓦斯抽采浓度

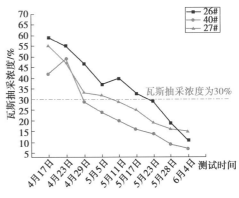

图 5.75　未采用新型封孔技术的
瓦斯抽采浓度

本章小结

本章首先通过事故树的方法揭示了钻孔失效主控因素。其次,探究了钻进过程孔周应力场、位移场及裂隙场三场演化特征。然后,揭示了瓦斯抽采钻孔孔周裂隙行为特征。采用数值模拟方法研究了不同钻孔参数下瓦斯抽采效果。最后,提出了钻孔施工及防偏维稳技术并进行了现场验证。主要得到以下结论:

①通过分析钻孔成孔失效主控因素得到钻孔偏斜与失稳是造成钻孔失效的主控因素,同时从岩性组合、设备机具和技术参数因素 3 个方面对钻孔轨迹影响因素重要度进行了分析。岩性组合因素对钻孔轨迹影响最大。在岩性组合因素中,软硬互层对钻孔轨迹影响最大;在设备机具因素中,钻具结构对钻孔轨迹影响最大;在技术参数中,钻进转速选择对钻孔轨迹影响最大。

②揭示了钻进过程钻孔多因素致斜机制。钻孔钻进过程多场演化特征是瓦斯抽采钻孔偏斜的基础。煤屑支撑作用、软硬互层、钻杆转速、钻孔设计角度误差、设备安装等多因素的综合作用诱导孔周煤岩多场异常调整,进而导致碎软煤岩层瓦斯抽采钻孔发生初始偏斜,随后岩性差异等多因素的作用效果逐渐累积,形成正反馈作用,最终导致钻孔的大幅偏斜。

③通过开展瓦斯抽采钻孔力学试验,阐明了瓦斯抽采钻孔孔周煤体破裂声发射特征,揭示了孔周裂隙在应力梯级交界处迅速扩展并不断发育以致瓦斯抽采钻孔后期出现失稳。构建了瓦斯抽采钻孔孔周裂隙演化模型,结合实验结果,从裂隙在钻孔周围分布均匀度及裂隙发育数量等角度对瓦斯抽采钻孔孔周失稳程度进行了分析,揭示了瓦斯抽采钻孔失稳的裂隙控制作用。

④阐明了不同钻孔参数与布置方式下煤层瓦斯抽采规律。随着抽采时间的增加,煤层瓦斯含量呈现下降趋势,随着钻孔长度的增加,钻孔抽采影响范围增大。随着钻孔间距增大,瓦斯抽采效果减弱。顺层长钻孔布置方式下,钻孔周围瓦斯压力随着抽采时间明显降低。揭示了群孔强化抽采效应及偏斜弱化群孔抽采特征。

⑤提出了多种钻孔施工模式。根据地质条件,针对性地对多种钻孔施工模式进行现场试验。结果表明,所采用的针对性施工方案有效解决了工作面瓦斯问题。在桑北煤矿开展了防偏技术和抽采保障技术的现场试验,结果表明,采用防偏技术和瓦斯抽采保障技术后,取得了较好的防偏效果,同时有效提高了瓦斯抽采效率。

第6章　割缝卸压增透机制及瓦斯强化抽采技术

煤层渗透率低是制约我国煤与瓦斯高效共采的关键因素。水力割缝是有效的层内增透方法,能显著提高煤层瓦斯抽采效率,在煤矿井下得到广泛的应用。但目前针对水力割缝强化瓦斯抽采机理的相关研究主要以现场试验和数值分析为主,仍待深入探究。本章以煤矿井下水力割缝卸压增透技术为工程背景,采用实验室试验、数值模拟、理论分析和现场试验相结合的方法,获得了割缝煤体弱化特征及细观机制,阐明了射流冲击—地应力耦合作用下煤松弛机理,揭示了含瓦斯煤割缝流固耦合特性,提出了钻割分封一体化强化瓦斯抽采技术,最后阐明了割缝预抽后煤宏—微观参数变化机制。

6.1　割缝煤体力学性能弱化及细观机制

不同的水力割缝方式会产生不同的卸压空间形态,因此,本节以匹配的细观参数集和配比为基础,通过数值模拟与物理试验揭示了割缝煤体力学性能参数的变化规律,从细观层面揭示割缝煤体力学性能的弱化机制。

6.1.1　割缝煤样变形行为及破坏形态

根据钻杆转动与来回抽拉的组合方式,将水力割缝方式划分为 3 种基本形式:旋转式、螺旋式和冲割式。不同的割缝方式形成的卸压空间形态各异,如图 6.1 所示。

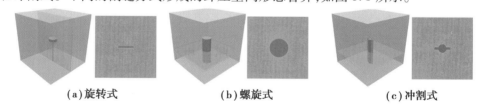

(a)旋转式　　　　　(b)螺旋式　　　　　(c)冲割式

图 6.1　3 种典型的卸压空间形态

通过观察可以发现:割缝卸压空间形态可以通过 3 个控制变量来描述,即圆孔半径 r、缝槽半长 a 和缝槽角度 α,如图 6.2 所示。为了简化参量,本节将圆孔半径 r 与缝槽半长 a 的比值定义为一个新的参量——孔槽比 Φ。当 $\Phi=0$ 时,几何模型表示旋转式割缝。当 $\Phi=1$ 时,几何模型表示螺旋式割缝。当 $0<\Phi<1$ 时,几何模型表示冲割式割缝。本节选择试样尺寸为 150 mm×75 mm×30 mm,缝槽尺寸半长 a 为 12.5 mm,模具尺寸为 150 mm×150 mm×60 mm。待试样制备完成,用刀片厚度为 0.5 mm 的切割机将煤样切成两等份。缝槽采用不同直径的钻头精雕细刻而成,如图 6.3 所示。

基于上述分析,本节选择两个参量缝槽角度 α 和孔槽比 Φ 作为变量。其中缝槽角度设置 7 个等级,孔槽比设置 5 个等级。另外,当 $\Phi=1$ 时,设置 5 个等级:R0(完整试样)、R3、R5、R7、R9。具体情况见表 6.1,表中试样编号按"孔槽比+倾角"的形式来表示。

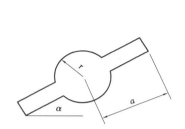

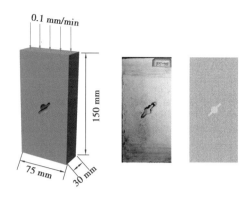

图 6.2　卸压空间形态的几何模型　　　　图 6.3　物理试样与数值模型

表 6.1　实验设计及试样编号

缝槽角度/(°)		0	15	30	45	60	75	90
孔槽比	0	0-0	0-15	0-30	0-45	0-60	0-75	0-90
	0.24	3-0	3-15	3-30	3-45	3-60	3-75	3-90
	0.40	5-0	5-15	5-30	5-45	5-60	5-75	5-90
	0.56	7-0	7-15	7-30	7-45	7-60	7-75	7-90
	0.72	9-0	9-15	9-30	9-45	9-60	9-75	9-90
	1	R0、R3、R5、R7、R9						

实验系统主要由伺服控制系统、应变采集系统与声发射监测系统 3 部分组成,如图 6.4 所示。其中,伺服控制系统主要由压力机及轴压和位移采集系统组成,实验采用位移控制,加载速率为 0.1 mm/min。为了获取加载过程中试样的体积应变,在试样缝槽的上下部位水平设置应变片,编号及位置如图 6.5 所示。

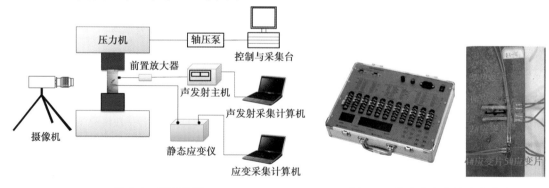

图 6.4　实验系统　　　　　　　　图 6.5　静态应变仪及应变片布置

1)割缝试样力学参数随缝槽角度的变化规律

对以上应力应变曲线进行拟合可以得到割缝后试样的抗压强度、弹性模量和泊松比,并以缝槽角度为横坐标绘图得到割缝试样力学参数随缝槽角度的变化曲线,如图 6.6—图 6.9 所示。由图 6.6 可知,孔槽比越小,试样割缝后抗压强度的变化范围越大,极差越大,说明缝槽对试样强度的弱化作用在孔槽比较小时更显著。同时也说明较大的孔槽比和缝槽倾角有助于抵抗外界扰动。试样抗压强度的最小值分布较零散,但主要分布在缝槽角度为0°和15°处。相比之下,试样抗压强度的最大值集中分布在孔槽比 $r/a=0$ 和缝槽倾角为90°处。随着缝槽倾角的增大,不同孔槽比的抗压强度总体呈增大的趋势,具有显著的偏"S"形曲线特征。另外,孔槽比越大,较快增长段的斜率越大。

为了定量描述这种增长趋势,采用 Boltzmann 函数对各试样抗压强度随缝槽倾角的变化进行拟合,结果表明,割缝后试样的单轴抗压强度与缝槽倾角之间的关系可统一表达为:

$$\sigma = A_2 + \frac{A_1 - A_2}{1 + \exp\left(\dfrac{\alpha - \alpha_0}{\mathrm{d}\alpha}\right)} \tag{6.1}$$

式中 $A_1, A_2, \alpha_0, \mathrm{d}\alpha$——均为常数,由曲线拟合得到。

由图6.7可知,随着缝槽倾角的增大,试样抵抗变形的能力增强,而且缝槽对试样抵抗变形能力的弱化作用在孔槽比较小时更显著。同时,也说明较大的孔槽比和缝槽倾角有助于抵抗外界扰动,这一结论与抗压强度的一致。试样弹性模量的最小值均分布在缝槽倾角为0°处,而试样抗压强度的最大值集中分布在孔槽比 $r/a=0$ 和缝槽角度为90°处。不同孔槽比的弹性模量随缝槽倾角的增大而呈增大的趋势,增大程度表现为:缓慢增大→较快增大→缓慢增大,具有明显的偏"S"形曲线特征。为了定量描述这种增长趋势,选择 Logistic 生长函数对各试样弹性模量随缝槽倾角的变化进行拟合,结果表明,割缝后试样的弹性模量与缝槽倾角之间的关系可统一表达为:

$$E_l = A_4 + \frac{A_3 - A_4}{1 + \left(\dfrac{\alpha}{\alpha_0}\right)^q} \tag{6.2}$$

式中 A_4, A_4, α_0, q——均为常数,由曲线拟合得到。

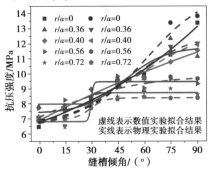

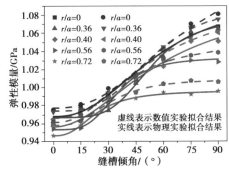

图6.6 割缝煤样抗压强度   图6.7 割缝煤样弹性模量
随缝槽倾角的变化   随缝槽倾角的变化

由图6.8可知,随着缝槽倾角的增大,各组试样泊松比的变化范围存在差异。和抗压强度和弹性模量不同,孔槽比越小,试样割缝后泊松比的变化范围越小,极差越小。即随着缝槽倾角的增大,试样抵抗横向变形的能力增强。试样弹性模量的最小值均分布在缝槽倾角为75°或90°处。试样泊松比的最大值集中分布在孔槽比 $r/a=0.72$ 和缝槽角度为0°处,与弹性模量和抗压强度的变化相反。不同孔槽比的弹性模量随缝槽倾角的变化趋势表现为:当孔槽比 r/a 小于0.40时,线性特征比较明显;当孔槽比 r/a 大于0.40时,近似表现为二次曲线的特征。

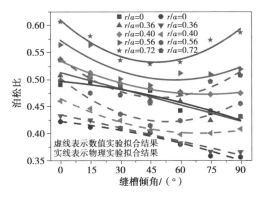

图 6.8　割缝煤样泊松比随缝槽倾角变化

为了定量描述这种变化趋势,统一采用二次函数对各试样泊松比随缝槽倾角的变化进行拟合,结果表明,割缝后试样的泊松比与缝槽倾角之间的关系可统一表达为:

$$\mu = A_5 + A_6\alpha + A_7\alpha^2 \tag{6.3}$$

式中　A_5,A_6,A_7——均为常数,由曲线拟合得到。

2) 割缝试样力学参数随孔槽比的变化规律

由图 6.9 可知,随着孔槽比的增大,抗压强度的变化范围在逐渐变窄。缝槽角度以 45°为临界值,当缝槽角度小于 45°时,随着孔槽比的增大,试样抗压强度的变化并不明显,甚至出现较大孔槽比的抗压强度大于较小孔槽比的现象。

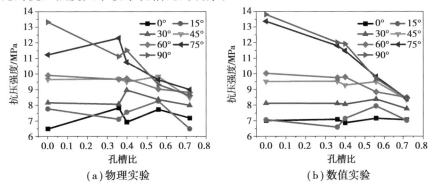

图 6.9　割缝煤样抗压强度随孔槽比的变化

由图 6.10 可知,随着孔槽比的增大,各组试样组成的曲线簇呈现开口向左横放的"V"形,这说明弹性模量的变化范围在逐渐变窄。

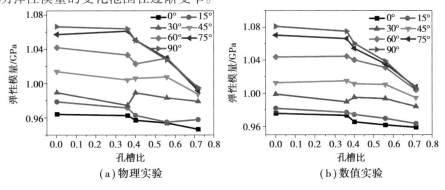

图 6.10　割缝煤样弹性模量随孔槽比的变化

由图 6.11 可知,随着孔槽比的增大,不同缝槽角度的试样组成的曲线簇均呈现出先缓慢增大后快速增大的变化趋势。在孔槽比 $r/a = 0.40$ 时,出现了一个收缩点。

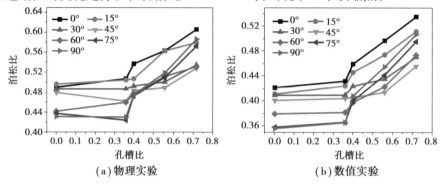

图 6.11　割缝煤样泊松比随孔槽比的变化

3)缝槽弱化度

(1)基于抗压强度的弱化度定义

不同缝槽角度 α 和不同孔槽比 r/a 下,缝槽试样的抗压强度的衰减值 $\Delta\sigma$ 与原始试样抗压强度 σ_0 的比值,定义为缝槽弱化度 δ_σ,即:

$$\delta_\sigma = \delta_\sigma\left(\alpha, \frac{r}{a}\right) = \frac{\Delta\sigma\left(\alpha, \dfrac{r}{a}\right)}{\sigma_0} = \frac{\sigma_0 - \sigma\left(\alpha, \dfrac{r}{a}\right)}{\sigma_0} \tag{6.4}$$

基于上述定义,计算得到不同缝槽角度和孔槽比下以抗压强度定义的缝槽弱化度,并得到物理实验和数值实验的最大弱化度分别为 53.12% 和 53.25%。由此可知,缝槽对煤体抗压强度的弱化作用明显。对所得数据进一步分析,可以得到基于抗压强度定义缝槽弱化度的连续曲面及其投影,如图 6.12 所示。

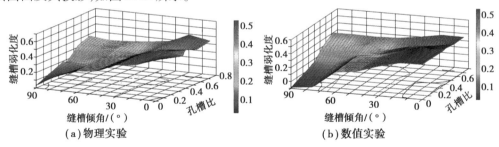

图 6.12　基于抗压强度定义缝槽弱化度

(2)基于弹性模量的弱化度定义

不同缝槽角度 α 和不同孔槽比 r/a 下,缝槽试样的弹性模量的衰减值 ΔE 与原始试样弹性模量 E_0 的比值,定义为缝槽弱化度 δ_E,即:

$$\delta_E = \delta_E\left(\alpha, \frac{r}{a}\right) = \frac{\Delta E\left(\alpha, \dfrac{r}{a}\right)}{E_0} = \frac{E_0 - E\left(\alpha, \dfrac{r}{a}\right)}{E_0} \tag{6.5}$$

基于上述定义,计算得到不同缝槽角度和孔槽比下以弹性模量定义的缝槽弱化度,并得到物理实验和数值实验的最大弱化度分别为 13.73% 和 12.53%。由此可知,缝槽对煤体弹性模量的弱化作用没有抗压强度明显。对所得数据进一步分析,可以得到基于弹性模量定义缝槽弱化度的连续曲面及其投影,如图 6.13 所示。

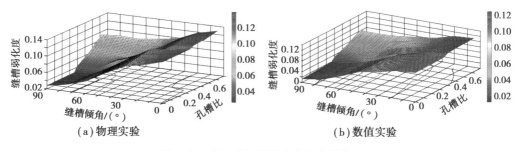

图 6.13　基于弹性模量定义缝槽弱化度

（3）基于泊松比的弱化度定义

不同缝槽角度 α 和不同孔槽比 r/a 下，缝槽试样的泊松比的衰减值 $\Delta\mu$ 与原始试样泊松比 μ_0 的比值，定义为缝槽弱化度，即：

$$\delta_\mu = \delta_\mu\left(\alpha, \frac{r}{a}\right) = \frac{\Delta\mu\left(\alpha, \frac{r}{a}\right)}{\mu_0} = \frac{\mu\left(\alpha, \frac{r}{a}\right) - \mu_0}{\mu_0} \tag{6.6}$$

基于上述定义，计算得到不同缝槽角度和孔槽比下以泊松比定义的缝槽弱化度，并得到物理实验和数值实验的最大弱化度分别为 44.31% 和 61.51%。由此可知，缝槽对煤体泊松比的弱化作用显著。对所得数据进一步分析，可以得到基于泊松比定义缝槽弱化度的连续曲面及其投影，如图 6.14 所示。

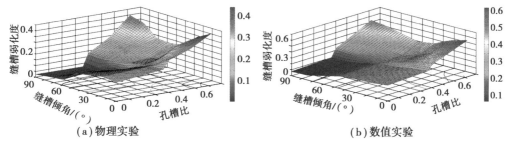

图 6.14　基于泊松比定义缝槽弱化度

4）割缝煤样破裂形态

物理实验和数值实验煤样最终的破坏形态如图 6.15 所示。由图可知，对于大部分试样来说，物理实验和数值实验最终的破坏形态吻合度较高，主裂纹的几何形态基本一致。基于此，本节总结了 11 种裂纹扩展模式，如图 6.16 所示。图中 T 代表拉伸裂纹；S 代表剪切裂纹；HSS 代表表面层裂；F 代表远场裂纹。从裂纹扩展机理上来看，模式 1 和模式 2 主要指拉伸裂纹，模式 3 和模式 4 主要指混合裂纹，即同时包含了拉伸裂纹和剪切裂纹，模式 5～8 和模式 10 主要指剪切裂纹，模式 9 主要指试样的表面发生了层裂甚至塌孔现象，模式 11 主要指远离缝槽的裂纹。

裂纹模式的识别结果见表 6.2，其中"√"表示试样包含该裂纹图案。由表 6.2 可知，所有的试样都有不同的裂纹模式。模式 1 主要出现在槽倾角较小的试样中。当孔槽比低于 0.40 时，模式 1 主要出现在缝槽倾角为 0° 和 15° 的试样中。当孔槽比高于 0.40 时，模式 1 主要出现在缝槽倾角较大的试样中，如 30° 和 45°。因此，孔槽比越大，钻孔的影响就越明显。模式 2 和模式 4 在缝槽倾角小的试样中出现频率较高，而模式 3 在缝槽倾角大的试样中出现频率较高，模式 5 和模式 10 则在缝槽倾角为 75° 和 90° 的试样中出现频率较高。综上所述，当缝槽倾角较小时，裂纹模式以拉伸裂纹为主，而当缝槽倾角较大时，裂纹模式以剪切裂纹为主。

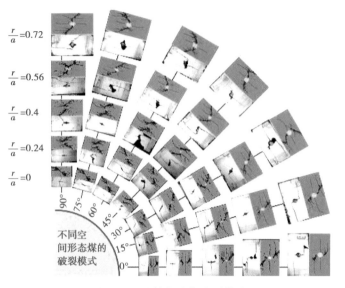

图 6.15 试样的最终破裂模式

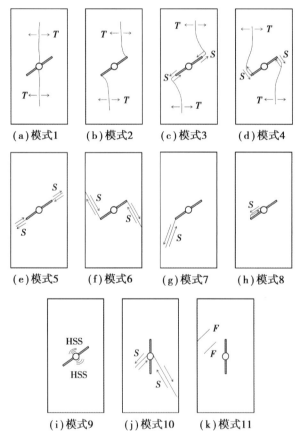

图 6.16 11 种裂纹模式

表 6.2　物理实验与数值模拟的裂纹模式识别

编号	裂纹模式																					
	物理实验											数值模拟										
	1	2	3	4	5	6	7	8	9	10	11	1	2	3	4	5	6	7	8	9	10	11
0-0	√	√										√	√									
0-15	√		√									√		√								
0-30			√											√								
0-45		√		√		√					√		√		√		√					√
0-60			√											√								
0-75		√								√	√		√				√		√		√	√
0-90										√	√								√		√	√
3-0	√	√										√	√									
3-15	√	√							√		√		√						√			
3-30		√	√										√	√								
3-45		√	√		√				√		√		√	√			√					√
3-60			√								√			√								√
3-75			√	√			√	√	√					√	√				√	√	√	
3-90			√																		√	
5-0	√	√							√			√	√							√		
5-15	√	√							√			√	√							√		
5-30		√		√						√			√		√							
5-45		√		√				√	√				√		√							
5-60			√			√	√	√	√	√				√			√	√	√		√	
5-75			√					√			√					√			√			√
5-90			√						√	√									√		√	
7-0	√	√					√		√			√				√						
7-15		√						√														
7-30	√	√								√		√	√							√		
7-45		√		√			√						√		√				√			
7-60			√	√			√	√					√	√					√			
7-75			√	√					√			√		√	√					√		
7-90			√						√			√		√							√	
9-0	√	√										√	√									
9-15	√	√										√	√									
9-30	√	√					√					√	√									
9-45		√				√			√			√	√						√	√	√	
9-60	√	√							√											√		
9-75	√	√							√			√	√							√		
9-90	√		√						√	√	√	√		√							√	

6.1.2 割缝煤样破裂过程及裂纹演化行为

1）割缝煤样破裂过程的声发射响应特征

本节以孔槽比 $r/a = 0.56$ 的试样（图 6.17）为例阐明煤样破裂过程的声发射特征。由图 6.17 可知，试样破裂过程中的声发射响应呈现出 3 阶段特征，即平静期、活跃期和缓解期。各阶段特点如下：

（1）平静期

轴向应力—轴向应变曲线呈现向下凹陷的非线性特征。在这一区段内，试样主要发生了压缩、闭合原生缺陷的现象，即对应于轴向应力-轴向应变的压密段，试样内部并没有剧烈的破裂发生。因此，声发射振铃计数很小，即处于平静状态。

（2）活跃期

对应于轴向应力—轴向应变曲线的弹性段和屈服段。该阶段中试样内部的原始缺陷被激发，发生裂纹的起裂、扩展，甚至贯通，而释放能量。因此，随着轴向应力的增大，声发射出现的频次显著增大，且声发射事件的最大幅值均出现在试件的峰值强度附近。同时在活跃期内，缝槽角度越大，声发射事件数越多，声发射幅值呈整体增大的趋势。

（3）缓解期

对应于轴向应力—轴向应变曲线的峰后段。总体来说，声发射活动趋于非活跃状态，试件由于轴向应力压缩导致储集的能量得到释放，应力紧张的状态得到缓解。但是随着缝槽角度的增大，缓解期出现了不同的特征：缝槽角度较小时，缓解期内几乎没有声发射活动；缝槽角度较大时，缓解期内声发射活动仍然比较活跃。

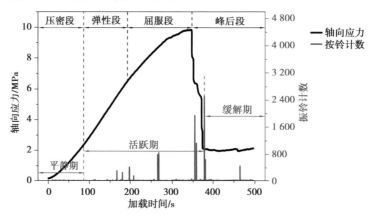

图 6.17　割缝煤样破裂过程的声发射特征

2）割缝煤样破裂过程

本节采用图像捕捉技术实时地获得了试样的破裂过程。以孔槽比 $r/a = 0.56$ 组试样为例阐明割缝煤样破裂过程，如图 6.18 所示。图中，数字表示裂纹出现的先后顺序，字母用于区分同一时刻出现的裂纹，带括号的字母为不同时刻试样的编号，每张图上部分为物理实验结果，下部分为数值实验结果。

由图 6.18 可知，随着缝槽倾角的增大，试样的裂纹数量呈逐渐增大的趋势。同时，初始裂纹的起裂主要包括尖端起裂和圆弧起裂，当次生主裂纹与初始裂纹位于同一侧，即裂纹的扩展方向一致时，往往出现次生主裂纹的起裂和扩展抑制初始裂纹的现象，甚至导致初始裂纹被重新压实。此外,大部分试样在次生主裂纹起裂、扩展和贯通后才完全失去承载能力。因此,可以推断次生主裂纹是试样破裂的主要诱因。

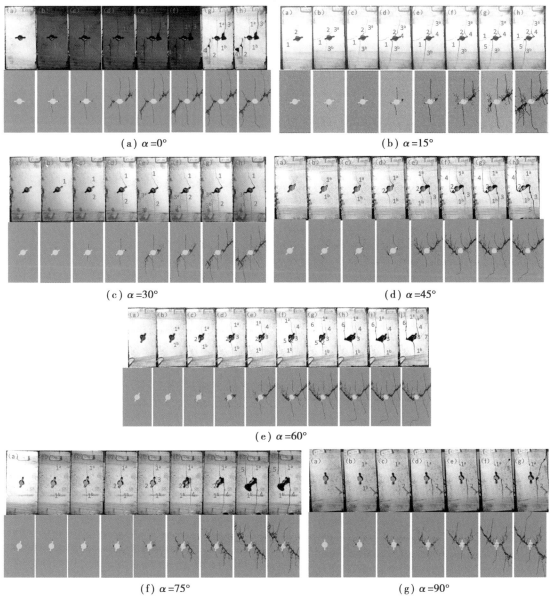

(a) $\alpha=0°$

(b) $\alpha=15°$

(c) $\alpha=30°$

(d) $\alpha=45°$

(e) $\alpha=60°$

(f) $\alpha=75°$

(g) $\alpha=90°$

图 6.18　割缝试样破裂过程

6.1.3　割缝煤体破裂的细观机制

图 6.19 给出了起裂时刻缝槽周围的黏结力分布特征。由图 6.19 可知,不同倾角试样的应力分布显著不同。随着缝槽倾角的增大,拉应力集中区减少,并向缝槽的尖端转移;压应力集中区逐渐增大,并从缝槽尖端向内部转移。与缝槽试样相比,原始试样内部应力分布均匀。

进一步,对不同缝槽倾角煤体的损伤情况进行分析,如图 6.20 所示。由图 6.20 可知,试样的有效承载面积(S_e)会随着缝槽倾角的增加而增加,导致损伤面积(S_d)减少,而损伤系数与损伤面积成正比,即裂纹组合造成的损伤变量(D_1)会随着缝槽倾角的增大而减小。此外,由轴向载荷引起的损伤变量(D_2)会随着缝槽倾角的增大而增大,即提升了煤体的单轴抗压强度。因此,不同缝槽倾角煤体的损伤由 D_1 和 D_2 共同决定。

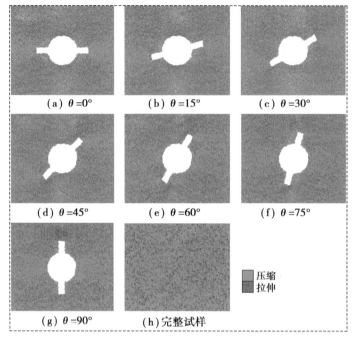

图 6.19　起裂时刻缝槽周围应力场特征

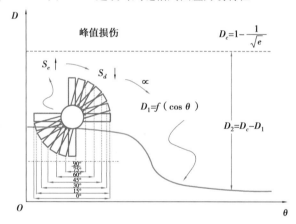

图 6.20　割缝煤体损伤及强度弱化机制

此外,采用"均值应力"的方法将细观尺度的力转化为连续量来探测缝槽周围实际的应力大小。测量原理可简述为:重心位于测量圆内的颗粒,其接触点及平行黏结处的力可以分解为两个平面内的分量,应力计算的过程就是将这些应力分量转化为单位长度边界上的力,然后将转化后的力除以试样的厚度,最终得到的力即为测量圆内的均值应力。其计算表达式为:

$$\overline{\sigma_{ij}} = \left(\frac{1-n}{\sum\limits_{N_P} V^{(P)}} \right) \sum_{N_P} \sum_{N_C} |x_i^{(C)} - x_i^{(P)}| n_i^{(C,P)} F_j^{(C)} \tag{6.7}$$

式中　N_P——重心位于测量圆内的颗粒数;

N_C——测量圆内颗粒接触数;

n——测量圆内的孔隙率；

$V^{(P)}$——颗粒体积；

$x_i^{(P)}, x_i^{(C)}$——分别指颗粒重心和接触的位置；

$n_i^{(C,P)}$——从颗粒重心到黏结处的单位法向向量；

$F_j^{(C)}$——作用在接触上的力。

本节中在缝槽周围共设置 36 个应力圆,如图 6.21(a)所示。应力圆的位置由应力圆的倾角 β 决定,应力圆直径为 2 mm,每个应力圆包含 12 ~ 16 个颗粒,这能充分地反映试样的局部应力。图 6.21(b)显示了缝槽周围应力的分布情况。由图 6.30 可知,β 在 0° ~ 180° 和 180° ~ 360° 区间内的应力分布情况呈现很好的对称性。因此,仅以 β 在 0° ~ 180° 区间内的情况为例作以说明,缝槽周围的应力均进行标准化处理。由图 6.21(b)可知,缝槽倾角 $\theta = 0°,15°,30°,$ 45° 和 60° 时,缝槽周围存在拉应力区。随着缝槽倾角的增大,拉伸应力区逐渐减小,并转移至缝槽尖端。而拉伸应力最大值逐渐减小,并从缝槽中间部位转移至缝槽尖端,这种现象可归因于第一条裂纹起裂位置的改变。对于缝槽倾角 θ 为 75° 和 90° 的试样,试样整体处于压缩状态。本节给出了缝槽周围测量圆内的平行黏结接触力,显示缝槽周围的应力分布,如图 6.22 所示。由图 6.22 可知,应力圆内的平行黏结接触力演化与图 6.21 中的应力曲线具有很好的吻合度。

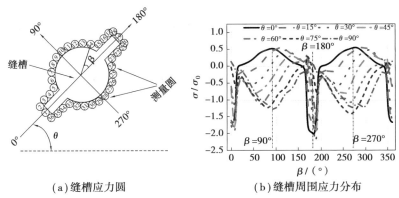

(a)缝槽应力圆　　　　　　(b)缝槽周围应力分布

图 6.21　起裂时刻应力圆布置及缝槽周围应力

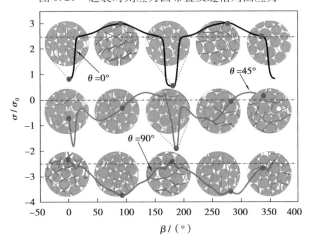

图 6.22　平行黏结接触力分布

6.2 射流扰动—地应力耦合下煤松弛机理

在煤炭开采过程中,煤处于一定的地应力环境中,不同地应力环境条件下煤的力学性能具有较大差异。以往的研究鲜有考虑射流冲击与地应力的耦合作用,而这方面的研究对更真实地揭示射流冲击作用下受载煤体的动态行为具有重要的理论指导意义。本节阐明了动静载荷耦合下煤的松弛过程,实现了煤松弛过程的定量描述及其影响因素的详细分析,最后揭示了射流冲击—地应力耦合下煤的松弛机理。

6.2.1 动静荷载耦合下煤的松弛过程

本节实验系统包括高压泵站、压力控制装置、动静载荷集成装置和数据采集模块 4 个部分。动静载荷集成装置主要由手动加压泵、轴向油缸、侧向油缸、水射流发生器、角度调节仪和透明挡板组成,如图 6.23 所示。

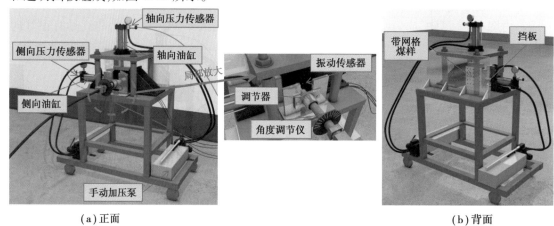

(a)正面   (b)背面

图 6.23 动静载荷集成装置示意

实验试样尺寸为 150 mm×150 mm×30 mm。实验前,在试样的一面喷上呈规则阵列排列的白底黑点表面(图 6.24),以便于观察实验中试样表面的裂纹情况。试样的另一面布置加速度传感器,其编号及布置方式如图 6.25 所示,并将水射流与水平线的夹角记作 β。

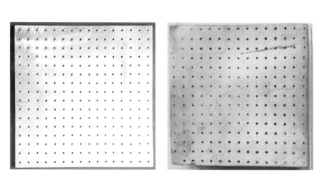

图 6.24 带孔眼铁板及试样表面

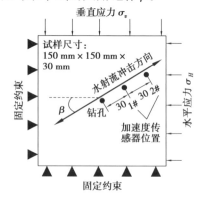

图 6.25 加速度传感器布置及边界条件

本节选择 3 个变量(水射流冲击角 β、侧压系数 K 和水射流冲击压力 P_w)进行实验设计。试样的编号采用"侧压系数+水射流冲击角"的形式进行编号,见表 6.3。围压下煤的峰值强度与围压的关系式为:

$$\frac{\sigma_{ct}}{\sigma_{cu}} = 1 + 0.49\sigma_3 \tag{6.8}$$

式中　σ_{ct}——煤的三轴峰值强度;

σ_{cu}——煤的单轴峰值强度;

σ_3——围压。考虑到测得的试样单轴抗压强度为 14 MPa,因此,本章中侧向压力 σ_H 取定值 10 MPa。通过改变轴向压力来改变侧压系数。

表 6.3　实验设计及试样编号

水射流冲击角 $\beta/(°)$		0	30	45	60	75
侧压系数 K	0.5	0.5 ~ 0	0.5 ~ 30	—	0.5 ~ 60	0.5 ~ 75
	1	1 ~ 0	1 ~ 30	1 ~ 45	—	—
	1.5	1.5 ~ 0	1.5 ~ 30	—	1.5 ~ 60	1.5 ~ 75

1)动静荷载耦合下煤的松弛过程

整个实验过程主要包括 3 个阶段:围压加载、打钻和水力割缝。在围压加载过程中,试样并未发生明显的变化,出现试样被压实而发出轻微的破裂声。在打钻过程中,试样的表面并没有发生肉眼观察到的变化。在水力割缝过程中,随着水射流压力的逐步增加,部分水从试样和挡片的间隙射出。当水射流压力达到某一临界值时,试样的表面开始出现上下对称的细小裂纹。之后,起裂的小裂纹迅猛扩展与上下两个端面贯通,大量的水从贯通裂纹中喷射而出,试样由高应力集中状态转变为松弛状态,如图 6.26 所示。

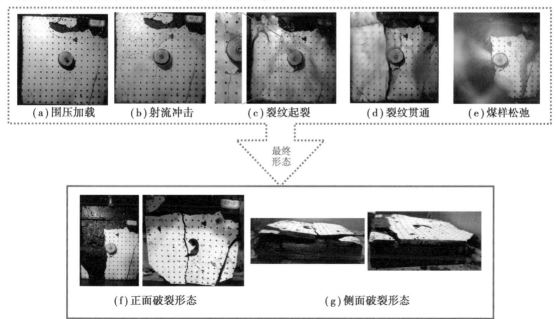

(a)围压加载　(b)射流冲击　(c)裂纹起裂　(d)裂纹贯通　(e)煤样松弛

最终形态

(f)正面破裂形态　　　　　(g)侧面破裂形态

图 6.26　试样 0.5 ~ 0 松弛过程及最终形态

2）煤的振动加速度响应及扰动度

（1）射流冲击的振动加速度时程曲线

1#振动加速度传感器的数据与2#振动加速度传感器的数据变化规律较为一致，这里以1#振动加速度传感器为例进行分析。如图6.27所示，当调节压力控制装置使水射流以5 MPa的冲击压力冲击钻孔孔壁煤体时，振动加速度出现先迅速增大后趋于稳定的变化趋势。继续调节射流压力到7 MPa，与射流压力为5 MPa时振动加速度的变化情况类似，试样经历了一小段骤升，接着稳定在一定的幅度围绕x轴来回振动。而与射流压力为5 MPa时振动加速度变化情况不同的是，当时间推移至40 s时，振动加速度发生了更大幅度的骤升，骤升后的振动加速度维持近1 s后，又突然降低至之前的稳定值。在稳定值维持约0.5 s后，振动加速度又发生了一次突降，但幅度相对较小。明显地，冲击压力7 MPa诱发的振动加速度大于冲击压力5 MPa诱发的。以上振动加速度的变化与射流冲击煤岩过程存在较好的吻合性，如图6.28所示。

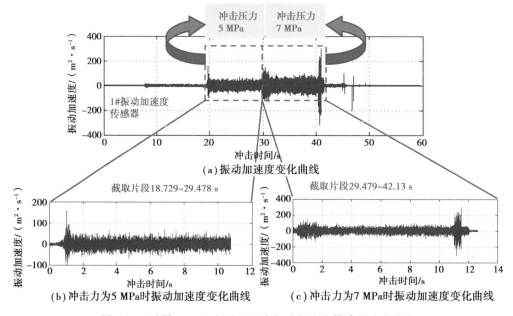

图6.27　试样0.5～0割缝过程中振动加速度传感器响应曲线

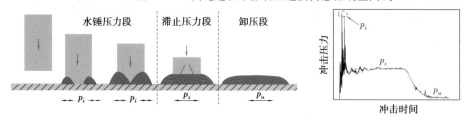

图6.28　水射流冲击过程与冲击压力的变化

（2）钻进和射流冲击的振动加速度有效值

为了比较钻进与射流冲击对煤体扰动强度的差异，采用振动加速度有效值VA_e（也称为均方根振动加速度VA_{RMS}）来进行描述。振动加速度有效值的定义为：

$$VA_e = \sqrt{\dfrac{\sum\limits_{i=1}^{n} x^2(i)}{n_a}} \qquad (6.9)$$

式中　$x(i)$——时域内第 i 个振动加速度值，m^2/s；

　　　　n_a——总的振动加速度序列数。

根据式(6.9)计算得到钻进和不同射流冲击压力诱发的振动加速度有效值，如图 6.29 所示。图 6.29 中 D 代表钻进，S 代表射流冲击，1 代表 1#振动加速度传感器采集的数据，2 代表 2#振动加速度传感器采集的数据，5 代表射流冲击压力为 5 MPa，7 代表射流冲击压力为 7 MPa。此外，图中的振动加速度有效值增长倍数 m_a 可以表示为：

$$m_a = \frac{SVA_{ei} - DVA_{ei}}{DVA_{ei}} \tag{6.10}$$

式中　SVA_{ei}——第 i 个振动加速度传感器测得的射流冲击诱发的振动加速度有效值，m^2/s；

　　　　DVA_{ei}——第 i 个振动加速度传感器测得的钻进诱发的振动加速度有效值，m^2/s。

由图 6.29 可知，对 1#振动加速度传感器，5 MPa 的射流冲击压力诱发振动加速度有效值是钻进诱发的 7.11 倍，而 7 MPa 射流压力冲击时，则多达 13.15 倍，同时 2#振动加速度传感器的数据也显示了相似的结论，即射流冲击对煤体的扰动能力要远大于钻进的。此外，对同一射流冲击压力，振动加速度有效值随着距离的增大存在明显的衰减规律。射流冲击压力为 5 MPa 时，振动加速度有效值衰减了 17.18%，而射流冲击压力为 7 MPa 时，振动加速度有效值则衰减了 36.22%。

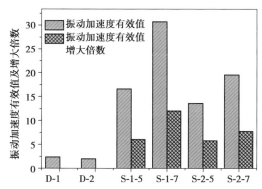

图 6.29　试样 0.5～0 钻进和射流冲击振动加速度有效值对比

(3)钻进和射流冲击诱发振动加速度的频谱特征

为了对各组信号在频域内的变化特征进行定量描述，本节引入"平均幅值""和"质心频率"。平均幅值是对振动加速度幅值进行线性平均得到的。质心频率 f_c 定义为：

$$f_c = \frac{\sum\limits_{i=1}^{m} F_i f_i}{\sum\limits_{i=1}^{m} F_i} \tag{6.11}$$

式中　F_i——频谱图中频率 f_i 对应的幅值，Hz。

根据上述定义，计算并统计得到 6 组信号的平均幅值和质心频率，如图 6.30 所示。由图 6.30 可知，试样振动幅值的变化规律与振动加速度有效值的变化规律一致。对于 1#振动加速度传感器，5 MPa 时，射流冲击的振动幅值是钻进的 7.03 倍，而 7 MPa 射流压力冲击时，多达 12.61 倍，增大的幅度与振动加速度有效值接近。2#振动加速度传感器具有同样的规律。从振动幅值的衰减规律上看，射流冲击压力为 5 MPa 时，振动幅值衰减了 17.72%，而射流冲击压力为 7 MPa 时，振动幅值衰减了 36.52%，这与振动加速度的衰减规律十分吻合。

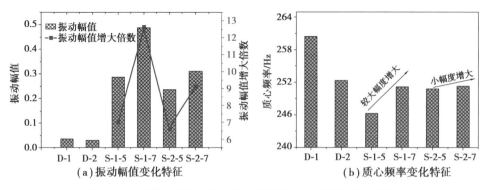

图 6.30　钻进和割缝过程中振动幅值及质心频率的变化特征

3）煤的松弛响应及其定量描述

射流冲击过程中试样所受的轴向应力和侧向应力会发生一定的变化,这种变化从一定程度上可以揭示动静荷载下试样的力学行为。实验监测的轴向应力和侧向应力时程曲线如图 6.31 所示。由图 6.31 可知,轴向应力和侧向应力的变化历程可以划分为初始段、冲击段和松弛段。经过约 13 s 持续的射流冲击,轴向应力和侧向应力几乎同时发生了第一次应力突降,轴向应力的突降梯度 $\Delta\sigma_V$ 约为 4 MPa,而侧向应力的突降梯度 $\Delta\sigma_H$ 约为 3.5 MPa。10 s 后,轴向应力和侧向应力几乎同时发生了第二次应力突降,轴向应力和侧向应力的突降梯度均约为 1 MPa。在经过 15 s 的射流冲击,轴向应力和侧向应力几乎同时发生了第三次应力突降,轴向应力的突降梯度 $\Delta\sigma_V$ 约为 6.5 MPa,而侧向应力的突降梯度 $\Delta\sigma_H$ 约为 1 MPa。经过 3 次应力突降后,轴向残余应力 σ_{Vc} 为 7.5 MPa,而侧向残余应力为 σ_{Hc} 为 6 MPa,因此,射流冲击作用使轴向应力和侧向应力大幅度降低,这也从一定程度上说明了试样内部裂隙充分发育和贯通,即处于松弛状态。为了定量描述这种松弛状态,本节引入"松弛度（Relaxation Degree,RD）"和"松弛率（Relaxation Rate,RR）"的概念,松弛度可表示为:

$$RD_V = \frac{\sigma_{V0} - \sigma_{Vc}}{\sigma_{V0}} \times 100\% \tag{6.12}$$

$$RD_H = \frac{\sigma_{H0} - \sigma_{Hc}}{\sigma_{H0}} \times 100\% \tag{6.13}$$

由式（6.12）、式（6.13）计算得到试样 0.5-0 轴向和侧向松弛度分别为 62.5% 和 40%。因此,试样 0.5-0 轴向松弛度要远大于侧向松弛度。而松弛率则是一个与时间相关的标量,能够描述射流冲击过程中煤的松弛快慢,可表示为:

$$RR_V = \frac{\mathrm{d}\sigma_{Vc}}{\mathrm{d}t} \tag{6.14}$$

$$RR_H = \frac{\mathrm{d}\sigma_{Hc}}{\mathrm{d}t} \tag{6.15}$$

松弛率计算结果如图 6.32 所示。由图 6.32 可知,轴向松弛率明显大于侧向松弛率。因此,在相同的冲击时间内,轴向松弛度大于侧向松弛度,这印证了上述结论。此外,与射流冲击过程中轴向压力和侧向压力的时程曲线相对应,试样松弛率随时间的变化曲线出现了 3 个峰值点,而且轴向和侧向松弛率峰值点对应的冲击时间大致相同。因此,松弛率能够充分反映动静载荷耦合下试样对围压和射流冲击的响应。

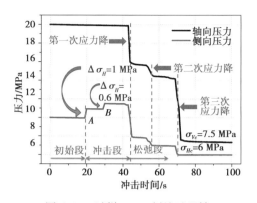

图 6.31　试样 0.5-0 割缝过程轴
测向压力变化

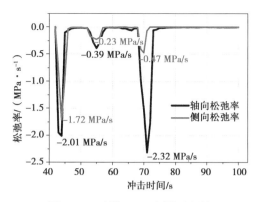

图 6.32　试样 0.5-0 割缝过程轴
测向松弛率变化

6.2.2　射流扰动度及其影响因素分析

1）射流扰动度的定义

综上所述,通过振动加速度描述射流冲击对周围煤体扰动作用的参量共有 3 个:振动加速度有效值、振动幅值和质心频率。而相比于质心频率,振动幅值的影响更为重要,主要是因为煤岩破裂存在临界阈值,只有扰动幅值达到该阈值时,才会诱发煤岩破裂。因此,本节采用扰动幅值优先的原则,当扰动幅值接近时,再比较质心频率。基于此,以振动幅值(Vibration Amplitude,记作 A)定义射流冲击(钻进)扰动度(Disturbance Degree,记作 DD):

$$DD_i = \frac{SA_i - DA_i}{DA_i} \tag{6.16}$$

式中　DD_i——第 i 个振动加速度传感器处的射流冲击(钻进)扰动度;

　　　SA_i——射流冲击在第 i 个振动加速度传感器处的振动幅值;

　　　DA_i——钻进在第 i 个振动加速度传感器处的振动幅值。

2）射流冲击临界压力

本书定义:使煤体达到破裂阈值的射流冲击压力为临界射流冲击压力。对不同侧压系数和冲击角度下煤体的临界射流冲击压力进行统计,结果如图 6.33 所示。由图 6.33 可知,同一侧压系数下,射流冲击角度越大,临界射流冲击压力越大。从临界射流冲击压力增长速率

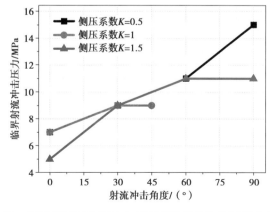

图 6.33　不同侧压系数和冲击角度下煤样的临界射流冲击压力

上看,侧压系数为 0.5 时,随着射流冲击角度的增大,临界射流冲击压力先缓慢增大后较快增大,而侧压系数为 1.5 时的增长速率呈现出与侧压系数为 0.5 时相反的变化趋势。同一射流冲击角度下,随着侧压系数的增大,不同射流冲击角度下得到的临界射流冲击压力变化趋势不一致,造成这种现象的原因可能是实验设计的射流冲击压力增大梯度较大,导致分辨率较低。

3)射流冲击扰动度的影响因素

图 6.34 为振动加速度传感器测得的不同射流冲击角度下的扰动度。图中图标采用"侧压系数+射流冲击角度"的形式。由图 6.34 可知,不同侧压系数和射流冲击角度下,随着射流冲击角度的增大,射流冲击对试样的扰动度呈现先增大后减小的趋势,分界点为 30°。

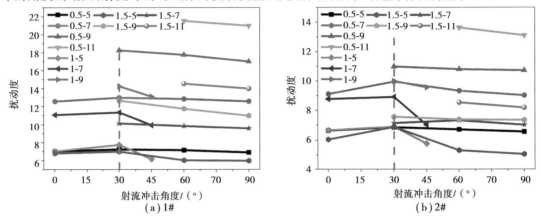

图 6.34 1#和 2#振动传感器测得的不同射流冲击角度下的扰动度

图 6.35 为振动加速度传感器测得的不同射流冲击压力下的扰动度。图中图标采用"侧压系数+射流冲击压力"的形式。由图 6.35 可知,在不同侧压系数和射流冲击压力下,随着射流冲击压力的增大,射流冲击对试样的扰动度均呈现出逐渐增大的趋势。

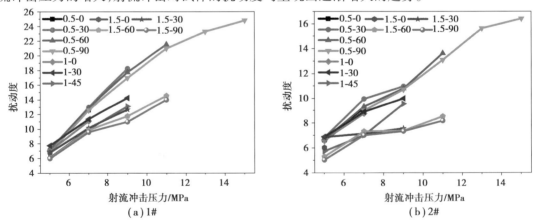

图 6.35 1#和 2#振动传感器测得的不同射流冲击压力下的扰动度

图 6.36 为振动传感器测得的不同侧压系数下的扰动度。图中图标采用"射流冲击压力+射流冲击角度"的形式。由图 6.36 可知,不同射流冲击压力和射流冲击角度下,随着侧压系数的增大,射流冲击对试样的扰动度总体上呈现出逐渐减小的趋势。

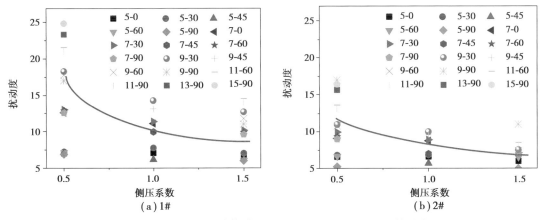

图 6.36　1#和 2#振动传感器测得的不同侧压系数下的扰动度

6.2.3　动静荷载耦合下煤的松弛机制

计算得到不同侧压系数和冲击角度下煤的松弛度,图 6.37 为不同冲击角下煤的轴向和侧向松弛度的变化情况。由图 6.37 可知,不同侧压系数下,随着射流冲击角的增大,轴向松弛度逐渐减小,而侧向松弛度呈相反的变化趋势。

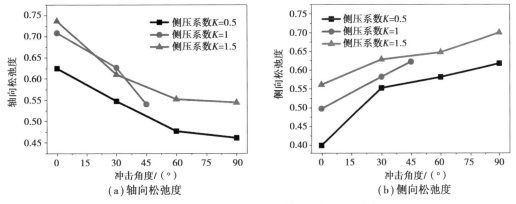

图 6.37　不同冲击角下煤的轴向和侧向松弛度

图 6.38 为不同侧压系数下煤的轴向和侧向松弛度的变化情况。由图 6.38 可知,不同射流冲击角度下,随着侧压系数的增大,轴向松弛度和侧向松弛度均呈逐渐增大的变化趋势。

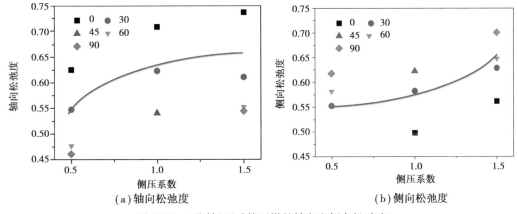

图 6.38　不同侧压系数下煤的轴向和侧向松弛度

综上所述,动静荷载耦合下煤的松弛机制可以描述如下:初始状态下,煤处于由垂直地应力 σ_V 和水平地应力 σ_H(图6.39)组成的围压环境中,存在一定的变形。当射流冲击煤体时,会在煤体中产生应力波,进一步压缩煤体。此时,煤体所处的应力环境由垂直地应力 σ_V、水平地应力 σ_H 和射流压力 P_w 组成。随着射流压力的逐渐增大,当垂直地应力 σ_V、水平地应力 σ_H 和射流冲击压力 P_w 的合力达到煤样的破裂阈值时,煤体内部裂隙贯通,承载能力瞬间降低,这可以通过作用在煤体上的残余垂直地应力 σ_{Vc} 和残余水平地应力 σ_{Hc} 反映出来。因此,煤体破裂阈值可表示为:

$$\sigma_c = \frac{(T-c)(1-hD_0)}{\tan\varphi\{1-h[D_0+C_1\varepsilon_p^\beta+C_2(\varepsilon-\varepsilon_p)]\}} \tag{6.17}$$

煤体内任一点的静荷载可以表示为:

$$\sigma_H = \frac{\sigma_r+\sigma_\theta}{2}+\sqrt{\left(\frac{\sigma_r-\sigma_\theta}{2}\right)^2+T_{r\theta}^2}$$

$$\sigma_V = \frac{\sigma_r+\sigma_\theta}{2}-\sqrt{\left(\frac{\sigma_r-\sigma_\theta}{2}\right)^2+T_{r\theta}^2} \tag{6.18}$$

煤体内任一点的动荷载可以表示为:

$$\sigma_D = 22\,899\rho d\sqrt{P}\left(0.02H-0.02He^{\frac{-4.9}{H}}-0.01e^{\frac{-4.9}{H}}\right) \tag{6.19}$$

当动静荷载超过煤体破裂阈值时,煤体发生松弛,其判据为式(6.20)或式(6.21):

$$\sigma_H+\sigma_D\cos\theta > \sigma_c \tag{6.20}$$

$$\sigma_V+\sigma_D\sin\theta > \sigma_c \tag{6.21}$$

当煤体发生松弛后,煤体处的应力环境有残余垂直地应力、残余水平地应力和射流冲击压力。此时,煤体的形变大幅增大,明显大于初始状态下的形变,即处于松弛状态。这就揭示了由原始地应力和射流冲击压力组成的动静载荷耦合下煤的松弛过程。

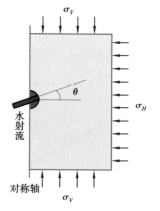

图6.39　动静荷载示意

6.3　含瓦斯煤割缝流固耦合特性

射流割缝强化瓦斯抽采是瓦斯渗流和煤体变形的耦合过程,现有研究鲜有考虑割缝强化抽采措施中瓦斯的作用,割缝后瓦斯的解吸规律也缺乏深入研究,模拟水力割缝中流—固耦合的物理实验还未见报道,这方面的研究对深入揭示割缝中煤—瓦斯耦合机制具有重要的理论意义。本节获得了割缝过程中煤体内压力及变形规律,阐明了割缝后瓦斯的解吸特性,揭示了瓦斯压力和缝槽半径对含瓦斯煤割缝流固耦合特性的影响规律。

6.3.1　割缝作用下含瓦斯煤动态响应

本节实验系统主要包括6部分:三轴加载系统、温度控制系统、吸附解吸系统、射流发生系统、实验腔体和数据采集系统,如图6.40所示。实验试样采用分层压制,每层煤预压后,在预先设定的位置放置并固定应变片,然后将配置好的粉煤倒入模具内,再压实,放置应变片,如此循环,直至第5层。其中,在第3层中,采用不同孔径的PVC管在压实试样的中心挖取煤样,形成圆柱状的孔洞,接着往孔洞加入氢氧化钠压实。煤样制作完成后,在煤样中钻出一定规格的圆柱形通道,然后将胶管插至孔底并用柔性胶密封,如图6.41所示。本实验模拟埋深为600 m,实验中的变量为缝槽半径和瓦斯压力,表6.4给出了具体的实验设计方案。

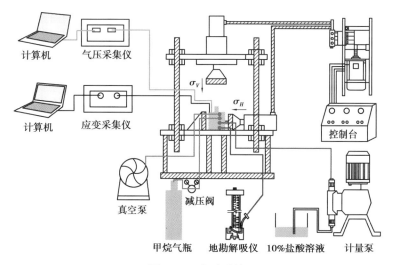

图 6.40　实验系统

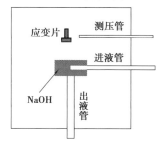

图 6.41　试样中应变片和气体通道布置示意

表 6.4　试验方案设计

编号	埋深 /m	垂直应力 /MPa	最大水平 应力/MPa	最小水平 应力/MPa	温度 /℃	割缝半径 /mm	瓦斯压力 /MPa
1							0.5
2							1
3						10	1.5
4							2
5	600	1.38	1.87	1.06	30	5	
6						7.5	2
7						10	
8						12.5	

1）试样内部气体压力响应

本节对整个实验过程中第一组试样内部气体压力进行实时监测,整体变化趋势如图 6.42 （a）所示。由图 6.42 可知,整个实验过程可以划分为 5 个阶段:抽真空、充气、围压加载、割缝和解吸。每个阶段的具体变化规律如下所述:

（1）抽真空

如图 6.42（b）所示，开启真空泵后，试样内部的压力迅速下降。大约 40 s 时，试样内部的压力已下降至真空泵的额定压力-0.1 MPa。

（2）充气

对试样进行 2 h 的抽真空处理后，打开钢瓶的阀门，向实验腔体内充入甲烷气体。如图 6.42（c）所示，充气初始段，试样内部压力几乎呈线性增大的变化趋势，随后试样内部压力呈逐渐衰减的变化趋势，最终试样内部压力稳定在 0.5 MPa 左右。

（3）围压加载

充气时间为 12 h。充气结束，关闭气瓶总阀。本次实验采用的围压加载方式为：3 个方向同时加载，当某一方向到达压力加载的设定值时，保持该压力不变。如图 6.42（d）所示，整个过程通过 8 次加载来完成，每个加载步的持续时间为 1 800 s。对于每个加载步，试样内部的压力均呈现类似的变化趋势，不同的是增大幅度。

（4）割缝

围压加载结束，打开阀门，开启计量泵向煤体内部注入一定浓度的盐酸溶液，盐酸溶液冲击试样内部预埋的氢氧化钠，发生反应。如图 6.42（e）所示，在整个割缝过程中，试样内部的压力先曲折上升，随后出现较快的跌落，最终趋于稳定值。随着时间的推移，割缝孔径不断增大，割缝对周围煤体的扰动不断增强，监测点处的应力集中程度不断加剧，气体不断被压缩。当应力集中达到煤体的破裂阈值时，煤体发生破裂，产生裂纹，并与其他裂纹贯通，被压缩的气体得到释放。

（5）解吸

当割缝结束后，打开出气阀，进行自然解吸。此时，试样内的压力先显著降低后逐渐趋近于一个定值，因此，解吸对试样内压力的削弱作用十分显著。

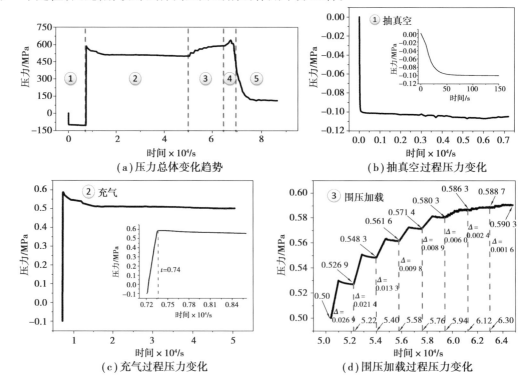

（a）压力总体变化趋势

（b）抽真空过程压力变化

（c）充气过程压力变化

（d）围压加载过程压力变化

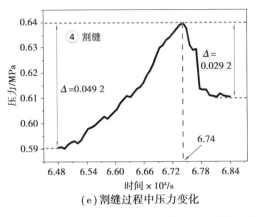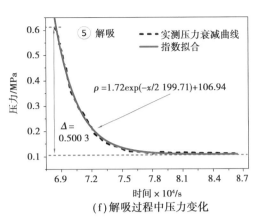

（e）割缝过程中压力变化　　　　　　（f）解吸过程中压力变化

图 6.42　试样内部气体压力变化曲线

2）试样内部变形特性

（1）垂直应变变化规律

整个过程中垂直应变的总体变化趋势如图 6.43（a）所示。对应于实验过程,试样内部监测点处的垂直应变也呈现出明显的 5 个阶段:抽真空收缩变形、充气吸附膨胀变形、加载压缩变形、割缝压缩-松弛、解吸收缩变形。5 个阶段的具体分析如下:

①抽真空收缩变形:由图 6.43（b）可知,当试样内部杂质被抽出时,试样的表面张力显著降低,从而导致试样发生收缩变形。

②充气吸附膨胀变形:如图 6.43（c）所示,在整个充气过程中,试样的垂直变形呈现快速下降后趋于平缓的变化趋势。开始一段的快速下降可能是抽真空的影响,使试样内部压力远远低于外界压力。随着气体不断的进入试样孔隙—裂隙中,其内部的压力逐渐增大,导致压力梯度减小,气体运移能力随之降低,最终导致试样的膨胀变形增量减小。

③加载压缩变形:如图 6.43（d）所示,对于加载步 1～5 来说,试样内部的垂直应变均呈现出类似的变化趋势。对于每个加载步,试样内部的垂直应变均呈现出先迅速上升后缓慢上升的趋势。初始时刻的突然上升是由于加载作用导致的,而随后的缓慢增大是由于甲烷与试样的相互作用导致的。

④割缝压缩—松弛:如图 6.43（e）所示,整个割缝过程中,试样内部的垂向应变呈现先曲折上升,达到最大值后快速多次跌落的变化特征。这种变化趋势可以解释为:随着割缝过程的进行,盐酸溶液冲击并与试样内部氢氧化钠反应对煤体产生的扰动作用范围逐渐增大。对于监测点来说,其周围的应力随时间的变化依次经历了原始应力→集中应力→残余应力的作用。其中应力集中过程是监测点处试样加载过程,这导致监测点变形量逐渐增大。另外,加载使监测点处的煤体处于"紧张"状态。当这种状态达到一定阈值时,试样发生较大的破裂,发生了松弛现象,表现为垂直应变曲线发生了变化方向的反转。

⑤解吸收缩变形:由图 6.43（f）可知,整条曲线表现出先快速增大后趋于缓慢的趋势,这可能是因为随着时间的推移,解吸的阻力增大,引起解吸量减小,进而导致变形量变小。

（2）平行应变变化规律

整个过程中平行应变的总体变化趋势如图 6.44（a）所示。对应于实验过程,试样内部监测点处的垂直应变也呈现出明显的 5 个阶段:抽真空收缩变形、充气吸附膨胀变形、加载压缩变形、割缝压缩—松弛、解吸膨胀变形。5 个阶段的具体描述如下:

①抽真空收缩变形:由图 6.44（b）可知,当抽真空时间达到 3 990 s 时,试样的平行应

变达到了稳定值 $0.32×10^3$ $\mu\varepsilon$。平行应变稳定时间大于垂直应变,但稳定值却略小于垂直应变。

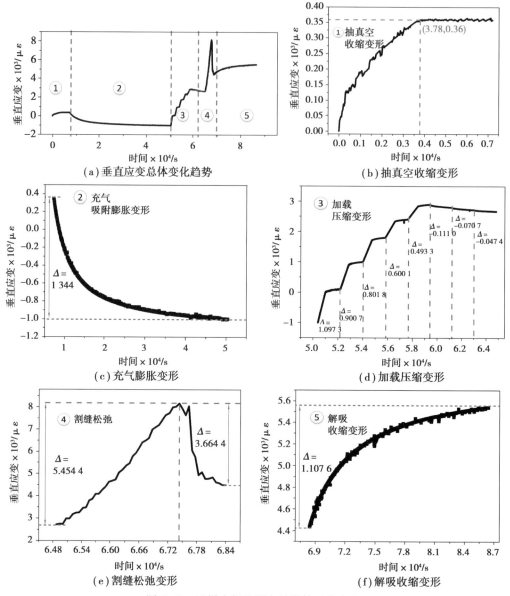

图 6.43　试样内部监测点处煤体垂直应变

②充气吸附膨胀变形:如图 6.44(c)所示,与抽真空收缩变形阶段类似,此阶段,试样内部监测点处的平行应变与垂直应变变化趋势类似,即先较快降低再趋于稳定值。

③加载压缩变形:如图 6.44(d)所示,与试样内部监测点处的垂直应变不同,平行应变呈现出全程收缩的趋势,每个加载步的变化趋势为:先快速增大后趋于平缓。此外,加载步 1 到 5 的垂直应变变化幅度呈现出明显的降低趋势。这是由于气体的减少增大了试样的抗变形能力,相同的荷载下,试样的变形量逐渐降低。相比之下,加载步 6 时试样内部监测点的垂直应变发生了一次突跃,随后逐渐降低。这表明试样在平行方向上发生了更大幅度的收缩。

④割缝松弛:如图 6.44(e)所示,与试样内部监测点处的垂直应变不同,整个割缝过程中,试样内部的垂向应变呈现先曲折下降,达到最小值后快速多次攀升的变化特征。平行应

变呈现出先膨胀后收缩的趋势。下升阶段产生的平行应变降幅为 $2.057×10^3$ $\mu\varepsilon$,攀升阶段产生的平行应变增幅为 $0.672\ 0×10^3$ $\mu\varepsilon$,上述两个变化幅值均显著小于垂直应变的,这可能与侧向压力有关。这种变化趋势可以解释为:整个割缝过程中,监测点均位于压应力区,试样内部监测点平行方向处于受拉的状态。随着割缝过程的进行,这种受拉程度逐渐增大,监测点处的试样处于"紧张"状态。当这种状态达到试样的破裂阈值时,试样发生破裂,出现了松弛现象,表现为平行应变曲线发生了变化方向的多次反转。

⑤解吸收缩变形:如图 6.44(f)所示,试样内部监测点处的平行应变与垂直应变变化趋势类似,即先较快速上升再趋于稳定值。

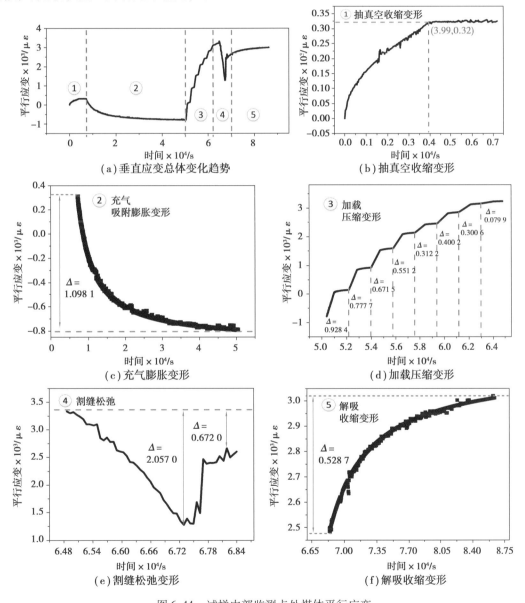

图 6.44　试样内部监测点处煤体平行应变

3）割缝后煤的解吸特性

在上述解吸阶段过程中,采用地勘解吸仪测定割缝后甲烷的自然解吸量,统计得到单位质量煤的解吸量随时间的变化规律:割缝后累计解吸量显著增大,对应的解吸速率逐渐减小。经历了 1.35×10^4 s 后,在 8.1×10^4 s 时达到稳定值。

6.3.2　含瓦斯煤流固耦合特征

1)煤—瓦斯的耦合特征

汇总整个过程中监测到的试样内部压力、平行应变、垂直应变和解吸量等 4 条时程曲线,得到图 6.45。总结上述分析中试样内部监测点处气压和煤体变形规律可知,煤体内气体压力和煤体的变形密切相关。因此,对煤体进行适当的扰动,诱导煤体向着有利的方向变形是很有必要的。

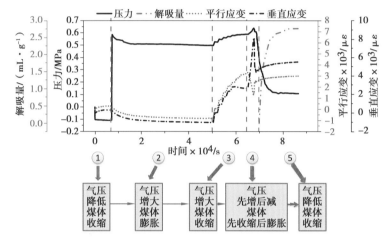

图 6.45　整个实验过程中煤—瓦斯的耦合示意图

2)割缝作用下含瓦斯煤动态响应的描述指标

割缝过程中煤体变形很复杂,而解吸阶段煤体变形较为均匀。因此,对割缝后煤体状态可以通过对解吸变形段进行 Langmuir 方程拟合,并分析解吸量来描述。下面仍以瓦斯压力为 0.5 MPa 时的情况为例进行描述。具体结果如下:

割缝前最终变形量 ε_{bs}:定义为加载结束时刻监测点处垂直应变 ε_v 和平行应变 ε_h 之和:

$$\varepsilon_{bs} = \varepsilon_v + \varepsilon_h \tag{6.22}$$

由上述分析得瓦斯压力为 0.5 MPa 时,割缝前最终变形量 $\varepsilon_{bs} = 5.903 \times 10^3 \ \mu\varepsilon$。

极限变形量 ε_{max} 及变形速率 v_ε:观察吸附变形曲线可以发现,吸附状态下垂直应变和平行应变的变化趋势一致、均先快速下降后趋于平缓。这符合指数型朗缪尔曲线特征。指数朗缪尔曲线可以表达为:

$$\varepsilon = \frac{\varepsilon_{max} v_\varepsilon t^{1-c}}{1 + v_\varepsilon t^{1-c}} \tag{6.23}$$

式中　$\varepsilon_{max}, v_\varepsilon$——分别代表在该实验状况下煤的最大变形量和变形速率。

基于上述定义,对煤在吸附阶段的变形量进行拟合,如图 6.46 所示。图中 ε_s 为平行应变 ε_h 和垂直应变 ε_v 之和。横坐标时间采用相对时间,即充气开时刻记为 0,纵坐标应变减去抽真空产生的应变。此外,采用同样的方法得到了解吸段煤变形的拟合曲线,如图 6.47 所示。

对拟合曲线的关键参数极限变形量 ε_{max} 及变形速率 v_ε 进行统计,结果见表 6.5。由表 6.5

可知,吸附段平行方向的极限变形量 $\varepsilon_{\max}$ 远大于解吸段平行方向的,而吸附段垂直方向的极限变形量 $\varepsilon_{\max}$ 与解吸段垂直方向的相当。不管是吸附段还是解吸段,ε_s 拟合曲线的极限变形量 $\varepsilon_{\max}$ 约为各自垂直方向的极限变形量和水平方向的极限变形量之和。变形速率 v_ε 的变化规律不明显。

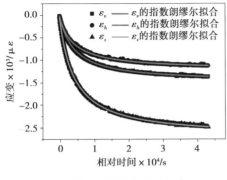

图 6.46　吸附段变形量拟合　　　　图 6.47　解吸段变形量拟合

表 6.5　吸附段和解吸段极限变形量 $\varepsilon_{\max}$ 及变形速率 v_ε 统计

关键参数	吸附段			解吸段		
	ε_h	ε_v	ε_s	ε_h	ε_v	ε_s
极限变形量 $\varepsilon_{\max}$	−1 226.32	−1 482.42	−2 708.59	685.32	1 435.93	2 121.28
变形速率 $v_\varepsilon(\times10^{-4})$	3.125 5	2.082 5	2.502 4	3.145 8	3.315 3	3.260 0

瓦斯扩散参数 KB:杨其銮经过理论推导得到 t 时刻瓦斯累计解吸量 Q_t 与极限解吸量 Q_∞ 的比值随时间的变化规律,即:

$$\ln\left[1-\left(\frac{Qt}{Q_\infty}\right)^2\right] = KBt + C \tag{6.24}$$

式中　KB——瓦斯扩散参数,其值越大,瓦斯扩散越快。

依据式(6.74)对瓦斯压力为 0.5 MPa 的解吸量进行处理,结果如图 6.64 所示。由图 6.64 可知,瓦斯压力为 0.5 MPa 时,瓦斯扩散参数 KB $= 3.044\ 7\times10^{-4}\text{s}^{-1}$。

6.3.3　瓦斯压力与缝槽半径对煤割缝动态响应的影响

1)瓦斯压力对割缝前最终变形量的影响

分别对瓦斯压力为 1 MPa,1.5 MPa 和 2 MPa 垂直应变和平行应变的时程曲线进行分析,并统计各个压力下垂直方向和平行方向上的割缝前最终变形量,求和得到割缝前最终变形量,将最终结果绘图得到图 6.48。由图 6.48 可知,随着瓦斯压力的增大,割缝前最终变形量逐渐增大。采用幂函数进行拟合得到割缝前最终变形量与瓦斯压力的定量关系。割缝前最终应变量主要由抽真空收缩变形、充气吸附膨胀变形和加载压缩变形 3 部分组成,抽真空收缩变形不受瓦斯压力的影响。随着瓦斯压力的增大,充气吸附膨胀变形和加载压缩变形均增大,相比于加载压缩变形,充气吸附膨胀变形相对较小。因此,割缝前最终变形量逐渐增大。

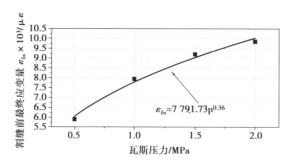

图 6.48　割缝前最终变形量随瓦斯压力的变化

2）瓦斯压力对极限变形量的影响

从瓦斯压力为 1 MPa,1.5 MPa 和 2 MPa 垂直应变和平行应变的时程曲线中分别提取吸附段和解吸段的垂直应变和平行应变,绘制散点图并采用幂函数进行拟合,结果如图 6.49 和图 6.50 所示。由图 6.49 和图 6.50 可知:不管是吸附段还是解吸段,试样内部监测点处的平行方向和垂直方向极限应变量的绝对值均大于平行方向的。此外,解吸段试样内部监测点处的平行方向和垂直方向极限应变量的绝对值均小于吸附段的,这可能是因为吸附-解吸过程存在不可逆的特性。

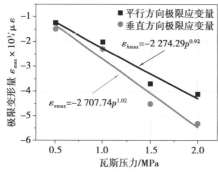

图 6.49　吸附段极限变形量

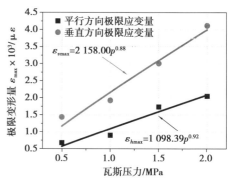

图 6.50　解吸段极限变形量

3）瓦斯压力对瓦斯扩散参数的影响

分别对瓦斯压力为 1 MPa,1.5 MPa 和 2 MPa 瓦斯解吸量的时程曲线进行统计,对 $\ln[1-(Q_t/Q_\infty)^2]$ 和时间 t 进行线性拟合,得到不同瓦斯压力下的瓦斯扩散参数 KB。通过拟合得到瓦斯压力与瓦斯扩散参数 KB 之间的定量关系,如图 6.51 所示。由图 6.51 可知,随着瓦斯压力的增大,瓦斯扩散参数呈幂函数增大。这主要是因为瓦斯压力越大,瓦斯压力梯度越大,瓦斯扩散的动力越足,能够越快地扩散。

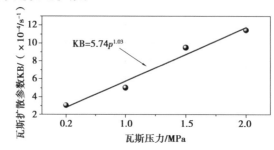

图 6.51　瓦斯扩散参数变化特征

4）缝槽半径对极限变形量的影响

采用指数型朗缪尔方程分别拟合缝槽半径为 5 mm,7.5 mm,10 mm 和 12.5 mm 解吸段垂直应变和平行应变的时程曲线得到不同缝槽半径下极限应变量,结果如图 6.52 所示。垂直方向极限应变量和平行方向极限应变量与缝槽半径的关系分别为:

$$\varepsilon_{\nu\max} = \frac{4\ 360.16}{1 + \exp[-0.56(r_s - 6.77)]} \tag{6.25}$$

$$\varepsilon_{h\max} = \frac{2\ 390.82}{1 + \exp[-0.41(r_s - 6.47)]} \tag{6.26}$$

由图 6.52 可知,不管是垂直方向极限应变量还是平行方向极限应变量,随着缝槽半径的增大,极限应变量均先快速增大后趋于平缓,这说明缝槽半径存在最优值。当缝槽半径小于这个值时,缝槽半径增大对极限变形量的影响非常显著。当缝槽半径大于该值后,再增加缝槽半径,极限变形量的变化很微小。

5）缝槽半径对瓦斯扩散参数的影响

分别对缝槽半径为 5 mm,7.5 mm,10 mm 和 12.5 mm 瓦斯解吸量的时程曲线进行统计,通过 $\ln[1-(Q_t/Q_\infty)^2]$ 对时间 t 的线性拟合得到不同缝槽半径下的瓦斯扩散参数 KB。通过 Logistic 函数拟合得到缝槽半径与瓦斯扩散参数 KB 之间的量化关系,如图 6.53 所示。由图 6.53 可知,随着缝槽半径的增大,瓦斯扩散参数呈现出与极限变形量类似的变化趋势。这是因为随着缝槽半径的增大,扰动作用减弱,同等瓦斯压力下,瓦斯压力梯度减小,扩散动力减弱。

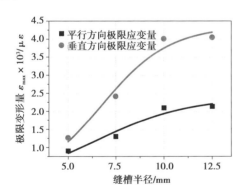

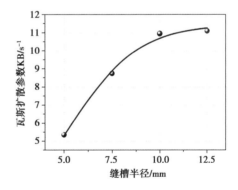

图 6.52　极限变形量与缝槽半径的关系　　　图 6.53　瓦斯扩散参数随缝槽半径的变化

此外,采用数值分析方法获得了煤层瓦斯压力、预期抽采达标时间和等效孔径之间的关系,如图 6.54 所示。由图 6.54 可知,相同预期抽采达标时间下,随着瓦斯压力的升高,等效孔径逐渐增大。相同等效孔径下,随着瓦斯压力的增大,预抽达标时间明显增大。因此,对于高瓦斯煤层,应当通过适当增大等效孔径、延长预抽时间以确保煤层消突。

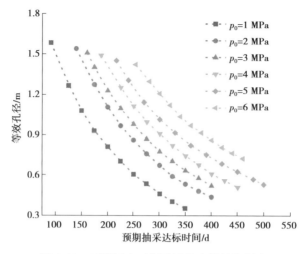

图 6.54　瓦斯压力对割缝最优出煤量的影响

6.4　钻割分封一体化强化瓦斯抽采技术

钻进的高效性、增透的有效性及抽采的可靠性是保障水力割缝防突效果的关键。目前,水力割缝装备钻割封一体化程度弱,难以实现钻进、割缝、封孔、抽采的高效衔接。本节提出了钻割分封一体化强化瓦斯抽采技术,该技术能够实现高效增透与瓦斯提浓一体化作业,保障了割缝作业安全性和抽采有效性,具体包括双动力钻进-水力割缝一体化技术、三相旋流水煤气分离技术及封隔一体化封孔技术。钻割分封一体化流程如图 6.55 所示,钻割分封一体化强化瓦斯抽采装备如图 6.56 所示。

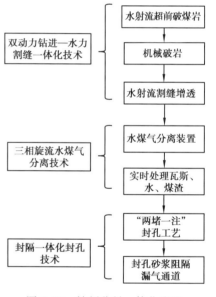

图 6.55　钻割分封一体化流程

1）双动力协同钻进技术原理

双动力协同钻进技术是指将水射流喷嘴按一定的要求布置在机械切割头上的刀具周围,辅助钻具切割破碎以增加破碎能力的一种方法。利用水射流的超前破坏作用,弱化岩体结构,形成结构弱面,辅助机械破岩,从而减小钻进难度,避免了抱钻、夹钻等现象。在此过程中,钻头前方射流在协同钻割破碎岩石时实现了冷却刀具与减少刀具承受载荷两个功能,显著提高了刀具的寿命。此外,双动力钻头中部喷嘴的主要功能是在钻进过程中对钻孔进行扩孔并在退钻时进行间断式割缝,从而增加了煤体内部卸压空间,提高了钻孔的有效影响半径。

2）双动力协同钻进装备

围压的卸除促使煤岩膨胀变形,屈服应力降低,进而减小钻进阻力。因此,可以改进压控钻割一体化钻头实现水射流与机械齿联合破煤岩,改进后的双动力协同钻头如图 6.57 所示。双动力协同钻头由三翼机械齿和 3 个安装在前部与水平面呈 15°的喷嘴 1 及 2 个安装在连接头上的喷嘴 2 构成。喷嘴 1 用于超前卸压,喷嘴 2 具有扩孔和割缝一体化功能。

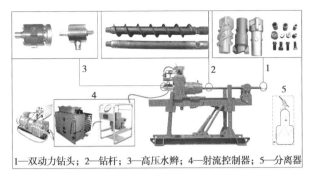

图 6.56　钻割分封一体化装备

6.4.1　双动力钻进—水力割缝一体化技术

普通钻进和双动力协同钻进效果的对比如图 6.58 所示。由图 6.58 可知,双动力协同钻进扩孔效果明显,较大幅度地提高了钻进速度,这主要是因为它能够形成超前自由面,降低钻进阻力。

其中,超前自由面的形成关键在于机械破煤岩与水射流破煤岩的时空匹配上,如图 6.59 所示。当 $a \geqslant b$ 时,机械齿破煤岩超前水射流,超前自由面还未来得

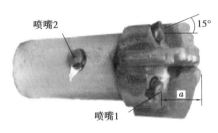

图 6.57　双动力钻头实物图

及生成,不能达到超前卸压效果。当 $a<b$ 时,水射流破煤岩超前机械齿,形成超前自由面,煤岩体围压及时充分卸除,双动力协同破煤岩得以实现。其中,a 为喷嘴 1 到机械齿最远端的距离,b 为射流冲蚀深度在轴线上的投影长度。

（a）普通钻进　　（b）协同钻进

图 6.58　钻进效果对比

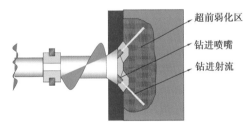

图 6.59　双动力钻头实物

射流作用于单位面积煤体上的力为:

$$\overline{F} = \frac{F \cos \alpha}{\pi (0.22x)^2} = \frac{\int_0^{0.22x} 2\pi rp dr \cdot \cos \alpha}{\pi (0.22x)^2} \quad (6.27)$$

式中　x——射流轴线上任一点到喷嘴出口的距离,m;

　　　p——该点所在截面上的动压值,MPa。

由愈渗理论可知,非均质煤体发生损伤破坏的门限值为:

$$\sigma = R_{C_0} \left[-\ln(1 - M_f) \right]^{\frac{1}{m}} \quad (6.28)$$

式中　σ——非均质煤体破碎的门限值,MPa;

　　　R_{C_0}——煤体的平均抗压强度,MPa;

M_f——愈渗理论值；

m——系数。

令 $\overline{F}=\sigma$，可得射流冲蚀深度 x，则双动力协同钻进实现条件可转化为：

$$b = x\cos\alpha > a \qquad (6.29)$$

另外，为了保证煤渣能够顺利排出，射流流量需满足：

$$Q \geqslant \frac{1}{4}u_w\pi(D^2 - d^2) \qquad (6.30)$$

式中　u_w——射流速度，m/s；

D——钻孔直径，m；

d——钻杆直径，m。

根据割缝方式，并结合煤体破坏类型、坚固性系数、瓦斯含量、地应力和割缝措施施工地点将煤层水力割缝卸压增透模型分为圆柱型、扁平长板型、圆饼型、圆柱—扁平长板型、圆柱—圆饼型、扁平长板—圆柱型、扁平长板—圆饼型、圆饼—圆柱型和圆饼—扁平长板型，如图 6.60 所示。

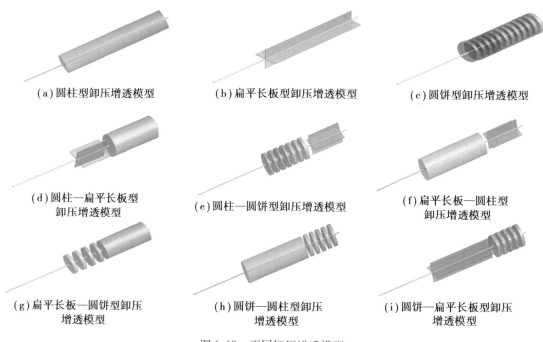

(a)圆柱型卸压增透模型　　(b)扁平长板型卸压增透模型　　(c)圆饼型卸压增透模型

(d)圆柱—扁平长板型　　(e)圆柱—圆饼型卸压增透模型　　(f)扁平长板—圆柱型
卸压增透模型　　　　　　　　　　　　　　　　　　　　　卸压增透模型

(g)扁平长板—圆饼型卸压　　(h)圆饼—圆柱型卸压　　(i)圆饼—扁平长板型卸压
增透模型　　　　　　　　　　增透模型　　　　　　　　　增透模型

图 6.60　不同卸压增透模型

合理的割缝参数能够在保证卸压效果的前提下，实现割缝钻孔合理布置，降低割缝工程量，避免出现抽采空白带。基于上述卸压增透模型，提出了由建立煤层水力割缝卸压增透模型、获取煤层基本参数、对煤层进行评价、绘制特定煤层评价雷达图、对煤层水力割缝卸压增透模型的适应性进行评价、绘制水力割缝卸压增透模型煤层适应性评价雷达图、雷达图匹配、计算割缝技术参数、构建水力割缝煤层匹配库、快速确定技术参数等步骤组成的水力割缝技术参数快速确定方法，其流程如图 6.61 所示。

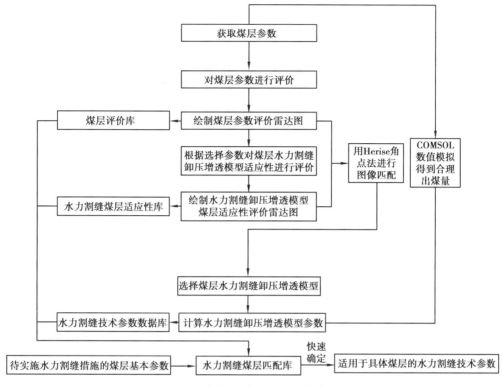

图 6.61　割缝技术参数快速确定流程

6.4.2　三相旋流水煤气分离技术

1）水煤气分离原理

水煤气分离技术可有效降低喷孔对割缝施工的影响。在钻进阶段中,可利用水煤气分离装置实时处理瓦斯、水、煤渣等喷出物,达到"高效密封接收、喷雾降尘、旋流分离、瓦斯捕捉"四位一体的效果,从而确保钻孔通畅,并杜绝巷道内瓦斯超限等事故发生。综上所述,该工艺能够实时处理钻割过程中各种喷出物,消除其对作业人员和巷道环境的不利影响,保证钻进、割缝作业的安全高效进行。

2）水煤气分离装置

新型水煤气分离装置实物如图 6.62 所示,该装置主要由 4 个部分组成:

①接收部分,包括插入钻孔内部的套管和可伸缩骨架风筒等,将钻孔喷出物收集到防喷出装置中。

②抽采瓦斯部分,主要包括半球形集气室、气渣分离箱、瓦斯抽采接头及软管等。喷出瓦斯通过套管和骨架风筒进入装置后通过半球形集气室和气渣分离箱进入抽采软管中,接着被抽至中转净化箱,在箱中经过细水喷雾净化后被吸入瓦斯抽采管路中。

③放水排渣部分,主要作用为收集并有控制地排放水、煤渣等喷出物,经由接收部分落入气渣分离箱中。当通过透视窗口观察到该箱充满喷出物时,拉开排渣门,实现可控性放水排渣。

④除尘部分,通过装置内部的两个降尘水雾喷头实现除尘。

图 6.62　水煤气分离装置实物

3）水煤气分离工艺流程

在孔口处安装水煤气分离装置后，根据钻孔方位调节骨架风筒及其上的关节轴承，将钻杆从关节轴承插入骨架风筒，并穿过 T 形套管。打开连接瓦斯抽采管路接口处的球阀，启动钻机钻进，钻进过程中产生的煤岩粉和瓦斯会通过 T 形套管、柔性骨架风筒进入气渣分离箱，在气渣分离箱入口处的降尘水雾喷头喷雾降尘作用下，煤岩粉被水湿润落入气渣分离箱内。同时产生的瓦斯会从半球形集气室、气渣分离箱两处的抽采接口，经抽气管进入中转净化箱，实现了瓦斯的净化。当钻进至煤层顶板后，退钻并通过高压水对钻孔周围煤体实施水力割缝，煤层段割缝施工完成后退出钻杆，清理现场。

6.4.3　封隔一体化封孔技术

1）封孔原理

封隔一体化封孔工艺是基于传统"两堵一注"封孔工艺原理，结合超高压水力割缝技术，在封孔段采用割缝方式进行辅助封孔的新型封孔工艺。如图 6.63 所示，主要封孔结构包括聚氨酯堵头、注浆管、返浆管、抽采管、抽采筛管及环形缝槽。封孔原理是确定合理的钻孔封孔深度及缝槽位置后，利用在钻孔径向方向上对周围煤体切割小范围环形缝槽，打通贯穿钻孔周围难以封堵的裂隙。径向渗透半径越大，封孔效果越好。结合"两堵一注"封孔工艺优

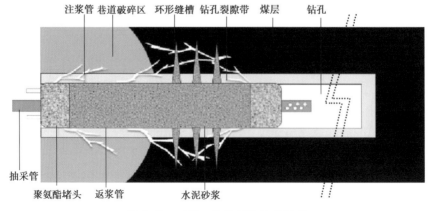

图 6.63　封隔一体化封孔结构示意

点,封孔浆液在注浆压力的驱动作用下渗透扩散,填充密封钻孔周围裂隙。待封孔浆液完全填充封孔段及缝槽空间后,封孔砂浆凝固并在封孔段形成严密的“封堵隔板”,阻隔钻孔周围的漏气通道以改善钻孔的封孔质量。

2）封孔工艺流程

根据煤层的实际赋存地质条件,合理设计瓦斯抽采钻孔布置及施工参数。当钻头及水力割缝器退至封孔段指定切割位置时,开启高压水泵,按照预先设计的割缝压力、割缝时间等参数对钻孔周围煤体切割环形封槽。封孔段切割缝槽间距控制为 2 ~ 3 m,缝槽数量不宜超过 3 条,切割过程统计钻孔排渣量,以验证径向割缝深度。封孔段缝槽切割完毕后,将水泵调至低压状态,利用常压水冲洗孔壁 2 ~ 5 min,排出孔内煤渣。钻机操作工可以通过来回推拉钻杆的方式,使封孔段煤渣清理干净,防止孔内煤渣影响封孔注浆密封效果。依据封孔段设计深度,连接对应长度的抽采管,使用透明胶带粘接抽采管,确保抽采管连接牢固且严密无漏气。根据封孔设计位置,在抽采实管上捆绑 2 包袋装聚氨酯封孔材料,在孔口处将 A、B 料充分揉搓混合后,快速送至孔内。然后将注浆管、返浆管一并插入孔中,在外端口使用聚氨酯封孔材料密封。待 24 h 后,聚氨酯封孔材料在孔内充分膨胀凝固,向封孔段灌注水泥砂浆,注浆压力不小于 2 MPa。当看到返浆管返浆后,结束封孔工作。

6.5　割缝预抽后煤宏—微观特性变化机制

煤的微观孔隙裂隙特性是控制其宏观行为的主要因素,而鲜有报道从微观层面揭示割缝预抽后煤的宏观特征变化,这对于深入揭示割缝预抽对煤体作用机制具有重要的理论指导意义,同时也对抽采有效影响半径等割缝关键参数的确定具有重要的实践指导意义。本节通过现场实验测得实验区域内煤的宏—微观参数,分析了割缝预抽后煤的宏观与微观参数变化,揭示了割缝预抽后煤层宏观指标变化的微观机制,为现场瓦斯的高效抽采提供了支撑。

6.5.1　割缝预抽后煤层宏—微观参数变化特征

现场试验地点选择淮北矿业集团杨柳煤矿,该矿位于安徽省淮北市濉溪县南部杨柳集附近,为煤与瓦斯突出矿井。杨柳煤矿共有 9 个煤层,其中 8#和 10#煤层为主要可采煤层。本次试验的地点选在 1065 机巷抽采巷的 4#、5#、6#和 7#钻场,如图 6.64 所示。1065 采面巷道布置采用底板抽采巷递进掩护机巷、风巷掘进的方式。试验设计的总体思路是:通过一个钻场的试验,获得一定割缝施工条件下割缝预抽后煤宏—微观参数的变化特征,同时获得单个割缝孔的有效抽采半径,并且通过不同布孔间距下钻场的整体瓦斯抽采效果来验证获得的有效抽采半径,最终达到准确指导其他钻场割缝施工的目的。各个钻场的施工顺序为:6#钻场→4#钻场→5#钻场→7#钻场。其中,4#钻场、5#钻场和 7#钻场采用网格式布孔方式,布孔间距分别为 5 m,6 m 和 7 m。6#钻场割缝孔的施工参数为:割缝压力 10 ~ 15 MPa,割缝时间 1.5 h,割缝煤段长度 3 m,出煤量 1.5 t。取样孔和测压孔的布置方式如图 6.64 所示。其中,GFH 指割缝后,其后面的数字表示割缝孔与取样孔之间的距离。CY 指测压,其后面的数字表示割缝孔与测压孔之间的距离。

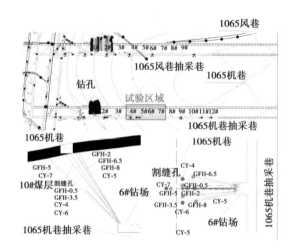

图 6.64　1065 采面布置及割缝孔、测压孔和取样孔布置

进一步对煤样进行工业分析测试。主要采用 5EMAG6600 自动工业分析仪进行,测试结果见表 6.6。由表 6.6 可知,煤样的挥发分含量为 15.46～17.23,属于无烟煤。此外,煤样灰分、挥发分和固定碳均未发生显著的变化,这从一定程度上说明割缝预抽并未改变煤样的化学性质。

表 6.6　工业分析结果

煤样编号	水分 M_{ad}	灰分 A_{ad}	挥发分 V_{daf}	固定碳 F_{Cad}
GFH-0.5	1.34	9.59	16.55	72.51
GFH-2	1.28	9.53	17.08	72.11
GFH-3.5	1.20	8.96	16.65	73.19
GFH-5	1.15	8.94	17.23	72.68
GFH-6.5	1.18	9.05	17.20	72.57
GFH-8	1.12	9.48	15.46	73.94
GFQ	1.13	9.29	16.73	72.85

1）残余瓦斯含量

本书采用直接法测定煤层残余瓦斯含量,图 6.65 给出了瓦斯含量随割缝孔和取样孔距离的变化规律。由图 6.65 可知,割缝预抽后所有残余瓦斯含量 $X_{\text{GFH-0.5}\sim 8}$ 均低于割缝前煤层的原始瓦斯含量 X_{GFQ},这说明割缝预抽对煤层的瓦斯含量产生了显著的削弱作用。为了定量描述这种削弱作用,定义了一个变量—残余瓦斯含量降低率 RR_{Xi}:

$$RR_{Xi} = \frac{X_{\text{GFQ}} - X_{\text{GFH-}i}}{X_{\text{GFQ}}} \tag{6.31}$$

式中　$X_{\text{GFH-}i}$——割缝预抽后煤层残余瓦斯含量,m^3/t。

此外,图 6.65 也给出了残余瓦斯含量降低率 RRX 的变化趋势。明显地,降低率和残余瓦斯含量呈现相反的变化趋势。降低率变化范围为:0.27%(RRX8)～59.46%(RRX0.5),这表明割缝预抽对不同煤样的影响程度差异显著。残余瓦斯含量则随割缝孔与取样孔之间距离的增大而增大。同时根据《防止煤与瓦斯突出细则》,有效抽采半径可以定义为无突出危险性的测点到考察钻孔之间的最大距离,这表明此次试验割缝孔的有效影响范围接近 5 m。

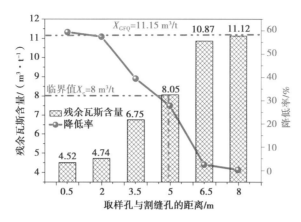

图 6.65 割缝预抽后煤层残余瓦斯含量随取样孔和割缝孔距离的变化

2）瓦斯放散初速度

割缝预抽后煤的瓦斯解吸体积时程曲线如图 6.66（a）所示。由图 6.66（a）可知，0～10 s 和 45～60 s 内瓦斯解吸体积均随割缝孔与取样孔之间距离增大而减小。瓦斯放散初速度的最终测定结果如图 6.66（b）所示。可以明显地看出割缝预抽对煤的瓦斯放散初速度产生了显著的强化作用。同样地，为了定量描述这种强化作用，本章定义一个变量——瓦斯放散初速度增加率 $IR_{\Delta pi}$：

$$IR_{\Delta pi} = \frac{\Delta p_{GFH-i} - \Delta p_{GFQ}}{\Delta p_{GFQ}} \tag{6.32}$$

式中 Δp_{GFH-i}——割缝预抽后各煤样的瓦斯放散初速度，mmHg。

依据式（6.30），图 6.66（b）也给出了瓦斯放散初速度增加率 $IR_{\Delta pi}$ 的变化趋势。明显地，增加率和瓦斯放散初速度呈现出相同的变化趋势。增加率变化范围为：2.04%（$IR_{\Delta p8}$）～51.02%（$IR_{\Delta p0.5}$），这表明割缝预抽对不同煤样的增强作用程度差异显著。相比之下，瓦斯放散初速度随割缝孔与取样孔之间距离的增大而减小。

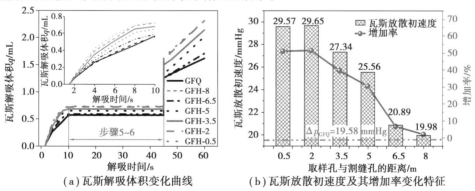

|（a）瓦斯解吸体积变化曲线|（b）瓦斯放散初速度及其增加率变化特征|

图 6.66 瓦斯解吸体积时程曲线及瓦斯放散初速度随取样孔和割缝孔距离的变化

3）坚固性系数

煤坚固性系数的测试步骤主要由 4 个部分组成：制样、冲击煤样（冲击次数记作 n）、筛分和测量（带刻度的铁棒示数记作 L）。煤样的坚固性系数 f 可由下式求得：

$$f = \frac{20n}{L} \tag{6.33}$$

每个煤样的测试重复 3 次,取其平均值作为最终的测试结果。图 6.67 更加清晰地显示了坚固性系数随割缝孔和取样孔之间距离的变化趋势。

由图 6.67 可知,割缝预抽后各煤样的坚固性系数均大于原始煤样的,这说明割缝预抽可增加煤的强度。同样地,为了定量描述这种增强作用,本章定义一个变量——坚固性系数增强率 IR_{fi}:

$$IR_{fi} = \frac{f_{GFH-i} - f_{GFQ}}{f_{GFQ}} \tag{6.34}$$

式中 f_{GFH-i}——割缝预抽后各煤样的坚固性系数。

依据式(6.32),图 6.64 也给出了瓦斯放散初速度增加率 IR_{fi} 的变化趋势。明显地,增加率和瓦斯放散初速度呈现出相同的变化趋势。增加率变化范围为:2.7% (IR_{f8}) ~ 51.02% ($IR_{f0.5}$),这表明割缝预抽对不同煤样强度的增强作用程度差异显著。相比之下,煤样坚固性系数随割缝孔与取样孔之间距离的增大而减小。

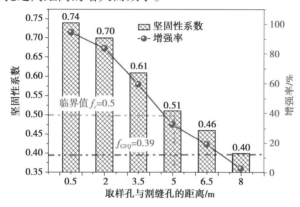

图 6.67 割缝预抽后煤坚固性系数随取样孔和割缝孔距离的变化

4）临界孔径的确定

在半径为 r 的孔隙内,液氮的凝聚压力可以采用修正的开尔文方程和 BJH 方法进行计算:

$$\ln\left(\frac{p}{p_0}\right) = -\frac{\alpha\gamma_N V_0}{RT\left\{r - 3.54\left[-\frac{5}{\ln\left(\frac{p}{p_0}\right)}\right]^{\frac{1}{3}}\right\}} \tag{6.35}$$

式中 p——外界施加的压力,MPa;

p_0——氮的饱和蒸汽压力,MPa;

γ_N——液氮表面张力,mN/m;

V_0——液氮摩尔体积,L/mol;

R——通用气体常数,J/(mol·K);

T——试验温度(77 K);

α——气/液界面形状因子。一般地,液氮在吸附过程中被假设为圆柱形($\alpha=1$),在解吸过程中被假设为($\alpha=2$)。

假设孔隙呈圆柱形,压汞实验中的孔径分布可以通过 Washburn 方程获得:

$$r = -\frac{2r_{Hg}\cos\theta_{Hg}}{p} \tag{6.36}$$

式中 r——孔径,m;

　　γ_{Hg}——汞的表面张力,0.48 J/m^2;

　　θ_{Hg}——汞的接触角,140°。

如图6.68所示,Hitchcock 提出了一种新的孔隙模型。在这个模型中,A、B、C 和 D 分别代表不同的孔径。液氮实验测定孔径分布主要基于液氮的凝聚原理。一般地,随着外界压力的逐渐增大,液氮会从小孔到大孔逐渐凝聚($D \rightarrow C \rightarrow B \rightarrow A$)。由于汞非润湿性的特点,仅靠毛细作用无法侵入孔隙,需要借助外界压力。同时,由式(6.33)可知,每一个外界压力都对应一个等效孔径。当逐渐增大外界压力时,汞会逐渐从大孔进入小孔(即 $A \rightarrow B \rightarrow C \rightarrow D$)。但是当外界压力增大到一定值时,汞的压缩作用会造成孔壁发生显著变形,导致测量误差。

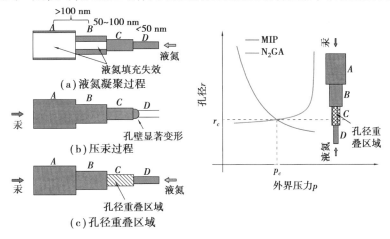

图6.68　累积孔容随孔径的变化及其一阶微分曲线

当外界压力 p 增加时,压汞法测得的孔径逐渐降低,而液氮吸附法测得的孔径逐渐增大,二者呈现明显的相反趋势。因此,两条曲线存在一个交点。本书中,交点横坐标 p_c 定义为临界外界压力,交点纵坐标 r_c 定义为临界孔径。明显地,当外界压力 p 低于临界压力 p_c 时,两种方法均能得到理想的结果。因此,本节结合两种方法来达到优势互补的目的,以获得尽可能大的孔径测试范围,即基于孔隙测定方法的敏感性和准确性,提出一种数据处理方法。它的原理可以归纳为:当煤样的孔径 r 大于临界孔径 r_c 时,采用压汞实验所获得的孔径信息。反之,当煤样的孔径 r 小于或等于临界孔径 r_c 时,采用液氮吸附实验所获得的孔径信息。

通过文献调研可知:液氮吸附法和压汞法的敏感孔径范围分别是低于100 nm 和高于50 nm。而临界孔径的范围应该取上述孔径范围的交集,即50~100 nm。同时两种方法在临界孔径 r_c 处液氮/汞的填充量应相等且结合处曲线过渡平滑,即$(dV/dr)_{N_2GA} = (dV/dr)_{MIP}$,其中$(dV/dr)_{N_2GA}$ 和$(dV/dr)_{MIP}$ 分别指液氮吸附法和压汞法的累积孔体积对孔径的一阶微分。综上,通过实验获得累积孔体积与孔径的关系曲线,进一步对曲线进行一阶微分处理,然后在孔径50~100 nm 内确定两条一阶微分曲线的交点,交点的横坐标即为临界孔径,如图6.69所示。

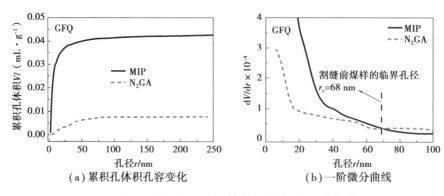

图 6.69　累积孔容随孔径的变化及其一阶微分曲线

按照此方法,可以得到 7 组煤样的临界孔径,见表 6.7。

表 6.7　煤样的临界孔径

煤样编号	GFQ	GFH-0.5	GFH-2	GFH-3.5	GFH-5	GFH-6.5	GFH-8
临界孔径 r_c/nm	68	75	80	75	69	69	67

5）孔径分布

通过表 6.7 中的临界孔径,结合压汞法和液氮吸附法,可以得到孔容增量和累积孔容随孔径的分布特征,如图 6.70 所示。由图 6.70 可知,孔容随孔径的变化曲线呈现出"两头大,中间小"的"U"字形。此外,根据孔容增量峰值的不同,图 6.70(a)、(b)说明煤样以较大的孔隙为主;图 6.70(c)、(d)说明煤样在较大孔隙和微小孔隙上均有集中分布;而图 6.70(e)、(g)说明煤样以微小孔隙为主;累积孔容曲线在结合点处过渡平滑且总体变化趋势为"急—缓—急"。

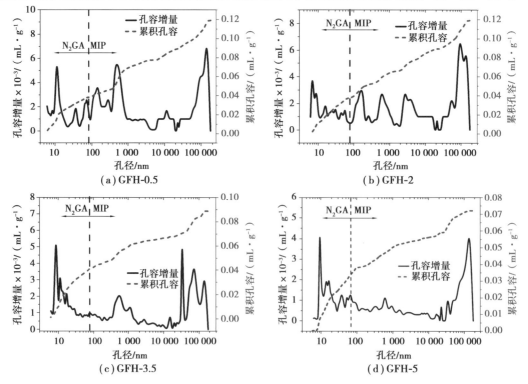

（a）GFH-0.5　　　　　　　　（b）GFH-2

（c）GFH-3.5　　　　　　　　（d）GFH-5

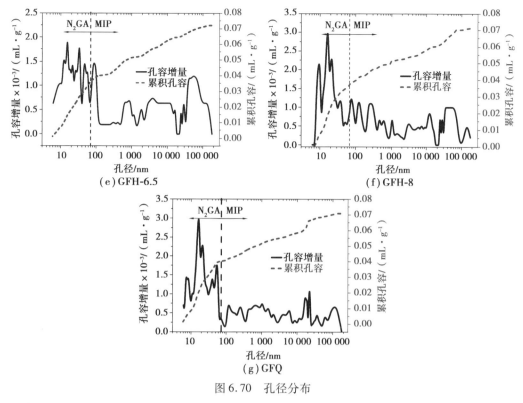

图 6.70　孔径分布

6）孔容比随割缝孔与取样孔之间距离的变化规律

根据十进制孔径分类标准,通过上节的孔径分布可以计算出微孔、小孔、中孔和大孔的孔容比,并绘制割缝预抽后各煤样的孔容比变化曲线,如图 6.71 所示。此外,也绘制了割缝预抽后各煤样总孔容和比表面积的变化趋势,如图 6.72 所示。由图可知,微孔孔容比大约为10%,变化不显著。随着取样孔与割缝孔距离减小,小孔孔容比也减小,而大孔孔容比则呈现增大趋势。中孔孔容比随着割缝孔与取样孔之间距离的减小呈现增大的趋势。

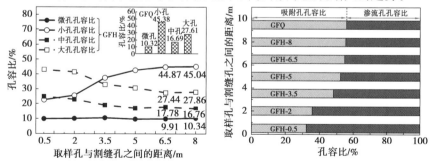

图 6.71　割缝预抽后煤样各孔径的孔容比、吸附孔和渗流孔孔容比变化

此外,距割缝孔 6.5 m 和 8 m 煤样的微孔、小孔、中孔和大孔孔容比与割缝前煤样的微孔、小孔、中孔和大孔均相近。这说明割缝预抽后 6.5 m 内煤的孔隙系统变化显著。割缝预抽后小孔、中孔和大孔孔容比均出现了不同程度的变化,而微孔孔容比变化不显著。随着取样孔与割缝孔距离的减小,吸附孔孔容比从 55.38% 减小至 33.27%,而渗流孔孔容比从44.62% 增大至 66.73%。二者总体表现为"缓-急-缓"的变化趋势。随着割缝孔与取样孔之间距离的减小,煤样总孔容逐渐增大而煤样比表面积逐渐降低,最大降低值为 26.76%。与割缝前煤样总孔容相比,割缝预抽后煤样总孔容增大,有利于煤层瓦斯解吸。

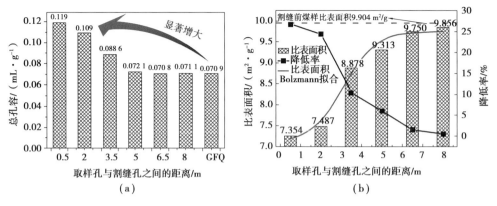

图 6.72 煤样比表面积和总孔容变化

7）割缝预抽后煤对瓦斯的吸附性能变化

为了探究割缝预抽后煤对瓦斯吸附性能的变化特征,本节进行甲烷等温吸附实验。实验采用高压容量法,其实验结果如图 6.73 所示。

Langmuir 吸附模型(式 6.37)能够准确的描述吸附平衡压力低于 8 MPa 时煤对瓦斯的吸附行为。

$$X_{abs} = \frac{abp}{1 + bp} \qquad (6.37)$$

式中　X_{abs}——吸附体积,cm^3/g;

　　　a——吸附常数,cm^3/g;

　　　b——吸附常数,MPa^{-1};

　　　p——吸附平衡压力,MPa。

采用式(6.37)对图 6.73 中的甲烷等温吸附曲线进行拟合可得到吸附常数 a 和 b,图 6.74 显示了

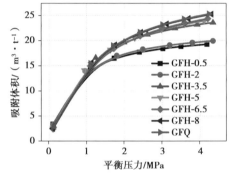

图 6.73 甲烷等温吸附实验结果

吸附常数 a 和 b 随取样孔与割缝孔之间距离的变化趋势:吸附常数 a 随着割缝孔与取样孔之间距离的增大而逐渐增大,而吸附常数 b 则逐渐减小;吸附孔孔容比和吸附常数曲线均呈现出"S"形和反"S"形,具有有界性和非线性的特征。Boltzmann 方程是典型的"S"形曲线之一,能够恰当地描述这种变化趋势。其一般形式为:

$$y = A_2 + \frac{A_1 - A_2}{1 + e^{(x - x_0)/dx}} \qquad (6.38)$$

式中　A_1, A_2, x_0, dx——方程的参数。

采用 Boltzmann 方程对吸附常数和吸附孔孔容比的曲线进行拟合,如图 6.74 所示。

通过作图 6.74 中曲线的切线得到 2 个特征临界点 A'_x 和 B'_x,通过特征临界点把整条曲线划分为 3 个区域,如图 6.75 所示。

Ⅰ区:取样孔与割缝孔之间距离小于 1.8 m。各参数(吸附常数、吸附孔孔容比和比表面积)曲线变化平缓,割缝预抽后各参数变化显著。

Ⅱ区:取样孔与割缝孔之间距离为 1.8 ~ 4.5 m。各参数曲线呈现急剧变化,割缝预抽后各参数变化由显著向不显著过渡。

Ⅲ区:取样孔与割缝孔之间距离大于 4.5 m。各参数趋于稳定值。

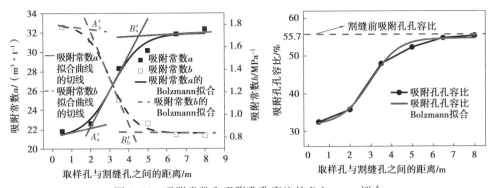

图 6.74　吸附常数和吸附孔孔容比的 Boltzmann 拟合

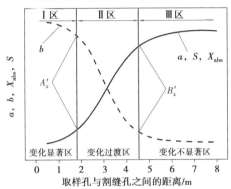

图 6.75　割缝预抽后各参数的分区特征

6.5.2　割缝预抽后煤层宏观指标变化的微观机制

1）割缝预抽后宏观指标与微观参数的关联性

本节采用灰色关联性分析（GRA）对割缝预抽后宏观指标和微观参数的内在联系进行分析。选择残余瓦斯含量、瓦斯放散初速度和煤的坚固性系数为参考序列，比较序列是由吸附孔孔容比（AP）、渗流孔孔容比（SP）、总孔容（PV）、灰分（A_{ad}）、挥发分（V_{daf}）和固定碳（FC_{ad}）组成的矩阵。灰色关联分析结果见表 6.8。由表 6.8 可知，宏观指标与微观参数均存在不同程度的关联性。对于残余瓦斯含量来说，吸附孔的关联度远高于其他参数。因此，残余瓦斯含量的主控微观参数是吸附孔孔容比。对于瓦斯放散初速度来说，渗流孔孔容比、总孔容和水分的关联度远大于其他参数。因此，瓦斯放散初速度的主控微观参数是渗流孔孔容比、总孔容和水分。类似地，对于煤的坚固性系数来说，渗流孔孔容比、总孔容和水分的关联度远大于其他参数。因此，煤的坚固性系数的主控微观参数是渗流孔孔容比、总孔容和水分。宏观指标和微观参数的关系如图 6.76 所示。其中 DS 指割缝，GD 指预抽。

表 6.8　灰色关联分析结果

宏观指标	关联度						
	AP	SP	PV	M_{ad}	A_{ad}	V_{daf}	FC_{ad}
残余瓦斯含量	0.844 9	0.489 5	0.474 0	0.502 2	0.488 9	0.536 3	0.733 7
瓦斯放散初速度	0.478 9	0.781 5	0.749 3	0.747 2	0.665 3	0.697 7	0.539 7
煤的坚固性系数	0.474 2	0.854 7	0.811 7	0.832 1	0.730 1	0.702 7	0.646 5

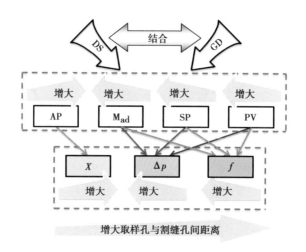

图6.76 宏观指标和微观参数的关联性

2）割缝预抽后宏观指标的变化机制

瓦斯渗流是瓦斯在煤中运移的主要形式。当裂隙内压力降低时,孔隙—裂隙之间形成压力梯度,构成驱动力,促使瓦斯从微孔和小孔的孔壁发生解吸。解吸的瓦斯进入裂隙系统,并演化为压力驱动的达西流。因此,可认为解吸的瓦斯量决定瓦斯渗流动力的大小,而裂隙系统决定瓦斯运移阻力的大小。吸附孔孔容比越大,瓦斯运移动力越足。而渗流孔孔容比越大,瓦斯运移的阻力越小。二者最终结果是增大了瓦斯放散初速度。此外,由于煤的总孔容主要由渗流孔孔容决定,所以总孔容越大,渗流孔孔容比越大,瓦斯运移阻力越小,瓦斯放散初速度越大。因此,上述几个因素竞争的结果决定了割缝预抽后瓦斯放散初速度的变化。

煤是一种典型的多孔介质。它的总体积 V 由基质体积 MV 和裂隙体积 FV 组成。而孔隙率 ϕ 可以定义为:

$$\phi = \frac{FV}{V} \tag{6.39}$$

基于这个定义,孔隙率还可以表达为:

$$\phi = \rho PV \tag{6.40}$$

相关学者测定了煤的坚固性系数和孔隙率。通过统计分析得到二者的关系可以表达为:

$$\phi = Af + B \tag{6.41}$$

式中,A 和 B 为系数,且 $A > 0$。

结合式(6.39)和式(6.40)可以得到:

$$\rho PV = Af + B \tag{6.42}$$

从式(6.42)可知:煤的总孔容与煤的坚固性系数存在正相关的关系。割缝预抽后,随着取样孔与割缝孔之间距离的减小,煤的总孔容逐渐增大。煤的坚固性系数逐渐增大。渗流孔孔容比和总孔容呈现类似的变化趋势,因此,渗流孔孔容比与煤的坚固性系数变化规律一致。

6.5.3 瓦斯抽采效果分析

1）割缝孔有效抽采半径的确定

割缝有效抽采半径关系到施工工程量、瓦斯抽采效果等问题。本章采用残余瓦斯含量法对该实验条件下割缝孔的有效抽采半径进行了初步分析,而本节则采用瓦斯压力法对上述结论进行验证。瓦斯压力法测定钻孔有效抽采半径的关键问题之一是确定判定阈值,但往往忽略了不同煤层的实际情况。本节在考虑不同煤层特点的前提下,提出一种新的判定阈值方法。

周世宁院士通过实际测定的煤层瓦斯含量演化规律,在工程允许误差范围内,提出了煤层原始瓦斯含量 X_o 和原始瓦斯压力 p_o 之间的近似关系式:

$$X_o = A\sqrt{p_o} \tag{6.43}$$

式中　A——煤层瓦斯含量系数。

由式(6.43)可以得到煤层的预抽率 η:

$$\eta = 1 - \frac{X_r}{X_o} = 1 - \frac{A\sqrt{p_r}}{A\sqrt{p_o}} = 1 - \frac{\sqrt{p_r}}{\sqrt{p_o}} \tag{6.44}$$

式中　X_r——残余瓦斯含量;

p_r——残余瓦斯压力。

《煤矿安全规程》把煤层预抽率大于30%作为消突判据,则有:

$$\eta = 1 - \frac{\sqrt{p_r}}{\sqrt{p_o}} < 30\% \tag{6.45}$$

即:

$$p_r < 49\% p_o \tag{6.46}$$

而《防治煤与瓦斯突出细则》把残余瓦斯含量低于 8 m^3/t 作为消突判据,则有:

$$X_r = X_o \frac{\sqrt{p_r}}{\sqrt{p_o}} < 8 \tag{6.47}$$

即:

$$p_r < \frac{64 p_o}{X_o^2} \tag{6.48}$$

由于影响瓦斯压力测定的不确定因素较多,本节采用原始瓦斯压力与残余瓦斯压力的比值作为判定指标,即:

$$\frac{p_r}{p_o} = \min\left(49\%, \frac{64}{X_o^2}\right) \tag{6.49}$$

此判定指标可表示为图6.77。当原始瓦斯压力与残余瓦斯压力的比值位于临界线以上时,煤层抽采未达标,处于危险状态。当原始瓦斯压力与残余瓦斯压力的比值位于临界线以下时,煤层抽采达标,处于安全状态。

基于上述判定指标,对4个测压孔的瓦斯压力变化(图6.78)进行分析,可得到如下结果:由前文可知,6#钻场实测的煤层瓦斯含量是 12.02 m^3/t。可得到判定指标为:原始瓦斯压力与残余瓦斯压力的比值为55%。1#测压孔的瓦斯压力最终稳定在接近 2 MPa。割缝实施 3 d 后,瓦斯压力骤降至临界

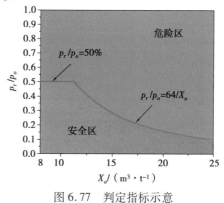

图 6.77　判定指标示意

值。11 d 后,2#测压孔压力同样降低至 55%。这说明随着时间的推移,距割缝孔较远的煤体在流变的作用下,透气性也得到了明显提升,瓦斯压力得以显著削弱。由此可知,割缝钻孔的有效抽采半径在 3 d 内已达到 4 m,在 11 d 内已达到 5 m。29 d 后,3#测压孔瓦斯压力达到平

衡,但原始瓦斯压力与残余瓦斯压力的比值略大于55%。这表明两测压孔之间煤体瓦斯压力的削弱程度处在达标线附近。经过将近60 d的抽采,4#测压孔的瓦斯压力经过一个压力降低段后,稳定达标线以上。综上所述,考虑到须预留一定安全系数,在本试验背景下割缝孔的有效抽采半径为5 m,而前文得到割缝孔的有效抽采半径为4.65 m。综合考虑后,将1063机抽巷割缝孔布孔间距确定为7 m。

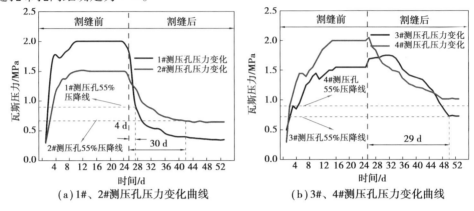

图6.78　测压孔瓦斯压力变化

2)钻孔设计

为了验证上述有效抽采半径测定结果,进行如下实验设计:4#钻场布孔间距为6 m,5#钻场布孔间距为7 m,7#钻场布孔间距为8 m。

(1)4#钻场钻孔设计

设计6列7排水力割缝钻孔,各孔间距为6 m,共42个孔,比普通钻场设计的49个钻孔减少了7个,减少14.3%。设计割缝出煤量为0.8~3 t,钻孔设计如图6.79所示。

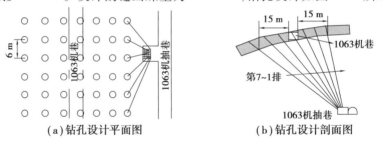

图6.79　4#钻场钻孔设计平面图(左图)和剖面图(右图)

(2)5#钻场钻孔设计

设计3列6排水力割缝钻孔,布孔间距为7 m,共18个水力割缝孔。同时,设计3列7排普通抽采钻孔,布孔间距为5 m,共21个普通抽采钻孔。整个钻场设计39个钻孔,割缝钻孔设计割缝出煤量为0.8~3 t。钻孔设计如图6.80所示。

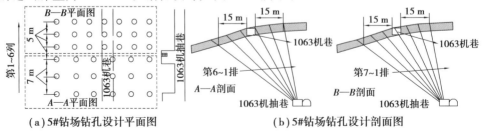

图6.80　5#钻场钻孔设计平面图和剖面图

3）瓦斯抽采效果考察

3#钻场共施工 49 个普通抽采钻孔,4#钻场施工 42 个割缝钻孔,考察结果如图 6.81(a)所示。同时,本节也分别计算了 3#、4#钻场单孔纯流量及单孔纯流量增大倍数,如图 6.81(b)所示。分析可知,4#割缝孔钻场的单孔纯流量比 3#钻场提高了 3~6.2 倍,平均为 3.86 倍。

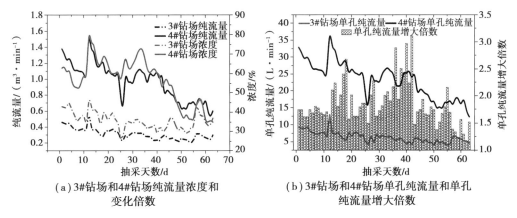

（a）3#钻场和4#钻场纯流量浓度和变化倍数　　　　（b）3#钻场和4#钻场单孔纯流量和单孔纯流量增大倍数

图 6.81　3#钻场和 4#钻场纯流量、浓度、单孔纯流量和单孔纯流量增大倍数

(1)5#钻场抽采效果

5#钻场共施工 21 个普通孔和 18 个割缝孔,其纯流量和浓度数据如图 6.82(a)所示,单孔纯流量及单孔纯流量增大倍数,如图 6.82(b)所示。分析可知,5#钻场割缝孔单孔纯流量比普通孔的提高了 1.6~2.6 倍,平均为 2.04 倍。

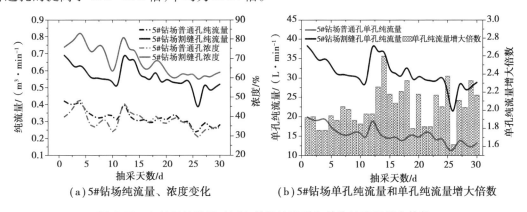

（a）5#钻场纯流量、浓度变化　　　　（b）5#钻场单孔纯流量和单孔纯流量增大倍数

图 6.82　5#钻场纯流量、浓度、单孔纯流量和单孔纯流量增大倍数

(2)7#钻场抽采效果

7#钻场共施工 21 个普通抽采钻孔、15 个水力割缝抽采钻孔,其纯流量和浓度数据如图 6.83(a)所示,单孔纯流量及单孔纯流量增大倍数,如图 6.83(b)所示。分析可知,5#钻场割缝孔单孔纯流量比普通孔的提高了 1.7~2.4 倍,平均为 2.20 倍。由此可知:高压水力割缝能够显著改善煤体透气性,从而大幅度提高瓦斯抽采效率。

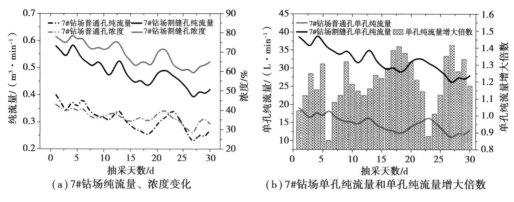

图 6.83　7#钻场纯流量、浓度、单孔纯流量和单孔纯流量增大倍数

本章小结

水力割缝是煤矿井下防治煤与瓦斯突出的有效手段,本章揭示了割缝煤体弱化特征及细观机制、射流冲击—地应力耦合作用下煤松弛机理和含瓦斯煤割缝流固耦合特性,并基于以上理论研究提出了钻割分封一体化强化瓦斯抽采技术,最后结合现场试验阐明了割缝预抽后煤宏—微观参数变化机制。得到的主要结论如下:

①随着缝槽倾角的增大,煤的抗压强度和弹性模量增大,而泊松比变化比较复杂。随着孔槽比的增大,抗压强度和弹性模量的曲线簇呈现出开口向左横放的"V"形。提出了"缝槽弱化度"定量描述缝槽对煤体的弱化程度,通过线性插值得到了缝槽弱化度随孔槽比和缝槽倾角的变化图谱,同时基于裂纹几何形态和扩展机理,揭示了割缝煤体破裂的细观机制。

②随着射流冲击角度的增大,射流扰动度呈现先增大后减小的趋势。随着侧压系数的增大,射流扰动度总体上呈现出逐渐减小的趋势。此外,定义了轴向松弛度和侧向松弛度。随着射流冲击角度的增大,轴向松弛度逐渐减小,而侧向松弛度呈相反的变化趋势。随着侧压系数的增大,轴向松弛度和侧向松弛度均呈逐渐增大的变化趋势。

③随着瓦斯压力的增大,割缝前最终变形量逐渐增大,吸附段和解吸段试样内部监测点处的平行方向和垂直方向极限应变量的绝对值均大于平行方向的,解吸段试样内部监测点处的平行方向和垂直方向极限应变量的绝对值均小于吸附段的。随着瓦斯压力的增大,瓦斯扩散参数呈幂函数增大。随着缝槽半径的增大,极限应变量均先快速增大后趋于平缓。此外,瓦斯扩散参数呈现出与极限变形量类似的变化趋势。

④研发了基于双动力钻进、水力割缝、三相旋流水煤气分离与封隔一体化封孔的钻割分封一体化强化瓦斯抽采技术及装备。双动力钻进能够利用水射流的超前破坏作用,弱化岩体结构,形成结构弱面,辅助机械破岩。水煤气分离装置能够达到"高效密封接收、喷雾降尘、旋流分离、瓦斯捕捉"四位一体的效果。结合水力割缝的封隔一体化封孔工艺,能够在封孔段采用割缝的方式进行辅助封孔,从而改善钻孔的封孔效果。钻割分封一体化装备及技术能够实现高效增透与瓦斯提浓一体化作业,保障割缝增透作业安全性和抽采有效性。

⑤与割缝前煤样总孔容相比,割缝预抽后煤样总孔容显著增大,非常有利于煤层瓦斯解吸。割缝预抽后割缝周围呈现出明显的分区特征,即变化显著区、变化过渡区和变化不显著区。此外,残余瓦斯含量的主控微观参数是吸附孔孔容比,瓦斯放散初速度的主控微观参数是渗流孔孔容比、总孔容和水分,煤的坚固性系数的主控微观参数是渗流孔孔容比、总孔容和水分。割缝预抽通过改变煤的微观参数来控制其宏观参数的变化。

第7章 采动卸压区域靶向优选瓦斯精准抽采技术

为了满足高瓦斯和煤与瓦斯突出矿井瓦斯高效治理的迫切需要,实现煤矿井下瓦斯区域精准抽采,本章基于高瓦斯煤层群赋存特征,综合采用理论分析、实验室相似模拟、数值分析和现场实测等研究手段,获得了卸压开采后采动应力场、裂隙场与渗流场的时空变化规律,并基于"应力—裂隙—渗流"三场演化规律,提出了裂隙带卸压瓦斯抽采三场串联映射区域靶向联合优选方法。最终,在华晋焦煤沙曲煤矿成功地进行了采动卸压瓦斯抽采效果考察现场试验验证。本章研究成果丰富了卸压开采理论、瓦斯抽采技术,为类似地质条件下的煤层群卸压瓦斯高效精准抽采提供了参考。

7.1 煤层群开采覆岩应力—位移演化特征

煤层群开采后,由于上覆岩层的应力状态发生变化,顶板岩层会产生不同程度的破坏。为了进一步研究煤层群采动应力与位移演化特征,本节通过实验室相似模拟试验对近距离煤层群采动应力场、位移场时空演化规律进行了系统研究,阐明了单次采动与重复采动过程中围岩应力场、位移场的变化特征;通过理论分析,阐明了采动底板应力场分布特征。本节研究结论为裂隙带瓦斯抽采最佳时间和位置的确定提供试验依据。

7.1.1 覆岩应力演化特征

1)相似模拟理论

开展相似模拟实验要求原型和模型具有相似现象,但在实践过程中,通常要将所有的原型与模型物理力学参数比值都满足相似要求,往往具有不小的难度。所以在实验过程中,将需要重点研究的物理量保持相似,而将次要的研究对象尽可能满足相似的要求,以此完成相似实验。相似实验必须考虑的要素是相似比,相似比指的是原型和模型对应参数的比值。一般考虑的相似比包括应力相似比、应变相似比、变形相似比等。相似模拟实验理论依据如下:

相似第一定理指的是具有相同相似度参考值的相似事件。根据在与原型相似的模型中得到的相似标准的值,可以得到原型中相似标准的对应值,最终得到被测物理量的值。

相似第二定理是指模型中的理论原理,即各参数函数关系。这是通过量纲分析得出相似性标准的基础。此外,实验次数是由多变量物理量的函数关系转化而来的少数元素的维数,可实现实验过程简化,实验数量降低。

相似第三定理又称相似逆定理,可表示自然规律中的各种运动。第一、第二定理很好地从本质出发解释相似现象,并为相似模拟试验奠定基础。另一方面,第三定理对相似现象条件做出了诠释。

2）煤层及顶板赋存概况

沙曲矿可采煤层共有 8 个煤层，分别为 2#、3#、4#、5#、6#、8#、9#、10#。本次相似模拟试验主要依据 3#、4#、5# 3 个煤层及其顶底板地质特征。其地质特征如下：

3#煤层位于山西组中部，上距 2#煤层 0.90 ~ 23.92 m，平均间距 9.06 m。4#煤层赋存于山西组下部，上距 3#煤层平均 7.20 m，下距 K3 砂岩平均 10.61 m；煤层厚度 0.80 ~ 5.10 m，平均 2.25 m，可采系数 100%。5#煤层赋存于山西组下部，上距 4#煤层平均 5.50 m，下距 K3 砂岩平均 1.79 m；见煤点厚度 0.10 ~ 3.37 m，平均 1.93 m；可采厚度 1.10 ~ 3.37 m，平均 3.67 m，可采系数为 92%。

本次试验所用 3#、4#、5#工作面埋深约 510 m，3#、4#、5#煤层平均倾角 4°，为近水平煤层。3#、4#、5#煤层及顶底板赋存概况，见表 7.1。

表 7.1 煤层及顶底板赋存概况

煤层	煤层厚度	煤层间距	夹矸	顶板岩性
	最小-最大 平均	最小-最大 平均	夹矸层数（结构）	底板岩性
3#	0.00-2.00 1.01	0.00-10.13 7.20 2.89-8.16 5.50	0-3 （简单）	泥岩、砂质泥岩 泥岩、砂质泥岩
4#	0.80-4.04 2.25		0-2 （简单）	细粒砂岩、泥岩 泥岩、砂质泥岩
5#	0.10-3.37 1.93		0-6 （简单-复杂）	泥岩、中细粒砂岩 粉砂岩、泥岩

3）模型铺设与测点布置

（1）相似参数

根据要解决的实际问题，选取其中起控制作用的物理参数。相似模拟试验需考虑的参数有：几何尺寸 l、容重 γ、弹性模量 E、应力 σ、开挖时间 t 等，用 p 和 m 分别表示原型和模型的物理量，C 表示相似常数，将各物理量之间的相似比定义为：$C_l = l_p/l_m = 100$，$C_\gamma = \gamma_p/\gamma_m = 1.5$，$C_t = t_p/t_m = 20$，$C_\sigma = C_l C_\gamma = \sigma_p/\sigma_m = 150$，$C_E = C_\sigma = 150$。

（2）相似模拟材料的制备

相似材料主要由骨料和胶结料两种成分组成。骨料在材料中所占的比重较大，是胶结料胶结的对象。骨料主要有细砂、石英砂、岩粉等，本试验骨料采用细砂。胶结料是决定相似材料性质的重要成分，常用的胶结材料主要有石膏、水泥、碳酸钙、石灰、高岭土、石蜡、锯末等。根据沙曲煤矿岩层特征，本试验胶结料采用石灰和石膏。不同胶结料与骨料混合组成不同种类的相似材料，其力学性能不同。根据已计算的模型力学参数，选定骨料及胶结料进行配比试验，确定了相似配比，得到了配比表。

（3）模型铺设

沙曲矿 3#煤层与 4#煤层在矿井东南角合并，结合矿井实际开采情况，相似模拟试验中 3#、4#合并（3#+4#煤层）开采，即模型开采顺序为 3#+4#、5#煤。根据试验对象、目的及研究内容，并结合实验条件，选取平面应力实验平台，模型尺寸为长 3 m，宽 0.2 m，高 1.4 m。各煤岩层为近水平条件。搭建的煤层群重复开采相似模拟试验模型，如图 7.1 所示。模型铺设分层材料用量表，见表 7.2。

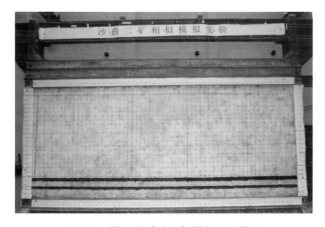

图 7.1　煤层群采动相似模拟试验模型

表 7.2　模型铺设分层材料用量表

序号	岩性	总厚/cm	分层厚/cm	分层数	配比号	分层砂重/kg	分层灰重/kg	分层膏重/kg	分层水重/kg
17	细砂岩	2.4	1.2	2	7∶5∶5	5.19	0.37	0.37	0.41
16	中砂岩	1.6	1.6	1	6∶5∶5	6.78	0.56	0.56	0.55
15	泥岩	2.25	1.2	2	8∶6∶4	5.22	0.39	0.26	0.41
14	2 号煤层	1.46	1.5	1	8∶7∶3	6.53	0.57	0.24	0.52
13	粉砂岩	0.56	0.5	1	6∶6∶4	2.11	0.21	0.14	0.17
12	中砂岩	1.2	1.2	1	6∶5∶5	5.09	0.42	0.42	0.41
11	细砂岩	1.2	1.2	1	7∶5∶5	5.19	0.37	0.37	0.41
10	泥岩	1.1	0.5	2	8∶6∶4	2.19	0.16	0.1	0.17
9	粉砂岩	0.9	1	1	6∶6∶4	4.24	0.42	0.28	0.34
8	中砂	6.42	2.3	3	6∶5∶5	9.76	0.84	0.84	0.79
7	泥岩	3.16	1.5	2	8∶6∶4	6.53	0.49	0.32	0.52
6	3#+4#煤	4.37	2.2	2	8∶4∶6	9.58	0.47	0.71	0.76
5	泥岩	1	1	1	8∶6∶4	4.35	0.32	0.22	0.35
4	中砂岩	1.17	1	1	6∶5∶5	4.24	0.35	0.35	0.35
3	泥岩	1.9	1	2	8∶6∶4	4.35	0.32	0.22	0.35
2	5#煤	3.29	3	1	8∶7∶3	13.19	1.14	0.48	1.04
1	泥岩	0.5	0.5	1	8∶6∶4	2.19	0.16	0.1	0.17

（4）位移监测

7 条位移监测线的具体位置见表 7.3。位移监测仪器,如图 7.2 所示。

表 7.3　相似模型位移观测线布置

监测线	监测线位置	监测点数/个	监测点横向间隔/cm	监测线垂直间隔/cm
Ⅰ	3#+4#煤顶板上方 102 m	25	10	—
Ⅱ	3#+4#煤顶板上方 72 m	25	10	Ⅰ ~ Ⅱ/30
Ⅲ	3#+4#煤顶板上方 42 m	25	10	Ⅱ ~ Ⅲ/30
Ⅳ	3#+4#煤顶板上方 22 m	25	10	Ⅲ ~ Ⅳ/20
Ⅴ	3#+4#煤顶板上方 12 m	25	10	Ⅳ ~ Ⅴ/10
Ⅵ	3#+4#煤顶板上方 2 m	25	10	Ⅴ ~ Ⅵ/10
Ⅶ	5#煤顶板上方 2 m	25	10	Ⅵ ~ Ⅶ/10

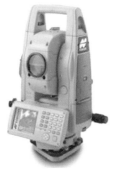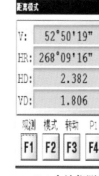

（a）全站仪实物图　　　　（b）全站仪测量界面

图 7.2　拓普康 GPT-7500 型全站仪

（5）应力监测

模型构建过程中,在3#+4#煤层、5#煤层顶底板岩层垂直方向上布置 3 条应力监测线,压力传感器在每条监测线上间距 30 cm,3 条应力监测线的具体位置见表 7.4。

表 7.4　相似模型应力观测线布置

监测线	监测线位置	监测点数/个	监测点横向间隔/cm
Ⅰ	3#+4#煤顶板上方 5 m	9	30
Ⅱ	5#煤顶板上方 5 m	9	30
Ⅲ	5#煤底板下方 3 m	9	30

在本次试验中,采用压力传感器配合 CM-2B-64 静态应变仪测试仪器测试煤岩体应力分布,压力传感器如图 7.3(a)所示,测试仪器如图 7.3(b)所示。

（a）压力传感器　　　　　（b）CM-2B-64静态应变仪

图 7.3　压力传感器与测试仪器

4）单次采动下应力分布特征

图 7.4 为煤层群单次采动（3#+4#煤层开采）过程中，上覆岩层应力演化特征。图中应力负值表示应力卸压，正值表示应力集中。3#+4#煤层开采过程中，工作面前方最大应力变化值、应力集中系数，顶底板最大应力卸压值如图 7.5 所示。

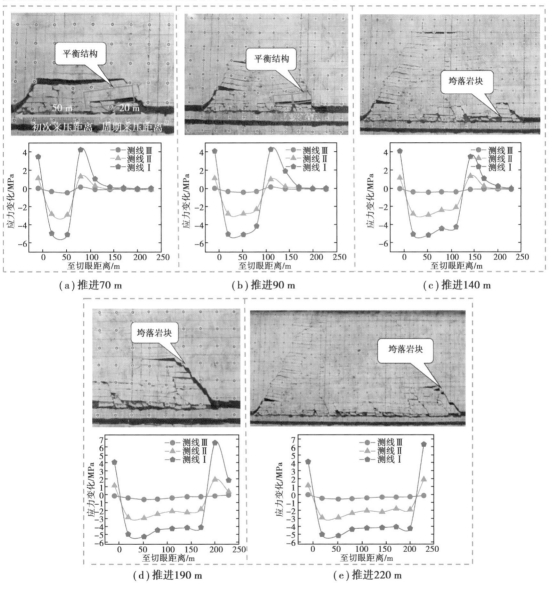

图 7.4 3#+4#煤开采过程中应力变化曲线

由图 7.4 可知，在 3#+4#煤层开采过程中，顶板岩层受张拉作用发生破断、下沉，推进至停采线时共发生 10 次来压。3#+4#煤层推进至 50 m 时，顶板岩层破断、垮落，发生初次来压，未破断岩层悬露在垮落的岩层之上，形成了长约 40 m、高约 4 m 的近似梯形空间。3#+4#煤层推进至 70 m 时，发生第 1 次周期来压，基本顶岩层破断、回转下沉，形成了砌体梁平衡结构，支撑着位于其上方的岩层，约束着上方岩层的运移与应力传递；3#+4#煤层工作面前方和开切眼后方均产生了不同程度的应力集中，顶底板岩层均得到了不同程度的卸压；工作面前方最大应力变化值为 4.2 MPa，应力集中系数为 1.323；顶板岩层最大应力卸压值为 5.1 MPa，底板岩层最大应力卸压值为 2.9 MPa。3#+4#煤层推进至 220 m（达到停采线）时，发生第 10 次周期来压；工作面前方最大应力变化值为 6.3 MPa，应力集中系数为 1.485；顶板岩层最大应力卸压值为 5.2 MPa，底板岩层最大应力卸压值为 3.1 MPa。

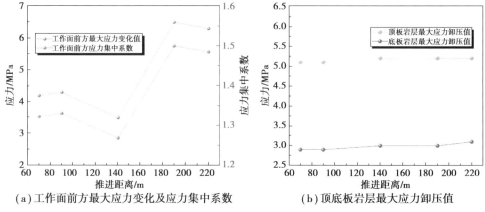

（a）工作面前方最大应力变化及应力集中系数 （b）顶底板岩层最大应力卸压值

图 7.5　3#+4#煤开采过程中工作面前方应力变化及顶底板最大应力卸压演化规律

综上所述，在 3#+4#煤层开采过程中，初次来压步距为 50 m，最大周期来压步距为 30 m，最小周期来压步距为 10 m，平均周期来压步距为 18.89 m。在基本顶岩层破断、回转下沉的过程中形成了砌体梁平衡结构，砌体梁之上的破断岩层随之回转下沉，支撑着位于其上方的岩层，约束着上方岩层的运移与应力传递。工作面前方和开切眼后方均产生了不同程度的应力集中，工作面前方最大应力变化值呈现先减小后增大趋势。应力集中系数与应力变化趋势一致。顶底板岩层均得到了不同程度的卸压，随推进距离的增加，变化不明显。

5）重复采动下应力分布特征

图 7.6 为近距离煤层群二次采动（5#煤层开采）过程中，上覆岩层应力演化特征。重复采动应力数据为单次采动监测结果清零后的结果。

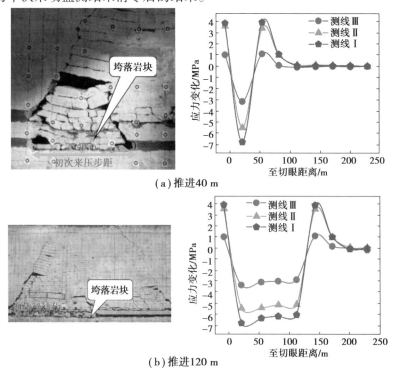

（a）推进 40 m

（b）推进 120 m

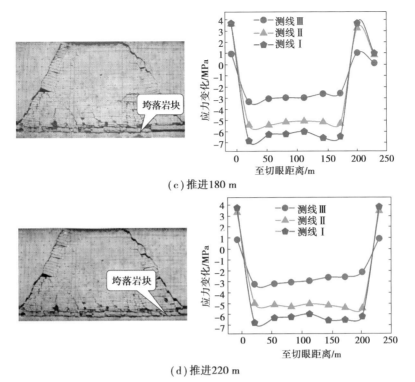

（c）推进180 m

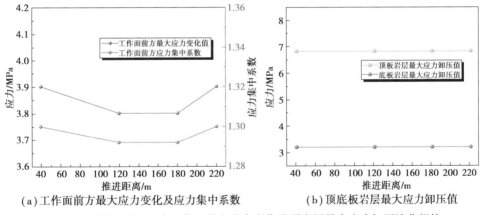

（d）推进220 m

图 7.6　5#煤开采过程中应力变化曲线

由图 7.6 可知,5#煤层开采过程中,顶板岩层受张拉作用力不断发生破断、下沉,产生周期性来压,开采至停采线时共发生 12 次来压。5#煤层开采过程中,工作面前方最大应力变化值、应力集中系数,顶底板最大应力卸压值,如图 7.7 所示。

（a）工作面前方最大应力变化及应力集中系数　（b）顶底板岩层最大应力卸压值

图 7.7　5#煤开采过程中工作面前方应力变化及顶底板最大应力卸压演化规律

5#煤层开采至 40 m 时,直接顶岩层破断、垮落,发生初次来压,受重复采动扰动的影响,3#+4#煤层开采过程中已破断的岩层(3#+4#煤层顶板约 10 m 范围内的岩层)再次破断,并与5#煤层顶板破断的岩层同步下沉;沿着开采方向宽约 40 m、5#煤层向上约 20 m 范围内的岩层破断程度较大。开采至 120 m 时,发生第 5 次周期来压,基本顶破断、垮落;由于原先砌体梁结构失稳,且没有新的砌体梁结构形成,上覆岩层破断程度较大。开采至 220 m(达到停采线)时,发生第 11 次周期来压,上覆岩层继续破断、垮落,最终达到稳定。

在 5#煤层开采过程中,即重复采动扰动作用下,顶板岩层共发生 12 次来压。初次来压步距为 40 m,最大周期来压步距为 30 m,最小周期来压步距为 10 m,平均周期来压步距为 16.36 m。

5#煤层开采过程中,采空区上方采动应力变化曲线呈"W"状分布。工作面前方最大应力变化呈先减小后增大的趋势,应力集中系数演化趋势与应力变化曲线一致。随5#煤层推进距离增加,顶底板岩层卸压程度保持不变,但顶底板岩层卸压范围呈扩大趋势。

7.1.2 覆岩位移演化特征

1)单次采动下覆岩移动特征

监测结果经相似参数比例进行换算,所得结果与实际情况相近。图7.8为煤层群单次采动(3#+4#煤层开采)过程中,上覆岩层破断及位移演化特征。

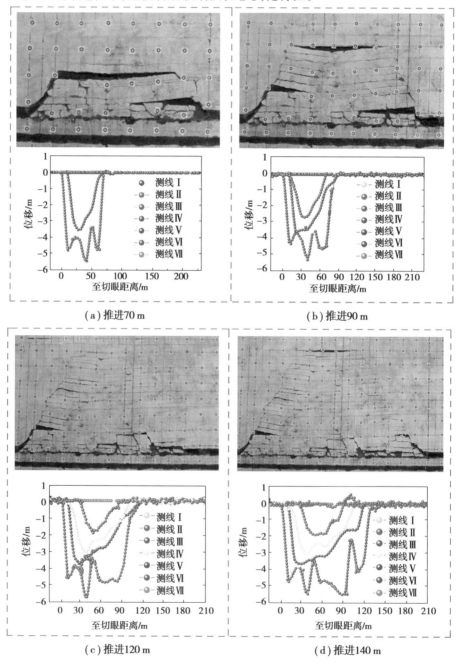

（a）推进70 m   （b）推进90 m

（c）推进120 m   （d）推进140 m

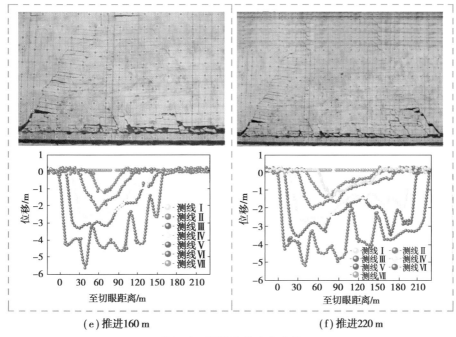

(e) 推进160 m　　　　　　　(f) 推进220 m

图 7.8　覆岩位移变化曲线

由图 7.8 可知,3#+4#煤层开采至 70 m 时,距离 3#+4#煤层较远的顶板位移测线 Ⅰ～Ⅳ和底板位移测线 Ⅶ基本无变化,距 3#+4#煤层顶板 12 m,2 m 的位移测线 Ⅴ 和 Ⅵ 变化较大,顶板岩层最大下沉量为 5.5 m。3#+4#煤层上覆岩层的位移呈现出由下至上逐渐减小的规律,主要原因是上覆岩层破断垮落后具有碎胀性,破断垮落的岩层体积增大使上覆岩层运动的空间减小。同时,这也符合采动卸压影响范围,越往上,采动影响越不明显。3#+4#煤层开采至 220 m 时,3#+4#煤层开采对位移测线 Ⅰ 和 Ⅶ 所在岩层的影响很小,而距 3#+4#煤层顶板 72 m,42 m,22 m,12 m,2 m 的位移测线 Ⅱ～Ⅵ 变化较大。

综上所述,采空区上覆岩层最大位移的位置位于采空区中后方,采空区中后方上覆岩层的下沉量大于中前方上覆岩层的下沉量,且采空区中后方上覆岩层下沉速度较中前方大。3#+4#煤层上覆岩层的位移呈现由下至上逐渐减小的规律。

2）重复采动下覆岩移动特征

图 7.9 为近距离煤层群重复采动(5#煤层开采)过程中,上覆岩层破断及位移演化特征。由图 7.9 可知,5#煤层开采过程中,3#+4#煤层开采期间已破断下沉的岩层受重复采动扰动的影响再次发生破断、下沉。

5#煤层开采至 40 m 时,直接顶破断垮落,产生初次来压,3#+4#煤层开采期间已破断下沉的岩层受重复采动扰动的影响,再次发生破断,并与 5#煤层直接顶破断岩层同步下沉,顶板岩层最大下沉量为 7.3 m。受重复采动的影响,3#+4#煤层开采期间已破断的岩层与 5#煤层顶板破断岩层具有较为一致的运动规律。5#煤层开采至 80～220 m 时,3#+4#煤层开采期间已破断岩层受二次开采扰动的影响,再次发生破断,并与 5#煤层直接顶破断岩层协调同步下沉,顶板岩层最大下沉量为 9.8 m。5#煤层上覆岩层的位移呈现出由下至上逐渐减小的规律。

综上所述,受重复采动扰动的影响,3#+4#煤层开采期间已破断的岩层与5#煤层顶板破断岩层具有较为一致的运动规律。采空区上覆岩层最大位移的位置位于采空区中后方,采空区中后方上覆岩层的下沉量大于中前方上覆岩层的下沉量,且采空区中后方上覆岩层下沉速度较中前方大,工作面和切眼附近岩层下沉量小于采空区中部岩层。

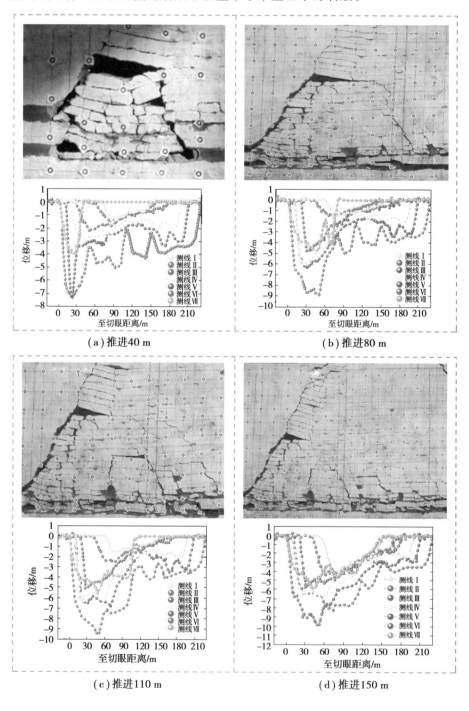

(a) 推进40 m   (b) 推进80 m

(c) 推进110 m   (d) 推进150 m

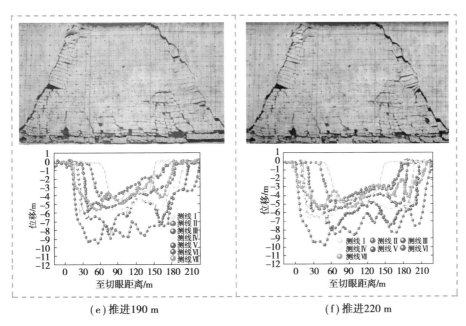

（e）推进 190 m　　　　　　　（f）推进 220 m

图 7.9　上覆岩层位移变化曲线

3）单次采动与重复采动下覆岩应力演化、位移特征对比分析

根据相似模拟实验结果得到了单次采动与重复采动下的覆岩应力、位移演化特征，对其进行对比分析，如图 7.10 所示。

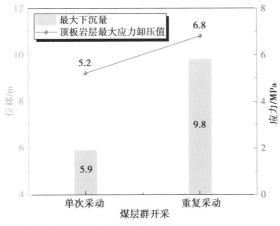

图 7.10　单次采动与重复采动下的覆岩最大下沉量、顶板岩层最大应力卸压值

对比图 7.4 和图 7.6 可得，单次采动与重复采动下覆岩应力变化曲线趋势较为一致，都呈"W"状；随推进距离增加，卸压范围呈扩大趋势不断发展。且由图 7.10 可知，单次采动下最大应力卸压值为 5.2 MPa，重复采动下最大应力卸压值为 6.8 MPa，表明较单次采动，重复采动卸压程度更大。这可能是因为与 3#+4# 煤层开采相比，5# 煤层在开采过程中，周期来压次数增多，平均来压步距减小，应力集中系数减小，来压强度降低。此外，重复采动下，砌体梁结构失稳，岩层破断、下沉现象更为突出。

对比图 7.8 和图 7.9 可得，单次采动与重复采动下覆岩位移变化曲线趋势较为一致，都呈现由下至上逐渐减小的规律；采空区上覆岩层最大位移的位置位于采空区中后方。且由图 7.10 可知，单次采动下最大下沉量为 5.9 m，而重复采动下最大下沉量为 9.8 m。这表明了相较单次采动，重复采动下覆岩垮落、下沉程度更为剧烈。

7.1.3 底板应力演化特征

在煤层群开采过程中,上覆岩层应力演化特征对采场稳定起着重要作用,然而底板应力演化同样起着重要作用。工作面回采后,采场围岩结构示意如图 7.11 所示。采空区上方顶板垮落,但顶板垮落高度与本煤层采高有关。大量现场实测表明:在高位岩层沉陷作用下,采空区矸石压实效果较为局限,即采空区底板岩层应力值同初始应力状态的应力值相比很小,基本可以忽略不计;而在靠近工作面煤壁的位置,因煤壁及支架的支撑作用,顶板不能完全形成具有一定跨度的悬顶;由支架围岩关系可知,支架的支撑作用非常有限;由此可以判断悬顶及更高位覆岩的变形压力大部分由工作面前方煤壁支撑。因此,对工作面前方煤体支承压力进行分析就显得尤为重要。

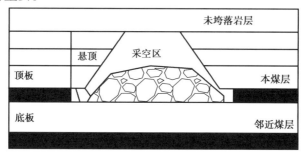

图 7.11　采场围岩结构示意

为得到本煤层开采后底板中采动应力场分布特征,将本煤层未采煤层和采空区垮落矸石对底板岩层的作用以及底板各岩层作如下简化:

①本煤层未采煤层和垮落矸石对底板作用简化为应力边界条件,且仅存在正应力 q,而水平方向的剪应力等于 0。

②煤壁前方本煤层未采煤层对底板作用力服从 Weibull 分布,而采空区矸石对底板作用力远小于原岩应力,可忽略不计。

③经以上简化,以本煤层底板为分界面视为半无限平面应变问题。

④此处不考虑底板弹塑性变形,将其视为完全弹性,结果均为弹性假设下的解析解。

⑤不考虑底板各岩性岩层物理力学性质不同对底板应力传播造成的影响,即各岩层均视为均质各向同性。

在采空区区域,由于采动卸压及覆岩垮落,应力水平较小(减压区),在煤壁处由于煤体的支撑作用开始升高;由于浅部煤体处于破坏状态,靠近煤壁处的应力仍处于较低水平,距煤壁一定距离后进入较高水平并出现支承压力峰值点(增压区);之后开始降低,距煤壁 40~50 m 是恢复至原岩应力水平(原岩应力区);该简化下,底板垂直应力可由式(7.1)表示。

$$q(x) = \begin{cases} q_1 + \dfrac{b_1 \mathrm{e}}{a_1}(-x + a_1 + m)\,\mathrm{e}^{\frac{x - a_1 - m}{a_1}} & (0 \leqslant x \leqslant m) \\[2mm] q_2 + \dfrac{b_2 \mathrm{e}}{a_2}(x + a_2 - m)\,\mathrm{e}^{\frac{x + a_2 - m}{a_2}} & (m \leqslant x \leqslant n) \end{cases} \tag{7.1}$$

式中　q_1, q_2——载荷,MPa;

　　　a, b——分布函数常系数,MPa;

　　　m——峰值点坐标;

　　　n——支承压力影响范围,m。

　　进一步对模型简化,将底板应力场问题视为受非均布载荷 $q(x)$ 作用的半无限平面应变问题,其受力模型如图 7.12 所示。

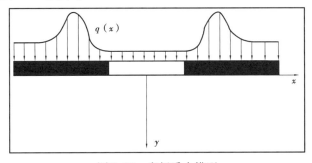

图 7.12　底板受力模型

根据受力模型,受非均布载荷半无限体即本煤层开采后底板中应力分布的解析式为:

$$\begin{cases} \sigma_x = -\dfrac{2y}{\pi}\displaystyle\int_{-\infty}^{\infty} \dfrac{(x-\xi)^2 q(\xi)}{[(x-\xi)^2 + y^2]^2}\mathrm{d}\xi \\[2mm] \sigma_y = -\dfrac{2y^3}{\pi}\displaystyle\int_{-\infty}^{\infty} \dfrac{q(\xi)}{[(x-\xi)^2 + y^2]^2}\mathrm{d}\xi \\[2mm] \tau_{xy} = -\dfrac{2y^2}{\pi}\displaystyle\int_{-\infty}^{\infty} \dfrac{(x-\xi)q(\xi)}{[(x-\xi)^2 + y^2]^2}\mathrm{d}\xi \end{cases} \tag{7.2}$$

　　由于将底板简化为半无限大平面体后没有考虑底板岩层的重力,因此,实际底板中的应力分布应在式(7.2)的基础上,加上底板岩层自重而产生的应力水平,即:

$$\begin{cases} \sigma_x = -\dfrac{2y}{\pi}\displaystyle\int_{-\infty}^{\infty} \dfrac{(x-\xi)^2 q(\xi)}{[(x-\xi)^2 + y^2]^2}\mathrm{d}\xi - \gamma y \\[2mm] \sigma_y = -\dfrac{2y^3}{\pi}\displaystyle\int_{-\infty}^{\infty} \dfrac{q(\xi)}{[(x-\xi)^2 + y^2]^2}\mathrm{d}\xi - \kappa\gamma y \\[2mm] \tau_{xy} = -\dfrac{2y^2}{\pi}\displaystyle\int_{-\infty}^{\infty} \dfrac{(x-\xi)q(\xi)}{[(x-\xi)^2 + y^2]^2}\mathrm{d}\xi \end{cases} \tag{7.3}$$

　　此处假设煤层埋深 400 m,岩体容重均取 2 500 kN/m³,侧压系数取 0.33,应力边界峰值应力取 15 MPa,影响范围取 40 m,支承压力峰值位置距煤壁距离 30 m,采空区垮落矸石对底板岩层的作用载荷取 1.5 MPa,水平应力的侧压系数取 0.33,将以上各参数代入底板应力解析式(7.3)中可得工作面推进 150 m 时距本煤层不同距离的不同层位底板岩层中垂直应力分布特征如图 7.13(a)所示。为了方便分析,图中应力均以压应力为正,拉应力为负。

　　由图 7.13(a)曲线可知,在煤壁处底板岩层中的垂直应力开始升高,并存在一定的应力集中现象,但同本煤层处应力集中现象相比,应力集中系数较小,该范围内距离本煤层较远的底板岩层中垂直应力同样大于距离本煤层较近岩层,但差距不大。由此可以判断,同采空区下方各岩层相比,该区域底板岩层受本煤层开采的影响较小。由图 7.13(b)曲线可知,采空区下部底板岩层中的水平应力变化趋势同垂直应力变化趋势一致。受本煤层采动影响后,底板各岩层中的水平应力迅速降低,距本煤层 10 m 的底板岩层中水平应力降至 -0.5 MPa 水平,说明采动后发生底鼓现象,底板岩层中因底鼓出现拉应力。同垂直应力变化特征相似,随着距本煤层距离的增加,水平应力的降低程度减小。未开采本煤层下方底板中的水平应力变化趋势同垂直应力相反,随距本煤层垂直距离的减小,该区域水平应力逐渐增大,但增大的趋势不明显。由图 7.13(c)曲线可知,采空区中部距本煤层不同距离的各底板岩层中的剪应力均为 0,随着距采空区中部距离的增加,各岩层中的剪应力逐渐增大,在煤壁下方达到峰值,之后逐渐减小,说明未采煤层下方底板岩层中剪应力分布所受采动影响随距煤壁距离的增加而降低。此外,距本煤层 10 m 的岩层中剪应力水平最小,这是由采动卸压作用造成的,而距本煤层 20 m 岩层中的剪应力值最大,可以判断该岩层出现明显底鼓现象。距本煤层 30 m 的底板岩层中剪应力值则再次减小,这是因为离本煤层距离越远,底板岩层受采动影响越弱,底板应力逐渐恢复全初始地应力状态,而初始地应力状态下的剪应力水平为 0。

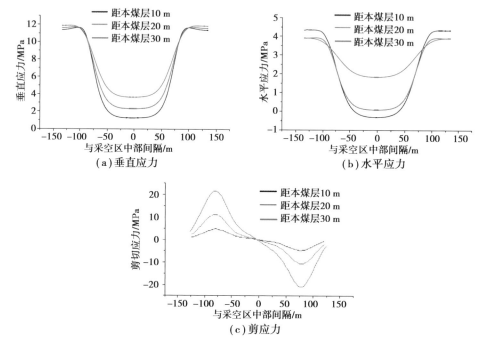

图 7.13   沿走向不同层位底板岩层的应力分布

7.2   煤层群开采覆岩裂隙演化特征

为了进一步研究煤层群开采覆岩裂隙演化规律,本节通过相似模拟实验以沙曲煤矿为研究对象,系统分析近距离煤层群开采裂隙场的时空演化规律;然后采用 3DEC 数值模拟软件对沙曲煤矿裂隙发育的动态演化过程进行模拟研究,进一步分析顶板裂隙带演化规律,为裂隙带定向钻孔抽采最佳位置的确定提供试验依据。

7.2.1   采动裂隙矩形梯台演化特征

覆岩裂隙演化特征对采空区瓦斯运移富集具有重要影响,为了探究近距离煤层群开采条件下覆岩裂隙演化特征,在物理相似模型的回采过程中,顶板经过了裂隙产生、裂隙张开、裂隙缩小、闭合的演化过程,且演化过程中采动裂隙矩形梯台呈现较明显的非对称性。工作面回采过程中顶板垮落形态如图 7.14 所示。

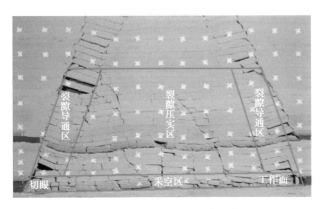

图 7.14 工作面顶板冒落形态

（1）采动裂隙矩形梯台的高度

随着工作面的推进,覆岩裂隙场发生动态变化,垮落带和裂隙带的发育高度与采动裂隙矩形梯台的发育高度成正比。因此确定垮落带与裂隙带的高度就能够确定矩形梯台的高度。由相似实验可知:垮落带高度为 12.3 m,裂隙带高度为 36.9 m。

（2）采动裂隙区边界及矩形梯台裂隙圈的宽度

矩形梯台裂隙圈宽度与工作面开采时的初次来压步距和周期来压步距及经过几次周期来压后垮落块体趋于水平有关。切眼侧裂隙贯通区宽度大约相当于 1 倍初次来压步距和 1 倍周期来压步距,工作面上方裂隙贯通区宽度大约为 3 倍周期来压步距。根据相似模拟的结果,确定切眼处裂隙贯通区及工作面裂隙贯通区宽度分别为 8.2 m、24.6 m。

（3）采动裂隙矩形梯台断裂角

断裂角是垮落带边界断裂位置和裂隙带离层发育的边界点连线与采空区一侧的煤层平面夹角。根据相似模拟的结果,测量得到开切眼和工作面处断裂角分别为 59.3°、54.1°。

7.2.2 采动裂隙分布特征

在采场覆岩的"竖三带"中,垮落带岩体相对松散,在研究垮落带内部瓦斯流动问题时,认为垮落带岩体为多孔介质;弯曲下沉带内岩体仍保持连续性,可以忽略其瓦斯流动的通道作用;在裂隙带内,由于采动的影响岩层断裂形成块体,但块体与块体之间仍保持一种啮合关系,块体间裂隙相互贯通并表现出一定的规律性,是瓦斯流动的主要通道,要厘清瓦斯在采动裂隙带内的流动特征,需要对渗流通道的特征进行量化。

在相似模拟实验完成后,取工作面推进至 120 m 时裂隙发育较为明显的图作为研究对象,对采动裂隙场分布特征进行分析。工作面推进 120 m 时,采动裂隙带呈下底为 120 cm、上底为 35 cm 的梯形,为了获取裂隙带内不同位置裂隙的形态特征,采用图像划分网格的方法将研究区域划分为 32 个单元格,横向上分为 8 区,每区长 15 cm,垂向上划分为 4 个分带,每分带宽 9.2 cm,共计划分为 32 个区域,如图 7.15 所示。

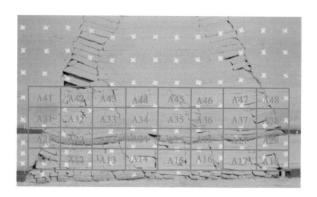

图 7.15　工作面推进 120 m 区域的划分

表 7.5　各分布区域的裂隙频数统计

分布区域	裂隙频数/条	分布区域	裂隙频数/条	分布区域	裂隙频数/条	分布区域	裂隙频数/条
A11	6	A21	4	A31	1	A41	0
A12	5	A22	6	A32	4	A42	13
A13	7	A23	4	A33	3	A43	9
A14	6	A24	4	A34	1	A44	6
A15	3	A25	3	A35	2	A45	7
A16	3	A26	3	A36	5	A46	4

(1)裂隙频数分布特征

覆岩裂隙主要可分为两类:一类是由于覆岩力学性质导致岩层下沉量差异所产生的离层裂隙;另一类为块体被拉断或被剪断的破断裂隙。在统计裂隙频率分布时,遵循以下几个原则:①裂隙频数只统计各交点间贯通裂隙数量。②被交点分割的具有连续特征的横向裂隙认为是一条裂隙。③被交点分割的具有连续特征的破断裂隙,按交点间的贯通数量统计。

裂隙频数反映了裂隙的密度特征。各区域的裂隙频数统计见表 7.5,裂隙区域频数分布如图 7.16 所示,可以看出,横向方向上,工作面推进距离在 0～20 m(切眼位置附近),105～120 m(煤壁附近)范围内处于裂隙带边缘,裂隙频数较高,随着向采空区中部延伸,除 A13、A24、A36 分带外,其余区域内频数均呈下降趋势,即在采空区边缘位置因受到两端未采煤壁

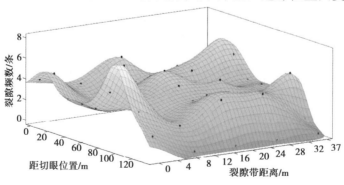

图 7.16　裂隙区域频数分布

的影响,上覆垮落岩层形成砌体梁结构,采空区中部岩层未受到影响而被上覆岩层完全压实;垂直方向上,在采动裂隙带内,整体规律表现为距离冒落带较近的岩层破断裂隙发育程度高,在同一层位内,煤壁附近的裂隙数量通常要大于开切眼一侧,但开切眼一侧离层裂隙发育的高度大于煤壁侧。

裂隙频数的大小反映瓦斯在裂隙内流动通道的数目,在采动裂隙场工作面附近的裂隙随着工作面推进频数基本能够保持不变,从而维持瓦斯通道的存在。而在采动裂隙场中部,由于压实作用,已经张开的裂隙也会闭合,不利于瓦斯流动。

(2)裂隙角度分布特征

裂隙角度是反映裂隙基本形态的参数,对工作面推进各个位置处顶板垮落特征进行灰度处理,进而统计分析各位置的垮落岩层裂隙角度分布特征,如图 7.17 所示。

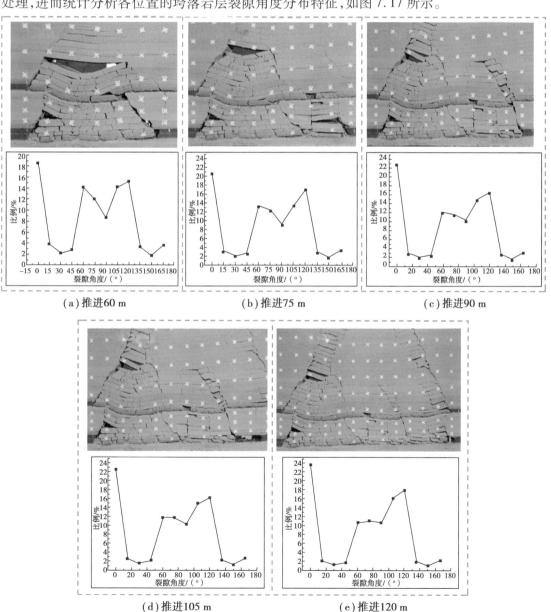

图 7.17　不同推进距离裂隙角度分布特征

从图 7.17 可以看出,随着工作面的推进顶板出现了不同程度的垮落,形成了不同角度的裂隙。裂隙角度以逆时针为正方向,裂隙角度主要集中在 0°、15°~45°、60°~90°、105°~120°、135°~165° 5 个区域内,表明裂隙带中裂隙是以离层裂隙和破断裂隙发育为主。

由图 7.17 可以看出,在周期性采动影响下垮落带范围增加,岩层断裂布局减小,靠近煤层的采空区中部上方裂隙贯通区范围增大,而靠近工作面和开切眼的裂隙贯通区横向范围减小,岩层基本全部进入裂隙带范围,覆岩中裂隙发育区趋于平稳。

裂隙角度反映瓦斯流动通道的方向性,其中离层裂隙约占总裂隙的 23.51%,高角度破断裂隙约占总裂隙的 66.05%,而低角度裂隙约占总裂隙的 10.44%,表明采动形成的裂隙集中在 0°、60°~90°、105°~120° 3 个区域内,说明瓦斯在裂隙场内流动的两个主要方向是近水平和近垂直。

(3)裂隙开度分布特征

裂隙开度是裂隙形态的又一重要参数,分区统计了各区域内裂隙的开度。裂隙开度的分布规律总体上可以描述为:在覆岩应力的作用下,近煤壁区域块体裂隙形成后,应力恢复对裂隙的闭合作用较小,能够维持比较大的开度;在距离煤壁较远的区域,在覆岩载荷作用下,裂隙被重新压实,开度明显变小。应力恢复过程水平离层裂隙所受影响强于破断裂隙。通过统计发现开度较小的裂隙(在 0~0.5 mm、0.5~1 mm、1~2 mm 范围内的裂隙)数量多且分布较为均匀,开度较大的裂隙(裂隙开度在 2~3 mm、3~4 mm、4~5 mm、5 mm 范围内的裂隙)则多分布于裂隙矩形梯台上方和两侧。

裂隙开度反映的是瓦斯在裂隙场内通道的宽窄程度。裂隙开度较小的区域分布比较均匀,裂隙开度较大的区域多分布于裂隙梯台的上方和四周,裂隙场中部裂隙开度则急剧减小。在垂直方向上,裂隙开度也随着高度增加而减少。由立方定律可知,瓦斯流动速度与开度呈三次方关系,流速对裂隙开度十分敏感,因此,瓦斯流动的主要区域应在采动裂隙带靠下部位。

(4)垮落高度与工作面推进距离间的关系

对厚煤层开采,除了要关注覆岩采动裂隙场分布形态外,还要研究采动覆岩的垮落高度与工作面推进距离间的关系,以全面分析瓦斯在采动裂隙场内的运移和聚集特征。煤层开采后覆岩经历卸压、变形、移动、破断和垮落,导致离层裂隙和破断裂隙的出现。

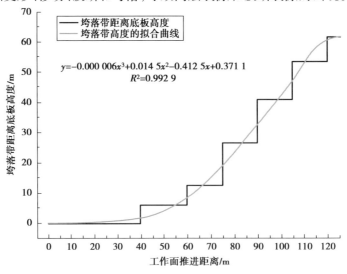

图 7.18 工作面推进距离与垮落带垮落高度之间的关系

由图 7.18 可知,垮落高度是呈阶梯状而非连续变化,随着工作面距离增加呈非线性变化,为了研究垮落高度与工作面推进距离间的非线性关系,采用三次多项式对两者关系进行拟合,其拟合相关性 R 值为 0.992 9,可信度较高。

7.2.3 不同采高位置采动裂隙演化特征

在数值模拟煤岩层参数的选取中,煤层及其基本顶的参数选取主要依据实验室试验数据,部分岩层的参数选取则参考类似岩性岩石块体的力学参数。为了便于单元的划分和计算,最终确定的模型岩石力学参数,见表 7.6、表 7.7。

表 7.6 各层煤岩层厚度

煤岩层层数	煤岩层名称	煤岩层厚度/m	煤岩层层数	煤岩层名称	煤岩层厚度/m
1	中粒砂岩	6.25	21	细粒砂岩	0.73
2	泥岩	5.30	22	粉砂岩	1.15
3	中粒砂岩	2.40	23	2 煤	1.03
4	粉砂岩	1.50	24	泥岩	2.25
5	中粒砂岩	9.29	25	细粒砂岩	3.25
6	粉砂岩	1.80	26	泥岩	3.90
7	中粒砂岩	2.05	27	细粒砂岩	1.50
8	粉砂岩	7.88	28	中粒砂岩	4.50
9	中粒砂岩	4.20	29	粉砂岩	0.65
10	粉砂岩	7.30	30	3#+4#煤	4.00
11	中粒砂岩	21.21	31	细粒砂岩	3.95
12	粉砂岩	7.33	32	泥岩	1.20
13	中粒砂岩	1.60	33	5#煤	3.75
14	粉砂岩	5.45	34	细粒砂岩	4.55
15	中粒砂岩	4.44	35	泥岩	4.60
16	泥岩	6.85	36	石灰岩	3.70
17	煤线	0.20	37	泥岩	8.23
18	粉砂岩	3.30	38	石灰岩	7.75
19	中粒砂岩	6.57	39	泥岩	4.10
20	粉砂岩	2.40			

表 7.7 煤岩层的力学参数

煤岩层名称	密度 /(kg·m⁻³)	体积模量 /GPa	剪切模量 /GPa	黏聚力 /MPa	抗拉强度 /MPa	摩擦角 /(°)
中粒砂岩	2 500	6.2	4.9	10	4.5	42
泥岩	2 200	2.0	1.2	1.4	0.8	19

续表

煤岩层名称	密度/(kg·m^{-3})	体积模量/GPa	剪切模量/GPa	黏聚力/MPa	抗拉强度/MPa	摩擦角/(°)
粉砂岩	2 200	1.8	1.0	1.2	0.6	18
煤线	1 350	1.5	0.5	0.6	0.2	20
2#煤	1 350	1.5	0.5	0.6	0.2	20
3#+4#煤	1 350	1.5	0.5	0.6	0.2	20
5#煤	1 350	1.5	0.5	0.6	0.2	20
细砂岩	2 600	2.6	2.0	5.6	1.2	30
石灰岩	2 730	1.21	1.20	6.3	1.119	40

采用3DEC软件对采动裂隙发育演化规律进行模拟,并构建相应的数值模型研究重复采动后上覆岩层裂隙发育特征。采用的模型为三维模型,模型尺寸为1 500 m×600 m×172.79 m(长×宽×高),模型顶部距地表327.56 m,煤层为近水平煤层。根据前期对沙曲煤矿的调研,所构建的模型中共有3层煤层,分别为2#煤层,3#+4#煤层,5#煤层。设计在3#+4#煤层与5#煤层依次开挖200 m×800 m,每次开采200 m,共开采4次。模型边界条件:在模型底部,x轴方向与y轴方向上限制位移的产生,即在这些方向上位移的速度为0,仅允许模型在垂直方向上发生位移。模型承受垂直地应力,该应力由重力加速度,岩层厚度和岩石密度确定,方向垂直向下。选择摩尔—库伦模型作为计算模型,选择具有面接触的库伦滑动模型作为节理的本构模型。数值模型如图7.19所示。

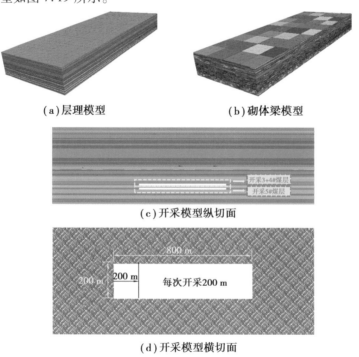

(a)层理模型　　　　　　　　(b)砌体梁模型

(c)开采模型纵切面

(d)开采模型横切面

图7.19　数值计算模型

　　开采 3#+4#煤层与 5#煤层后,采空区覆岩破坏及裂隙演化如图 7.20 和图 7.21 所示。由图 7.20 和图 7.21 可知,煤层开采后,上覆岩层会产生不同发育程度的裂隙。当煤层开挖 200 m 时,上覆岩层垮落,主要裂隙区域呈梯形分布,即离开采煤层越远,裂隙范围越小,裂隙数量越少。煤层继续开挖,上覆岩层垮落形成的主要裂隙区域呈"沙漏型",即煤层上覆岩层裂隙发育呈先减小后增大的趋势,这主要受岩层的力学性质和岩层块体的大小形状影响。当岩石块体较小时,岩层垮落影响范围较小,裂隙范围逐渐减小,但岩石块体与块体之间相互错动较大,在裂隙区域内产生的裂隙量较多;当岩石块体较大时,岩层垮落所影响的范围较大,但由于较大的岩石块体整体性较好,较大的岩石块体之间错动较少,产生的裂隙量较少。此外,在"沙漏型"裂隙分布区域中,下半部分岩层由于岩石块体小,垮落块体数量和产生的裂隙量较大,但影响范围小,裂隙分布区域呈收缩趋势;在"沙漏型"裂隙分布区域的上半部分,岩石块体逐渐增大,垮落的块体数量和产生的裂隙量较少,但其影响范围大,产生裂隙长度较长,裂隙分布区域呈扩张趋势。

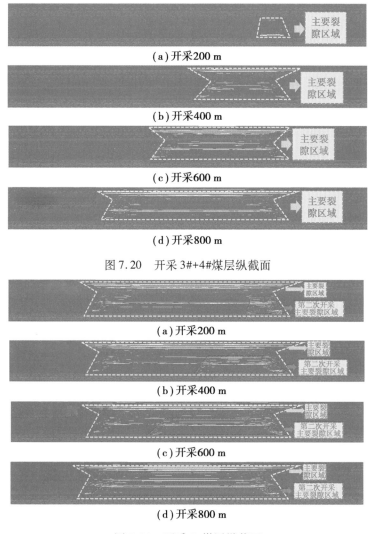

(a)开采200 m

(b)开采400 m

(c)开采600 m

(d)开采800 m

图 7.20　开采 3#+4#煤层纵截面

(a)开采200 m

(b)开采400 m

(c)开采600 m

(d)开采800 m

图 7.21　开采 5#煤层纵截面

　　对比分析单次采动和重复采动后上覆岩层裂隙发育特征可知,随着 5#煤层向前推进,上覆岩层区域裂隙不断增大,且裂隙不断向上覆岩层扩展。5#煤层推进对上覆岩层裂隙发育的影响主要集中于"沙漏型"裂隙区域的下半部分,即5#煤层推进其产生的主要裂隙区域呈梯形分布。这主要是"沙漏型"裂隙区域下半部分岩层块体较小,采动作用明显,并形成大量裂隙;而"沙漏型"裂隙区域上半部分岩层块体较大,且离煤层较远,受采动影响较小,其主要表现为裂隙宽度与长度增大,裂隙数量增加相较于裂隙区域下半部分不明显。重复采动后,形成了"沙漏型"裂隙区域,促进了瓦斯流动,有利于释放瓦斯压力。在"沙漏型"裂隙区域下半部分裂隙较多,且呈向上收缩的趋势;在"沙漏型"裂隙区域上半部分区域裂隙量相对较少,但裂隙长度大,将使工作面向中部扩散聚集的瓦斯继续向上覆岩层上部流动。

开采3#+4#煤层与5#煤层后,采空区不同采高岩层破坏及裂隙演化如图7.22、图7.23所示。由图7.22、图7.23可知,开采3#+4#煤层200 m时,岩层垮落较小,上覆岩层破坏不明显,因此,在采空区5倍、6倍、7倍和8倍采高处无明显裂隙产生。继续向前推进3#+4#煤层,不同采高处岩层破坏明显,岩层垮落裂隙形成。在煤层开挖过程中,其裂隙发育,并形成"O"形裂隙发育区。由不同采高截面图可知,随着采高倍数的增加,形成的"O"形裂隙发育区收缩,产生的裂隙范围变小,即上覆岩层离本煤层越远受本煤层采动影响越小。

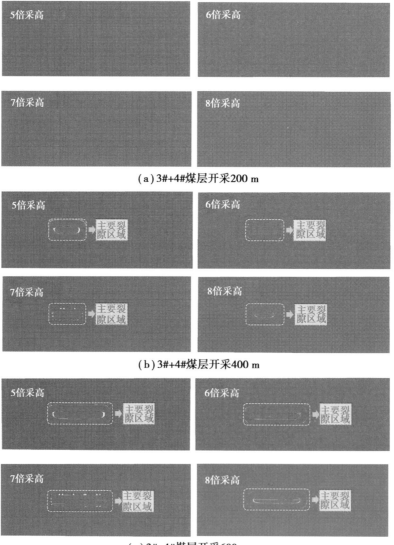

（a）3#+4#煤层开采200 m

（b）3#+4#煤层开采400 m

（c）3#+4#煤层开采600 m

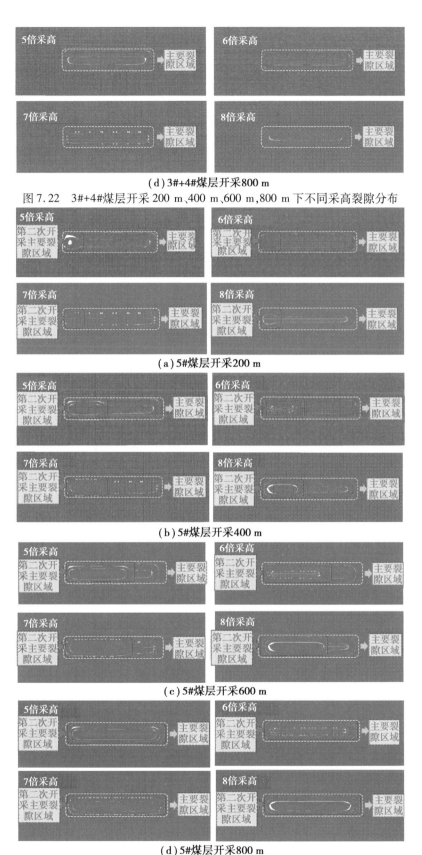

(d) 3#+4#煤层开采800 m

图 7.22　3#+4#煤层开采 200 m、400 m、600 m,800 m 下不同采高裂隙分布

(a) 5#煤层开采200 m

(b) 5#煤层开采400 m

(c) 5#煤层开采600 m

(d) 5#煤层开采800 m

图 7.23　5#煤层开采 200 m、400 m、600 m、800 m 下不同采高裂隙分布

对比单次采动和重复采动后上覆岩层裂隙发育特征可知,重复采动后,在原有"O"形裂隙发育区的内部形成了新的小"O"形裂隙发育区。小"O"形裂隙发育区产生的裂隙明显大于仅开采3#+4#煤层时形成的"O"形裂隙发育区。因此,开采5#煤层有利于增加岩层裂隙数量与扩大岩层裂隙,为瓦斯解吸、运移提供有利条件。此外,采空区8倍采高附近,采动裂隙发育良好。

7.3 采动卸压瓦斯抽采有利区识别

本节首先阐明了采动卸压瓦斯渗流分区特征,随后在前节相似模拟、数值模拟获得的裂隙特征基础上,开展了采空区瓦斯流动数值模拟,阐明采动卸压瓦斯运移特征,实现采动卸压瓦斯抽采有利区精准识别,从而为顶板裂隙带定向长钻孔抽采位置的确定,提供科学依据。

7.3.1 采动卸压瓦斯渗流分区特征

1）煤层应力与渗透率分布规律

在众多因素中,煤岩体渗透率对煤岩体和瓦斯所构成耦合系统的稳定性起着不可忽视的作用,而在外力作用下其内部裂隙演化过程又对瓦斯渗流过程起着控制作用。所以,研究煤岩体裂隙演化过程及其渗透性之间的关系,可为采动卸压瓦斯运移特征提供理论基础。煤层开采可以看作一个加卸载的过程,不同开采条件下产生的加卸载效果是不同的。卸压开采产生的卸压效应对煤层应力状态以及内部结构变化起到了促进作用,进而促使煤岩体微裂隙的发育与贯通,最终降低煤岩体内瓦斯压力及含量,减少了煤层开采过程中瓦斯灾害的发生。随着工作面的推进,煤体均呈现先加载后卸载的状态,其对应的煤体受力为原始应力区、应力上升区、应力下降区和应力恢复区,其对应的煤体的状态过程为原始状态、压密状态、扩散状态、恢复状态和再压实状态,分区如图7.24所示。

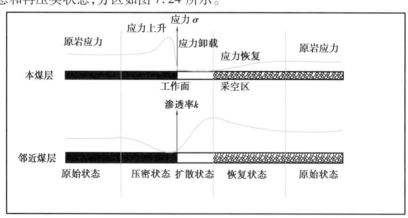

图 7.24 卸压开采渗透率分区

在原始状态,应力与渗透率稳定在平稳状态;在压密状态,因应力的逐步上升,煤岩体裂隙受力闭合,其渗透率也随之下降;到应力的峰值点,渗透率也下降到最低点;在扩散状态,由于应力超过屈服极限,煤岩体微裂隙开始发育,发展以及贯通,渗透率反之开始呈现上升状态;在采空区之后的恢复状态,应力逐渐恢复到原始状态,裂隙也开始呈现闭合趋势,渗透率也开始向原始状态靠近。

表 7.8　裂隙、应力及渗透率在各个状态下的走向趋势

类别	原始状态	压密状态	扩散状态	恢复状态	原始状态
裂隙	→	↓	↑	↓	→
应力	→	↑	↓	↑	→
渗透率	→	↓	↑	↓	→

从表 7.8 中可以看出,随着本煤层工作面的推进,下邻近煤层不同区域的煤岩体裂隙与渗透率走势大致相同,而二者与应力的走势恰好相反。

2)不同分区渗透特征演化规律

渗透性系数同煤岩体应力环境及破坏状态有关,以往研究成果表明煤岩体渗透性系数随着卸压程度的升高而增大,且不同形式破坏状态对渗透性系数的影响明显,受采动影响后,围岩的破坏形式大多表现为压剪破坏和拉剪破坏两种形式,而简单应力状态下表现出来的纯剪和拉破坏形式较为少见,因此,分析顶板中渗透性系数分布特征时仅考虑前两种破坏形式。由不同应力环境及破坏状态下煤岩体渗透率测定试验,分析可得煤岩体渗透率计算公式为:

$$k = \begin{cases} k_0 \text{(原岩应力区)} \\ k_0 e^{-0.109\sigma} \text{(卸压弹性区)} \\ k_0 e^{-0.109\sigma} + 3e^{-4.36} \text{(卸压压剪破坏区)} \\ k_0 e^{-0.109\sigma} + 3e^{-4.36} + 0.01\sigma + 0.3 \text{(卸压拉剪破坏区)} \end{cases} \tag{7.4}$$

7.3.2　采动裂隙场瓦斯分布规律

通过对沙曲一号煤矿 4305 工作面现场生产工作的地质资料进行研究发现,4305 工作面采动裂隙场瓦斯涌出位置主要为邻近煤层和工作面。

①渗透率和孔隙率:可以将其视为多孔介质,并在其内部不同区域设定不同的渗透率。通过前人研究成果,模型岩层选取渗透率为 1×10^{-10} m²,模型岩层选取孔隙率为 0.01;模型裂隙渗透率为 1×10^{-5} m²,模型裂隙孔隙率为 0.1。

②质量源:在工作面煤壁和采空区设置两处瓦斯质量源。假设其中 70% 瓦斯涌出量来自采空区,30% 瓦斯涌出量来自工作面煤壁。模型中煤壁区域工作面两端质量源为 1.4×10^{-2} kg/(m³·s),模型中采空区区域质量源为 1.2×10^{-3} kg/(m³·s)。

③模型边界条件:4305 工作面煤层现场实际测量瓦斯压力为 0.6 MPa。因此,在模型边界设置中工作面两端煤壁处瓦斯压力设置为 0.6 MPa,且不考虑采空区遗留煤块中残存的瓦斯压力。同时,裂隙场初始时刻视为无瓦斯存在,即初始时刻裂隙场内瓦斯浓度为 0。

根据 7.2.2 节数值模拟结果,4305 工作面覆岩从采空区开始至上覆岩层其垮落范围在逐渐减小,形成了采动裂隙矩形梯台。如图 7.25 红色区域所示,由于岩层间卸压程度的不同,其矩形梯台内的裂隙发育特征也不相同。因此,为了进一步分析卸压后采动裂隙矩形梯台内瓦斯的流动规律,采用 COMSOL 数值模拟软件,建立了如图 7.25 所示的物理模型图。

不同时刻采动裂隙场瓦斯浓度分布规律图,如图 7.26 所示,图中蓝色部分为低瓦斯浓度区域,红色部分为高瓦斯浓度区域,蓝色区域向红色区域过渡部分表示瓦斯由低浓度向高浓度逐渐增大。

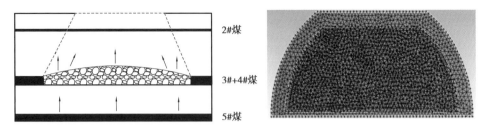

图 7.25　4305 工作面推进过程中的瓦斯流动的示意图与裂隙矩形梯台物理模型

由于采动裂隙场为工作面推进 120 m 位置时所建立的物理模型,在瓦斯整体运移过程中覆岩中裂隙发育状态保持稳定。因此,覆岩中瓦斯的运移过程为:首先,$T=60\sim120$ min 时物质源放散出的瓦斯首先在冒落带内部进行运移,卸压瓦斯优先向瓦斯优势通道处进行运移扩散,即在 180 min 之后位于裂隙矩形梯台两侧的裂隙贯通区,为裂隙最为发育。在顶部水平流动通道内裂隙发育贯通程度大,岩层渗透率增高便于瓦斯流动,且裂隙网络通道中瓦斯浓度大致呈现出对称分布。因此,在 $60\sim720$ min 内裂隙场瓦斯运移特征表现为瓦斯从物质源发散后沿着裂隙发育区最终在覆岩顶部裂隙带内积聚。由上述分析可以看出,瓦斯通过一些微观贯通裂隙和多孔介质岩体向四周进行运移扩散,如图 7.26(h) 所示。当富集瓦斯浓度达到一定的值后,瓦斯将主要富集在瓦斯优势通道和顶部瓦斯水平流动通道内。由于上覆岩层中关键层的影响,阻碍了瓦斯向上运移,进而导致瓦斯集中在优势通道中。通过数值计算云图,确定瓦斯储运优势层位主要分布在距工作面顶板 $32\sim36$ m(8~9 倍采高)。

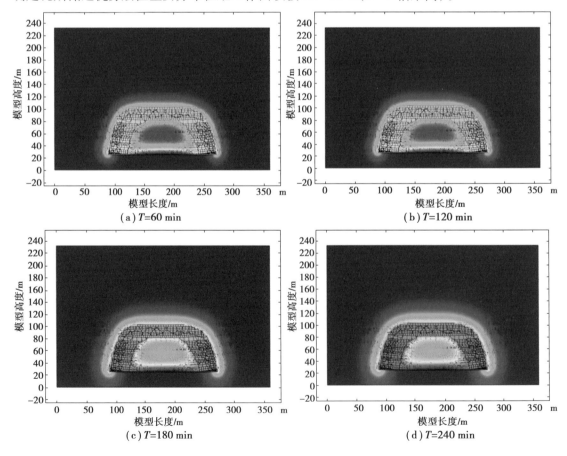

（a）$T=60$ min

（b）$T=120$ min

（c）$T=180$ min

（d）$T=240$ min

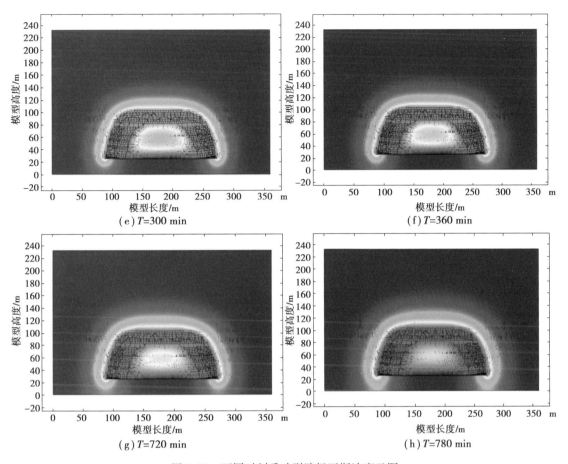

图 7.26　不同时刻采动裂隙场瓦斯浓度云图

7.3.3　定向钻孔抽采后采场瓦斯分布规律

在距 4305 工作面顶板 9 倍采高的层位,从裂隙矩形梯台的裂隙贯通区至裂隙带深部每间隔 10 m 布置定向抽采钻孔,采用 COMSOL 数值模拟获得其采场瓦斯分布特征如图 7.27 所示。

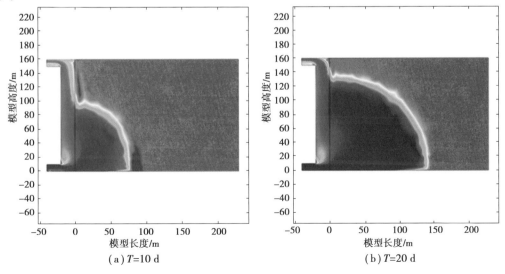

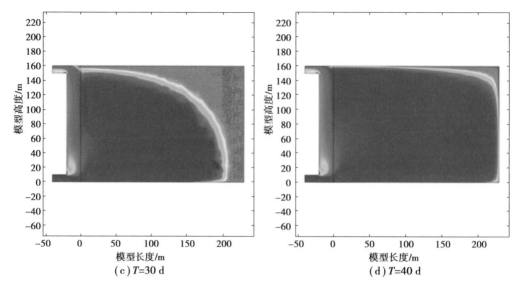

图 7.27 顶板裂隙带定向钻孔抽采后采场瓦斯分布特征

采用定向钻孔对工作面上覆岩层裂隙带中煤层瓦斯进行抽采,抽采后采空区内瓦斯分布范围发生明显变化,由图 7.27(a)和(b)可得,钻孔抽采 10 d 瓦斯分布区域范围明显大于钻孔抽采 20 d 瓦斯分布范围。越靠近工作面区域,瓦斯浓度越低,采空区内一半区域为高瓦斯区域,上隅角位置附近瓦斯分布区域范围逐渐减小。在裂隙带定向钻孔抽采 30 d 时的瓦斯分布如图 7.27(c)所示,采空区内高瓦斯分布区域范围明显减小,大致占瓦斯的空间 1/3,上隅角附近瓦斯浓度低于 1%。由以上分析可得,采用定向钻孔在工作面裂隙带内实现瓦斯抽采,随抽采作业的进行,整个采空区区域瓦斯浓度逐渐降低,采空区上隅角区域附近的瓦斯浓度逐渐达到安全生产要求。因此,在裂隙带内采用定向钻孔瓦斯抽采技术,在治理上隅角瓦斯浓度超限问题上具有很好的适应性和应用前景,为安全生产提供了保障,提高生产效率。

7.4 采动卸压瓦斯区域靶向抽采方法

本节首先基于全采动响应特征,研发了本煤层超前预抽钻孔协同顶底板卸压瓦斯抽采钻孔的"三位一体"瓦斯抽采技术,进而提出了基于"应力—裂隙—渗流"三场演化特征的裂隙带终孔位置区域靶向联合优选方法,最后构建了瓦斯抽采靶点定位模型,实现了裂隙带长钻孔终孔位置精准定位。本节研究结果为实现裂隙带采动卸压瓦斯精准抽采提供了坚实的基础。

7.4.1 全采动响应范围内"三位一体"瓦斯抽采技术

根据前文煤层群采动过程中顶底板运动规律和瓦斯运移规律的研究,结合顶底板定向长钻孔瓦斯抽采和本煤层长钻孔瓦斯抽采技术,提出了全采动响应范围内的高、中、低——"三位一体"瓦斯立体抽采模式,如图 7.28 所示。

全采动响应范围内"三位一体"瓦斯抽采技术在空间上可以分为上、中、下 3 个位置,即本煤层顶板上邻近层及采空区涌出的瓦斯、本煤层瓦斯和下邻近煤层卸压瓦斯。井下立体式抽采方法能有效隔离上邻近煤层和下方下邻近煤层瓦斯涌向本煤层,同时能减少本煤层瓦斯涌出量,有效治理本煤层采空区瓦斯,具体布置如图 7.29、图 7.30 所示。

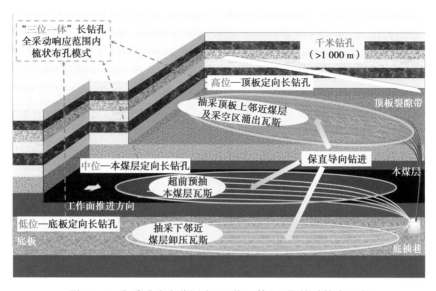

图 7.28　全采动响应范围内"三位一体"瓦斯抽采技术示意

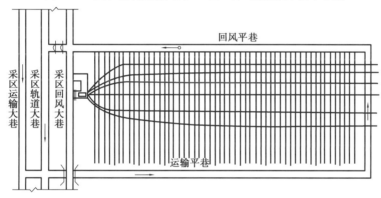

图 7.29　立体式瓦斯抽采钻孔布置平面图

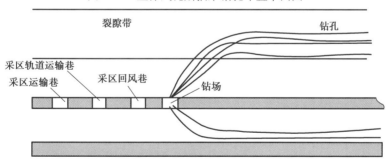

图 7.30　立体式瓦斯抽采钻孔布置剖面图

7.4.2　裂隙带终孔位置区域靶向联合优选方法

在煤层开采过程中,采动应力发生改变,覆岩垮落、移动并产生大量裂隙,导致瓦斯从吸附态不断解吸变为游离态;同时由于瓦斯具有升浮特性,大量的卸压瓦斯通过裂隙发育通道汇集到覆岩裂隙发育区形成瓦斯存储库。故寻找采动应力场、位移场及浓度场的范围或通道,对于实现裂隙带瓦斯抽采位置精准定位具有重要意义。目前,采动卸压抽采钻孔终孔定位依据单一,造成采动卸压瓦斯精准抽采困难。而裂隙带瓦斯抽采与采动应力场、裂隙场及瓦斯运移密切相关,终孔位置精准定位实质是覆岩卸压区域、裂隙带瓦斯运移、瓦斯富集综合响应。因此,亟须开发一种裂隙带瓦斯抽采钻孔布置位置三场串联映射区域靶向联合优选方法。

图 7.31 为三场串联多重映射与区域靶向联合优选终孔定位方法示意图。如图 7.31 所示,采动卸压应力场是裂隙带瓦斯抽采位置优选靶点的潜在可能区,覆岩渗流裂隙场是瓦斯输送的通道,即输送区,瓦斯富集浓度场是卸压瓦斯在覆岩裂隙场的汇集区;所述"场"到"区"的转变,视为一种映射;将现场实际看作空间坐标的组合,视为初始映射;最终裂隙带瓦斯抽采钻孔终孔位置的定位坐标为中心聚类靶点区,将坐标集合与现场实际对应,视为终点映射;所述 3 种映射,即为多重映射。

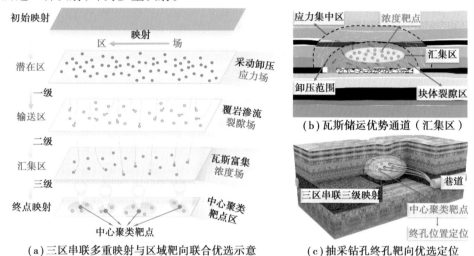

（a）三区串联多重映射与区域靶向联合优选示意　　（c）抽采钻孔终孔靶向优选定位

图 7.31　三场串联多重映射与区域靶向联合优选终孔定位方法示意

如图 7.31 所示,先进行采动卸压应力场(潜在区)的应力靶点筛选,再进行覆岩渗流裂隙场(输送区)的裂隙靶点筛选,再进行瓦斯富集浓度场(汇集区)的浓度靶点筛选,逐级串联进行;所谓串联,即潜在区的应力靶点要满足下一阶段的输送区的裂隙靶点,同时也要满足汇集区的浓度靶点;若不满足,则该靶点无法逐级串联下去,无法达到终点映射。

多重映射与串联,共同形成了基于采动卸压应力场、覆岩渗流裂隙场和瓦斯富集浓度场的"潜在区-输送区-汇集区"的三场串联多重映射机制。

如图 7.31 所示,对筛选出的应力、裂隙、浓度靶点,进行三场多重串联映射筛选,对满足条件的靶点进行中心聚类,进而向三维空间进行终点映射,最终获得瓦斯抽采钻孔区域靶向联合优选定位坐标。

7.4.3　采动卸压瓦斯抽采靶点定位模型

1）采动卸压瓦斯抽采靶点定位模型构建思路

相对来说,应力靶点、浓度靶点容易确定,而裂隙靶点由于采动裂隙发育难以精准量化而相对难确定。当裂隙靶点确定后,结合应力分布范围,瓦斯储运优势通道,可以获得采动卸压瓦斯抽采点。因此,下面将基于刚性假设阐明离层裂隙和破断裂隙在覆岩中的裂隙分布规律,确定裂隙靶点;从而构建采动卸压瓦斯抽采靶点定位模型,确定抽采靶点。

采动卸压瓦斯抽采靶点定位模型构建思路,如图 7.32 所示。首先,基于砌体梁理论,计算覆岩离层裂隙与破断裂隙条件下的覆岩离层量,随后计算确定"O"形圈宽度;其次,根据离层裂隙与破断裂隙在覆岩中的分布特征,对"O"形圈内两类裂隙进行量化分析,得到计算公式;最后通过公式计算出裂隙分布曲线,可确定采动卸压瓦斯抽采靶点。

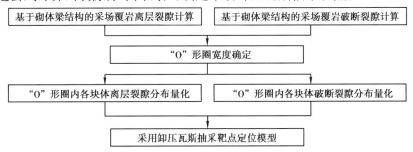

图 7.32　采动卸压瓦斯抽采靶点定位模型构建思路

2)采动裂隙区离层裂隙分布规律

(1)基于砌体梁结构的采场覆岩离层裂隙计算

煤层开挖后裂隙带内覆岩裂隙发育,岩层被裂隙切割,并有序排列堆积在垮落带上方。裂隙带内岩体相对垮落带内岩体破碎程度较小,一般而言,距离煤层顶板距离越小的岩体被切割得越破碎。

岩体的碎胀系数 C 对岩体的渗透性有重要的影响。岩体的碎胀性与岩块尺寸、形状有关,其随着破碎尺寸、尺寸范围、形状规则性增加而减小。一般而言,坚硬岩层的碎胀性小,软弱岩层的碎胀性大。

岩体的破碎程度决定其碎胀系数,而破碎块度反映出岩体的破碎程度。裂隙带岩体虽然断裂,但有序排列堆积在垮落带上方,岩体间相互咬合、挤压,并有大量裂隙。裂隙带内岩体相对垮落带内岩体破碎程度较小,离煤层的垂直距离越远破碎程度越小。

王文学通过对阳泉一矿顶板碎胀系数的测量得出:裂隙带范围内碎胀系数由下向上逐渐减小,且近似满足对数函数的衰减规律:

$$C_z = C' - \eta \ln z \tag{7.5}$$

式中　C'——裂隙带下边界碎胀系数;

　　　z——距煤层的距离,m;

　　　η——衰减系数。

垮落带岩体的碎胀系数在垂直方向上变化不大,可近似看为定值,裂隙带岩体碎胀系数近似服从对数衰减。在此基础上,假定裂隙带形成过程中垮落带压缩变形量为 Δh,如图 7.33 所示,可以得出裂隙带体积碎胀系数分布规律见式(7.6)。

$$\begin{cases} C_z = C'\left(1 + \dfrac{W_i - W_{i-1}}{h_i}\right) & ,0 \leqslant z \leqslant h_c - \Delta h \\[3mm] C_z = C' - \left(\left(\dfrac{C' - C_z}{\ln(h_f + \Delta h + 1)}\right) \ln(z + 1 - h_c + \Delta h)\right) \\[3mm] \left(1 + \dfrac{(W_0)_i\left(1 - \dfrac{1}{1 + e^{(x - 0.5l)/a}}\right) - (W_0)_{i-1}\left(1 - \dfrac{1}{1 + e^{(x - 0.5l)/a}}\right)W_{i-1}}{h_i}\right) & ,h_c - \Delta h \leqslant z \leqslant h_c + h_f \end{cases}$$

$$\tag{7.6}$$

式中　C_z——裂隙带内碎胀系数；

　　$(W_0)_i$——第 i 层岩层最大下沉量，m。

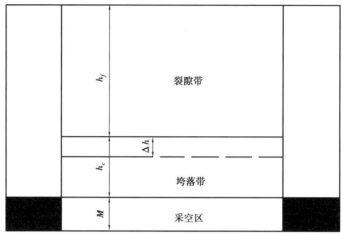

图 7.33　裂隙带发育过程与垮落带关系

因此，根据已有的地表下沉线特征(即曲线在煤壁侧呈上凸，在采空区附近呈下凹)并结合砌体梁力学模型得到砌体梁的位移函数：

$$W_x - W_0 \left[1 - \frac{1}{1 + e^{\frac{x-0.5l}{a}}} \right] \tag{7.7}$$

式中　x——距开采边界的距离，m；

　　a——取 $0.25l$。

$$W_0 = M - \sum h'(C'_p - 1) \tag{7.8}$$

$$l = h\sqrt{\frac{\sigma_t}{3q}} \tag{7.9}$$

式中　W_x—— 砌体梁的位移曲线，m；

　　$\sum h'$—— 砌体梁结构到煤层顶板的距离，m；

　　l_i—— 第 i 层关键层断裂岩长度，m；

　　W_0—— 最终下沉量，m；

　　σ_t—— 岩块抗拉强度，MPa；

　　q—— 岩块承受的载荷，MPa。

由式(7.8)可知，相邻两岩层破断之间的最大离层量可表示为：

$$\Delta W_{oi} = W_{oi} - W_{oi+1} = \sum h'_{i+1}(C'_{pi+1} - 1) - \sum h'_i(C'_{pi} - 1) \tag{7.10}$$

岩层发生断裂后，离层量可表示为：

$$\Delta W_{oi} = W_{oi} \left(\frac{1}{1 + e^{\frac{x-0.5l_{i+1}}{a}}} - \frac{1}{1 + e^{\frac{x-0.5l_i}{a}}} \right) \tag{7.11}$$

(2)离层裂隙"O"形圈宽度确定

在裂隙带内不同岩层断裂形成砌体梁结构后，由于其挠度不同导致上下岩层产生离层，破断岩块之间的相互铰接作用导致不同层位的离层形态不尽相同。"O"形圈本质上来说是采空区边缘上方覆岩内的离层裂隙高度发育区。可以认为"砌体梁"结构中的弯曲段长度近似等于"O"形圈的宽度。

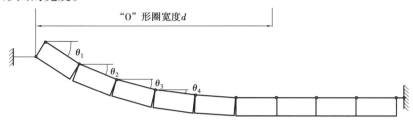

图 7.34　裂隙带发育过程与垮落带关系

断裂岩块的长度取决于其所处层位的厚度、承受的载荷及其抗拉强度。从周期来压步距判断,岩层周期性断裂的块体长度基本与步距一致。因此可假设断裂岩块的长度相同,即 $l = l_1 = l_2 = \cdots = l_n$。根据砌体梁假设,当第 m 个岩块达到近水平时,离层裂隙停止发育,此时对应的"O"形圈弯曲段宽度近似为:

$$f = ml \tag{7.12}$$

由几何关系可知,在采高一定的情况下,断裂岩块的下沉值分别为 $W_1 = l \sin \theta_{1,1}$,$W_2 = l (\sin \theta_{1,1} + \sin \theta_{1,2})$,$\cdots$ 由几何近似计算得到的位移规律可知:

$$\sin \theta_{1,1} \approx \theta_{1,1} \tag{7.13}$$

$$\theta_{1,2} \approx \frac{\theta_{1,1}}{4} \tag{7.14}$$

$$\theta_{1,n} = \theta_{1,1} \left(\frac{1}{4} \right)^{n-1} \tag{7.15}$$

式中　$\theta_{m,n}$——第 m 层第 n 个块体与水平方向的夹角。

根据砌体梁理论假设:第一块破断岩块沉降位移值等于砌体梁结构位移函数 $x = 1$ 时对应的位移,即:

$$W_l = l \sin \theta_{1,1} \tag{7.16}$$

联立式(7.7)、式(7.8)、式(7.9)、式(7.13)得:

$$\theta_{1,1} = \frac{\left[M - \sum h'(C_p' - 1) \right] \left[1 - \dfrac{1}{1 + e^2} \right]}{h \sqrt{\dfrac{\sigma_t}{3q}}} \tag{7.17}$$

大量观测数据结果显示,"O"形圈范围内的岩层离层率最小值约为 3‰,将其代入式(7.15)得出:

$$n = 1 - \frac{\ln \dfrac{0.003}{\theta_{1,1}}}{2 \ln 2} \tag{7.18}$$

联立式(7.6)、式(7.9)、式(7.13)、式(7.14),最终得出"O"形圈宽度为:

$$f = h \sqrt{\frac{\sigma_t}{3q}} \left(\ln \frac{0.003}{\dfrac{\left[M - \sum h'(C_p' - 1) \right] \left[1 - \dfrac{1}{1 + e^2} \right]}{2h \sqrt{\dfrac{\sigma_t}{3q}} \ln 2}} \right) \tag{7.19}$$

（3）"O"形圈内各块体离层裂隙分布量化分析

根据采动应力场分布及采动裂隙场演化特征,从开采煤壁前方向采空区内部依次可划分为:应力集中区、离层区、裂隙压实区,如图7.35(a)所示,M表示煤层厚度,h_c为垮落带高度,h_f为裂隙带高度,h_b为弯曲下沉带高度。

为进一步研究采动裂隙场内裂隙的分布特征,对图7.35(a)中裂隙发育区进行如下假设:

①模型是开挖一段时间后,覆岩达到充分采动时的模型。

②模型的倾角为0,且认为同一层的覆岩是各向同性的。

③模型裂隙带覆岩破断后呈现的结构符合砌体梁结构。

④模型内除"O"形圈外,其他部分均只发生垂直方向的沉降。

⑤模型认为岩块破断后呈长方体状。

⑥认为覆岩裂隙仅有横向离层裂隙和垂向破断裂隙。

经过如上假设可得到如图7.35(b)所示的裂隙发育区简化模型,模型从右向左方向表示工作面向采空区的方向,同一层块体间产生破断裂隙,不同层块体间产生离层裂隙。块体由下往上数目逐渐减少,表示破断岩体随着与煤层顶板距离的增加,破断岩体数量减少。

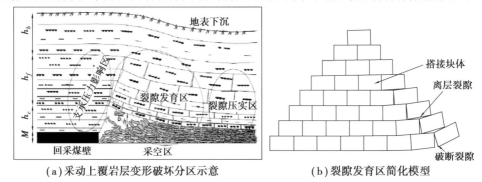

(a)采动上覆岩层变形破坏分区示意　　　(b)裂隙发育区简化模型

图7.35　采动上覆岩层变形破坏分区示意与裂隙发育区简化

为了方便各块体右上侧节点坐标的计算,建立以图7.37中左下方块体左下侧点(即图7.17中第1层第1个块体)为坐标原点,横向远离采空区方向为x轴正方向,垂直向上为y轴正方向如图7.36所示的坐标轴,第1层各块体右侧上方节点的坐标为:

$$\begin{cases} x_{1,i-1,i} = l\sum\limits_{i=2}\cos\theta_{1,i} - f\sum\limits_{i=2}\cos\theta_{1,i} \\ y_{1,i-1,i} = l\sum\limits_{i=2}\sin\theta_{1,i} + f\sum\limits_{i=2}\cos\theta_{1,i} \end{cases} \quad (7.20)$$

式中　$x_{1,i-1,i}$——第1层第i与第$i-1$个块体搭接点横坐标;

$\quad\quad y_{1,i-1,i}$——第1层第i与第$i-1$个块体搭接点纵坐标。

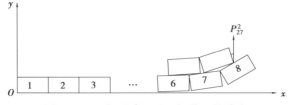

图7.36　坐标系建立及坐标位置的确定

初始化第2层坐标,首先对第二层最右侧块体坐标P_{27}^2进行计算:

$$\begin{cases} x_{2,7}^2 = x_{1,7,8} - \dfrac{l}{2}\cos\theta_{1,8} \\ y_{2,7}^2 = y_{1,7,8} + \dfrac{l}{2}\cos\theta_{1,8} \end{cases} \tag{7.21}$$

式中　$x_{2,7}^2$——第 2 层最右侧块体搭接点横坐标;

　　　$y_{2,7}^2$——第 2 层最右侧块体搭接点纵坐标。

然后,对第二层各块体坐标进行计算:

$$\begin{cases} x_{2,i-1,i} = x_{2,7,8} - l\displaystyle\sum_{i=2}\cos\theta_{2,i} \\ y_{2,i-1,i} = y_{2,7,8} - l\displaystyle\sum_{i=2}\cos\theta_{2,i} \end{cases} \tag{7.22}$$

同理可得,第 n 层最右侧块体搭接点坐标及各节点坐标计算公式为:

$$\begin{cases} x_{n,9-n}^2 = x_{n,9-n,10-n} - \dfrac{l}{2}\displaystyle\sum_{i=1}\cos\theta_{i,9-n} \\ y_{n,9-n}^2 = y_{n,9-n,10-n} + \dfrac{l}{2}\displaystyle\sum_{i=1}\cos\theta_{i,9-n} \\ x_{n,9-n,10-n} = x_{n,9-n}^2 - f\sin\theta_{n,8-n} \\ y_{n,9-n,10-n} = y_{n,9-n}^2 - f\sin\theta_{n,8-n} \\ x_{n,i-1,i} = x_{n,9-n,10-n} - l\displaystyle\sum_{i=2}\cos\theta_{n,i} \\ y_{n,i-1,i} = y_{n,9-n,10-n} - l\displaystyle\sum_{i=2}\cos\theta_{n,i} \end{cases} \tag{7.23}$$

接下来将对离层裂隙面积进行计算,首先将最外侧块体与水平方向夹角角度初始化。由式(7.15)可知,从采空区边缘向采空区中心处块体与水平方向的夹角以 1/4 的比例进行衰减,设定采动裂隙区第一层岩层采空区边缘第一块体与水平方向的夹角为 $\theta_{1,1}$,根据采动裂隙场"梯形"轮廓的分布特征和砌体梁结构铰接关系,假定从下往上每一层采空区边缘附近的岩块最外侧均搭接于下一层块体上表面中心点处,为了初始化第二层块体与水平方向的夹角,要从第一层的最右侧块体对第二层块体最右侧块体角度进行初始化,如图 7.37 所示,已知 AB 长、BC 长,假设 C 点坐标已知,则可求得 A 点 B 点坐标,进而求得第二层最右侧的初始坐标为:

$$\theta_{27} = \arctan\frac{y_B - y_A}{x_B - x_A} \tag{7.24}$$

式中　x_A, x_B——接触点 A, B 的横坐标;

　　　y_A, y_B——接触点 A, B 的纵坐标。

同理可求得第 i 层最右侧块体与水平方向的夹角。

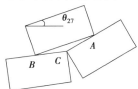

图 7.37　第二层最右侧块体与水平方向夹角初始化

同一层两块体形成的破断裂隙的夹角可由两块体与水平方向的夹角相减获得,因此,第

一层第 i 个块体与第 $i-1$ 个块体间破断裂隙夹角为：

$$\alpha_{1,i-1,i} = \theta_{1,i} - \theta_{1,i-1} = \theta_{1,i} - \frac{1}{4}\theta_{1,i} = \frac{3}{4}\theta_{1,i} \tag{7.25}$$

式中 $\alpha_{1,i-1,i}$——第 1 层第 $i-1$ 个与第 i 个块体的形成的破断裂隙的夹角。

图 7.38 第一层岩块水平角分布

同理可得第 n 层第 i 个块体与第 $i-1$ 个块体间的夹角为：

$$\alpha_{n,i-1,i} = \frac{3}{4}\left(\frac{1}{4}\right)^{8-n-i} \theta_{n,9-n} \tag{7.26}$$

开度为同一层块体与块体间破断裂隙构成的等腰三角形的底边（如图 7.39 中 7,8 号块体间的等腰三角形对的底边），则第 n 层第 i 个块体与第 $i-1$ 个块体间的开度 $d_{n,i,i-1}$ 为：

$$d_{n,i,i-1} = 2f \sin\left(\frac{1}{2}\alpha_{n,i,i-1}\right) = 2f \sin\left[\frac{3}{8}\left(\frac{1}{4}\right)^{8-n-i}\theta_{n,9-n}\right] \tag{7.27}$$

为了确定如图 7.37 所示中 B 点的位置，首先利用余弦定理求 BC，即 a 的值，即：

$$a^2 - 2ab\cos C - c^2 = 0 \tag{7.28}$$

式中 $c=l$；

$b=l$；

C——c 这条边所对的角。

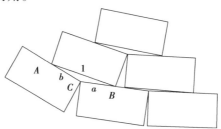

图 7.39 块体搭接点长度确定

将三者代入可求得 $a = \frac{1}{2}\left(-l\cos a_{n,i,i-1} + \sqrt{l^2\cos^2 a_{n,i,i-1} + 3l^2}\right)$，由于 a 为长度，故 a 只能取正值可得：

$$a_{n,i,i-1} = \frac{1}{2}\left(-l\cos a_{n,i,i-1} + \sqrt{l^2\cos^2 a_{n,i,i-1} + 3l^2}\right) \tag{7.29}$$

式中 $a_{n,i,i-1}$——迭代三角形中 BC 边长。

由几何关系可知，对于同一层下一个迭代三角形，$b_{n,i,i-1}$ 等于块体长度 l 减去这一次迭代三角形一边长 $a_{n,i,i-1}$ 和开度 $d_{n,i,i-1}$：

$$b_{n,i,i-1} = l - a_{n,i,i-1} - d_{n,i,i-1} \tag{7.30}$$

式中 $b_{n,i,i-1}$——迭代三角形中 AC 边长。

将式（7.27）和式（7.29）代入式（7.30）得：

$$b_{n,i,i-1} = l - \frac{1}{2}\left(-l\cos \alpha_{n,i,i-1} + \sqrt{l^2\cos^2 \alpha_{n,i,i-1} + 3l^2}\right) - l\sin\left[\frac{3}{8}\left(\frac{1}{4}\right)^{8-n-i}\theta_{n,9-n}\right] \tag{7.31}$$

每次进行块体搭接长度循环迭代计算公式为：

$$\begin{cases} b_{n,i,i-1} = l - a_{n,i,i-1} - d_{n,i,i-1} \\ \alpha_{n,i-1,i-2} = \dfrac{1}{4}\alpha_{n,i,i-1} \\ a_{n,i,i-1} = \dfrac{1}{2}\left(-l\cos\alpha_{n,i,i-1} + \sqrt{l^2\cos\alpha_{n,i,i-1} + 3l^2}\right) \end{cases} \qquad (7.32)$$

利用海伦公式进行面积计算：

$$p_{n,i,i-1} = \frac{1}{2}\left(a_{n,i,i-1} + b_{n,i,i-1} + l\right) \qquad (7.33)$$

$$S_{n,i,i-1} = \sqrt{p_{n,i,i-1}(p_{n,i,i-1} - a_{n,i,i-1})(p_{n,i,i-1} - b_{n,i,i-1})(p_{n,i,i-1} - l)} \qquad (7.34)$$

式中　$p_{n,i,i-1}$——迭代三角形中三边长度的一半；

　　　$S_{n,i,i-1}$——迭代三角形的面积。

（4）离层裂隙面积分布

为了反映离层裂隙在倾向剖面的分布，通过 MATLAB 编程实现了离层裂隙面积的可视化。在模型中输入块体长为 10 m，宽为 5 m，对离层裂隙的面积进行计算，并通过各处离层裂隙面积除以最大离层裂隙面积的方法进行归一化处理，得出无量纲化的离层裂隙面积分布，如图 7.40 所示，图中 x 坐标表示沿倾向方向的长度，m；y 坐标方向表示距离煤层顶板的距离，m；z 坐标方向表示离层裂隙面积在倾向剖面方向上的归一化值。

由图 7.40 可知，离层裂隙面积在垂直方向上衰减不明显，离层裂隙面积在整个模型中变化不大，在剖面中部离层裂隙面积较小。

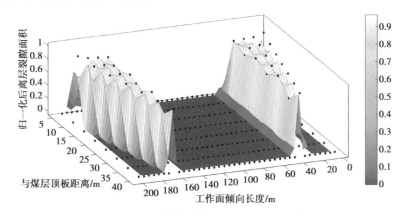

图 7.40　离层裂隙面积在倾向剖面上的分布

3）采动裂隙区破断裂隙分布规律

（1）基于砌体梁结构的采场覆岩破断裂隙计算

由"砌体梁"理论可知，当基本顶岩梁达到极限跨距时，岩梁将会破坏；由材料力学相关知识可知，岩梁两端的张应力及剪应力均最大，一般而言岩梁抗拉强度较小。因此，岩梁两端上部和中间靠下部位产生张拉破坏，其破坏形式如图 7.41（a）所示。在下部煤层开采后，B,C 岩块发生断裂，形成开度较大的拉张裂隙。在岩块 B,C 旋转过程中，岩块 O,A,B,C 间形成较大的水平应力，岩块间在接触点位置形成相互咬合的关系，这种外表为"梁"实质为"拱"的结构称为"砌体梁"。

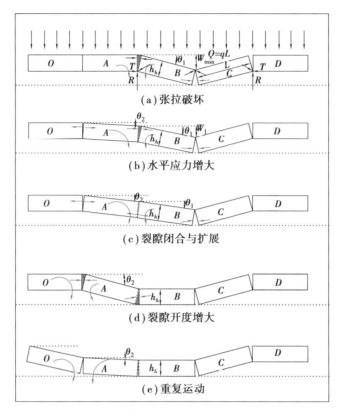

图 7.41 "砌体梁"结构中破断裂隙发育过程

随着煤层工作面继续推进,岩块 B 与岩块 O 先发生断裂,随后岩块 A 下沉同时岩块 B 与岩块 C 发生不同方向的旋转导致"砌体梁"整体的水平应力进一步增大,如图 7.41(b)所示。随着岩块 A 和岩块 B 的继续旋转,岩块 A 和岩块 B 之间的裂隙逐渐闭合,同时岩块 O 和岩块 A 之间的裂隙逐渐增大,如图 7.41(c)所示。随着煤层进一步开采,岩块 A 和岩块 B 的稳定结构被打破,继续旋转下沉的岩块 A 和岩块 B 由于旋转的方向不同会在下部形成张开裂隙,此时岩块 B 的旋转运动基本结束,在后期会处于稳定或缓慢下沉的状态,而岩块 A 和岩块 O 之间的裂隙开度逐渐达到最大,如图 7.41(d)所示,此后岩块 O 和岩块 A 会重复岩块 A 和岩块 B 的运动,如图 7.41(e)所示。

同研究离层裂隙宽度的假设相同,设定断裂岩梁为刚性体,块体长度均相等为 l_i,在旋转破断的过程中不发生弯曲变形,岩梁厚度为 h_i,在垮落过程中岩块 A 的旋转角度为 θ_2,岩块 B 的旋转角度为 θ_1,在岩块 A 未断裂前,岩块 A 和 B 之间裂隙的最大开度为:

$$d_{\max} = 2h_i \sin \frac{\theta_1}{2} \tag{7.35}$$

由几何关系可知:

$$\theta_1 = \arcsin \frac{2W_{\max}}{l_i} \tag{7.36}$$

将式(7.8)代入式(7.36)可得:

$$\theta_1 = \arcsin \frac{2\left[M - \sum h_i(C'_{pi} - 1)\right]}{l_i} \tag{7.37}$$

将式(7.37)代入式(7.35)中可得:

$$d_{\max} = 2h_i \sin \frac{\arcsin \dfrac{2\left[M - \sum h_i(C'_{pi} - 1)\right]}{l_i}}{2} \tag{7.38}$$

当砌体梁结构发生失稳,即发生如图 7.41(e)时的情况时,岩块 A 旋转下沉,假设其旋转下沉角度为 θ_2,若 $\theta_1 > \theta_2$ 则图 7.41(e)中对应的裂隙角 $\Delta\theta = \theta_1 - \theta_2$,其裂隙开度可表示为:

$$d = 2h_i \sin \frac{\theta_1 - \theta_2}{2} \tag{7.39}$$

岩块 A 的下沉量可用式(7.7)进行计算,θ_1,θ_2 可通过下沉量反解得:

$$\theta_1 = \arcsin \frac{W_A}{l_i} \tag{7.40}$$

$$\theta_2 = \arcsin \frac{W_{\max} - W_A}{l_i} \tag{7.41}$$

将式(7.40)、式(7.41)代入式(7.39)可得:

$$d = 2h_i \sin \frac{\Delta\theta}{2}$$

$$= 2h_i \sin \frac{\arcsin \dfrac{\left[M - \sum h_i(C'_{pi} - 1)\right]\left[1 - \dfrac{1}{1 + \mathrm{e}^{\frac{x - 0.5l}{a}}}\right]}{l_i} - \arcsin \dfrac{\left[M - \sum h_i(C'_{pi} - 1)\right]\left(\dfrac{1}{1 + \mathrm{e}^{\frac{x - 0.5l}{a}}}\right)}{l_i}}{2} \tag{7.42}$$

上述结论是在刚体假设的基础上得出的,然而岩体并不是刚体,在采动应力的作用下会发生变形,尤其是一些软弱岩层,会发生较大变形从而导致裂隙开度变小;另一方面岩层沉积过程并不是理想状态,岩层厚度并不是相等的,岩层内部存在较多的充填体及薄弱面,多种孔隙及裂隙存在其中,后期构造运动也导致沉积岩体发生变形断裂进而形成断层、褶曲等导致岩体在采动应力作用下的非均匀破断,进而造成岩体裂隙随机性。

(2)"O"形圈内各块体破断裂隙分布量化分析

假设任意两块体间破断裂隙为等腰三角形(图中表示为等腰三角形)所示,则破断裂隙面积为:

$$S'_{n,i,i-1} = \frac{1}{2}d_{n,i,i-1}f\cos\left(\frac{1}{2}\alpha_{n,i,i-1}\right) \tag{7.43}$$

联立式(7.26)、式(7.27)、式(7.42)可得破断裂隙面积为:

$$S'_{n,i,i-1} = \frac{1}{2}f^2 \sin\left[\frac{3}{4}\left(\frac{1}{4}\right)^{8-n-i}\theta_{n,9-n}\right] \tag{7.44}$$

(3)破断裂隙面积分布

为了反映破断裂隙在倾向剖面的分布,通过 MATLAB 编程实现了对破断裂隙面积的可视化。首先对破断裂隙面积进行计算,并通过破断裂隙面积除以最大破断裂隙面积的方法进行归一化,得出无量纲化的破断裂隙面积分布如图 7.42 所示。图中 x 坐标表示沿倾向方向的长度,m;y 坐标方向表示距离煤层顶板的距离,m;z 坐标方向表示破断裂隙面积在倾向剖面方向上的归一化值。由图 7.42 可知破断裂隙面积在煤层顶板方向上衰减较快,破断裂隙面积最大值出现在剖面下方两侧底部位置,在倾向剖面中部破断裂隙面积较小。

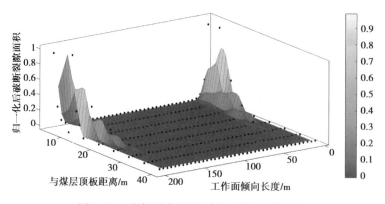

图 7.42　破断裂隙面积在倾向剖面上的分布

7.5　区域靶向瓦斯精准抽采技术工程应用

本节采用了钻孔双端封堵测漏法与钻孔窥视法对钻孔周围裂隙演化特征进行现场监测，与前文中相似模拟与数值模拟所得的 4305 后部工作面顶板裂隙带演化特征规律相互印证，为进一步确定采动裂隙带定向长钻孔设计参数及实现高效抽采顶板裂隙带瓦斯提供现场验证。此外，为了尽可能提高煤层瓦斯抽采的有效性，以现有研究成果为基础，设计并优化了4305 后部工作面顶板裂隙带抽采钻孔部分相关参数，对瓦斯抽采效果进行了分析。

7.5.1　钻孔窥视法观测钻孔周围裂隙演化特征

1）试验工作面概况

4305 后部工作面位于 3#+4#煤层三采区，其西面为 4305 前部采空区及 5305 工作面，北面为 4306 采空区，东距山西鑫飞贺昌煤业有限公司矿界 40 m，南面为未开拓区。

工作面走向长度、倾向长度、煤层倾角分别为 174 m，396 m，8°，煤层赋存稳定，煤层结构面产状220° ～260°，厚度3.9 ～4.2 m，平均4.0 m。煤层结构简单，中部含0.30 m 的泥岩夹矸。

拟采用的采煤工艺为倾斜长壁后退式综合机械化采煤，割三角煤的方式为端头斜切进刀，端头斜切进刀距离不小于 30 ～35 m，循环进度为 0.6 m。

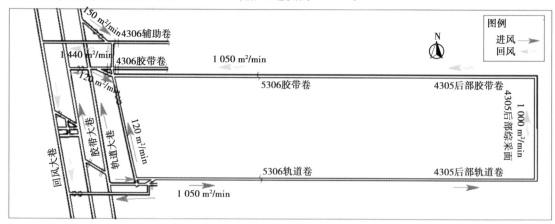

图 7.43　4305 后部综采工作面概况

2）基于 MATLAB 计算的图像分析处理

MATLAB 是算法开发的重要工具,数据分析、数据可视化及模拟运算等方面都有应用,同时可以作为数值计算的交互式环境,MATLAB 和 SIMULINK 是其两个主要部分。基于 MATLAB 的像素提取与灰度计算程序,如图 7.44 所示。

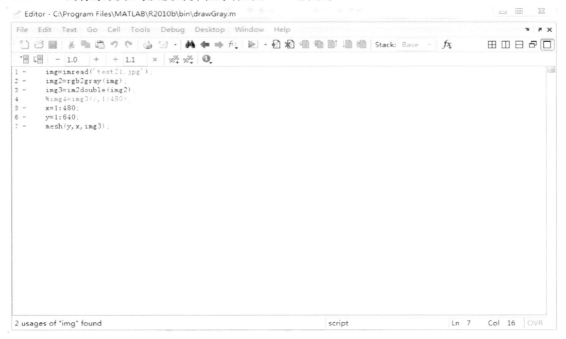

图 7.44　基于 MATLAB 的像素提取与灰度计算程序

3）4305 后部工作面顶板采动裂隙分布规律及演化特征

为了观测 4305 后部工作面在推进过程中顶板及煤层裂隙演化规律,根据前文中相似模拟与数值模拟分析所得的 4305 后部工作面裂隙带分布范围,因此在 4305 后部工作面胶带巷布置 5 组定向钻孔,钻孔设计参数如表 7.9 所示,如图 7.45 所示。

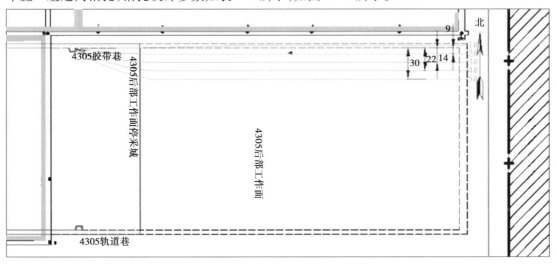

图 7.45　窥视钻孔布置平面示意图

表7.9　胶带巷窥视钻孔设计参数

钻场位置	胶带巷				
钻孔编号	1#	2#	3#	4#	5#
至平巷距离/m	0	6	14	22	30
布置层位高度/m	9倍采高	10倍采高	9倍采高	10倍采高	9倍采高
终孔孔径/mm	96	96	96	96	96

为了分析工作面前方顶板不同区域的裂隙演化规律,获得了4305后部工作面胶带巷处钻场顶板裂隙带钻孔终孔周围裂隙发育特征图像,如图7.46—图7.49所示。

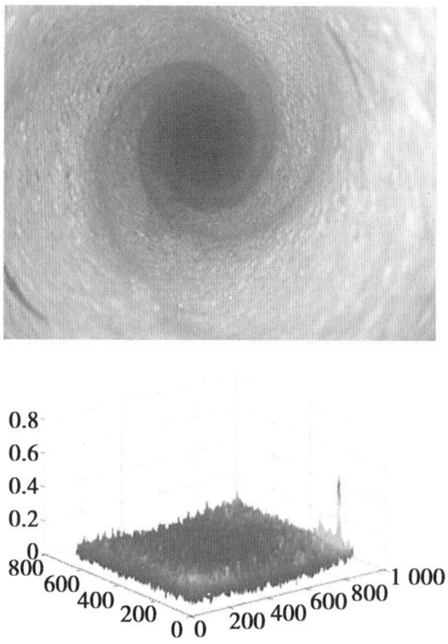

(a)1#孔

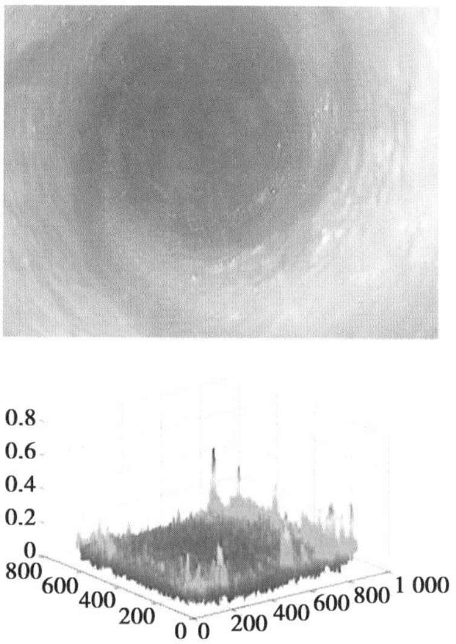

(b)2#孔

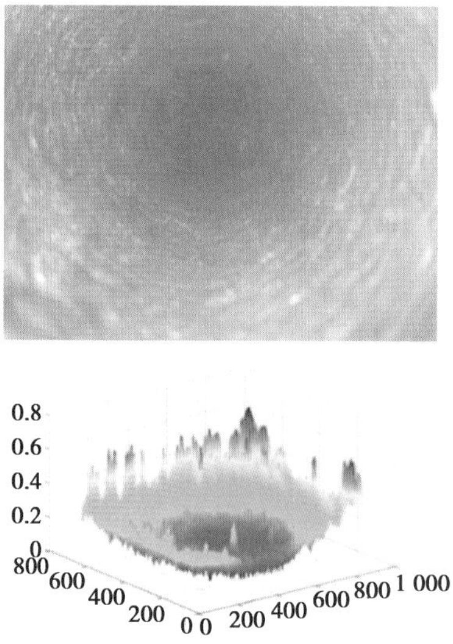

(c)3#孔

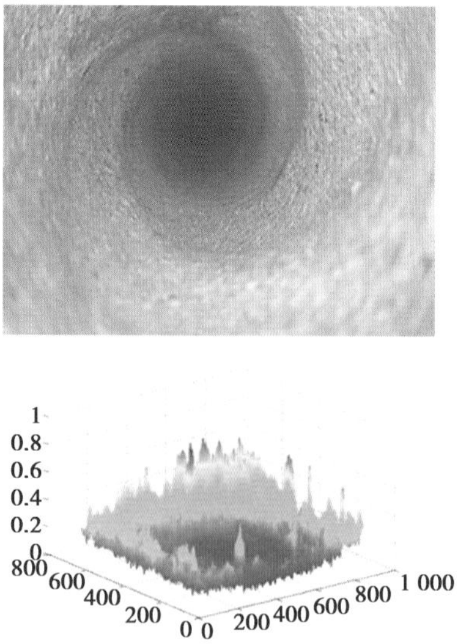

(d)4#孔

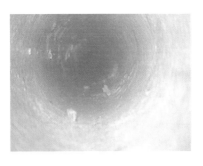

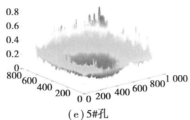

（e）5#孔

图 7.46　4305 后部工作面推进 20 m 时各钻孔终孔图像

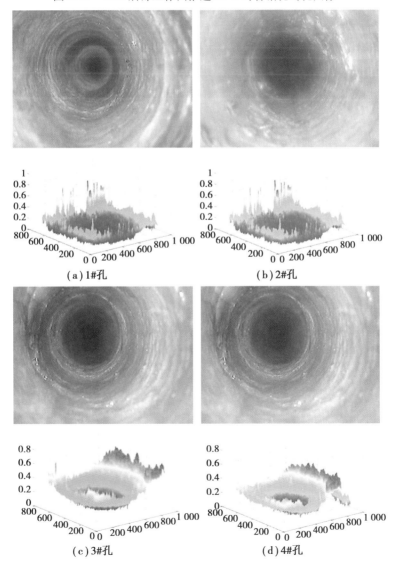

（a）1#孔　　　　　　　　　　（b）2#孔

（c）3#孔　　　　　　　　　　（d）4#孔

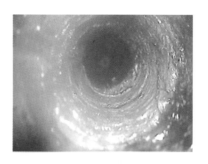

（e）5#孔

图 7.47　4305 后部工作面推进 60 m 时各钻孔终孔图像

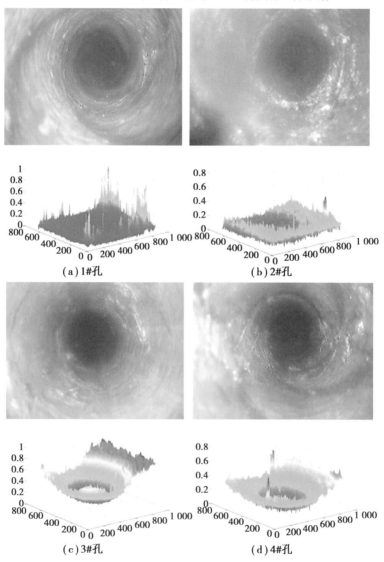

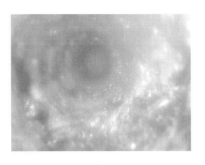

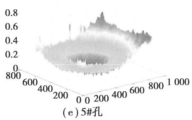

(e) 5#孔

图 7.48　4305 后部工作面推进 120 m 时各钻孔终孔图像

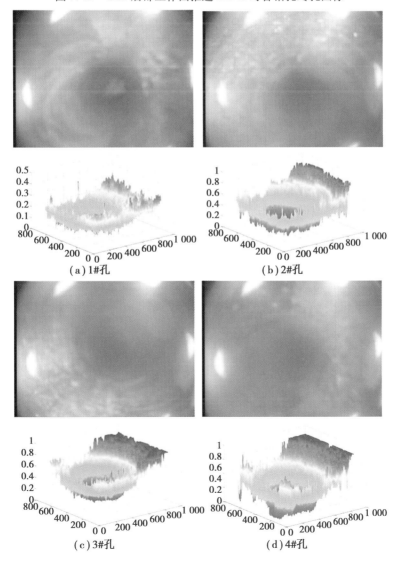

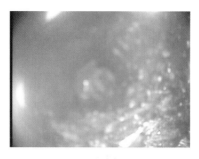

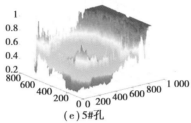

(e)5#孔

图 7.49　4305 后部工作面推进 180 m 时各钻孔终孔图像

由图 7.52—图 7.55 中各钻孔周围岩层的窥视原始图片可以看出,在工作面推进 20 m 位置时,1#、2#、4#钻孔相对完整无裂隙,而 3#、5#钻孔周围有少量裂隙发育;在工作面推进 60 m 位置时,各钻孔均有裂隙产生,但 1#、2#钻孔裂隙条数及贯通情况均小于 3#、4#、5#钻孔,且 3#、5#钻孔出现少量的贯通裂隙;在工作面推进 120 m 位置时,各钻孔裂隙均大量衍生,且均出现贯通裂隙,但 3#、4#及 5#钻孔孔壁伴随有煤渣脱落;在工作面推进 180 m 位置时,各个钻孔孔壁的缩孔、积渣、破裂程度较为显著,5#钻孔出现塌孔现象。从钻孔窥视情况来看,1#、2#钻孔周围岩层裂隙发育状态及积渣情况明显小于 3#、4#、5#钻孔。

从图 7.52—图 7.55 中 MATLAB 处理灰度图片可以看出:在工作面相同推进位置处,1#、2#钻孔图片灰度值明显小于 3#、4#、5#钻孔;灰度值分布规律表征钻孔周围岩层受采动强度影响其裂隙发育情况。因此,1#、2#钻孔周围裂隙发育程度较小,3#、4#、5#钻孔周围裂隙发育程度较大。由裂隙带发育高度及钻孔布置位置可知,1#、2#钻孔在工作面推进过程中受到覆岩破断的影响程度小于 3#、4#、5#钻孔;因此,3#、4#、5#钻孔裂隙发育状态及裂隙的贯通情况时明显大于 1#、2#钻孔。

7.5.2　裂隙带定向长钻孔瓦斯抽采技术参数确定

1)钻孔施工层位

3#+4#煤层实际采高为 4 m,相似模拟获得 3#+4#煤层单次采动影响裂隙带发育高度上限为 9 倍采高(36.9 m);3DEC 数值模拟确定在 8 倍采高(32 m)附近采动裂隙发育充分;理论计算 3#+4#煤层裂隙带发育高度范围为 8 ~ 15 倍采高(33.79 ~ 60 m)。综合分析,在 8 倍采高(32 m)以上位置布置钻孔可以实现顶板裂隙带瓦斯抽采。然后,采用 COMSOL 数值模拟,确定瓦斯运移的优选层位为距工作面顶板 8 ~ 9 倍采高(32 ~ 36 m)位置。最后,通过现场钻孔窥视及测漏实验测试确定裂隙发育高度为 7 ~ 14 倍采高(28 ~ 53.5 m),验证了前述结果的准确性。综合以上分析,3#+4#煤层顶板裂隙带钻孔的优选终孔设计位置确定为 8 ~ 10 倍采高(32 ~ 40 m)。

结合 4305 后部工作面上覆岩层性质的综合柱状图,最终设计定向钻孔层位设置为 8 倍采高、9 倍采高、10 倍采高,并根据 4305 后部工作面实际情况,分别在 5305 轨道巷距开口平距 971 m 处北侧帮钻场和 5305 胶带巷距开口平距 1 006 m 处南侧采帮钻场开设顶板裂隙带大孔径钻场,其钻孔布置情况如图 7.50 所示。

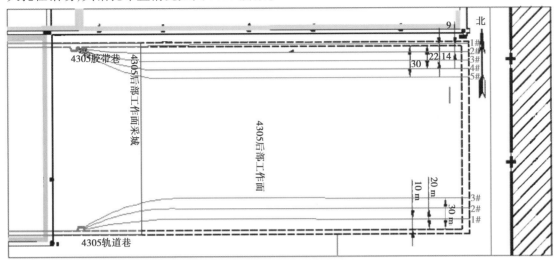

图 7.50 4305 后部工作面顶板裂隙带定向钻孔布置

2）钻孔参数设计

（1）4305 后部工作面轨道巷侧裂隙带瓦斯抽采定向长钻孔

在 4305 后部轨道巷距 5305 轨道巷开口平距 971 m 处北侧帮开设一个钻场,利用 ZYWL-6000DS 型定向钻机施工定向长距离裂隙带瓦斯抽采钻孔,对 4305 后部工作面回采时产生的裂隙带瓦斯进行抽采。在钻场内共布置 3 个钻孔,沿工作面倾向方向布置,各钻孔开孔间距为 0.5 m,终孔端间距 10 m,终孔孔径 153 mm（通过扩孔成 153 mm 孔径）,1#、2#、3#钻孔终孔端伸入 4305 后部工作面水平投影与距轨道巷采帮的平距分别为 10 m,20 m,30 m,终孔端垂高分别位于顶板以上 8 倍、9 倍、10 倍采高位置;1#、2#、3#钻孔设计开孔倾角为 20° ~30°,开孔设计方位角分别为 85°、75°、65°,1#,2#,3#孔目标方位角均为 90°（与 4305 后部轨道巷平行）,孔深 390 m,钻孔设计如图 7.51 所示。

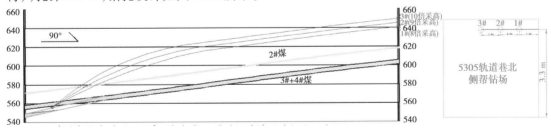

图 7.51 轨道巷侧裂隙带瓦斯抽采定向长钻孔参数设计

（2）4305 后部工作面胶带巷侧裂隙带瓦斯抽采定向长钻孔

在 4305 后部胶带巷距 5305 胶带巷开口平距 1 006 m 处巷道右帮开设一个钻场,利用 ZYWL-6000DS 型定向钻机施工定向长距离裂隙带瓦斯抽采钻孔,对 4305 后部工作面回采时产生的裂隙带瓦斯进行抽采。共布置 5 个钻场内钻孔,布置方向各钻孔均沿工作面倾向,各钻孔开孔间距为 0.5 m,终孔端间距 8 m,终孔孔径为 153 mm（通过扩孔成 153 mm 孔径）。1#钻孔终孔端位于 4305 后部胶带巷顶板的正上部,2#~5#伸入 4305 后部工作面水平投影与胶带巷采帮的平距分别为 6 m、14 m、22 m、30 m;1#、3#、5#钻孔设计终孔端垂高为 9 倍采高位置;2#、4#钻孔终孔端设计垂高为 10 倍采高位置。1#~5#钻孔设计开孔倾角为 20°~30°,设计开孔方位角分别为 88°、97°、109°、118°、126°,目标方位角均为 90°,设计平均孔深 397 m,钻孔参数设计如图 7.52 所示。

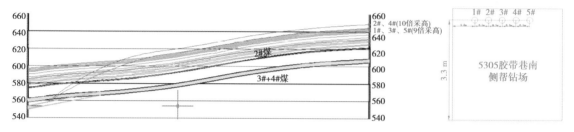

图 7.52　胶带巷侧裂隙带瓦斯抽采定向长钻孔参数设计

每一个钻孔从孔口至超过 3#+4#煤顶板 2 m 的钻孔段,按要求扩孔至 192 mm 孔径,封孔采用 4 寸 PVC 管封孔和注浆密封材料,封孔长度以超过 3#+4#煤顶板并超前 2 m 为准。封孔采用"两堵一注"囊袋式带压注浆封孔工艺,按水灰比(0.9~0.75)∶1 配比水泥注浆液,注浆压力不小于 2 MPa,每一个钻孔施工结束后及时连孔并加设放水器,连孔采用 4 寸带法兰盘阻燃埋线管,并入巷道抽采管路系统进行抽采,封孔原理如图 7.53 所示。囊带式带压注浆封孔方法不受钻孔倾角与类型影响,均采用相同的封孔工艺,钻孔封孔示意如图 7.54 所示。

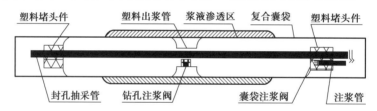

图 7.53　囊袋式注浆封孔原理

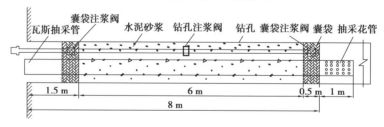

图 7.54　抽采钻孔封孔示意

7.5.3　采动裂隙带定向钻孔瓦斯抽采效果分析

根据顶板裂隙带抽采钻孔布置方案及煤层综合柱状图,得到如图 7.55 所示的 4305 后部工作面裂隙带钻孔布置切面示意图,且胶带巷 2#、4#钻孔和轨道巷 3#钻孔位于同一岩层(粉砂岩)层位,胶带巷 1#、3#、5#钻孔和轨道巷 2#钻孔位于同一岩层(中砂岩)层位,轨道巷 1#钻孔位于泥岩层位,钻孔具体布置参数见表 7.10。

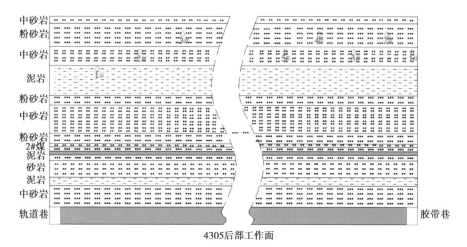

图 7.55 裂隙带钻孔布置切面示意

表 7.10 钻孔布置参数

钻场位置	轨道巷			胶带巷				
钻孔编号	1#	2#	3#	1#	2#	3#	4#	5#
距离平巷距离/m	10	20	30	0	6	14	22	30
布置层位高度/m	35.2	39.6	44	39.6	44	39.6	44	44
终孔孔径/mm	153	153	153	153	153	153	153	153

1）胶带巷处钻场裂隙带抽采数据分析

从图 7.56 可以看出工作面在推进过程中胶带巷裂隙带 1#钻孔与 2#钻孔的瓦斯抽采纯量整体变化不大且在 0.5 m³/min 左右,表明顶板的周期性垮落对于 1#、2#钻孔的抽采效果影响不大,1#、2#钻孔周围裂隙的开度、贯通状态未受到下部岩层垮落的影响,其原因是在胶带巷左侧始终有预留煤柱,因此,1#、2#钻孔附近的岩层结构与胶带巷煤柱始终形成稳定砌体梁结构,最终导致 1#、2#钻孔附近的裂隙带发育状态始终稳定。

随着工作面的推进,3#、4#、5#钻孔瓦斯抽采量变化剧烈,但整体呈现为先增大后减小的规律,表明 3#、4#、5#钻孔受到顶板周期性垮落的影响,其钻孔附近的岩层内原始裂隙发育、次生裂隙大量衍生,这些裂隙逐渐贯通形成瓦斯流动的通道。随后受到采动影响,部分裂隙出现闭合,使得钻孔瓦斯抽采量有所降低。通过对比 3#与 4#钻孔发现:随工作面推进,两个钻孔的瓦斯抽采量变化规律大致相同,平均为 3 m³/min;说明这两个钻孔虽布置层位及距平巷距离不同,但在受到采动影响后钻孔周围岩层裂隙发育程度大致相同。对比胶带巷处 5 个钻孔的瓦斯抽采量发现:随着工作面的推进,5#钻孔的抽采量始终大于其他钻孔的瓦斯抽采量,这表明 5#钻孔周围岩层始终处于裂隙发育区。

通过以上分析发现,在胶带巷侧的出现了类似于在 7.2 节中涉及的采动裂隙矩形梯台,由于 5 个钻孔处于不同布置层位及距平巷不同距离,在该采动裂隙矩形梯台所处的位置也不同。1#、2#钻孔瓦斯抽采量受到采动影响的程度较低,因此这两个钻孔应该处于采动裂隙矩形梯台的范围之外的裂隙稳定区内;3#、4#钻孔的瓦斯抽采量受到采动影响的程度较高且抽采量变化规律大致相同,因此,两个钻孔处于采动裂隙矩形梯台边界;5#钻孔的瓦斯抽采量受到采动影响的程度最高,说明该钻孔处于采动裂隙矩形梯台裂隙发育区内。基于以上分析在4305 后部工作面建立采动裂隙矩形梯台如图 7.56(e)所示。

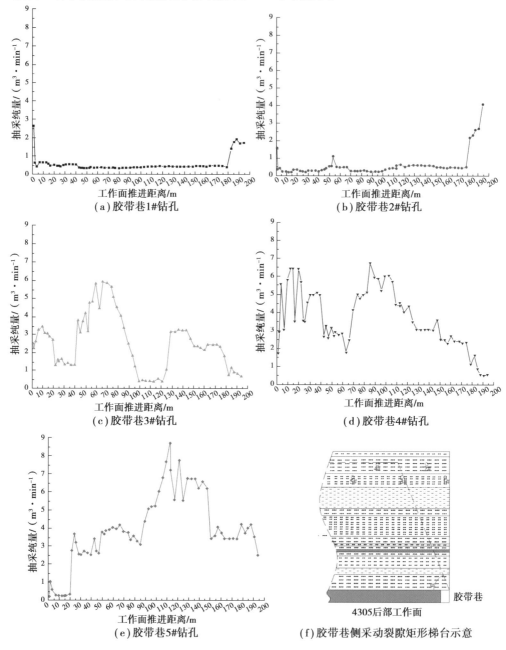

图 7.56　胶带巷侧裂隙带定向长钻孔瓦斯抽采曲线及采动裂隙矩形梯台示意

从图 7.56(e)中可以看出裂隙发育区边界与煤层顶板存在一个夹角 α,将其称为裂隙破断角,由于 3#、4#钻孔受到采动影响其瓦斯抽采量变化幅度比较大,故其钻孔周围岩层裂隙发育状态也在受采动影响而时刻波动,因此,3#、4#钻孔处于裂隙发育区的边界位置,此时胶带巷上覆的裂隙破断角 α 最大为 68.7°。

2)轨道巷处钻场裂隙带抽采数据分析

从图 7.57 中可以看出轨道巷侧 1#、3#钻孔的瓦斯抽采量整体小于胶带巷侧的 3#、5#钻孔的抽采量,这是由于轨道巷承担着工作面进风的作用;风流将工作面大部分涌出的瓦斯带入胶带巷内,导致其上顶板裂隙带中瓦斯量较小。

受采动影响,1#钻孔的瓦斯抽采量波动频繁,但其平均瓦斯抽采量为 0.6 m³/min 左右;3#钻孔的瓦斯抽采量虽有变化但其变化幅度较小,其平均瓦斯抽采量为 0.3 m³/min 左右。这说明此时 3#钻孔周围岩层的裂隙处于采动裂隙矩形梯台的裂隙压实区内,其裂隙发育状态整体较为稳定。此时的轨道巷侧的采动裂隙矩形梯台如图 7.57(c)所示。

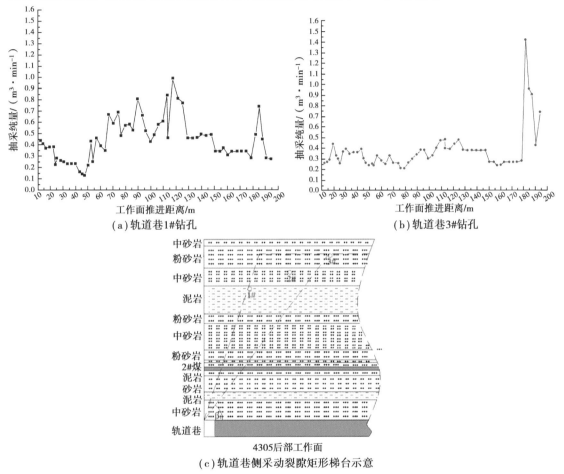

(a)轨道巷1#钻孔　　　　　　　　　(b)轨道巷3#钻孔

(c)轨道巷侧采动裂隙矩形梯台示意

图 7.57　轨道巷侧裂隙带定向长钻孔瓦斯抽采曲线及采动裂隙矩形梯台示意

从图 7.57(c)中可以看出,轨道巷侧的裂隙发育区边界与煤层顶板间也存在一个裂隙破断角 β,由于 3#钻孔受到采动影响其瓦斯抽采量变化幅度比较小,故其钻孔周围岩层裂隙发育状态比较稳定。3#钻孔处于裂隙压实区的边界位置,此时的轨道巷上覆的裂隙破断角 β 最小为 53.2°。由于轨道巷顶板裂隙钻孔数量较少,轨道巷侧的采动裂隙矩形梯台裂隙破断角只能确定其最小值。

胶带巷顶板裂隙带 5#钻孔与轨道巷顶板裂隙带 3#钻孔的瓦斯抽采量变化,如图 7.58 所示。可以看出,5#钻孔的瓦斯抽采量远大于 3#钻孔的瓦斯抽采量,且图中 5#钻孔受采动影响的瓦斯抽采量变化幅度因子为 γ_1,3#钻孔受采动影响的瓦斯抽采量变化幅度因子为 γ_2,且 $\gamma_1 \gg \gamma_2$,这表明在距巷道煤壁相同距离时,9 倍采高的岩层裂隙发育程度大于 10 倍采高岩层。

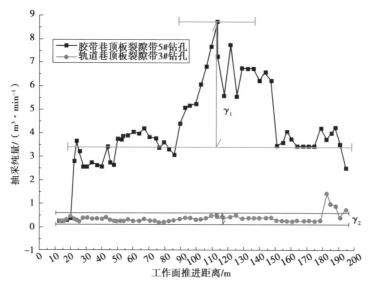

图 7.58　胶带巷 5#钻孔与轨道巷 3#钻孔瓦斯抽采量对比

3）采动裂隙带定向钻孔抽采效果考察

从图 7.59 中可以看出，顶板裂隙带定向钻孔抽采期间，工作面上隅角处和回风流中瓦斯浓度随工作面的推进不断波动变化，但其瓦斯浓度整体偏低，平均为 0.28%、0.23%。当工作面从 100 m 推进至 200 m 范围内，回风流中瓦斯浓度都超过平均值 0.23%，最大值为 0.3%。在工作面从 70 m 推进到 90 m、从 130 m 推进到 150 m、从 170 m 推进到 190 m 时，上隅角处瓦斯浓度最大达到 0.43%，而此时是由于上隅角悬顶大，顶板不能及时垮落，采空区瓦斯不能有效牵制，导致采空区瓦斯从上隅角涌出。

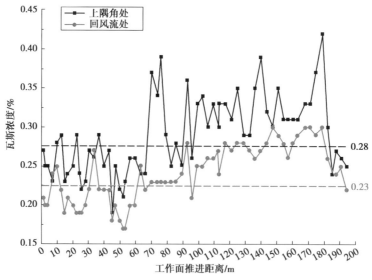

图 7.59　不同推进距离上隅角与回风流中瓦斯浓度变化曲线

虽然顶板裂隙带定向钻孔抽采期间，工作面上隅角处和回风流中的瓦斯浓度最大值达到了 0.43%、0.3%，但两个位置处瓦斯浓度最大值均在安全范围之内，这表明顶板裂隙带定向钻孔布置层位的合理性，能有效地降低工作面上隅角与回风流中瓦斯浓度，为矿井提供一个安全的采掘作业空间。

本章小结

本章首先开展了相似模拟实验，阐明了煤层群开采覆岩应力—位移演化特征；其次，结合相似模拟与数值模拟，阐明了煤层群开采覆岩裂隙演化特征并实现了采动裂隙发育区定量表征；进而，通过理论分析、数值模拟，实现了采动卸压瓦斯抽采有利区识别。综合以上内容，提出了裂隙带卸压瓦斯抽采三场串联映射区域靶向联合优选方法，开展了采动卸压区域靶向优选瓦斯精准抽采技术抽采效果工程应用。本章主要结论如下：

①单次采动与重复采动下覆岩应力变化曲线趋势较为一致，均呈"W"状；随着推进距离的增加，卸压范围呈增大趋势。单次采动与重复采动下覆岩位移变化曲线趋势较为一致，均呈现由下至上逐渐减小的规律；采空区上覆岩层最大位移的位置位于采空区中后方。重复采动最大下沉量和最大应力卸压值均大于单次采动，表明重复采动卸压效果更显著。

②随着工作面的推进，覆岩裂隙场动态变化，垮落带和裂隙带的发育高度与采动裂隙矩形梯台的发育高度成正比；阐明了裂隙频数、角度、开度等裂隙参数的演化特征。煤层群采动后上覆岩层垮落，主要裂隙区域呈"沙漏型"，上覆岩层裂隙发育呈先减小后增大的趋势；重复采动有利于覆岩裂隙发育，为瓦斯解吸运移提供了有利条件。

③阐明了采动卸压瓦斯渗流分区特征，量化表征了不同分区渗透率。瓦斯从煤层解吸后沿着裂隙发育区最终在覆岩顶部裂隙带内积聚；瓦斯主要富集在瓦斯优势通道和顶部瓦斯水平流动通道内。根据采空区瓦斯流动特征，确定了3#+4#煤层瓦斯储运优势层位。采用定向钻孔在工作面裂隙带内进行瓦斯抽采，随抽采进行，采空区瓦斯浓度逐渐降低。

④构建了全采动响应范围内本煤层超前预抽钻孔协同顶底板卸压瓦斯抽采钻孔的"三位一体"瓦斯抽采技术；基于采动卸压应力场、覆岩渗流裂隙场和瓦斯富集浓度场的"潜在区—输送区—汇集区"，提出了裂隙带瓦斯抽采钻孔三场区域靶向联合优选方法；构建了瓦斯抽采靶点定位模型，实现了裂隙带长钻孔终孔位置精准定位。

⑤结合理论分析、相似模拟和数值模拟的结果，综合确定了3#+4#煤层顶板裂隙带钻孔的优选终孔设计位置为8~10倍采高（32~40 m）。通过分析钻孔周围裂隙演化特征，确定了3#+4#煤层顶板裂隙带钻孔的最优终孔层位为9倍采高（36 m）。根据裂隙带定向钻孔瓦斯抽采效果考察，工作面上隅角与回风流中瓦斯浓度明显降低（最大值分别为0.43%、0.3%），验证了终孔位置选择的合理性。

第8章　煤与瓦斯共采协调度评价及部署优化

煤与瓦斯共采是煤矿降低温室气体排放,实现绿色低碳转型,建设"双碳"目标的关键技术之一。现有煤与瓦斯共采大多将煤矿作业过程划分为规划区、准备区和生产区。三区各阶段之间转换必须满足煤矿灾害防治的相关规定,当瓦斯含量与瓦斯压力达标后方可进入下一阶段作业。此外,在煤层群煤矿资源开发过程中需要充分运用保护层开采的区域卸压作用。因此,在煤矿三区转化的基础上,需对保护层与被保护层三区作业衔接过程进行进一步细化。在近距离煤层群中,保护层与护被保层层间距较小,需要充分考虑采动的影响,对此本章提出了近距离煤层群孔群覆盖—协同抽采共采模式。在远距离煤层群中,由于保护层与被保护层间距较大,煤层之间采动影响较小,裂隙难以贯通,消突效果较差,对此本章提出了远距离煤层群强化增透—递进抽采的共采模式。最后,在煤与瓦斯共采作业模式的基础上,提出了煤炭和瓦斯协调共采理念,并利用贝叶斯原理建立了相应的评价模型。基于此,建立了煤与瓦斯协调共采部署的目标函数,并通过布谷鸟智能优化算法优选了煤与瓦斯协调共采方案。

8.1　煤与瓦斯共采三区特点及衔接机制

8.1.1　煤与瓦斯共采三区作业特点

煤与瓦斯共采是在煤炭开采和瓦斯抽采过程中实现时间与空间上协同,即要求煤炭开采与瓦斯抽采各个环节的时间都安排得当,并在时间上相互衔接,有序地完成每一道开采工序。目前国内部分煤矿区在煤与瓦斯协调共采方面摸索出适用于相应地质条件的煤与瓦斯共采模式,如松藻模式、晋城模式和两淮模式,并取得了较好效果。在松藻模式中,逐步形成了井下三区配套三超前增透抽采技术体系。在晋城模式中,结合晋城矿区的地质条件,根据瓦斯含量、瓦斯压力、瓦斯抽采率和煤炭开采规划,总结出了煤矿三区转换的标准。在两淮模式中,形成了依据煤炭开采后岩层移动规律,确定卸压区,由此布置瓦斯抽采系统,优化瓦斯抽采方案,提高瓦斯抽采效率。此外,在现有煤矿煤与瓦斯共采模式中大多划分了三区,即规划区、准备区和生产区,如图8.1所示。

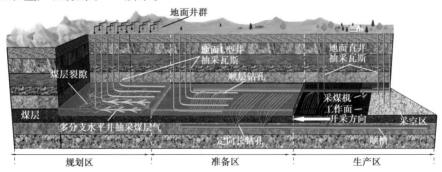

图 8.1　煤矿三区作业

1）规划区

规划区定义为从地面井开始建设到井下瓦斯抽采工程开始建设之间的时间段,该区内回采煤层区域内不存在采煤活动。因此,在规划区内除地表环境相对比较复杂地区外(如松藻矿区),主要为地面井预抽瓦斯工程,只进行地面井瓦斯抽采作业,重点考虑瓦斯开采经济效益,该时区划分需要综合考虑未来采煤工作面布置规划。

2）准备区

准备区定义为从井下瓦斯抽采工程开始建设到采煤工作面开始回采之间的时间段,该区内掘进工程与井下瓦斯抽采工程同时存在,重点考虑井下安全效益和瓦斯开采经济效益。在准备区内需完成井下部分巷道掘进,为煤炭回采作业做好准备。此外,在进行巷道掘进作业前,煤层瓦斯含量需达到《煤与瓦斯突出防治细则》的临界值以下。同时,准备区内具备瓦斯井下抽采的条件,即在地面井抽采作业的同时,布置井下瓦斯抽采钻孔,实现井上下联合抽采瓦斯。

3）生产区

生产区定义为从采煤工作面开始回采到采煤工作面回采结束之间的时间段,该区内采煤工程与井下瓦斯抽采工程同时存在,重点考虑井下安全效益和煤炭开采经济效益。生产区属于煤炭开采作业区域,在煤炭开采的过程中会产生相应的采动影响,邻近煤层卸压导致瓦斯大量解吸、通过采动裂隙运移至本煤层采空区。因此,在生产区内主要依靠井上下联合措施完成采空区等区域的瓦斯抽采,在进行回采前煤层瓦斯含量需达到《煤与瓦斯突出防治细则》的临界值以下。

8.1.2　煤与瓦斯共采井上下联合瓦斯抽采

地面井抽采瓦斯是防治煤矿发生瓦斯灾害事故的重要措施之一,但针对深部高瓦斯、高地应力的煤层进行预抽时,容易出现瓦斯抽采盲区,导致抽采效果不佳。回采作业时,覆岩变形会造成地面井的损坏,使地面井结构严重受损,最终导致失效。可见,单一的地面井抽采技术难以在短时间内将煤层瓦斯降到安全范围内。井下钻孔抽采是治理煤层区域瓦斯的有效方法之一,但传统单一井下瓦斯抽采方式其工程量大、周期长,进而导致煤矿防突接替紧张,无法在短时间内完成瓦斯消突。井上和井下瓦斯抽采构成的立体化联合抽采防突通道在结构形式上具有明显的优势,即目标煤层瓦斯抽采钻孔与地面井形成立体化抽采防突通道,增加了瓦斯流动范围,降低了瓦斯抽采的难度,有效减少工作面瓦斯浓度和瓦斯的涌出量。

8.1.3　煤与瓦斯共采三区衔接

1）煤与瓦斯共采三区衔接模式

煤矿煤与瓦斯共采三区的接续依据为:各区内瓦斯含量是否符合既定标准,即当抽采瓦斯量达标后方可进入下一阶段作业。在规划区内布置地面井时要充分考虑煤矿地质条件的影响,不同地质条件下煤层采动卸压诱发覆岩破坏的规律具有不同特征。准备区内已经具备井下瓦斯抽采条件,井下钻孔抽采有两种主要方式:①井下瓦斯含量较小时,需在规定时间内抽采达标的同时节约生产成本,应采用定向钻孔。②井下瓦斯含量较大时,为满足在规定时间内抽采达标的要求,应采用抽采速度较快的穿层钻孔。当准备区内瓦斯含量小于既定标准时,方可进入生产区。煤炭开采造成的覆岩裂隙为卸压瓦斯运移创造有利条件,在生产区内瓦斯主要抽采方式为井下双系统分源抽采与顶板长钻孔抽采技术。

上述总结了单一煤层煤与瓦斯共采三区之间的衔接过程,而在煤矿实际开采不只开采单一煤层,多数情况下存在煤层群开采。因此,需要考虑保护层与被保护层间的时空配置关系。在上述对煤矿三区转化的基础上,需对保护层与被保护层三区衔接过程进行进一步细化。如图8.2所示,规划区具体包括地面井建设、地面井抽采、接替等待3个阶段。地面井抽采阶段时长由地面井抽采技术与瓦斯赋存条件决定。从规划区转换为准备区主要取决于井下抽掘采部署。准备区具体包括瓦斯抽采工程建设、回采煤层瓦斯区域预抽达标、回采巷道掘进、采煤设备布置、接替等待5个阶段。瓦斯抽采工程建设阶段具体以底抽巷掘进及穿层钻孔施工或者区域递进式顺层钻孔施工为主,还可能同时包括地面采动井建设和井上下联合抽采钻孔施工。回采煤层瓦斯区域预抽阶段时长由瓦斯抽采技术与瓦斯赋存条件决定。从准备区转换为生产区主要取决于井下抽掘采部署。煤炭生产区具体包括采煤工作面回采、采煤工作面封闭2个时间阶段。此外,保护层与被保护层之间存在衔接时间,衔接时间受保护层与被保护层之间距离的影响存在一定差异。因此,在基于本节所阐述的煤层群煤与瓦斯共采三区衔接模式的基础上,不同煤层距离的煤层群煤与瓦斯共采过程还需依据煤层赋存条件进一步细化。

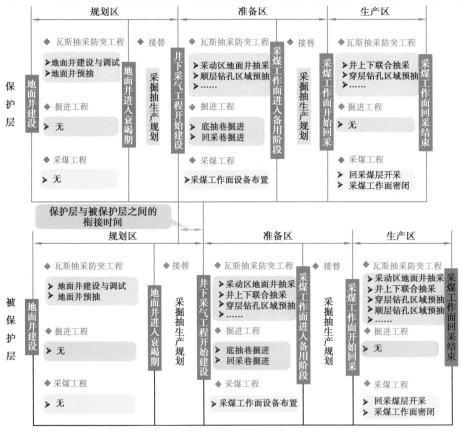

图8.2 煤层群条件下保护层与被保护层三区作业衔接模式

2）煤与瓦斯共采三区衔接机制

（1）煤与瓦斯共采三区时空衔接作业机制

煤矿煤与瓦斯共采作业就是通过采煤与采气之间优势互补,在时间和空间上尽可能弱化工程系统在作业过程的时空约束。如图 8.3 所示,地面井具有瓦斯抽采覆盖区域广和时间长等优势,进而在煤矿煤层全区域瓦斯抽采,实现"井上时间换空间";瓦斯抽采钻孔在目标煤层中进行瓦斯抽采,形成井下瓦斯抽采空间,具有瓦斯精准抽采等优势,实现"井下空间换时间"。此外,井下煤炭开采活动促进煤层瓦斯解吸流动,提高瓦斯抽采效率,缩短瓦斯抽采时间。

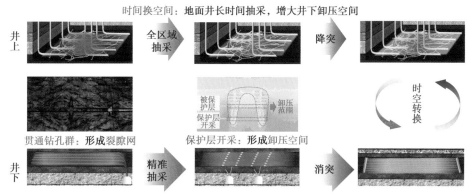

图 8.3　煤层群条件下保护层与被保护层三区作业衔接模式

(2)煤与瓦斯共采三区转化衔接作业机制

瓦斯含量是否达标是煤与瓦斯协调开发三区转化的依据。而判断瓦斯含量是否达到既定标准可依据瓦斯抽采时长等参数进行大致估计,由此可将煤与瓦斯共采过程划分为不同阶段并对各个阶段进行细化,如图 8.4 所示。其中,生产区煤与瓦斯共采作业会随采煤作业推进由高效转向低效,这主要是因为回采初期,煤炭开采效率高,煤炭开采产生裂隙促进瓦斯解吸运移,从而提高瓦斯抽采效率,系统处于共采高效期;工作面煤炭开采即将结束时,可采煤量减少,煤炭开采效率降低,致使采动卸压作用减小,瓦斯抽采效率降低,系统处于共采低效期。

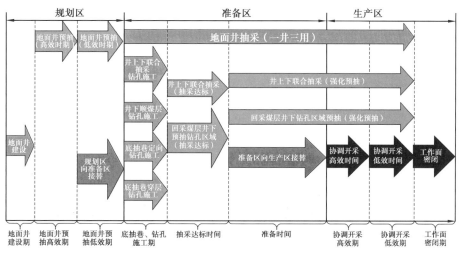

图 8.4　煤矿煤与瓦斯共采三区衔接作业

如图 8.4 所示,规划区可划分为地面井建设期、地面井预抽高效期与低效期。在地面井建设期内进行地面井建设作业,地面井"一井三用"并贯穿三区各个阶段;地面井预抽高效期处于抽采初期,此时瓦斯含量较高,地面井抽采效率高;地面井预抽低效期处于规划区后期,煤层瓦斯含量减少,导致地面井抽采效率下降。同时,规划区逐渐向准备区转化。准备区内可划分为底抽巷与钻孔施工期、抽采达标时间与准备时间3个阶段。在底抽巷与钻孔施工期内进行底抽巷定向钻孔施工、底抽巷穿层钻孔施工和井下顺层钻孔施工,为井上下联合抽采做好准备;抽采达标时间为井上下联合抽采达标时间,其由瓦斯抽采技术与瓦斯赋存状态所决定;准备时间为准备区向生产区接替,此阶段内井上下联合抽采处于强化抽采,并持续至生产区末期,为安全生产提供保障。生产区内可以划分为共采高效期、共采低效期与工作面密闭期3个阶段。共采高效期处于生产区初期和正常回采阶段,采煤作业产生扰动利于瓦斯抽采,煤炭开采与瓦斯抽采稳定发展;而在共采低效期,受限于工作面煤炭产量与瓦斯含量,煤炭开采效率与瓦斯抽采效率均处于下降阶段;工作密闭期工作面采煤作业结束,撤架密闭。

8.2　近距离煤层群煤与瓦斯共采模式

8.2.1　近距离煤层群共采模式

我国对近距离煤层群的定义是根据《煤矿安全规程》中的规定进行确定的,近距离煤层群定义为煤层群间距离较小,开采时相互有较大影响的煤层。但目前并未有对近距离煤层群煤层间距离进行明确的规定,据现有学者研究结果煤层间距在6～30 m区间内,煤炭开采时仍存在相互影响。在近距离煤层群开采过程中,由于煤层间距较小,上一个煤层开采过程将会对下一煤层的顶板和煤体产生影响,进而导致下一煤层未开采便已经发生了一定程度的卸压破坏。因此,近距离煤层群中实现煤与瓦斯共采需考虑采动对煤层群的影响。在共采过程中要尽可能对近距离煤层群同时规划、施工与瓦斯治理,确保近距离煤层群资源安全开发。

如图8.5所示,将近距离煤层群保护层与被保护层划分为3个区域,保护层中的规划区、准备区、生产区与被保护层中的规划区、准备区、生产区依次卸压消突。在时间维度上,规划区对应着超前抽采时间,准备区对应着井下掘进过程抽采时间,生产区对应着煤炭开采过程抽采时间。从空间维度上,规划区主要是井上瓦斯抽采,准备区主要是井上和井下瓦斯抽采并存,生产区主要是井上和井下瓦斯联合抽采。规划区和准备区的时间衔接控制因素是岩巷掘进时间和掘进区域消突时间,空间衔接控制因素是掘前抽采降突范围,准备区和生产区时间衔接的控制因素是煤巷掘进时间和采煤区域消突时间,空间衔接控制因素是采前抽采消突范围,生产区和邻近层时间衔接的控制因素是煤层回采时间和邻近层消突时间。

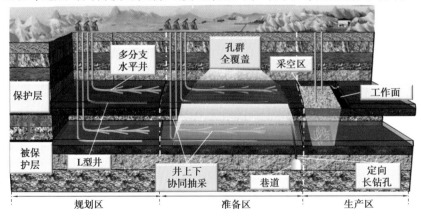

图8.5　近距离煤层群共采模式

8.2.2　近距离煤层群共采三区转换

1）三区转换时间

（1）规划区

一般为 5 ～ 10 年后开采的井田区域,在此区域内只能开展地面井瓦斯抽采工作,利用地面井预抽煤层瓦斯,降低煤层瓦斯含量,降低突出危险性。可提前 5 ～ 10 年或更长时间在地面布置大规模井群,进行大面积抽采,形成瓦斯开采产业规模。通过长时间抽采,使瓦斯含量下降到原始含量的 40% 左右。

（2）准备区

该区域提前 3 ～ 5 年布置,进行井上下立体抽采,即地面钻孔与井下区域预抽同步进行,抽采方法以底板岩石巷道网格式向上穿层钻孔预抽和井底钻孔对接多分支水平井为主,对准备区煤层群进行大面积预抽,通过瓦斯超前治理,解决准备区工作面巷道掘进中的瓦斯突出问题,实现准备区向生产区的快速转化。

（3）生产区

生产区是指已经完成了区域瓦斯治理,对于准备区抽采效果不好的局部区域,在转化为生产区只需进行局部瓦斯治理。鉴于目前生产区内的采掘活动仍需进行区域瓦斯治理,结合采场覆岩移动情况,决定了各采区区域瓦斯治理措施上的不同。

2）三区转换阈值

如图 8.6 所示,为近距离煤层群井上下联合抽采防突衔接模式。

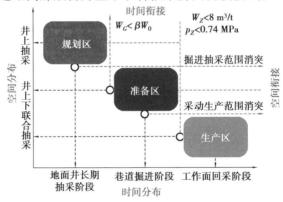

图 8.6　近距离煤层群井上下联合抽采防突衔接模式

（1）规划区

对于衔接过程中规划区向准备区转换的过程中,其阈值由保护层或被保护层的原始瓦斯含量决定,通过在规划区内长期进行瓦斯预抽,由于未受采动影响,煤层原始渗透率较低,煤层原始瓦斯含量和压力不一定能降低至《防治煤与瓦斯突出细则》的中规定的 8 m^3/t 和 0.74 MPa 以下,因此也不一定能消除煤与瓦斯突出危险性,其阈值可表示为 $W_G < \beta W_0$,其中 β 为小于 1 的系数。

（2）准备区

准备区类型转换的阈值则必须满足国家对煤与瓦斯突出方面所规定的瓦斯含量小于 8 m^3/t 且瓦斯压力小于 0.74 MPa。

（3）生产区

由于各地方对于本地区内煤与瓦斯突出的做出进一步严格的规定,其残余瓦斯含量和压力指标为 $W_s < 8\alpha$ m^3/t,$P_s < 0.74\alpha$ MPa,α 为小于 1 的系数。

8.2.3　近距离煤层群井上下联合典型共采方法

基于近距离煤层群层间影响显著,易形成层间贯通裂隙,采动影响大等特点,提出了近距离煤层群孔群覆盖—协同抽采共采模式,实现了近距离煤层群煤与瓦斯共采的超前规划、提前施工、整体抽采、资源安全开发,其典型模式如图 8.7 所示。在近距离煤层中可以通过多分支水平井、顶板 L 型压裂井等水平井预抽,实现多煤层瓦斯抽采;井下采用穿层、顺层、定向长钻孔等方式实现瓦斯抽采,进而在时间上达到规划区超前抽采、准备区快速抽采、生产区补充抽采,三区顺序衔接,空间上实现多煤层预抽全覆盖的"全覆盖预抽-井上下协同"抽采的煤与瓦斯协调共采模式。

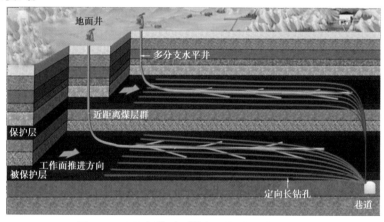

图 8.7　近距离煤层群煤与瓦斯共采典型模式

该模式的特点在于:

①水平井预抽:多分支水平井、顶板 L 型压裂井、底板梳状井,实现多煤层瓦斯预抽降突。

②井下孔消突:井下穿层、顺层、定向长钻孔抽采消突。

③时段衔接顺:规划区超前抽采、准备区快速抽采、生产区补充抽采,三区顺序衔接。

④空间全覆盖:多煤层预抽全覆盖。

1)多分支水平井+定向长钻孔联合抽采方法

多分支水平井+定向长钻孔联合抽采方法是指在地面依次施工多分支水平井至保护层与被保护层中进行预抽,然后在被保护层底板巷道中施工定向长钻孔群至保护层与被保护层进行抽采,并依据多分支水平井的预抽范围实现定向长钻孔群抽采全覆盖,实现井上下联合抽采。其优势在于多分支井可以同时进行多个工作面的瓦斯预抽,定向长钻孔群可进行多个工作面的瓦斯抽采,可同时实现保护层与被保护层的快速抽采。该方法适用于坚固性系数 $f > 0.5$,透气性系数 $\lambda > 1$ 的煤层。

2)梳状水平井+顺层钻孔联合抽采方法

梳状水平井+顺层钻孔联合抽采方法是指在地面向被保护层底板施工梳状水平井,在梳状水平井水平段依次施工梳状分支钻孔至保护层与被保护层中进行预抽,然后在保护层中施工煤巷与顺层钻孔,利用顺层钻孔实现下一个工作面和煤巷条带消突,从而实现井上下联合抽采,如图 8.9 所示。其优势在于梳状水平井可以在多分支水平井、L 型井等井上瓦斯抽采措施不适用的条件下进行施工,完成保护层与被保护层的协同快速抽采。该方法适用于坚固性系数 $f < 0.5$,透气性系数 $\lambda < 1$ 的煤层。

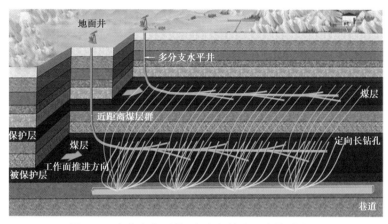

图 8.8　多分支水平井+定向长钻孔联合抽采方法

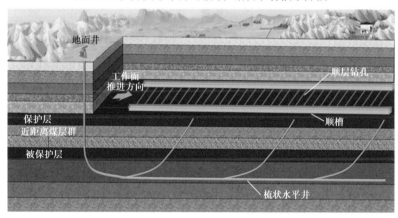

图 8.9　梳状水平井+顺层钻孔联合抽采方法

3）L 型井+顺层钻孔联合抽采方法

L 型井+顺层钻孔联合抽采方法是在地面施工 L 型井至保护层顶板进行水力压裂,压裂完成后进行保护层瓦斯预抽,预抽达标后在保护层施工煤巷和顺层钻孔,利用顺层钻孔实现下一个工作面和煤巷条带瓦斯抽采,从而实现井上下联合抽采,如图 8.10 所示。其优势在于利用 L 型井进行保护层顶板水力压裂,促进保护层瓦斯的快速解吸,提高消突效率,缩短瓦斯抽采时间。该方法适用于坚固性系数 $f<0.5$,透气性系数 $\lambda<1$ 的煤层。

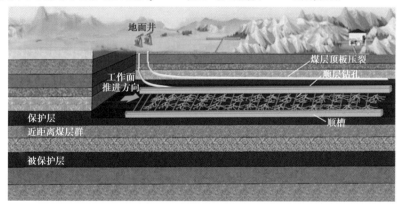

图 8.10　L 型井+顺层钻孔联合抽采方法

8.3 远距离煤层群煤与瓦斯共采模式

8.3.1 远距离煤层群强化增透—递进抽采共采模式

远距离煤层群煤矿与近距离煤层群煤矿井上下联合抽采防突衔接的主要不同之处在于,远距离煤层群条件下其保护层开采与被保护层的采动卸压之间并不同时,其卸压具有一定的时滞性。因此,远距离煤层群煤矿开采保护层卸压效果不及时与不充分,但保护层开采对被保护层而言存在扰动作用,具有一定程度卸压的卸压作用。在此基础上采取瓦斯强化抽采措施,实现瓦斯充分抽采,从而有效消除被保护煤层煤与瓦斯的突出危险性。

如图 8.11 所示,对远距离煤层群条件下的煤与瓦斯突出防治进行综合分析可以总结出远距离煤层群条件下井上下联合抽采防突衔接一般模式。对远距离煤层群的保护层和被保护层而言,可以划分为 3 个区域,保护层中规划区、准备区、生产区与被保护层的规划区、准备区、生产区依次消突。从远距离保护层和被保护层开采时空因素来说,则是形成针对保护层、被保护层准备区、生产区交替接续递进式联合抽采时空关系。从抽采时间维度来看,保护层三区进程与被保护层三区进程并非平行推进,而是两者三区进程存在一定的时间差,即保护层进入生产区地面井与井下钻孔全程抽采时,被保护层才刚进入被保护层准备区地面井预抽与井下区域预抽防突达标阶段。通过利用保护层与被保护层三区进程相互之间的时间差,实现增长被保护层瓦斯抽采时长与对其进行瓦斯强化抽采,从而解决远距离煤层群在保护层开采后卸压不充分、不及时问题,即利用两者三区之间的交替接续解决远距离煤层群卸压滞后性问题,达到消除被保护层生产作业时瓦斯突出危险。从抽采空间维度上说,规划区主要是井上瓦斯抽采,准备区主要是井上瓦斯抽采和井下瓦斯抽采并存,生产区主要是井上瓦斯抽采和井下瓦斯抽采的联合抽采。

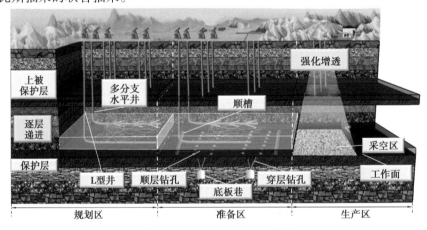

图 8.11 远距离煤层群共采模式

8.3.2 远距离煤层群共采三区转换

1）三区转换时间

保护层规划区、准备区和生产区类型转换时间与近距离煤层群三区转换时间类似。

（1）被保护层规划区

由于远距离煤层群煤矿多数情况下为下保护层开采,因此,被保护层规划区开始时间与保护层规划区开始时间相同,但被保护层规划区地面井抽采时长大于保护层规划区抽采时长。通过延长地面井对瓦斯抽采范围,从而实现用井上空间作业换取井下作业的时间。

（2）被保护层准备区

当保护层进入生产区作业时,被保护层进入准备区,并通过井上瓦斯预抽防突与井下钻孔预抽防突。通过强化抽采,解决远距离煤层条件下保护层开采卸压不充分、不及时问题,主要抽采方法以底板巷穿层钻孔对接地面直井为主,实现准备区向生产区快速转化。

（3）被保护层生产区

保护层生产作业完成后,被保护层进入生产区作业。在生产区中可能存在部分区域未充分卸压,需进行局部瓦斯抽采治理,同时结合煤矿采场现状,确定区域瓦斯治理的具体方法。

2）三区转换阈值

远距离煤层群保护层与被保护层二区类型转换阈值与近距离煤层群三区类型转换阈值类似。如图 8.12 所示,为远距离煤层群井上下联合抽采防突转换阈值。

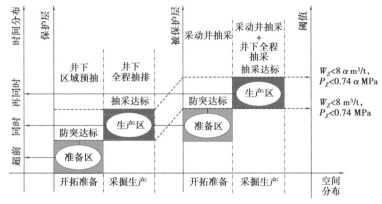

图 8.12　远距离煤层群井上下联合抽采防突转换阈值

8.3.3　远距离煤层群井上下联合典型抽采方法

基于远距离煤层群层间影响较小,不易形成层间贯通裂隙,卸压范围较小等特点,提出了远距离煤层群"卸压抽采"井上下联合抽采方法,实现强化卸压、采动跟进、递进消突,其典型抽采模式如图 8.13 所示。在远距离煤层群中通过压裂、切缝等技术手段和保护层开采等方式实现强化卸压和采动卸压,进而在煤层间逐层递进抽采,同时被保护层用地面井去替代底抽巷和穿层钻孔,最终实现"强化增透—递进抽采"的煤与瓦斯共采作业模式。

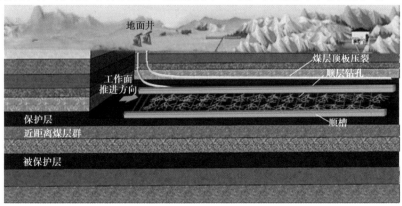

图 8.13　远距离煤层群井上下联合典型抽采模式

该模式的特点在于:

①强化卸压:压裂、切缝实现首采层煤体卸压。

②采动卸压:保护层开采实现被保护层卸压。

③卸压抽采:煤体卸压增透,瓦斯高效抽采消突。

④递进消突:煤层间逐层递进消突。

⑤以井代巷:被保护层取消底抽巷及穿层钻孔。

1)多分支水平井+顺层钻孔联合抽采方法

多分支水平井+顺层钻孔联合抽采方法是指在地面施工多分支水平井至保护层中进行预抽,预抽达标后在保护层中施工煤巷与顺层钻孔,利用顺层钻孔实现下一个工作面和煤巷条带瓦斯抽采,同时在地面施工直井至被保护层中抽采被保护层卸压瓦斯,实现井上下联合抽采。其优势在于多分支井可以同时进行多个工作面的瓦斯预抽,另外利用保护层开采对被保护层进行卸压,充分发挥了采动卸压的作用。该方法适用于坚固性系数 $f>0.5$,透气性系数 $\lambda>1$ 的煤层。

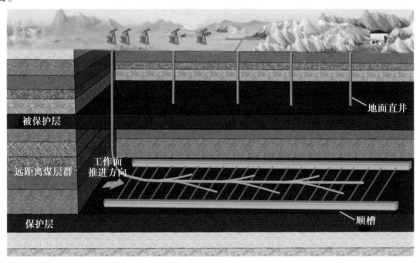

图 8.14　多分支水平井+顺层钻孔联合抽采防突方法

2)L 型井+顺层钻孔联合抽采防突方法

L 型井+顺层钻孔联合抽采防突方法是指在地面施工 L 型井至保护层顶板进行水力压裂,压裂完成后进行保护层瓦斯预抽,预抽达标后在保护层施工煤巷和顺层钻孔,利用顺层钻孔实现下一个工作面和煤巷条带瓦斯抽采,同时在地面施工直井至被保护层中抽采被保护层卸压瓦斯,实现井上下联合抽采。其优势在于利用 L 型井实现保护层顶板水力压裂,促进保护层瓦斯的快速解吸,提高了消突效率。此外,利用保护层开采对被保护层进行卸压,充分发挥了采动卸压的作用,大大降低了瓦斯治理时间。该方法适用于坚固性系数 $f<0.5$,透气性系数 $\lambda<1$ 的煤层。

3)底抽巷+顺层钻孔联合抽采防突方法

底抽巷+顺层钻孔联合抽采防突方法是指在保护层底板施工底板巷,由底板巷施工穿层钻孔至保护层中进行瓦斯预抽,预抽达标后在保护层施工煤巷与顺层钻孔,利用顺层钻孔实现下一个工作面和煤巷条带消突,同时在地面施工直井至被保护层中抽采被保护层卸压瓦斯,实现井上下联合消突。其优势在于利用穿层钻孔、顺层钻孔实现保护层消突。此外,利用保护层开采对被保护层进行卸压,充分发挥了采动卸压的作用,促进了被保护层瓦斯的快速解吸,提高消突效率,缩短瓦斯治理时间。该方法适用于坚固性系数 $f<0.5$,透气性系数 $\lambda<1$ 的煤层。

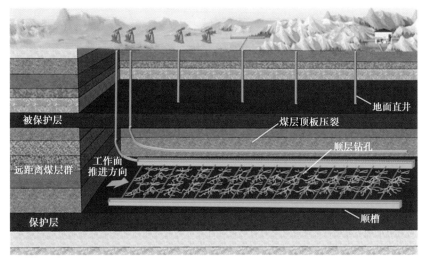

图 8.15　L 型井+顺层钻孔联合抽采防突方法

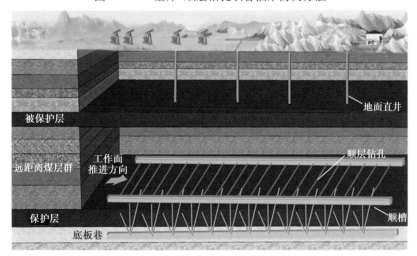

图 8.16　底抽巷+顺层钻孔联合抽采防突方法

8.4　煤与瓦斯共采协调度评价

8.4.1　煤与瓦斯协调共采内涵

1)煤炭开采与瓦斯抽采过程中的制约性和促进性

基于前文研究,可将煤炭开采与瓦斯抽采过程视为由煤炭开采子系统与瓦斯抽采子系统组合而成的总系统。在总系统内两子系统之间存在着抑制与促进的关系,如图 8.17 所示。两子系统之间的相互关系也影响着煤与瓦斯共采系统整体的协调程度。

煤炭开采过程会受到瓦斯抽采的制约,瓦斯抽采效果会对煤炭开采速度产生了很大影响,工作面瓦斯抽采效果较差,采掘工作面易发生煤与瓦斯突出与瓦斯超限事故,缓解了工作面回采速度,影响煤矿生产,增大了煤矿生产作业成本。同时,瓦斯抽采又会受到煤炭开采的制约,在瓦斯抽采过程中,若没有对煤层进行充分卸压,瓦斯难以解吸。在这些因素综合影响下,将增大瓦斯抽采难度。当煤炭开采量较少时,本煤层及邻近煤层渗透率较低,煤层中的瓦斯解吸量也会相应减少,导致煤炭开采与瓦斯抽采效率不高。由此可知,煤炭开采子系统与瓦斯抽采子系统之间的制约性会降低煤与瓦斯共采的协调程度。

图 8.17　煤炭开采子系统与瓦斯抽采子系统之间的相互关系

　　煤炭开采子系统与瓦斯抽采子系统相互制约的同时又存在相互促进的关系。基于本书第 3 章研究结果可知,煤体在开采过程中受到不同类型扰动载荷的影响,其自身渗透率将发生改变。此外,在工作面回采过程中,会造成周围煤层与覆岩卸压,产生"卸压增透"效应,上覆岩层受此影响下沉垮落,煤层也因此发生膨胀;封闭的地质构造会变得开放和活化,这些因素使得煤层的透气性增加,便于瓦斯解吸流动,为高效抽采瓦斯创造了有利条件。瓦斯抽采同样对煤炭开采有促进作用,瓦斯高效抽采有助于减少煤层失稳与瓦斯浓度超限,达到煤炭安全开采的效果,进而提高工作面回采速度,提高煤矿生产效率。在煤炭开采过程中,煤炭开采量越大,瓦斯抽采量也会相应增大,从而促进煤炭开采与瓦斯抽采两个子系统的效率增大。可知,煤炭开采子系统与瓦斯抽采子系统之间的促进性有利于煤与瓦斯共采协调性。

2)煤与瓦斯协调共采原理

　　协调程度反映系统由无序走向有序的变化趋势,其考虑系统之间影响的强弱,与系统之间正向耦合的趋势,由此构成的协调则表明系统之间友好发展的状态。

　　煤与瓦斯协调开发是结合上述理论从系统的角度对煤与瓦斯开采总系统进行分析,即煤炭开采子系统与瓦斯抽采子系统之间的协调程度越高,两个子系统之间的促进性也越好,使两个子系统之间的联系更加紧密,从而使煤与瓦斯共采总系统共采效果更好。

3)煤与瓦斯共采协调度量化模型

　　为了定量分析煤炭开采子系统与瓦斯抽采子系统之间相互作用强弱程度,本节采用协调度模型对煤炭开采子系统与瓦斯抽采子系统之间的耦合度进行量化,如式(8.1)所示。

$$C = \left[\frac{\eta_1 \times \eta_2}{\left(\dfrac{\eta_1 + \eta_2}{2} \right)^2} \right]^{\frac{1}{2}} \tag{8.1}$$

式中　C——耦合度;

　　　η_1——煤炭开采子系统评价效果值;

　　　η_2——瓦斯抽采子系统评价效果值。

　　耦合模型仅反映出煤炭开采子系统和瓦斯抽采子系统之间相互影响的程度,并不能反映出两个子系统之间协调程度的高低。因此,为了能够同时反映煤炭开采子系统和瓦斯抽采系统之间的协调程度,本节在耦合模型的基础上结合协调度构建协调度模型,如式(8.2)所示。

$$D = \sqrt{C \times T} \qquad T = \alpha\eta_1 + \beta\eta_2 \qquad (8.2)$$

式中　T——协调度;

　　　D——协调度。

学者通常将 α 与 β 主观赋值为 0.5,即表明两系统在总系统的研究中具有相同重要的地位,但这种做法主观性较强。协调揭示了子系统间从低级协调到高级协调的动态演化机制,只有子系统高度耦合时,总系统才能达到高水平协调。因此,当两个子系统之间性能有所差距,应更多地关注欠发达的子系统,从而使总系统更好地协调发展。依据上述理论,赋值 α 与 β,设定 $\alpha = \eta_1/(\eta_1 + \eta_2)$,$\beta = \eta_2/(\eta_1 + \eta_2)$。

将煤炭开采子系统效果评价值 η_1 与瓦斯抽采子系统抽采效果评价值 η_2 代入协调度模型中[式(8.1)、式(8.2)],计算得到煤与瓦斯协调共采的协调度,并根据表 8.1 评价协调度等级。

表 8.1　煤与瓦斯协调开发合理性评价

协调度	等级
$0 \leqslant D \leqslant 0.3$	不协调
$0.3 < D \leqslant 0.5$	初级协调
$0.5 < D \leqslant 0.80$	中级协调
$0.80 \leqslant D$	高级协调

8.4.2　煤与瓦斯协调共采指标体系

1）煤与瓦斯协调共采指标选取原则

构建煤与瓦斯协调开发评价指标体系,是为了评价煤炭资源与瓦斯资源安全高效开发状态。一般来说,指标构建需要遵循以下 4 个原则。

（1）科学性原则

所构建的指标体系要科学严谨,选择指标时需对指标进行解释,保证所有指标的科学性。同时,所构建的指标越客观,测算的协调度越能够准确反映煤与瓦斯共采协调程度。

（2）方向性原则

所构建的指标体系应符合方向性原则,即体现我国煤炭安全生产与瓦斯抽采的方针政策,符合我国国情的要求。

（3）可比性原则

所构建的指标体系应符合可比性原则,通过尽可能对指标进行量化,从而能够较为客观真实地描述所评价的事物,同时也便于指标之间相互比较。

（4）可行性原则

所构建的指标体系应符合可行性原则,在构建指标时,要考量指标数据的实际来源,挑选公信度高并且数据获取方便的指标。遇到选取的指标数据不清晰,无法获取的情况,应用其他合理可得的相近指标进行替换。

2）煤与瓦斯协调共采系统评价指标选取及其分级

（1）煤炭开采子系统指标选取及其分级

煤矿工作面煤炭开采作业主要在准备区和生产区,因此,构建煤炭开采子系统评价指标及其分级标准主要根据煤炭开采作业的准备区与生产区进行选取。

①准备区。

a. 准备区时长。准备区时长是指巷道掘进过程,正常掘进时长为$2a<t_d<6a$,其时间决定了掘进速度,速度过快具有危险性。在较慢的掘进速度下能够较好地保障作业的安全性,更能体现两子系统耦合的安全理念,但影响整体煤炭开采的经济效益。因此,综合考虑上述因素,将4a视为合理值,评分值为100。小于2a、大于6a评分值为0。在2a与4a、4a与6a之间的值则进行归一化处理。

b. 准备区时长比例。准备区时长比例体现出准备区在三区进程中的时长占比,准备区时长比例并非越大越好,而是要在相对短的时间内尽快抽采瓦斯,使井下瓦斯浓度达标。因此,当准备区在三区进程中的时长占比小于7.5%则评价值为100,大于22.5%取0,在两者之间就归一化处理。

②生产区。

a. 生产区时长。生产区时长指巷道掘进完成,开始进行回采作业,直至回采作业到达采煤停止线阶段,正常掘进时长为$0a<t_m<2a$,其时间决定了回采速度,速度过快开采风险较大。回采速度慢,作业安全性高,更能体现煤矿安全生产,但速度过慢又会影响经济效益。因此,综合考虑上述因素,将a视为合理值,评分值为100。小于0a、大于2a评分值为0。在0a与a、a与2a之间的值则进行归一化处理。

b. 生产区时长比例。生产区时长比例体现出生产区在三区进程中的时长占比,生产区时长比例并非越大越好,生产区内要在较短的时间内尽快抽采瓦斯,使井下瓦斯浓度达标。因此,当生产区在三区进程中的时长比例小于7.5%则评价值为100,大于22.5%取0,在两者之间就归一化处理。

c. 回采工作面瓦斯涌出量。回采工作面瓦斯涌出量不允许超过工作面风排瓦斯量$(864\times C\times S_{min}\times v_{fmax})/K\times q_{m1}$。式中$S_{min}$为风流经过的最小净断面积,$m^2$;$v_{fmax}$为采煤工作面最大允许风速,$m/s$;$K$为工作面瓦斯涌出不均衡系数,$q_{m1}$为采煤工作面相对瓦斯涌出量,$m^3/t$;$C$为《煤矿安全规程》允许的工作面回风流中最大瓦斯浓度,%。

d. 煤炭开采率。煤炭开采率是评价煤炭开采子系统整体效率的一个指标,参考《煤矿安全规程》,不同煤层厚度具有相应的煤炭开采率规定值,煤炭开采量达到这一规定值评价值为50。在规定值和回采率100%之间的值则进行归一化处理,同样的方法处理规定值与0%之间的值。

综上所述,煤炭开采子系统评价指标体系如图8.18所示。

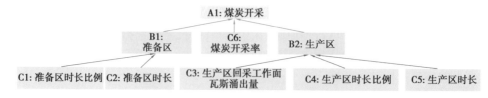

图8.18 煤炭开采子系统效果评价指标

（2）瓦斯抽采子系统指标选取及其分级

煤矿工作面瓦斯抽采作业主要在规划区、准备区和生产区，因此，构建瓦斯抽采子系统效果评价指标及其分级标准主要根据瓦斯抽采作业的规划区、准备区与生产区进行选取。

①规划区。

a. 规划区瓦斯抽采量。规划区瓦斯抽采量为规划区内瓦斯抽采效率，同时规划区内瓦斯抽采量在总瓦斯抽采量中占比较大时，更能体现地面井长时间预抽的效果。因此，将规划区瓦斯抽采量占瓦斯抽采总量的 65% 则视为评价值 100，0% 则视为评价值为 0，在这之间的评价值进行归一化处理。

b. 规划区时长。正常规划时长为 $6a<t_y<10a$，其时间决定了地面井预抽瓦斯量的高低，时间太短井下预抽不达标，井下作业有危险，同时，抽采时间长，抽采瓦斯量越大，但经济效益也随之降低。因此，综合考虑上述因素，将 8a 视为合理值，评分值为 100。小于 6a、大于 10a 评分值为 0。在 6a 与 8a、8a 与 10a 之间的值则进行归一化处理。

c. 规划区时长比例。规划区时长比例是从安全角度出发进行考虑，体现出规划区时长在三区进程中的占比，地面井抽采是用时间换空间，即井上大范围长时间进行瓦斯预抽从而提高井下作业的安全。因此，规划区时长占比要大一些。规划区抽采时长要大于 85%，因此，大于等于 85% 的评价值视为 100，0% 评价值视为 0，在两者之间归一化处理。

d. 规划区瓦斯抽采降低率。规划区内煤层瓦斯含量需要降低到 10 m^3/t（评价值为 0）内，这样才能符合规划区作业要求，当煤层瓦斯含量降到 8 m^3/t 内，评价值为 100%。在 8 ~ 10 m^3/t 内则进行归一化处理。

②准备区。

a. 准备区抽采瓦斯量。准备区内瓦斯抽采为井上井下同时抽采，以达到消突的目的，因此，在准备区内抽采的瓦斯量也不能太少，太少达不到消突的要求。因此，将准备区抽采瓦斯量大于抽采总量的 20% 评价值视为 100，若准备区抽采瓦斯量在瓦斯抽采总量中占比为 0% 时，则评价值视为 0。

b. 准备区时长。准备区时长是指巷道掘进过程，正常掘进时长为 $2a<t_d<6a$，其时间决定了掘进速度，速度过快具有危险性。且掘进速度快慢（准备区时长）与瓦斯抽采有关。当掘进速度较慢，有利于作业安全性，更能体现两系统耦合这一安全理念，但速度过慢又会影响煤矿煤炭开采的经济效益。因此，综合考虑上述影响因素，将 4a 视为合理值，评分值为 100。小于 2a、大于 6a 评分值为 0。在 2a 与 4a、4a 与 6a 之间的值则进行归一化处理。

c. 准备时长比例。准备区时长比例是从安全角度出发进行考虑，体现出准备区时长在三区进程中的占比，由于井下作业紧张，因此，准备区时长比例并非越大越好，而是要在相对短的时间内尽快抽采瓦斯，使瓦斯浓度达到防突标准。因此，将比例小于 7.5% 则评价值为 100，大于 22.5% 取 0，在两者之间就归一化处理。

d. 准备区瓦斯抽采降低率。在准备区时，瓦斯含量需要降到 8 m^3/t（当瓦斯含量降到 8 m^3/t 以下时评价值为 0）内，这样才能符合准备区作业要求，当降到 6 m^3/t 内为 100% 说明符合要求。在 6 ~ 8 m^3/t 则进行归一化处理。

③生产区。

a. 生产区抽采瓦斯量。生产区内瓦斯抽采为井上井下联合抽采，其目的是要实现安全回采，煤层瓦斯含量标准需降到既定标准，才能保障作业的安全。因此，将生产区抽采瓦斯量大于抽采总量的15%评价值视为100,如果是0%,则评价值视为0。

b.生产区时长。生产时长一般为$0a<t_m<2a$,其时间决定了回采速度,速度过快具有危险性回采速度较慢时,工作面作业安全性越高,但回采速度过慢将影响整体煤炭开采的经济效益。因此,综合考虑上述因素,将a视为合理值,评分值为100。小于0a、大于2a评分值为0。在0a与1a、1a与2a之间的值则进行归一化处理。

c.生产区时长比例。生产区时长为生产区时长在三区进程中的占比,生产区时长比例并非越大越好,而是要在相对短的时间内尽快抽采瓦斯,使井下瓦斯浓度达标。因此,比例小于7.5%则评价值为100,大于22.5%取0,两者之间需进行归一化处理。

d.瓦斯抽采率。瓦斯抽采量越大,说明瓦斯抽采子系统效益越高。但随着瓦斯含量的降低,其抽采难度和相应抽采时间也相应增大,抽采成本大幅度提升。因此,将抽采之后瓦斯含量大于等于$6\ m^3/t$视为因资源利用率不高导致不合理,评分为0;瓦斯含量在$4.25\ m^3/t$为最合理值,评分为100;瓦斯含量小于等于$2.5\ m^3/t$视为因经济效益导致的不合理值,在$6\sim 4.25\ m^3/t$、$4.25\sim 2.5\ m^3/t$之间的则进行归一化处理。

综上所述,瓦斯抽采子系统效果评价指标体系如图8.19所示。

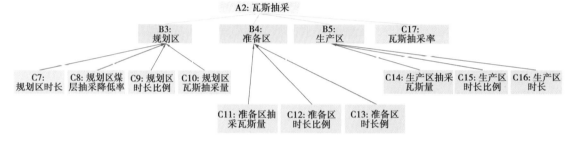

图8.19 瓦斯抽采子系统效果评价指标

(3)煤与瓦斯协调共采指标及其分级

煤炭开采子系统评价指标与瓦斯抽采子系统评价指标之间存在相同的指标。从时空角度考虑煤与瓦斯协调开发,即煤炭开采与瓦斯抽采各个环节的时间都安排得当,相应的时间段合理地布置采掘工作面瓦斯抽采巷道位置和钻孔位置,并在时间上相互衔接,有序地完成每一道开采工序,从而保障煤炭开采子系统与瓦斯抽采子系统之间处于相互促进关系,最终实现煤与瓦斯协调开发。因此,可将煤炭开采子系统评价指标体系与瓦斯抽采评价指标体系进行整合,得到煤与瓦斯协调开发评价指标体系,如图8.20所示。

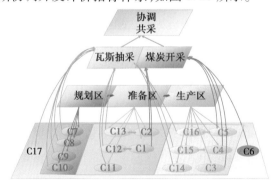

图8.20 煤与瓦斯协调共采评价指标体系

表 8.2　煤与瓦斯协调开发评价指标分级计算公式

指标名称	分级计算公式
准备区 时长 t_d	1. 当 t_d 为 4a 时,评分为 100 2. 当 t_d 小于 2a 或大于 6a 时,评分为 0 3. 当 t_d 小于 4a 时,评分计算公式为:$(4a-t_d)/(4a-2a)\times100\%$ 4. 当 t_d 大于 4a 时,评分计算公式为:$[1-(t_d-4a)/(6a-4a)]\times100\%$
准备区 时长比例 t_D	1. $t_D = \dfrac{t_d}{t_d+t_y+t_m}$ 2. 如果 $t_D \geqslant 0.225$ 评分值为 0 3. 如果 $t_D \leqslant 0.075$ 评分值为 100 4. t_D 为 $0.075 \sim 0.225$,评分值为 $\left[1-\dfrac{t_D-0.075}{0.225-0.075}\right]\times100\%$
生产区时长 t_m	1. 当 t_m 为 a 时,评分为 100 2. 当 t_m 小于 0a 或大于 2a 时,评分为 0 3. 当 t_m 小于 a 时,评分计算公式为:$(a-t_m)/(a-0)\times100\%$ 4. 当 t_m 大于 a 时,评分计算公式为:$[1-(t_m-a)/(2a-a)]\times100\%$
生产区时长 比例 t_M	1. $t_M = \dfrac{t_d}{t_d+t_y+t_m}$ 2. 如果 $t_M \geqslant 0.225$ 评分值为 0 3. 如果 $t_M \leqslant 0.075$ 评分值为 100 4. t_M 为 $0.075 \sim 0.225$,评分值为 $[1-(t_M-0.075)/(0.225-0.075)]\times100$
回采工作面 瓦斯涌出量	回采工作面瓦斯涌出量值小于 $(864\times C\times S_m\times V_{f\max})/K\times q_m$ 时评分值为 100,否则为评分值为 0
煤炭开采率 η_c	1. $\eta_c = x_c/M$ 2. 当 $\eta_c = \eta'_c$ 时,评分为 50 3. 当 $\eta_c > \eta'_c$ 时,评分为 $[0.5+(\eta_c-\eta'_c)/(1-\eta'_c)\times0.5]\times100\%$ 4. 当 $\eta_c < \eta'_c$ 时,评分为 $\eta_c/\eta'_c\times0.5\times100\%$
规划区 瓦斯抽采量 x_1	1. $X_1 = \dfrac{x_1}{x_1+x_2+x_3}$ 2. 当 $X_1 \geqslant 0.65$ 时,评价值为 100 3. 当 X_1 为 $0 \sim 0.65$ 时,评价值为 $\dfrac{X_1}{0.65}\times100\%$
规划区时长 t_y	1. 当 t_y 为 8a 时,评分为 100 2. 当 t_y 大于 10a 或小于 6a 时,评分为 0 3. 当 t_y 小于 8a 时,评分计算公式为:$(8a-t_y)/(8a-6a)\times100\%$ 4. 当 t_y 大于 8a 时,评分计算公式为:$[1-(t_y-8a)/(10a-8a)]\times100\%$
规划区 时长比例 t_Y	1. $t_Y = \dfrac{t_y}{t_d+t_y+t_m}$ 2. 如果 $t_Y \geqslant 0.85$ 评分值为 100 3. 当 t_Y 为 $0 \sim 0.85$,评分值为 $t_Y/0.85$

续表

指标名称	分级计算公式
规划区瓦斯降低率 η_1	1. $\eta_1 = 14.25 - \dfrac{x_1}{1\ 490 \times 265 \times 4.5 \times 1.62}$ 2. 当 $\eta_1 \leqslant 8\ \text{m}^3/\text{t}$ 时,评价值为 100 3. 当 $\eta_1 \geqslant 10\ \text{m}^3/\text{t}$ 时,评价值为 0 4. η_1 为 8~10 m^3/t 时,评价值为 $\lfloor 1-(\eta_1-8\ \text{m}^3/\text{t})/(10\ \text{m}^3/\text{t}-8\ \text{m}^3/\text{t})\rfloor \times 100\%$
准备区抽采瓦斯量 x_2	1. $X_2 = \dfrac{x_2}{x_1+x_2+x_3}$ 2. 当 $X_2 \geqslant 0.20$ 时,评价值为 100 3. 当 X_2 为 0~0.20 时,评价值为 $X_2/0.20 \times 100\%$
生产区抽采瓦斯量 x_3	1. $X_3 = \dfrac{x_3}{x_1+x_2+x_3}$ 2. 当 $X_3 \geqslant 0.15$ 时,评价值为 100 3. 当 X_3 为 0~0.15 时,评价值为 $X_3/0.15 \times 100\%$
瓦斯抽采率 η_g	1. $\eta_g = \dfrac{Q-(x_1+x_2+x_3)}{L_1 \times L \times H \times \rho}$ 2. 当 η_g 等于 4.25 m^3/t 时,评分为 100 3. 当 $\eta_g \leqslant 2.5\ \text{m}^3/\text{t}$ 或 $\eta_g \geqslant 6\ \text{m}^3/\text{t}$ 时,评分为 0 4. 当 η_g 为 4.25~6 m^3/t 时,评分为 $(\eta_g-4.25\ \text{m}^3/\text{t})/(6-4.25\ \text{m}^3/\text{t}) \times 100\%$ 5. 当 η_g 为 2.5~4.25 m^3/t 时,评分为 $[1-(4.25\ \text{m}^3/\text{t}-\eta_g)/(4.25\ \text{m}^3/\text{t}-2.5\ \text{m}^3/\text{t})] \times 100\%$

式中 C 为《煤矿安全规程》允许的工作面回风流中最大瓦斯浓度,% ;$S_{\min}$ 为风流经过的最小净断面积,m^2 ;$V_{\max}$ 为采煤工作面最大允许风速,m/s;Q 为工作面储存瓦斯资源量,m^3 ;L_1 为走向采长,m;L 为采长,m;ρ 为煤层密度,t/m^3 ;H 为采高,m;η_c 为《煤矿安全规程》中煤炭开采率值;M 为工作面煤炭资源总量,t。

8.4.3　煤与瓦斯共采协调度评价模型

1）煤与瓦斯共采协调度评价方法

（1）贝叶斯网络概述

贝叶斯网络是一种被广泛应用于量化指标变量之间存在的某种不确定性关系,并能够实现图形化的网络模型。贝叶斯网络具有表达能力强、计算结果更加精确并且能够进行反向推理判断的优点,在安全评价上明显优于事故树方法。

（2）贝叶斯原理

贝叶斯定理通过对事件发生的可能性认知（得到先验概率）与该事件在其他事件发生时发生的概率（得到条件概率）相互结合,由此进行推断得到事件的变化方向,以及最终事件的结果（得到后验概率）。对上述先验概率,条件概率与后验概率三种概率进行组合,便可得到贝叶斯公式,如式（8.3）所示。

$$P(B \mid A) = \frac{P(A \mid B)P(B)}{P(A)} \tag{8.3}$$

贝叶斯网络实现推理的整个过程是根据结点之间的关系,根据贝叶斯公式［式（8.3）］,

将每一个节点运算之后的概率进行相加,依据条件概率表,计算出所要分析结点概率值,贝叶斯网络极大地简化了整个过程,并用图论的形式进行展示,如图 8.21 所示。

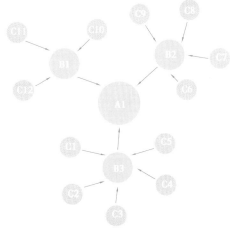

图 8.21　贝叶斯网络示意

(3)贝叶斯网络结构及其评价过程

由上述分析可知,贝叶斯网络是由变量节点以及有向箭头组合而成的环状有向图,如图 8.21 所示。每一个变量代表着一个节点,用箭头表示两者之间的联系,箭头由父指标节点指向子指标节点。确定所研究系统评价指标各个指标之间的相互关系后,便能构建出所研究系统的贝叶斯网络结构图。然而,要实现所建贝叶斯评价网络能够顺利进行评价,还需要得到各个子指标的先验概率,如图 8.22 所示,每一个父指标节点都对应一个先验概率,每一个子指标节点也有与其父指标节点相对应的条件概率。

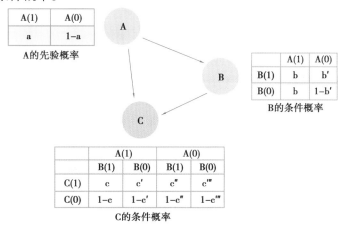

图 8.22　贝叶斯网络结构示意

贝叶斯网络原理是根据概率数据确定父指标节点事件对子指标节点事件的影响程度大小。先验概率可以代表事件在事实数据中发生的概率,也可以通过专家打分得到概率,是一种依据统计学原理的用法,而条件概率代表着父指标事件对子指标事件的影响程度。在贝叶斯网络用于效果值评价中,将父指标事件的概率值替换为事件的效果值,从事件评价的角度出发,这两者本质效果是相同的。因此,通过贝叶斯网络可以实现对煤炭开采子系统与瓦斯抽采子系统评价。但为了实现贝叶斯网络进行效果值评价,需将先验概率替换为父指标效果评价值。

(4)贝叶斯网络构建

贝叶斯网络可通过多种软件进行构建,本节选取了的 GENIE 软件对煤与瓦斯协调开发过程贝叶斯网络模型进行构建,并完成基于贝叶斯网络评价方法的推理计算。通过 GENIE 软件实现贝叶斯效果评价网络构建,其构建过程包含以下几个步骤。

①贝叶斯网络模型节点的定义及指向确定。基于前文对煤与瓦斯协调共采评价体系分析的基础上利用软件对各节点进行定义,将每一个节点的状态设置为 State 0 和 State 1。其

中,State 0 对应效果符合预期,State 1 对应效果不符预期,如图 8.23 所示。后根据评价体系树状图的指向确定各节点的指向,搭建完整贝叶斯网络。

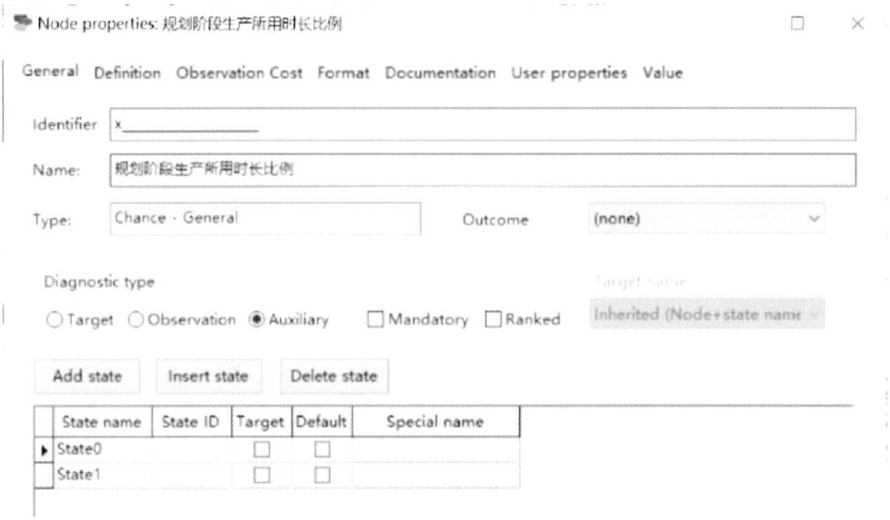

图 8.23　GENIE 软件贝叶斯网络节点设置

②各节点概率的参数设置。各节点的概率参数主要包含节点的先验概率和条件概率,先验概率及条件概率可在节点的定义界面中直接设置,如图 8.24 和图 8.25 所示。

图 8.24　贝叶斯网络结点先验概率设置

图 8.25　贝叶斯网络结点条件概率设置

③贝叶斯网络推理计算。完成上述步骤①及步骤②后,可利用软件进行贝叶斯网络的推理计算,即通过各指标结点先验概率及条件概率的设置,根据贝叶斯公式计算出最高层级结点达到 State 0 的概率值。

(5)煤与瓦斯协调共采贝叶斯网络构建

根据贝叶斯法则与贝叶斯网络原理,结合 4.2 节中所构建的煤与瓦斯协调共采评价指标体系,构建煤与瓦斯协调共采贝叶斯网络,如图 8.26 所示。

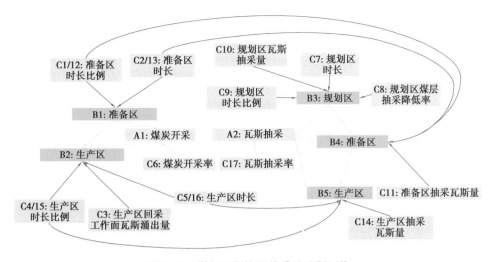

图 8.26 煤与瓦斯协调共采贝叶斯网络

根据前文所述可知,贝叶斯网络构建并能够进行评价仍需要确定各个子指标的先验概率和条件概率。

(6)煤与瓦斯协调共采贝叶斯网络先验概率获取

本书通过贝叶斯网络对煤与瓦斯共采协调度进行评价,其中贝叶斯网络子指标先验概率根据煤矿现场参数结合表 8.1 分级公式进行分级,从而得到各个子指标先验概率。

(7)煤与瓦斯协调共采贝叶斯网络条件概率获取

本书所述贝叶斯网络评价指标体系中,各个节点的状态分为 State 0 与 State 1 两种。因此,如图 8.25 所示,每个子指标节点的父指标节点的条件概率以 2 行 n 列的条件概率表形式进行呈现,其中 n 表示该父指标节点所拥有的子指标节点的数目。在煤与瓦斯协调共采评价指标体系所构建的贝叶斯评价网络中,父指标节点条件概率依据专家评价法结合熵权法获得。

(8)专家评分法确定父指标节点条件概率

专家评分法主要通过评价人员将待评价的内容制作成内容清晰、简洁易懂的评价意见表,并通过评价人员邀请所研究领域的行业专家对征询表进行打分。专家评分法也常用于事件条件概率或权重分析等相关内容的研究,其可靠性强,结果准确性高,对一些不易于收集现场实际数据的研究具有很好的适应性。

①制订专家评分表。由前文所述可知,专家评分表的制订是专家打分法的核心。本书制订了煤与瓦斯协调共采指标体系专家评分表。在专家评分表上,每个指标得分代表其在上级指标中的重要性,上级指标的分值为 100。以瓦斯抽采子系统中规划区为例,规划区作为子指标,规划区瓦斯降低率、规划区生产所用时长比例、规划区抽采瓦斯量和规划阶段时长作为其父指标,这 4 个父指标分值总和为 100。其中,每个父指标分值代表该分指标在子指标中的重要程度。

②根据评分值确定各子指标效率值。基于专家评分法评价原理,本节邀请 n 位煤与瓦斯协调共采领域专家对评价指标体系各个指标进行打分,根据打分结果确定每一个父指标在子指标影响的权重,权重关系式如式(8.4)所示。

$$b_i = \frac{a_i \times p(0)}{100} \tag{8.4}$$

式中　b_i——第 i 项父指标的评价值影响权重；

　　　a_i——第 i 项指标的专家评分；

　　　$p(0)$——在所有父指标都符合预期效果的情况下子指标所能达到的效率值,默认为 1。

③熵权分析法。专家评分法简单易实施、实际运用效果好、适应性强等特点在评价类研究中得到了广泛应用。但其评价结果容易受到专家的主观影响,在客观性上具有明显的不足。因此,为了尽可能地消除领域专家主观性对评价结果的影响。本书对所述专家评分法确定条件概率的方法进行了改进,即采用熵权分析法结合专家评分法确定贝叶斯网络条件概率,减少领域专家的主观性以及专家知识领域的个体差异性对评价结果的影响。本书构建一套针对参与评分的专家的评分表,分别赋予各位领域专家权重,具体步骤如下。

A. 制订领域专家个人能力评分表。本节综合考虑专家的各方面的因素,制订出一套能够体现出评价能力的专家个人素质能力评分表,见表 8.3。专家综合能力的评分指标包含:职称、经验和信息来源。其中,职称一项中,3 个等级从上至下依次对应 10 分、8 分、6 分;经验一项中,3 个等级从上至下依次对应 10 分、8 分、6 分;信息来源一项中,3 个等级从上至下依次对应 6 分、7 分、10 分。

表 8.3　专家个人素质评分表

对象		备注	评价/分值
专家	职称	正高(10 分)	
		副高(8 分)	
		中级(6 分)	
	经验	经验丰富(6 年以上:10 分)	
		经验较丰富(3 到 6 年:8 分)	
		经验一般(3 年以内:6 分)	
	信息来源(信息来源为与煤与瓦斯协调共采相关信息来源)	文献为主(7 分)	
		实践为主(7 分)	
		两者皆有(10 分)	
	总分		

B. 依据分值确定权重。依据表 8.3 对专家进行打分,确定评分值之后,根据式(8.5)确定评分权重。

$$Di = \frac{\sum_{i=1}^{3} Xi}{\sum_{i=1}^{n} Y_i} \tag{8.5}$$

式中　D_i——第 i 位专家的评分权重；

　　　X_i——该专家第 i 项评价能力的得分,共 3 项；

　　　Y_i——第 i 位专家的总得分。

（9）煤与瓦斯协调共采贝叶斯网络条件概率确定

根据式(8.6)、式(8.7)计算得到煤与瓦斯协调共采贝叶斯评价网络各个父指标节点条件概率。

$$B_i = \sum_{i=1}^{n} Dib_i \tag{8.6}$$

$$P_n = \sum_{i=1}^{m} B_i \tag{8.7}$$

式中　B_i——第 i 项子指标的效率值加权平均后的影响权重；

P_n——有 $n(n \leqslant m)$ 个子指标达到预期效果时父指标所能达到的效率值，即该情况下事件的条件概率。

2）煤与瓦斯协调共采评价模型应用

（1）应用煤矿概况

①交通位置。沙曲一号煤矿属于晋中煤炭基地离柳矿区，该矿区位于山西省中西部，行政区划属吕梁市境内。井田地理坐标：东经 110°45′34″~110°52′20″，北纬 37°24′24″~37°30′28″。矿区呈南北狭长形分布，由北向南跨越吕梁市所属兴县、临县、方山县、柳林县、离石区和中阳县。

②煤质。沙曲一煤矿田内含煤地层为山西组和太原组，井田中 1~5# 煤层产于山西组，6~10# 产自太原组。沙曲一煤矿田含煤地层总厚度为 144.70 m，煤层总厚度为 17.21 m，含煤系数为 11.89%。可采含煤系数为 11.55%，其可采煤层特征见表 8.4。

表 8.4　沙曲一矿可采煤层特征

地层	煤层号	煤层厚度/m 最小-最大 平均	煤层间距/m 最小-最大 平均	夹石层数	顶板岩性 底板岩性	稳定性	可采程度
山西组	2	0.00-1.68 0.90		简单 (0-2)	泥岩(细粒砂岩) 泥岩	较稳定	大部可采
	3	0.00-2.00 1.01	8.30-27.12 16.44	简单 (0-1)	砂质泥岩(细粒砂岩) 泥岩(铝质泥岩)	不稳定	局部可采
	4	1.05-6.05 3.71	0.00-12.17 4.20	中等 (0-4)	粉砂岩(泥岩) 泥岩(细粒砂岩)	稳定	全区可采
太原组	5	0.00-5.04 3.30	1.80-7.60 4.45	复杂 (0-6)	泥岩 砂质泥岩(细砂岩)	稳定	大部可采
	6	0.00-1.60 0.55	9.17-39.16 16.53	简单 (0-2)	石灰岩 泥岩	不稳定	局部可采
	8	2.98-9.33 4.27	19.30-45.50 28.97	复杂 (0-7)	石灰岩(中砂岩) 泥岩	稳定	全区可采
	9	1.04-2.10 1.46	0-2.43 2.13	复杂 (0-5)	泥岩 泥岩	不稳定	局部可采
	10	0.00-3.99 1.51	0-23.79 12.18		泥岩(细砂岩) 泥岩	较稳定	大部可采

③瓦斯含量。沙曲一矿 4#煤层井田内北部瓦斯含量较小,瓦斯含量值在 7.50 m^3/t 以下,西南部瓦斯含量最大,瓦斯含量值为 13.50~15.50 m^3/t;4#煤层瓦斯含量增长梯度为 2.02 $m^3/t/100$ m。

④工作面概况。沙曲一矿 4206 工作面位于沙曲一矿二采区内,4206 工作面掘进工作面支护方式为锚网支护,掘进方式为综掘。回采工作面所采用的采煤方法为一次采全高,顶板管理方式为全部垮落法,工作面煤层视密度为 1.37 t/m^3。4206 工作面共布置有进风巷、机轨合一巷和回风巷。

⑤工作面现场参数。根据沙曲一矿现场报告,获得沙曲一矿 4206 工作面现场数据,见表 8.5。

表 8.5 工作面现场数据

符号	名　称	单位	现场数值
q_{cy}	规划区瓦斯抽采速率	m^3/s	0.076
q_{yd}	掘进过程瓦斯绝对涌出量	m^3/s	0.121 5
q_{cd}	掘进过程瓦斯抽采速率	m^3/s	0.08
q_{cm}	回采过程瓦斯抽采速率	m^3/s	0.08
H	采高	m	4.50
L	采长	m	265
L_1	走向采长	m	1 490
P	煤层密度	t/m^3	1.37
q_{m1}	采煤工作面相对瓦斯涌出量	m^3/t	14.25
C	《煤矿安全规程》允许的工作面回风流中最大瓦斯浓度	%	1
S_{min}	风流经过的最小净断面积	m^2	15.96
v_{fmax}	采煤工作面最大允许风速	m/s	4
K	工作面瓦斯涌出不均衡系数		1.5
Q	工作面储存瓦斯资源量	m^3	$3.75×10^7$
M	工作面煤炭资源总量	t	$2.63×10^6$
V_f	工作面风速	m/s	1.18
q_{ym}	回采工作面绝对瓦斯涌出量	m^3/s	0.65
X_0	煤层原始瓦斯含量	m^3/t	14.25
X_{gcb}	煤层残存瓦斯含量	m^3/t	3.05
η'_c	煤层规定煤炭开采率	%	93
η'_{cmax}	煤矿现有最大煤炭开采率	%	99
η_3	瓦斯规定抽采率	%	45

（2）煤与瓦斯协调共采评价

①煤与瓦斯耦合共采先验概率。将 4206 工作面现场数据（表 8.5）代入指标分级量化公式中（表 8.2），得到 4206 工作面煤与瓦斯协调共采贝叶斯评价网络各父指标先验概率值，见表 8.6。

表 8.6　煤与瓦斯协调开发贝叶斯网络先验概率

指标变量	评级
准备区时长	25
准备区时长比例	20
回采工作面瓦斯涌出量	100
煤炭开采率	50
规划区时长	75
规划区时长比例	81
准备区抽采瓦斯量	98
生产区时长	60
生产区抽采瓦斯量	80
生产区时长比例	80
瓦斯抽采率	26
规划区瓦斯降低率	100
规划区瓦斯抽采量	100

②煤与瓦斯协调共采条件概率。通过邀请领域 5 位专家对煤与瓦斯协调开发过程中父指标节点对子指标节点影响程度进行打分。对邀请领域的专家进行评分，并将评分结果代入式（8.7）中，得到各位专家权重，见表 8.7。

表 8.7　专家权重

专家 分项	专家 A	专家 B	专家 C	专家 D	专家 E
权重	0.238	0.206	0.183	0.151	0.222

将专家评分结果与专家权重代入式（8.8）、式（8.9）中，得到各个子指标节点条件概率值，见表 8.8—表 8.14。

表 8.8　瓦斯抽采规划区父指标条件概率

瓦斯抽采规划阶段	State 0								State 1							
规划区瓦斯降低率	State 0				State 1				State 0				State 1			
规划区生产时长	State 0		State 1		State 0		State 1		State 0		State 1		State 0		State 1	
规划区抽采瓦斯量	State 0	State 1	State 0	State 1	State 0	State 1	State 0	State 1	State 0	State 1	State 0	State 1	State 0	State 1	State 0	State 1
规划区时长　State 0	1	0.85	0.85	0.7	0.7	0.6	0.45	0.45	0.3	0.7	0.55	0.55	0.4	0.15	0.15	0
规划区时长　State 1	0	0.15	0.15	0.3	0.3	0.4	0.55	0.55	0.7	0.3	0.45	0.45	0.6	0.85	0.85	1

表 8.9　瓦斯抽采准备区段父指标条件概率

瓦斯抽采准备区	State 0								State 1							
准备区抽采瓦斯量	State 0				State 1				State 0				State 1			
规划区	State 0		State 1		State 0		State 1		State 0		State 1		State 0		State 1	
准备区时长	State 0	State 1	State 0	State 1	State 0	State 1	State 0	State 1	State 0	State 1	State 0	State 1	State 0	State 1	State 0	State 1
准备区时长比例　State 0	1	0.8	0.85	0.65	0.6	0.4	0.55	0.45	0.75	0.6	0.55	0.45	0.35	0.15	0.2	0
准备区时长比例　State 1	0	0.2	0.15	0.35	0.4	0.6	0.45	0.55	0.25	0.4	0.45	0.55	0.65	0.85	0.8	1

表 8.10　瓦斯抽采生产区段父指标条件概率

瓦斯抽采生产区																
准备区	State 0								State 1							
生产区抽采瓦斯量	State 0				State 1				State 0				State 1			
生产区生产时长比例	State 0		State 1		State 0		State 1		State 0		State 1		State 0		State 1	
生产区时长	State 0	State 1	State 0	State 1	State 0	State 1	State 0	State 1	State 0	State 1	State 0	State 1	State 0	State 1	State 0	State 1
State 0	1	0.85	0.75	0.6	0.7	0.55	0.45	0.3	0.7	0.55	0.45	0.3	0.4	0.25	0.15	0
State 1	0	0.15	0.25	0.4	0.3	0.45	0.55	0.7	0.3	0.45	0.55	0.7	0.6	0.75	0.85	1

表 8.11　瓦斯抽采父指标条件概率

瓦斯抽采																
规划区	State 0								State 1							
准备区	State 0				State 1				State 0				State 1			
瓦斯抽采率	State 0		State 1		State 0		State 1		State 0		State 1		State 0		State 1	
生产区	State 0	State 1	State 0	State 1	State 0	State 1	State 0	State 1	State 0	State 1	State 0	State 1	State 0	State 1	State 0	State 1
State 0	1	0.8	0.7	0.5	0.75	0.55	0.45	0.25	0.75	0.55	0.45	0.25	0.5	0.3	0.2	0
State 1	0	0.2	0.3	0.5	0.25	0.45	0.55	0.75	0.25	0.45	0.55	0.75	0.5	0.7	0.8	1

表 8.12　煤炭开采准备区父指标条件概率

煤炭开采准备区				
准备区时长	State 0		State 1	
准备区时长占比	State 0	State 1	State 0	State 1
State 0	1	0.4	0.6	0
State 1	0	0.6	0.4	1

表 8.13　煤炭开采父指标条件概率

煤炭开采								
生产区	State 0				State 1			
准备区	State 0		State 1		State 0		State 1	
煤炭开采率	State 0	State 1	State 0	State 1	State 0	State 1	State 0	State 1
State 0	1	0.5	0.8	0.3	0.7	0.2	0.5	0
State 1	0	0.5	0.2	0.7	0.3	0.8	0.5	1

表 8.14　煤炭开采生产区父指标条件概率

煤炭开采生产区																
生产区回采工作面瓦斯涌出量	State 0								State 1							
准备区	State 0				State 1				State 0				State 1			
生产区生产时长比例	State 0		State 1		State 0		State 1		State 0		State 1		State 0		State 1	
生产区时长	State 0	State 1	State 0	State 1	State 0	State 1	State 0	State 1	State 0	State 1	State 0	State 1	State 0	State 1	State 0	State 1
State 0	1	0.85	0.75	0.6	0.75	0.6	0.5	0.35	0.65	0.5	0.4	0.25	0.4	0.25	0.15	0
State 1	0	0.15	0.25	0.4	0.25	0.4	0.5	0.65	0.35	0.5	0.6	0.75	0.6	0.75	0.85	1

③煤与瓦斯协调共采评价结果。通过表8.8—表8.14得到4206工作面煤与瓦斯协调共采贝叶斯网络的先验概率和条件概率,将先验概率值与条件概率值输入GENIE软件中。通过贝叶斯网络计算,得到4206工作面煤与瓦斯协调共采总系统中,煤炭开采子系统评价值为0.51,瓦斯抽采子系统评价值为0.62。贝叶斯网络计算结果如图8.27所示。

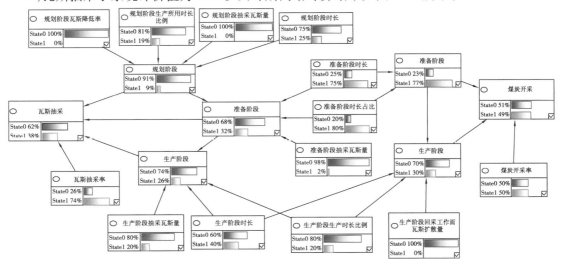

图8.27　煤与瓦斯协调开发贝叶斯评价网络

将煤炭开采子系统评价效果值与瓦斯抽采子系统评价效果值代入协调度模型中[式(8.1)、式(8.2)],计算得到4206工作面协调开发协调度为0.75,对比协调度等级表(表8.1),4206工作面煤与瓦斯协调开发协调度等级为中级协调。

8.5　煤与瓦斯协调共采部署优化

8.5.1　煤与瓦斯协调共采约束条件

瓦斯资源可作为一种清洁能源进行利用,还能够减少大气污染,保护环境,实现煤矿环境友好型生产。而实现对瓦斯资源的高效开发,则需保障煤与瓦斯共采达到高级协调。为了实现这一目标,需根据煤矿现有的作业条件,从安全、高效和经济的角度出发,充分开发煤炭资源与瓦斯资源。因此,需根据煤矿现有的生产能力,确定煤炭开采过程与瓦斯抽采过程约束条件,以实现煤与瓦斯绿色高效共采。

1)煤炭开采过程约束条件

（1）煤炭开采量约束

煤炭开采量要小于煤炭最大能够开采的资源量。若开采量大于所允许的最大能够开采资源量则可能产生安全问题,对系统的安全性产生影响,如式(8.8)所示。

$$0 < x_c < M \tag{8.8}$$

式中　x_c——煤炭开采量,t;

　　　M——煤炭资源总量,t。

（2）掘进过程风控产量约束

在工作面进行掘进作业时,掘进速度的加快将会导致掘进工作面瓦斯涌出量增大;当掘进速度放缓时,瓦斯涌出量也将随之相应降低。此外,在掘进巷道中,其对瓦斯浓度的上限值有严格的规定,因此,在工作面通风能力一定的条件下,需通过控制掘进速度来达到控制瓦斯涌出量,约束方程式如式(8.9)所示。

$$q_{yd} \times t_d \leqslant q_1 \times t_d + x_2, x_2 = q_{cd} \times t_d \tag{8.9}$$

式中　q_{yd}——掘进过程绝对瓦斯涌出量,m^3/s;

　　　t_d——准备阶段时长,d;

　　　q_1——准备过程风排瓦斯量,m^3/s;

　　　q_{cd}——掘进过程瓦斯抽采速率,m^3/s;

　　　x_2——准备阶段抽采瓦斯量,m^3。

（3）生产过程风控产量约束

工作面进入生产阶段时,即开始工作面回采作业。工作面回采速度加快,导致工作面瓦斯涌出量增大;当工作面回采速度放缓时,工作面瓦斯涌出量也将随之降低。此外,在回采工作面中对瓦斯的上限值有一定的规定,因此,在工作面通风能力一定的条件下,需通过制约回采速度来达到控制瓦斯涌出量,其约束方程式如(8.10)所示。

$$q_2 \times t_m + x_3 \geqslant H \times L \times \rho \times v_m \times t_m \times q_{m1}, x_3 = q_{cm} \times t_m \tag{8.10}$$

式中　q_2——回采过程风排瓦斯量,m^3/s;

　　　ρ——煤层密度,t/m^3;

　　　t_m——　回采阶段时长,d;

　　　x_3——生产阶段抽采瓦斯量,m^3;

　　　v_m——回采速度,m/s;

　　　q_{cm}——回采过程抽采瓦斯速率,m^3/s;

　　　H——采高,m;

　　　L——采长,m。

（4）煤炭日产量约束

煤与瓦斯协调共采的前提为安全开采。因此,瓦斯涌出量不能超过允许的瓦斯涌出量。因此,当瓦斯的涌出量一定时,允许的日产量也不能超过相应范围,其约束方程式如式(8.11)所示。

$$L \times H \times \rho \times v_m \times 24 \times 60 \times 60 \leqslant \frac{864 \times C \times S_{min} \times V_{fmax}}{K \times q_{m1}} \tag{8.11}$$

式中　S_{min}——风流经过的最小净断面积,m^2;

　　　V_{fmax}——采煤工作面最大允许风速,m/s;

　　　K——工作面瓦斯涌出不均衡系数;

　　　q_{m1}——采煤工作面相对瓦斯涌出量,m^3/t;

　　　C——《煤矿安全规程》允许的工作面回风流中最大瓦斯浓度,%。

（5）割煤机生产能力约束

所选用的割煤机设备的能力会对回采速度产生影响,因此,需对煤矿割煤机的生产能力进行评价,其约束方程式如式(8.12)所示。

$$v_m < v_g \tag{8.12}$$

式中　v_g——割煤机设计速度,m/d。

（6）煤炭采出率约束

实际采出率大于等于采出率的理论值,理论值取决于煤层厚度,厚煤层煤炭开采率不能低于 93%,中厚层煤炭开采率不能低于 95%,薄煤层煤炭开采率不能低于 97%,其约束方程式如式(8.13)所示。

$$\eta_{cmin} < \eta_c < \eta_{cmax} \tag{8.13}$$

式中　η_{cmin}——《煤矿安全规程》中规定不同厚度煤层需达到采出率;

　　　η_{cmax}——矿上现有工作面所能达到最大采出率。

2）瓦斯抽采过程约束条件

（1）瓦斯抽采量约束条件

瓦斯的抽采量要小于所研究工作面的瓦斯最大资源总量,其约束方程式如式(8.14)所示。

$$0 < x_g < Q \tag{8.14}$$

式中　x_g——抽采瓦斯总量,m^3;

　　　Q——工作面储存瓦斯资源量,m^3。

（2）瓦斯抽采率约束条件

工作面绝对瓦斯涌出量将直接影响到工作面瓦斯抽采率。因此,需通过工作面绝对瓦斯涌出量确定理论抽采率,才能保证安全回采,其约束方程式如式(8.15)所示。

$$\frac{x_g}{x_g + Q_{fp}} \geq \eta_3,\quad Q_{fp} = q_1 \times t_d + q_2 \times t_m \tag{8.15}$$

式中　Q_{fp}——风排瓦斯总量,m^3;

　　　η_3——瓦斯规定回收率,%。

（3）瓦斯抽采上限值约束

煤层开采后,残余的瓦斯难以解吸且解吸量占比较低。因此,本煤层可解吸瓦斯量中排除本煤层残余的瓦斯量为工作面抽采瓦斯量上限,其约束方程式如式(8.16)所示。

$$x_g \leq Q - M \times X_{gcb} \tag{8.16}$$

式中　X_{gcb}——煤层残余瓦斯含量,m^3/t。

（4）风排瓦斯安全约束

根据《煤矿安全规程》的规定,回风流中瓦斯体积分数不能超过 1%,即回风中瓦斯量要低于通风量的 1%,其约束方程式如式(8.17)所示。

$$Q_{fp} \leq \frac{Q_f \times C}{K}\quad Q_f = V_f \times S_{min} \times (t_d + t_m) \tag{8.17}$$

式中　Q_f——风排瓦斯总量,m^3。

（5）涌出量确定抽采量约束

开采过程引起瓦斯扩散,瓦斯扩散量、风排瓦斯量与瓦斯抽采量之间存在相互联系。

$$x_g \geq Q_y - Q_{fp}\quad Q_y = q_{yd} \times (t_d + t_m) + q_{ym} \times t_m,\quad Q_{fp} = q_1 \times t_d + q_2 \times t_m \tag{8.18}$$

式中　q_{yd}——掘进过程瓦斯绝对涌出量,m^3/s;

　　　q_{ym}——回采过程抽采瓦斯速率,m^3/s;

　　　Q_y——工作面瓦斯涌出总量,m^3。

（6）瓦斯预抽过程约束条件

当开采层为突出煤层时,评价范围内测点残余瓦斯量或者瓦斯压力都小于既定的达标值,且现场测定时钻孔无喷孔、顶钻或其他动力现象时,才能判定预抽是否达到标准,其约束方程式如式(8.19)所示。

$$X_0 - X_{gcb} - \frac{x_1}{M} - \frac{V_f \times S_{min} \times C \times t_d}{K \times M} \leqslant 6, x_1 = q_{cy} \times t_y \tag{8.19}$$

式中　X_0——煤层原始瓦斯含量,m^3/t;

$\quad\quad x_1$——规划阶段瓦斯抽采量,m^3;

$\quad\quad q_{cy}$——规划阶段瓦斯抽采速率,m^3/s。

(7)回采过程约束条件

回采工作面瓦斯涌出量的计算,可以用原始未开采时该工作面煤炭残余瓦斯含量减去开采后运输出去的煤炭中瓦斯含量得到,其约束方程式如式(8.20)所示。

$$q_{ym} \leqslant (X_0 - X_{gcb}) \times \rho \times L \times H \times v_m \tag{8.20}$$

式中　q_{ym}——回采工作面绝对瓦斯涌出量,m^3/s。

8.5.2　煤与瓦斯协调共采部署优化方法

1）布谷鸟算法概述

学者基于布谷鸟生活习性的研究,提出了一种新型优化算法——布谷鸟智能优化算法。布谷鸟在选择寄生鸟巢的过程中也遵循着一定的规律,学者将这种规律抽象为数学模型——Lévy 飞行模型。Lévy 飞行模型轨迹,如图 8.28 所示,是一种用数学模型模拟自然界动物的随机游走策略,其在寻找目标函数最优值中具有巨大的潜力。

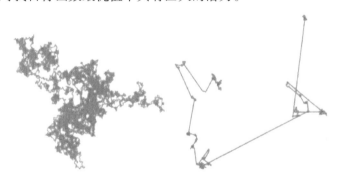

图 8.28　Lévy 飞行模型示意

2）布谷鸟算法求解过程

将布谷鸟搜索鸟巢的过程与布谷鸟算法求解过程进行结合,一个鸟巢便代表目标函数中的一个解,同时在布谷鸟寻找鸟巢的过程中做出以下 3 种情况的假设:

①对于一只布谷鸟而言,其一次只能生产一个卵,且选择产卵的鸟巢是随机的。

②被布谷鸟所选中并进行寄生的宿主鸟巢,在满足一定条件下该宿主鸟巢将保留到下一代。

③布谷鸟寄生的鸟巢数量是一定的,同时宿主鸟妈妈也会发现布谷鸟的卵,此概率为 P_a。

布谷鸟搜索鸟巢的过程如图 8.29 所示。

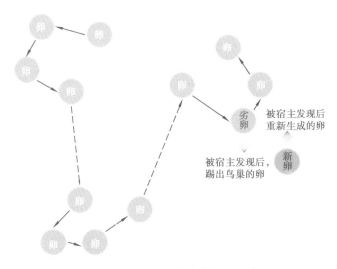

图 8.29　布谷鸟搜索鸟巢过程示意

基于上述 3 个假设,布谷鸟算法在求解目标函数中最优值的求解过程如下:

①布谷鸟算法首先在目标函数可行域内随机生成最初布谷鸟产卵的卵巢(求解过程起始点)。

②计算鸟巢的好坏,即鸟巢的适应度,通过对适应度的计算来判断所求的解的优劣,最后记录下最优的鸟巢位置与其适应度的值。

③继续寻找下一个鸟巢,即更新鸟巢位置,其寻找轨迹遵循 Lévy 飞行模型,即布谷鸟在可行域内寻找下一个鸟巢并进行产卵,寻找下一个鸟巢的方法如式(8.21)所示;

$$X_i^{t+1} = X_i^t + \alpha \otimes \text{Lévy}(\beta) \tag{8.21}$$

式中　X_i^{t+1}——第 t 次迭代第 i 个鸟巢位置;

　　　t——当前所迭代的次数;

　　　α——步长缩放因子;

　　　$\text{Lévy}(\beta)$——莱维随机路径;

　　　$\otimes$——点乘运算,随后不断淘汰非最优鸟巢,在众多的鸟巢中选取布谷鸟最优的产卵鸟巢,也就是所求目标函数中的全局最优解。

④在寄宿的布谷鸟卵中,有部分卵一定概率将被发现,这时布谷鸟需要寻找到新的位置产卵,而没有被发现的布谷鸟卵则保持原样。此过程是为了保障每一次跌倒鸟巢总数保持不变。布谷鸟在飞行过程中遵循 Lévy 飞行模型,同时会生成一个随机数 $r \in (0 \sim 1)$,该随机数用于验证鸟巢是否被发现,当随机数的值大于设定的发现概率 P_a 的值,即该鸟巢视为被宿主鸟妈妈发现,需丢弃此解,并在其附近再寻找一个鸟巢。

⑤布谷鸟在鸟巢中孵化,同时也有一些老的布谷鸟会死去。在新一批布谷鸟中,将对布谷鸟自身进行评估,即解的适应度。最终保留适应值好的鸟巢,即迭代中的最优值。

⑥新一代诞生的布谷鸟将从上述第③步中开始迭代计算,直到布谷鸟的代数,即迭代次数达到预定值,或精度满足要求。

上述布谷鸟智能优化算法计算流程如图 8.30 所示。

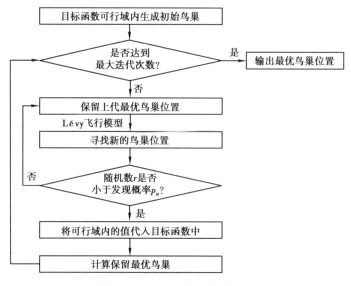

图 8.30　布谷鸟算法计算流程

8.5.3　煤与瓦斯协调共采部署优化模型构建

煤与瓦斯协调开发目标函数由 3 部分组成,首先根据现场作业条件确定优化变量,寻找优化变量之间的相互关系,构建优化变量多元方程组;其次将得到的优化变量值代入煤与瓦斯协调开发评价指标体系中进行指标评分,将评分结果代入贝叶斯网络中,得到煤炭开采子系统效果值与瓦斯抽采子系统效果值;最后将煤炭开采子系统评价效果值与瓦斯抽采子系统评价效果值代入协调度模型中,得到煤与瓦斯协调共采协调度,并将协调度代入表 8.1 中得到煤与瓦斯协调开发协调程度。煤与瓦斯协调开发目标函数构建过程如图 8.31 所示。

图 8.31　煤与瓦斯协调共采目标函数建立过程

1）煤与瓦斯协调共采优化模型应用

通过 4.3 节对沙曲一矿煤与瓦斯协调共采过程进行评价,确定其煤与瓦斯协调共采处于中级协调。说明工作面煤与瓦斯共采协调程度较好,但仍存在一定的优化空间,使其达到高级协调,从而实现作业过程更加安全。

（1）煤矿煤与瓦斯协调共采优化过程

由图 8.31 可知,煤与瓦斯协调共采优化目标函数包含 3 个过程,即多元方程组、贝叶斯网络评价与协调度模型。目标函数优化的过程为,布谷鸟算法在目标函数可行域内寻找到鸟巢位置,一个鸟巢位置即代表一个煤炭开采率和一个瓦斯抽采率;将得到的煤炭开采率与瓦斯抽采率代入多元方程组中,得到优化变量值;将优化变量的值代入煤与瓦斯协调共采贝叶斯网络中,得到煤炭开采子系统的效果值与瓦斯抽采子系统效果值;把得到的煤炭开采子系统效果值与瓦斯抽采子系统效果值代入协调度模型中,得到工作面煤与瓦斯协调开发协调度;最后布谷鸟算法在此更新鸟巢位置,再次进行上述作业过程,并不断循环直到找到最优值。

上述目标函数优化过程如图 8.32 所示。

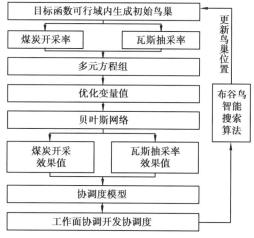

图 8.32　目标函数优化过程

(2)煤与瓦斯协调共采多元方程组建立

由图 8.32 可知,多元方程在目标函数过程中主要通过将可行域内得到煤炭开采率与瓦斯抽采率转换为各个优化变量的值。因此,多元方程组便要建立优化变量之间的相互关系。首先需要根据沙曲一矿现有作业情况确定优化变量,优化变量的确定需遵循以下原则。

①优化变量对沙曲一矿煤与瓦斯协调共采协调过程具有改进作用。

②优化变量为沙曲一矿现有技术条件下能够进行调整的变量。

结合上述优化变量选择原则与沙曲一矿现场作业情况,确定将规划阶段时长 t_y、准备阶段时长 t_d、生产阶段时长 t_m、掘进速度 V_j 和回采速度 V_m 作为优化变量,并对其进行优化。

A.煤炭开采率方程式。煤炭开采率为工作面所开采的煤炭量与工作面所拥有的煤炭储量的比值,其关系式如式(8.22)所示。

$$\eta_c = \frac{x_c}{M} \tag{8.22}$$

B.瓦斯抽采率方程式。瓦斯抽采率为工作面所抽采的瓦斯量与工作面所拥有的瓦斯储量的比值,其关系式如式(8.23)所示。

$$\eta_g = \frac{x_g}{Q} \tag{8.23}$$

式中　x_g——工作面所抽采瓦斯量,m^3。

C.工作面煤炭开采量方程式。工作面煤炭开采量由掘进过程煤炭开采量与回采过程煤炭开采量组成,其关系式如式(8.24)所示。

$$x_c = x_j + x_m \tag{8.24}$$

式中　x_j——掘进过程中所开采的煤炭量,t;

　　　x_m——回采过程中所开采的煤炭量,t。

D.掘进过程中煤炭开采量方程式。掘进过程中的煤炭开采量为巷道掘进过程中生产的煤炭量,根据现场作业报告,巷道掘进完成后仍需进行瓦斯抽采 1 年,其关系式如式(8.25)

所示。

$$x_j = \rho \times S \times v_j \times (t_d - 365) \tag{8.25}$$

式中 S——掘进巷道断面面积，m^2。

E. 回采过程中煤炭开采量方程式。回采过程中的煤炭开采量为回采工作面时所开采的煤炭量，其关系式如式（8.26）所示。

$$x_m = \rho \times L \times H \times v_m \times t_m \tag{8.26}$$

F. 回采速度与掘进速度方程式。回采速度与掘进速度之间存在一定的相关关系，掘进速度越快，说明井下作业情况良好，在生产作业时回采速度也可适当增大，两者之间存在一定的线性相关关系。两者相关关系可以通过煤矿已开采工作面数据进行最小二乘法拟合获得。得到回采速度与掘进速度之间的相关关系，其关系式如式（8.27）所示。

$$v_j = 12.232 v_m - 50.812 \tag{8.27}$$

G. 回采速度与生产阶段时长方程式。生产阶段时长主要与回采速度有关，工作面回采结束即生产阶段结束，因此可得其关系式如式（8.28）所示。

$$t_m = \frac{L}{v_m} \tag{8.28}$$

（3）煤与瓦斯协调共采优化目标函数建立

煤炭开采率和瓦斯抽采率取值范围均为 $[0\sim1]$，由目标函数优化过程图（图8.32）可知，将煤炭开采率与瓦斯抽采率代入4206工作面煤与瓦斯协调共采多元方程组中。将煤矿现场数据（表8.5）代入式（8.22）—式（8.38）中，得到沙曲一矿工作面煤与瓦斯协调共采多元方程组，见表8.15。从而得到优化变量规划阶段时长 t_y、准备阶段时长 t_d、生产阶段时长 t_m、掘进速度 V_j 和回采速度 V_m 值。

表8.15 煤与瓦斯协调共采多元方程组

多元方程式名称	方程式
煤炭开采率方程式	$\eta_c = x_c / 2\ 634\ 408.6\ t$
瓦斯抽采率方程式	$\eta_g = x_g / 37\ 540\ 322.58\ m^3$
工作面煤炭开采量方程式	$x_c = x_j + x_m$
掘进过程中煤炭开采量方程式	$x_j = 1.37\ t/m^3 \times 15.96\ m^2 \times v_j \times (t_d - 365)$
回采过程中煤炭开采量方程式	$x_m = 1.37\ t/m^3 \times 265\ m \times 4.5\ m \times v_m \times t_m$
回采速度与掘进速度方程式	$v_j = 12.232 v_m - 50.812$
回采速度与生产阶段时长方程式	$t_m = 1\ 490\ m / v_m$

将经过多元方程组计算之后的优化变量值代入分级量化公式（表8.2）中，得到各个指标评分结果，并将评分结果作为子指标的先验概率，代入煤与瓦斯协调共采贝叶斯网络中，得到煤炭开采子系统效果值与瓦斯抽采子系统效果值代入协调度模型中［式（8.1）、式（8.2）］，最终得到沙曲一矿煤与瓦斯协调共采协调程度。

在实际作业过程中，工作面煤炭开采率与瓦斯抽采率受现场作业条件、安全规程等因素影响，煤炭开采率与瓦斯抽采率取值范围并不能满足在 $[0\sim1]$ 之间全部取得。为了避免优化后所得到的煤炭开采率瓦斯抽采率现场作业难以实现，需要通过所构建的煤与瓦斯协调共采约束条件对煤炭开采率与瓦斯抽采率取值范围进行约束。

将现场数据(表8.2)代入约束条件中,得到煤炭开采率作业可行范围为[0.93, 0.99],瓦斯抽采率作业可行范围为[0.39, 0.80]。并将约束后的目标函数进行绘制,如图8.33所示。

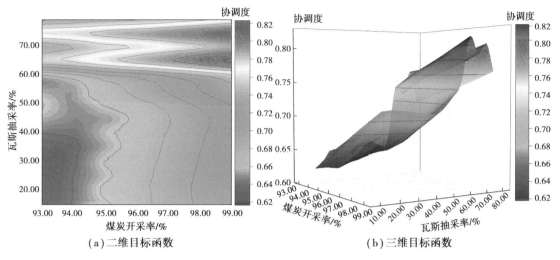

(a)二维目标函数 **(b)三维目标函数**

图8.33 煤与瓦斯协调共采目标函数

将上述得到的目标函数与布谷鸟智能优化搜索算法通过 Python 语言进行编程,并在编译器中运行计算。本节设置的布谷鸟算法迭代次数为100,步长 α 为0.1,鸟巢被发现概率 P_a 为0.25。布谷鸟搜索过程如图8.34 所示。

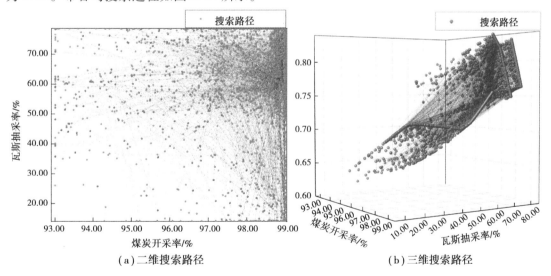

(a)二维搜索路径 **(b)三维搜索路径**

图8.34 搜索路径

由图8.35 可知,布谷鸟搜索路径主要集中在目标函数中协调度较高区域,说明布谷鸟智能优化搜索算法具有较好的搜索能力。同时,其能通过较短的搜索路径得到协调度最优值,节省计算机算力的同时能够快速找到目标函数全局最优解。

通过布谷鸟算法最终优化得到 4206 工作面煤与瓦斯协调共采协调度为 0.819 33,对比表8.2 可知,优化后 4206 工作面煤与瓦斯协调度为高级协调。在煤炭开采率为 0.99 和瓦斯抽采率 0.611 8 处取到,优化后优化变量值为 0.84,规划阶段生产作业时间为 1 760 d,准备阶段生产作业时间为 1 139 d,生产阶段作业时间为 289 d,回采速度为 5.14 m/d,掘进速度为 12.04 m/d。最终优化结果为沙曲一矿煤与瓦斯协调共采优化提供参考方向。

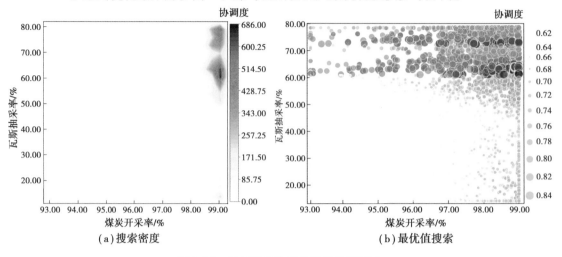

图 8.35　煤与瓦斯协调共采最优值搜索

　　上述过程实现了煤与瓦斯协调共采的量化、评价与优化。3 个过程彼此关联,笔者将上述煤与瓦斯协调开发量化、评价和智能优化模型进行集成封装,开发了"协调量化—共采评价—智能优化"系统,便于煤矿企业现场应用。该系统模块如图 8.36 所示。

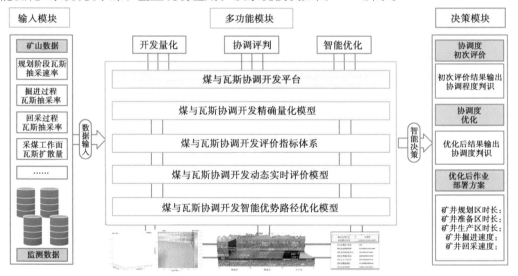

图 8.36　"协调量化—共采评价—智能优化"系统模块

本章小结

　　本章将煤矿作业过程划分为规划区、准备区和生产区 3 个阶段,阐明了不同阶段内所采取的共采作业方式,进一步针对不同煤层群赋存特征,提出了相应的煤与瓦斯共采井上下联合防突模式。在此基础上将煤与瓦斯共采划分为煤炭开采子系统和瓦斯抽采子系统,构建了两系统效果评价指标体系,建立了煤与瓦斯协调共采评价及优化模型,实现了煤与瓦斯共采协调共采的评价与优化。主要结论如下:

①规划区、准备区和生产区内根据煤炭开采与瓦斯抽采时间进程的不同划分为不同阶段,不同阶段采取不同的开采方式,最终实现煤与瓦斯协调共采。针对近距离煤层群作业特点,提出了近距离煤层群"协同抽采"井上下联合防突模式及方法。针对远距离煤层群作业特点,提出了远距离煤层群"卸压抽采"井上下联合防突典型模式与方法。

②煤矿采煤和瓦斯抽采之间存在优势互补,在时间和空间上相互配合能有效消除工程系统作业过程的时空约束。煤矿井上预抽瓦斯,实现煤层全区域抽采瓦斯,换取井下安全的作业空间;煤矿井下精准抽采瓦斯,同时煤炭开采促进煤层瓦斯解吸流动,提高瓦斯抽采效率,换取井下煤炭安全开采时间。

③根据煤炭开采与瓦斯抽采作业进程,建立煤炭开采子系统与瓦斯抽采子系统效果评价指标体系,通过时空协同理念构建了煤与瓦斯协调共采评价指标体系。基于贝叶斯原理,构建了煤与瓦斯协调共采评价模型,实现了煤矿煤与瓦斯共采协调程度的准确评价。

④根据布谷鸟优化理论,构建了由多元非线性方程组、贝叶斯网络与协调函数组合而成的目标函数,并依据煤矿现场作业条件与煤矿安全作业要求获得了非线性约束条件,构建了煤与瓦斯协调共采目标函数,确定了煤与瓦斯最优协调度。此外,开发了"协调量化—共采评价—智能优化"系统。

参考文献

［1］中华人民共和国自然资源部. 中国矿产资源报告 2018［M］. 北京：地质出版社，2018.

［2］秦容军. 我国煤炭开采现状及政策研究［J］. 煤炭经济研究，2019，39(1)：57-61.

［3］唐永志. 淮南矿区煤炭深部开采技术问题与对策［J］. 煤炭科学技术，2017，45(8)：19-24.

［4］齐庆新，潘一山，舒龙勇，等. 煤矿深部开采煤岩动力灾害多尺度分源防控理论与技术架构［J］. 煤炭学报，2018，43(7)：1801-1810.

［5］袁亮. 我国深部煤与瓦斯共采战略思考［J］. 煤炭学报，2016，41(1)：1-6.

［6］惠功领. 煤矿深部近距低采高上保护层开采瓦斯灾害协同控制技术［D］. 徐州：中国矿业大学，2011.

［7］陈晓坤，蔡灿凡，肖旸. 2005—2014 年我国煤矿瓦斯事故统计分析［J］. 煤矿安全，2016，47(2)：224-226.

［8］蒋星星，李春香. 2013—2017 年全国煤矿事故统计分析及对策［J］. 煤炭工程，2019，51(1)：101-105.

［9］国家安全生产监督管理总局，国家煤矿安全监察局. 煤矿安全规程：条文对比［M］. 北京：煤炭工业出版社，2016.

［10］杨兆彪，唐军，李国富，等. 山西省典型煤炭国家规划矿区煤层气储层物性对比［J］. 煤炭科学技术，2018，46(6)：34-39.

［11］辛欣，张培河，姜在炳，等. 彬长矿区煤层气储层参数及开发潜力［J］. 中国煤炭地质，2014，26(3)：19-22.

［12］郭晨，夏玉成，卫兆祥，等. 韩城矿区煤层气成藏条件及类型划分［J］. 煤炭学报，2018，43(S1)：192-202.

［13］齐消寒. 近距离低渗煤层群多重采动影响下煤岩破断与瓦斯流动规律及抽采研究［D］. 重庆：重庆大学，2016.

［14］徐乃忠. 低透气性富含瓦斯煤层群卸压开采机理及应用研究［D］. 北京：中国矿业大学，2011.

［15］胡国忠. 急倾斜多煤层俯伪斜上保护层开采的关键问题研究［D］. 重庆：重庆大学，2009.

［16］宋常胜. 超远距离下保护层开采卸压裂隙演化及渗流特征研究［D］. 焦作：河南理工大学，2012.

［17］张村，屠世浩，袁永，等. 卸压开采地面钻井抽采的数值模拟研究［J］. 煤炭学报，2015，40(S2)：392-400.

［18］涂敏，袁亮，缪协兴，等. 保护层卸压开采煤层变形与增透效应研究［J］. 煤炭科学技术，2013，41(1)：40-43.

［19］樊振丽. 远距离下保护层卸压开采井上下立体煤与煤层气协调开发模式［J］. 煤矿开

采, 2016, 21(3)：15-19.

[20] 马建宏. 单一高瓦斯厚煤层下保护层开采卸压特性及瓦斯运移规律研究[D]. 焦作：河南理工大学, 2016.

[21] 袁亮, 薛俊华. 中国煤矿瓦斯治理理论与技术[C]//2010年安徽省科协年会——煤炭工业可持续发展专题研讨会论文集. 合肥, 2010：5-18.

[22] 赵文利. 某矿采动裂隙"O"型圈中瓦斯运移规律分析及抽放设计[J]. 现代矿业, 2018, 34(7)：171-173.

[23] 姬俊燕, 邬剑明, 周春山, 等. 煤层群覆岩采动裂隙演化规律及瓦斯抽采技术[J]. 煤炭科学技术, 2013, 41(S2)：189-191.

[24] 崔炎彬. 煤层群重复采动下被保护层卸压瓦斯渗流规律实验研究[D]. 西安：西安科技大学, 2017.

[25] 薛俊华, 余国锋. 远距离卸压开采关键层位置效应初探[J]. 安徽建筑工业学院学报（自然科学版）, 2008, 16(3)：29-33.

[26] 王宏图, 范晓刚, 贾剑青, 等. 关键层对急斜下保护层开采保护作用的影响[J]. 中国矿业大学学报, 2011, 40(1)：23-28.

[27] LIU H, LIU H, CHENG Y. The elimination of coal and gas outburst disasters by ultrathin protective seam drilling combined with stress-relief gas drainage in Xinggong coalfield[J]. Journal of Natural Gas Science and Engineering, 2014, 21：837-844.

[28] GUO P, CHENG Y, JIN K, et al. The impact of faults on the occurrence of coal bed methane in Renlou coal mine, Huaibei coalfield, China[J]. Journal of Natural Gas Science and Engineering, 2014, 17：151-158.

[29] 邵太升. 黄沙矿上保护层开采卸压释放作用研究[D]. 北京：中国矿业大学, 2011.

[30] 袁东升. 近距离保护层开采多场演化及安全岩柱研究[D]. 焦作：河南理工大学, 2010.

[31] 刘洪永. 远程采动煤岩体变形与卸压瓦斯流动气固耦合动力学模型及其应用研究[D]. 徐州：中国矿业大学, 2010.

[32] WANG H F, CHENG Y P, YUAN L. Gas outburst disasters and the mining technology of key protective seam in coal seam group in the Huainan coalfield[J]. Natural Hazards, 2013, 67(2)：763-782.

[33] LI D Q. Mining thin sub-layer as self-protective coal seam to reduce the danger of coal and gas outburst[J]. Natural Hazards, 2014, 71(1)：41-52.

[34] HU G W H L. Numerical simulation of protection range in exploiting the upper protective layer with a bow pseudo-incline technique[J]. 矿业科学技术：英文版, 2009, 19(1)：58-64.

[35] LIU L, CHENG Y, WANG L, et al. Principle and engineering application of pressure relief gas drainage in low permeability outburst coal seam[J]. Mining Science and Technology (China), 2009, 19(3)：342-345.

[36] GAO R, YU B, XIA H, et al. Reduction of Stress Acting on a Thick, Deep Coal Seam by Protective-Seam Mining[J]. Energies, 2017, 10(8)：1209.

[37] WANG H, CHENG Y, WANG W, et al. Research on comprehensive CBM extraction

technology and its applications in China′s coal mines[J]. Journal of Natural Gas Science and Engineering, 2014(20):200-207.

[38] WANG L, CHENG Y P, XU C, et al. The controlling effect of thick-hard igneous rock on pressure relief gas drainage and dynamic disasters in outburst coal seams [J]. Natural Hazards, 2013,66(2):1221-1241.

[39] LIU H, CHENG Y. The elimination of coal and gas outburst disasters by long distance lower protective seam mining combined with stress-relief gas extraction in the Huaibei coal mine area[J]. Journal of Natural Gas Science and Engineering, 2015,27:346-353.

[40] 田柯. 错层位开采工作面底板裂隙卸压效果及瓦斯治理研究[D]. 北京：中国矿业大学（北京）, 2015.

[41] 胡少斌. 多尺度裂隙煤体气固耦合行为及机制研究[D]. 徐州：中国矿业大学, 2015.

[42] 宁齐元. 分叉突出煤层上保护层开采保护特性研究[D]. 武汉：中国地质大学, 2012.

[43] 涂敏. 煤层气卸压开采的采动岩体力学分析与应用研究[D]. 徐州：中国矿业大学, 2008.

[44] 陈海栋. 保护层开采过程中卸载煤体损伤及渗透性演化特征研究[D]. 徐州：中国矿业大学, 2013.

[45] 王海锋. 采场下伏煤岩体卸压作用原理及在被保护层卸压瓦斯抽采中的应用[D]. 徐州：中国矿业大学, 2008.

[46] 李文璞. 采动影响下煤岩力学特性及瓦斯运移规律研究[D]. 重庆：重庆大学, 2014.

[47] 魏刚. 红菱煤矿上保护层开采防突理论及关键技术研究[D]. 阜新：辽宁工程技术大学, 2012.

[48] 范晓刚. 急倾斜下保护层开采保护范围及影响因素研究[D]. 重庆：重庆大学, 2010.

[49] 赵兵文. 坚硬顶板保护层沿空留巷 Y 型通风煤与瓦斯共采技术研究[D]. 北京：中国矿业大学（北京）, 2012.

[50] 汪东生. 近距离煤层群保护层开采瓦斯立体抽采防突理论与实验研究[D]. 徐州：中国矿业大学, 2009.

[51] 季文博. 近距离煤层群采动煤岩渗透特性演化规律与实测方法研究[D]. 北京：中国矿业大学（北京）, 2013.

[52] 杨威. 煤层采场力学行为演化特征及瓦斯治理技术研究[D]. 徐州：中国矿业大学, 2013.

[53] 刘彦伟. 突出危险煤层群卸压瓦斯抽采技术优化及防突可靠性研究[D]. 徐州：中国矿业大学, 2013.

[54] 常中保. 无煤柱开采保护层覆岩裂隙发育及瓦斯抽采技术[D]. 北京：中国矿业大学（北京）, 2015.

[55] 刘林. 下保护层合理保护范围及在卸压瓦斯抽采中的应用[D]. 徐州：中国矿业大学, 2010.

[56] SAGHAFI A, PINETOWN K L. A new method to determine the depth of the de-stressed gas-emitting zone in the underburden of a longwall coal mine[J]. International Journal of Coal Geology, 2015,152:156-164.

[57] KONG S L, CHENG Y P, REN T, et al. A sequential approach to control gas for the

extraction of multi-gassy coal seams from traditional gas well drainage to mining-induced stress relief[J]. Applied Energy, 2014,131:67-78.

[58] KARACAN C Ö. Analysis of gob gas venthole production performances for strata gas control in longwall mining[J]. International Journal of Rock Mechanics and Mining Sciences, 2015, 79:9-18.

[59] 张少龙,李树刚,宁建民,等. 开采不同厚度上保护层对下伏煤层卸压瓦斯渗流特性的影响[J]. 辽宁工程技术大学学报(自然科学版),2013,32(5):587-591.

[60] 刘黎,李树刚,徐刚. 采动煤岩体瓦斯渗流-应力-损伤耦合模型[J]. 煤矿安全,2016, 47(4):15-19.

[61] 李树刚,魏宗勇,潘红宇,等. 上保护层开采相似模拟实验台的研发及应用[J]. 中国安全生产科学技术,2013,9(3):5-8.

[62] 李树刚,索亮,林海飞,等. 不同间距上保护层开采卸压效应 UDEC 数值模拟[J]. 辽宁工程技术大学学报(自然科学版),2014,33(3):294-297.

[63] 程志恒. 近距离煤层群保护层开采裂隙演化及渗流特征研究[D]. 北京:中国矿业大学,2015.

[64] 翟成. 近距离煤层群采动裂隙场与瓦斯流动场耦合规律及防治技术研究[D]. 徐州:中国矿业大学,2008.

[65] 严如令. 上保护层开采岩体破裂特征与瓦斯渗流规律及应用研究[D]. 北京:中国矿业大学,2013.

[66] 王亮. 巨厚火成岩下远程卸压煤岩体裂隙演化与渗流特征及在瓦斯抽采中的应用[D]. 徐州:中国矿业大学,2009.

[67] 王海锋,方亮,程远平,等. 基于岩层移动的下邻近层卸压瓦斯抽采及应用[J]. 采矿与安全工程学报,2013,30(1):128-131.

[68] 尚政杰,程远平,刘海波,等. 下保护层开采上覆煤岩体变化的数值模拟[J]. 煤矿安全,2010,41(3):5-9.

[69] 王海锋,程远平,吴冬梅,等. 近距离上保护层开采工作面瓦斯涌出及瓦斯抽采参数优化[J]. 煤炭学报,2010,35(4):590-594.

[70] 王亮,程远平,蒋静宇,等. 巨厚火成岩下采动裂隙场与瓦斯流动场耦合规律研究[J]. 煤炭学报,2010,35(8):1287-1291.

[71] 王海锋,程远平,刘桂建,等. 被保护层保护范围的扩界及连续开采技术研究[J]. 采矿与安全工程学报,2013,30(4):595-599.

[72] 彭信山. 急倾斜近距离下保护层开采岩层移动及卸压瓦斯抽采研究[D]. 焦作:河南理工大学,2015.

[73] 谢东海. 急倾斜突出煤层群煤与瓦斯共采理论及应用[D]. 长沙:中南大学,2013.

[74] 胡国忠,王宏图,范晓刚. 邻近层瓦斯越流规律及其卸压保护范围[J]. 煤炭学报,2010,35(10):1654-1659.

[75] 胡国忠,王宏图,袁志刚. 保护层开采保护范围的极限瓦斯压力判别准则[J]. 煤炭学报,2010,35(7):1131-1136.

[76] 胡国忠,王宏图,范晓刚,等. 急倾斜俯伪斜上保护层保护范围的三维数值模拟[J]. 岩石力学与工程学报,2009,28(S1):2845-2852.

［77］袁志刚，王宏图，胡国忠，等. 急倾斜多煤层上保护层保护范围的数值模拟［J］. 煤炭学报，2009，34（5）：594-598.

［78］范晓刚，张建刚. 近距离保护层开采工作面瓦斯治理技术［J］. 煤炭科学技术，2012，40（7）：44-46.

［79］范晓刚，王宏图，胡国忠，等. 急倾斜煤层俯伪斜下保护层开采的卸压范围［J］. 中国矿业大学学报，2010，39（3）：380-385.

［80］舒才. 深部不同倾角煤层群上保护层开采保护范围变化规律与工程应用［D］. 重庆：重庆大学，2017.

［81］张军伟. 下保护层上覆煤岩变形损伤及其预裂增透机理研究［D］. 重庆：重庆大学，2016.

［82］YING-KE L, FU-BAO Z, LANG L, et al. An experimental and numerical investigation on the deformation of overlying coal seams above double-seam extraction for controlling coal mine methane emissions［J］. International Journal of Coal Geology，2011，87（2）：139-149.

［83］LIUA Y K, ZHOUA F B, B L L, et al. An Investigation of the Key Factors Influencing Methane Recovery by Surface Boreholes［J］. Journal of Mining Science，2012，48（2）：286-297.

［84］刘应科. 远距离下保护层开采卸压特性及钻井抽采消突研究［J］. 煤炭学报，2012，37（6）：1067-1068.

［85］BERKOWITZ B. Characterizing flow and transport in fractured geological media：A review［J］. Advances in Water Resources，2002，25（8）：861-884.

［86］程远平，刘洪永，郭品坤，等. 深部含瓦斯煤体渗透率演化及卸荷增透理论模型［J］. 煤炭学报，2014，39（8）：1650-1658.

［87］魏建平，李波，王凯，等. 受载含瓦斯煤渗透性影响因素分析［J］. 采矿与安全工程学报，2014，31（2）：322-327.

［88］荣腾龙，周宏伟，王路军，等. 开采扰动下考虑损伤破裂的深部煤体渗透率模型研究［J］. 岩土力学，2018，39（11）：3983-3992.

［89］魏明尧，王春光，崔光磊，等. 损伤和剪胀效应对裂隙煤体渗透率演化规律的影响研究［J］. 岩土力学，2016，37（2）：574-582.

［90］周宏伟，荣腾龙，牟瑞勇，等. 采动应力下煤体渗透率模型构建及研究进展［J］. 煤炭学报，2019，44（1）：221-235.

［91］李志强，鲜学福. 煤体渗透率随温度和应力变化的实验研究［J］. 辽宁工程技术大学学报（自然科学版），2009，28（S1）：156-159.

［92］陈亮. 工作面前方煤体变形破坏和渗透率演化及其应用研究［D］. 北京：中国矿业大学，2016.

［93］张丽萍. 低渗透煤层气开采的热—流—固耦合作用机理及应用研究［D］. 徐州：中国矿业大学，2011.

［94］潘荣锟. 载荷煤体渗透率演化特性及在卸压瓦斯抽采中的应用［D］. 徐州：中国矿业大学，2014.

［95］吕闰生. 受载瓦斯煤体变形渗流特征及控制机理研究［D］. 北京：中国矿业大学，2014.

［96］孟磊. 含瓦斯煤体损伤破坏特征及瓦斯运移规律研究［D］. 北京：中国矿业大学, 2013.

［97］李波波. 不同开采条件下煤岩损伤演化与煤层瓦斯渗透机理研究［D］. 重庆：重庆大学, 2014.

［98］李波. 受载含瓦斯煤渗流特性及其应用研究［D］. 北京：中国矿业大学（北京）, 2013.

［99］吕闰生, 彭苏萍, 徐延勇. 含瓦斯煤体渗透率与煤体结构关系的实验［J］. 重庆大学学报, 2012, 35(7)：114-118.

［100］罗维. 双重孔隙结构煤体瓦斯解吸流动规律研究［D］. 北京：中国矿业大学, 2013.

［101］SULEM J, OUFFROUKH H. Shear banding in drained and undrained triaxial tests on a saturated sandstone：Porosity and permeability evolution［J］. International Journal of Rock Mechanics and Mining Sciences, 2006, 43(2)：292-310.

［102］MANMATH N. PANDA, LARRY W . Estimation of single-phase permeability from parameters of particle-size distribution［J］. American Association of Petroleum Geologists Bulletin, 1994, 78(7)：1028-1039.

［103］GARAVITO A M, KOOI H, NEUZIL C E. Numerical modeling of a long-term in situ chemical osmosis experiment in the Pierre Shale, South Dakota［J］. Advances in Water Resources, 2006, 29(3)：481-492.

［104］LIU H, RUTQVIST J. A New Coal-Permeability Model：Internal Swelling Stress and Fracture-Matrix Interaction［J］. Transport in Porous Media, 2010, 82(1)：157-171.

［105］LI B, YANG K, XU P, et al. An experimental study on permeability characteristics of coal with slippage and temperature effects［J］. Journal of Petroleum Science and Engineering, 2019, 175：294-302.

［106］KUDASIK M. Investigating Permeability of Coal Samples of Various Porosities under Stress Conditions［J］. Energies, 2019, 12(4)：762.

［107］PALMER I. Permeability changes in coal：Analytical modeling［J］. International Journal of Coal Geology, 2009, 77(1-2)：119-126.

［108］MA J J. Review of permeability evolution model for fractured porous media［J］. Journal of Rock Mechanics and Geotechnical Engineering, 2015, 7(3)：351-357.

［109］DONG J, HSU J, WU W, et al. Stress-dependence of the permeability and porosity of sandstone and shale from TCDP Hole-A［J］. International Journal of Rock Mechanics and Mining Sciences, 2010, 47(7)：1141-1157.

［110］孙光中, 荆永滨, 田坤云, 等. 基于温度作用下含瓦斯煤渗透率动态演化模型的修正及试验研究［J］. 应用基础与工程科学学报, 2017, 25(3)：489-499.

［111］田坤云, 李度周. 不同层理方向裂隙煤体承压过程瓦斯渗透规律实验研究［J］. 中国安全生产科学技术, 2018, 14(7)：26-31.

［112］荣腾龙, 周宏伟, 王路军, 等. 开采扰动下考虑损伤破裂的深部煤体渗透率模型研究［J］. 岩土力学, 2018, 39(11)：3983-3992.

［113］张志刚, 程波. 吸附—应力耦合作用影响的钻孔一维径向不稳定流数学模型及数值解法研究［C］//川、渝、滇、黔、桂煤炭学会 2012 年度学术年会（重庆部分）论文集. 重庆, 2012：691-700.

［114］尹光志，李铭辉，李文璞，等. 基于改进 BP 神经网络的煤体瓦斯渗透率预测模型［J］. 煤炭学报，2013，38(7)：1179-1184.

［115］林柏泉，刘厅，杨威. 基于动态扩散的煤层多场耦合模型建立及应用［J］. 中国矿业大学学报，2018，47(1)：32-39.

［116］杨凯，林柏泉，朱传杰，等. 温度和围压耦合作用下煤样渗透率变化的试验研究［J］. 煤炭科学技术，2017，45(12)：121-126.

［117］胡耀青，赵阳升，杨栋，等. 温度对褐煤渗透特性影响的试验研究［J］. 岩石力学与工程学报，2010，29(8)：1585-1590.

［118］谢建林，赵阳升. 随温度升高煤岩体渗透率减小或波动变化的细观机制［J］. 岩石力学与工程学报，2017，36(3)：543-551.

［119］王浩，尹光志，张先萌，等. 卸围压作用下煤岩破断及渗透特性［J］. 煤炭学报，2015，40(S1)：113-118.

［120］尹光志，蒋长宝，许江，等. 含瓦斯煤热流固耦合渗流实验研究［J］. 煤炭学报，2011，36(9)：1495-1500.

［121］蒋长宝，尹光志，许江，等. 煤层原始含水率对煤与瓦斯突出危险程度的影响［J］. 重庆大学学报，2014，37(1)：91-95.

［122］尹光志，李铭辉，李文璞，等. 基于改进 BP 神经网络的煤体瓦斯渗透率预测模型［J］. 煤炭学报，2013，38(7)：1179-1184.

［123］袁曦，张军伟. 分阶段卸载条件下突出煤变形特征与渗流特性［J］. 煤炭学报，2017，42(6)：1451-1457.

［124］徐刚，刘超，金洪伟. 抽采过程中含瓦斯煤渗透率动态变化特征［J］. 煤炭技术，2017，36(3)：159-162.

［125］薛东杰. 不同开采条件下采动煤岩体瓦斯增透机理研究［D］. 北京：中国矿业大学，2013.

［126］UNVER B，YASITLI N E. Modelling of strata movement with a special reference to caving mechanism in thick seam coal mining［J］. International Journal of Coal Geology，2006，66(4)：227-252.

［127］PALCHIK V. Formation of fractured zones in overburden due to longwall mining［J］. Environmental Geology，2003，44(1)：28-38.

［128］PALCHIK V. Experimental investigation of apertures of mining-induced horizontal fractures［J］. International Journal of Rock Mechanics and Mining Sciences，2010，47(3)：502-508.

［129］KARACAN C Ö，LUXBACHER K. Stochastic modeling of gob gas venthole production performances in active and completed longwall panels of coal mines［J］. International Journal of Coal Geology，2010，84(2)：125-140.

［130］魏文伟. 三维应力下破碎煤岩样渗透特性试验研究［D］. 西安：西安科技大学，2017.

［131］李玺茹. 采动煤岩体损伤演化与瓦斯渗流耦合作用分析［D］. 徐州：中国矿业大学，2014.

［132］王强. 潞安矿区破碎煤岩体注浆加固技术研究及工程应用［D］. 北京：煤炭科学研究总院，2018.

［133］苏培莉. 裂隙煤岩体注浆加固渗流机理及其应用研究［D］. 西安：西安科技大学，2010.

［134］李顺才，李强，郭静那. 破碎煤岩体渗流系统的结构稳定性研究［C］//第25届全国结构工程学术会议论文集（第Ⅱ册）. 包头，2016：42-48.

［135］尚宏波. 破碎煤岩体流固耦合渗流稳定性试验研究［D］. 西安：西安科技大学，2017.

［136］SALAMONMDG. Mechanism of caving in longwall coal mining：Proceedings of the 31st US rock mechanical symposium，Golden，1990［C］.

［137］YAVUZ H. An estimation method for cover pressure re-establishment distance and pressure distribution in the goaf of longwall coal mines［J］. International Journal of Rock Mechanics and Mining Sciences，2004，41（2）：193-205.

［138］马占国，郭广礼，陈荣华，等. 饱和破碎岩石压实变形特性的试验研究［J］. 岩石力学与工程学报，2005，24（7）：1139-1144.

［139］马占国，兰天，潘银光，等. 饱和破碎泥岩蠕变过程中孔隙变化规律的试验研究［J］. 岩石力学与工程学报，2009，28（7）：1447-1454.

［140］马占国，缪协兴，李兴华，等. 破碎页岩渗透特性［J］. 采矿与安全工程学报，2007，24（3）：260-264.

［141］SA B. Numerical analysis of coal yield pillars［D］. Colorado School of MineMining Engineering Department，2002.

［142］ESTERHUIIEN E，MARK C，ENGINEER P R，et al. MURPHYMM. Numerical model calibration for simulating coal pillars，gob and overburden response，2010［C］.

［143］XIE H，CHEN Z，WANG J. Three-dimensional numerical analysis of deformation and failure during top coal caving［J］. International Journal of Rock Mechanics and Mining Sciences，1999，36（5）：651-658.

［144］苏承东，顾明，唐旭，等. 煤层顶板破碎岩石压实特征的试验研究［J］. 岩石力学与工程学报，2012，31（1）：18-26.

［145］ZHOU N，HAN X L，ZHANG J X，et al. Compressive deformation and energy dissipation of crushed coal gangue［J］. Powder Technology，2016（297）：220-228.

［146］ZHANG J X，LI M，LIU Z，et al. Fractal characteristics of crushed particles of coal gangue under compaction［J］. Powder Technology，2017（305）：12-18.

［147］ZHANG Y，FENG G，QI T. Experimental Research on Internal Behaviors of Caved Rocks under the Uniaxial Confined Compression［J］. Advances in Materials Science and Engineering，2017，2017：1-8.

［148］LI M，ZHANG J X，ZHOU N，et al. Effect of Particle Size on the Energy Evolution of Crushed Waste Rock in Coal Mines［J］. Rock Mechanics and Rock Engineering，2017，50（5）：1347-1354.

［149］高建良，刘佳佳，张学博. 采空区渗透率对瓦斯运移影响的模拟研究［J］. 中国安全科学学报，2010，20（9）：9-14.

［150］宋宜猛. 采空区分区渗流与煤自燃耦合规律研究［D］. 北京：中国矿业大学，2012.

［151］高建良，王海生. 采空区渗透率分布对流场的影响［J］. 中国安全科学学报，2010，20（3）：81-85.

[152] ZHANG C, TU S H, ZHAO Y X. Compaction characteristics of the caving zone in a longwall goaf: a review[J]. Environmental Earth Sciences, 2019,78(1).

[153] LI B, ZOU Q L, LIANG Y P. Experimental Research into the Evolution of Permeability in a Broken Coal Mass under Cyclic Loading and Unloading Conditions[J]. Applied Sciences, 2019,9(4):762.

[154] GUO H, YUAN L, SHEN B T, et al. Mining-induced strata stress changes, fractures and gas flow dynamics in multi-seam longwall mining[J]. International Journal of Rock Mechanics and Mining Sciences, 2012(54):129-139.

[155] ADHIKARY D P, GUO H. Modelling of Longwall Mining-Induced Strata Permeability Change[J]. Rock Mechanics and Rock Engineering, 2015,48(1):345-359.

[156] LI X Y, LOGAN B E. Permeability of fractal aggregates[J]. Water Research, 2010,35(14):3373-3380.

[157] KARACAN C Ö. Prediction of Porosity and Permeability of Caved Zone in Longwall Gobs[J]. Transport in Porous Media, 2010,82(2):413-439.

[158] FAN L, LIU S M. A conceptual model to characterize and model compaction behavior and permeability evolution of broken rock mass in coal mine gobs[J]. International Journal of Coal Geology, 2017,172:60-70.

[159] CHU T X, YU M G, JIANG D Y. Experimental Investigation on the Permeability Evolution of Compacted Broken Coal[J]. Transport in Porous Media, 2017,116(2):847-868.

[160] MA D, MIAO X X, JIANG G H, et al. An Experimental Investigation of Permeability Measurement of Water Flow in Crushed Rocks[J]. Transport in Porous Media, 2014,105(3):571-595.

[161] MIAO X X, LI S C, CHEN Z Q, et al. Experimental Study of Seepage Properties of Broken Sandstone Under Different Porosities[J]. Transport in Porous Media, 2011,86(3):805-814.

[162] ZHANG C, TU S, ZHANG L. Analysis of Broken Coal Permeability Evolution Under Cyclic Loading and Unloading Conditions by the Model Based on the Hertz Contact Deformation Principle[J]. Transport in Porous Media, 2017,119(3):739-754.

[163] JU J F, XU J L. Structural characteristics of key strata and strata behaviour of a fully mechanized longwall face with 7.0m height chocks[J]. International Journal of Rock Mechanics and Mining Sciences, 2013,58:46-54.

[164] 鞠金峰,许家林,王庆雄. 大采高采场关键层"悬臂梁"结构运动型式及对矿压的影响[J]. 煤炭学报, 2011, 36(12): 2115-2120.

[165] 弓培林,靳钟铭. 大采高综采采场顶板控制力学模型研究[J]. 岩石力学与工程学报, 2008, 27(1): 193-198.

[166] 梁运培,李波,袁永,等. 大采高综采采场关键层运动型式及对工作面矿压的影响[J]. 煤炭学报, 2017, 42(6): 1380-1391.

[167] 闫少宏,尹希文,许红杰,等. 大采高综采顶板短悬臂梁-铰接岩梁结构与支架工作阻力的确定[J]. 煤炭学报, 2011, 36(11): 1816-1820.

[168] 鞠金峰,许家林,朱卫兵. 浅埋特大采高综采工作面关键层"悬臂梁"结构运动对端面

漏冒的影响[J]. 煤炭学报, 2014, 39(7): 1197-1204.

[169] 赵云峰. 下保护层保护效果关键影响因素评价[D]. 重庆: 重庆大学, 2016.

[170] 梁海汀, 涂敏, 付宝杰. 单一关键层位置对保护层开采效果的影响[J]. 煤矿安全, 2013, 44(2): 43-46.

[171] 王宏图, 范晓刚, 贾剑青, 等. 关键层对急斜下保护层开采保护作用的影响[J]. 中国矿业大学学报, 2011, 40(1): 23-28.

[172] 吴仁伦. 关键层对煤层群开采瓦斯卸压运移"三带"范围的影响[J]. 煤炭学报, 2013, 38(6): 924-929.

[173] 涂敏, 付宝杰. 关键层结构对保护层卸压开采效应影响分析[J]. 采矿与安全工程学报, 2011, 28(4): 536-541.

[174] 徐超, 程远平, 王亮, 等. 巨厚关键层对远程下保护层开采卸压效果的影响[J]. 煤矿安全, 2012, 43(8): 26-29.

[175] 潘红宇, 索亮, 李树刚, 等. 不同采高上保护层开采卸压效应的 UDEC 数值模拟研究[J]. 湖南科技大学学报(自然科学版), 2013, 28(3): 6-11.

[176] 焦振华, 陶广美, 王浩, 等. 晋城矿区下保护层开采覆岩运移及裂隙演化规律研究[J]. 采矿与安全工程学报, 2017, 34(1): 85-90.

[177] 施峰, 王宏图, 舒才. 间距对上保护层开采保护效果影响的相似模拟实验研究[J]. 中国安全生产科学技术, 2017, 13(12): 138-144.

[178] 刘宝安. 下保护层开采上覆煤岩变形与卸压瓦斯抽采研究[D]. 淮南: 安徽理工大学, 2006.

[179] 李永冲. 上保护层开采煤岩变形规律研究及保护效果考察[D]. 徐州: 中国矿业大学, 2016.

[180] 孟贤正, 李成成, 张永将, 等. 上保护层开采卸压时空效应及被保护层抽采钻孔优化研究[J]. 矿业安全与环保, 2013, 40(1): 26-31.

[181] 刘林. 煤层群多重保护层开采防突技术的研究[J]. 矿业安全与环保, 2001, 28(5): 1-4.

[182] 屠洪盛. 薄及中厚急倾斜煤层长壁综采覆岩运动规律与控制机理研究[D]. 徐州: 中国矿业大学, 2014.

[183] 张艳伟. 冲沟发育地貌浅埋煤层开采覆岩运动及裂隙演化规律研究[D]. 徐州: 中国矿业大学, 2016.

[184] 肖华. 工作面上覆岩层三带分布实测研究[J]. 采矿技术, 2014, 14(3): 55-56.

[185] WANG F K, LIANG Y P, LI X L, et al. Study on the change of permeability of gas-containing coal under many factors[J]. Energy Science & Engineering, 2019, 7(1): 194-206.

[186] 刘刚, 肖福坤, 于涵, 等. 固-热-气耦合作用下含瓦斯低透煤的渗流规律[J]. 黑龙江科技大学学报, 2016, 26(6): 606-611.

[187] 张村. 高瓦斯煤层群应力—裂隙—渗流耦合作用机理及其对卸压抽采的影响[D]. 徐州: 中国矿业大学, 2017.

[188] GENG Y G, TANG D Z, XU H, et al. Experimental study on permeability stress sensitivity of reconstituted granular coal with different lithotypes[J]. Fuel, 2017, 202: 12-22.

［189］周红星. 突出煤层穿层钻孔诱导喷孔孔群增透机理及其在瓦斯抽采中的应用［D］. 徐州：中国矿业大学，2009.

［190］王登科，魏建平，付启超，等. 基于 Klinkenberg 效应影响的煤体瓦斯渗流规律及其渗透率计算方法［J］. 煤炭学报，2014，39(10)：2029-2036.

［191］秦冰，陆飏，张发忠，等. 考虑 Klinkenberg 效应的压实膨润土渗气特性研究［J］. 岩土工程学报，2016，38(12)：2194-2202.

［192］朱益华，陶果，方伟，等. 低渗气藏中气体渗流 Klinkenberg 效应研究进展［J］. 地球物理学进展，2007，22(5)：1591-1596.

［193］刘佳佳，王丹，王亮，等. 考虑 Klinkenberg 效应的瓦斯抽采流固耦合模型及其应用［J］. 中国安全科学学报，2016，26(12)：92-97.

［194］蒋承林，张强，唐俊，等. 多因素对初始释放瓦斯膨胀能影响的实验研究［J］. 煤矿安全，2016，47(4)：20-22.

［195］谢和平，周宏伟，刘建锋，等. 不同开采条件下采动力学行为研究［J］. 煤炭学报，2011，36(7)：1067-1074.

［196］谢和平，张泽天，高峰，等. 不同开采方式下煤岩应力场-裂隙场-渗流场行为研究［J］. 煤炭学报，2016，41(10)：2405-2417.

［197］李晓泉. 含瓦斯煤力学特性及煤与瓦斯延期突出机理研究［D］. 重庆：重庆大学，2010.

［198］段敏克. 采动影响下固—液—气耦合机理及瓦斯运移规律研究［D］. 重庆：重庆大学，2017.

［199］谢和平，鞠杨，董毓利. 经典损伤定义中的"弹性模量法"探讨［J］. 力学与实践，1997，19(2)：1-5.

［200］钱志. 固体密实条带充填开采岩层移动规律模拟研究［D］. 徐州：中国矿业大学，2014.

［201］黄志敏. 矸石充填体宏细观力学特性及充填综采支架围岩关系研究［D］. 徐州：中国矿业大学，2016.

［202］张振南，缪协兴，葛修润. 松散岩块压实破碎规律的试验研究［J］. 岩石力学与工程学报，2005，24(3)：451-455.

［203］梁琛岳，刘永江，孟婧瑶，等. 舒兰韧性剪切带应变分析及石英动态重结晶颗粒分形特征与流变参数估算［J］. 地球科学，2015，40(1)：115-129.

［204］尹帅，谢润成，丁文龙，等. 常规及非常规储层岩石分形特征对渗透率的影响［J］. 岩性油气藏，2017，29(4)：81-90.

［205］ZHANG J X, LI M, LIU Z, et al. Fractal characteristics of crushed particles of coal gangue under compaction［J］. Powder Technology, 2017, 305：12-18.

［206］MIAO X, LI S, CHEN Z, et al. Experimental Study of Seepage Properties of Broken Sandstone Under Different Porosities［J］. Transport in Porous Media, 2011, 86(3)：805-814.

［207］马占国，缪协兴，陈占清，等. 破碎煤体渗透特性的试验研究［J］. 岩土力学，2009，30(4)：985-988.

［208］EINAV I. Breakage mechanics—Part I：Theory［J］. Journal of the Mechanics and Physics of Solids，2007,55(6):1274-1297.

[209] 辛亚军，李梦远. 岩石分级加载蠕变的能量耗散与变形机制研究[J]. 岩石力学与工程学报，2016,35(S1):2883-2897.

[210] 李贺，林柏泉，洪溢都，等. 微波辐射下煤体孔裂隙结构演化特性[J]. 中国矿业大学学报，2017,46(06):1194-1201.

[211] BAI Q, TU S, WANG F, et al. Field and numerical investigations of gateroad system failure induced by hard roofs in a longwall top coal caving face[J]. International Journal of Coal Geology, 2017,173:176-199.

[212] LI X, JU M, YAO Q, et al. Numerical Investigation of the Effect of the Location of Critical Rock Block Fracture on Crack Evolution in a Gob-side Filling Wall[J]. Rock Mechanics and Rock Engineering, 2016,49(3):1041-1058.

[213] 钱鸣高，缪协兴，何富连. 采场"砌体梁"结构的关键块分析[J]. 煤炭学报，1994(06):557-563.

[214] 袁亮，薛俊华. 中国煤矿瓦斯治理理论与技术[C]. 2010年安徽省科协年会——煤炭工业可持续发展专题研讨会，2010.

[215] 姜福兴. 采场支架冲击载荷的动力学分析[J]. 煤炭学报，1994(06):649-658.

[216] 马月连，赵文静，王文博，等. 煤层开采采厚效应的相似模拟研究[J]. 煤炭技术，2019,38(3):34-37

[217] 刘云，王艾伦. 复杂系统相似性原理与相似条件研究[J]. 系统工程学报，2009,24(3):350-354.

[218] 梁运培，孙东玲. 岩层移动的组合岩梁理论及其应用研究[J]. 岩石力学与工程学报，2002,21(5):654-657.

[219] 梁运培，胡千庭，郭华，等. 地面采空区瓦斯抽放钻孔稳定性分析[J]. 煤矿安全，2007,38(3):1-4.

[220] YAVUZ H. An estimation method for cover pressure re-establishment distance and pressure distribution in the goaf of longwall coal mines [J]. International Journal of Rock Mechanics & Mining Sciences, 2004, 41(2):193-205.

[221] 袁亮. 低透高瓦斯煤层群安全开采关键技术研究[J]. 岩石力学与工程学报，2008,27(7):1370-1379.

[222] 杨科，池小楼，刘钦节，等. 大倾角煤层综采工作面再生顶板与支架失稳机理[J]. 煤炭学报，2020,45(9):3045-3053.

[223] 姚琦，冯涛，廖泽. 急倾斜走向分段充填倾向覆岩破坏特性及移动规律[J]. 煤炭学报，2017,42(12):3096-3105.

[224] LIU Y, DAI F. A review of experimental and theoretical research on the deformation and failure behavior of rocks subjected to cyclic loading[J]. Journal of Rock Mechanics and Geotechnical Engineering, 2021,13(5):1203-1230.

[225] 王述红，王子和，王凯毅，等. 循环荷载下含双裂隙砂岩弹性模量的演化规律[J]. 东北大学学报(自然科学版)，2020,41(2):282-286.

[226] 肖福坤，刘刚，秦涛，等. 拉—压—剪应力下细砂岩和粗砂岩破裂过程声发射特性研究[J]. 岩石力学与工程学报，2016,35(S2):3458-3472.

[227] 甘一雄, 吴顺川, 任义, 等. 基于声发射上升时间/振幅与平均频率值的花岗岩劈裂破坏评价指标研究[J]. 岩土力学, 2020, 41(7): 2324-2332.

[228] 吴顺川, 甘一雄, 任义, 等. 基于 RA 与 AF 值的声发射指标在隧道监测中的可行性[J]. 工程科学学报, 2020, 42(6): 723-730.

[229] 王桂林, 王润秋, 孙帆, 等. 单轴压缩下溶隙灰岩声发射 RA-AF 特征及破裂模式研究[J]. 中国公路学报, 2022, 35(8): 118-128.

[230] ALDAHDOOH M A A, BUNNORI N. Crack classification in reinforced concrete beams with varying thicknesses by mean of acoustic emission signal features[J]. Construction and Building Materials, 2013,45: 282-288.

[231] MANDELBROT B B. Self-Affine Fractals and Fractal Dimen-sion[J]. Physica Scripta, 1985,32(04): 257-260.

[232] 李福海, 叶跃忠, 赵人达. 再生集料混凝土微观结构分析[J]. 混凝土, 2008(5): 30-33.

[233] 贾陆军, 雷永林, 蒋勇. 改性木质素磺酸钙对水泥早期水化的影响及机理探讨[J]. 硅酸盐通报, 2018, 37(11): 3422-3426.

[234] WANG X P, PANG Y X, LOU H M, et al. Effect of calcium lignosulfonate on the hydration of the tricalcium aluminate – anhydrite system[J]. Cement and Concrete Research, 2012,42(11): 1549 1554.

[235] HALPERIN W. P., JEHNG J. Y., SONG Y. Q. Application of spin-spin relaxation to measurement of surface area and pore size distributions in a hydrating cement paste[J]. Magnetic Resonance Imaging, 1994,12(02): 169-173.

[236] BOHRIS A. J., GOERKE U., MCDONALD P. J., et al. A broad line NMR and MRI study of water and water transport in Portland cement pastes[J]. Magnetic Resonance Imaging, 1998,16(5/6):455-461.

[237] 白彦龙, 葛林. 顺层钻孔打钻偏斜规律研究及防范措施[J]. 能源与环保, 2021, 43(3): 12-15.

[238] 柏发松. 煤层钻孔瓦斯流量的数值模拟[J]. 安徽理工大学学报(自然科学版), 2004, 24(2): 9-12.

[239] 包若羽. 松软煤层抽采钻孔密封段失稳机理及新型加固密封技术研究[D]. 西安: 西安科技大学, 2019.

[240] 陈莉萍, 王鹏. 煤矿大孔径工程钻孔偏斜因素分析及控制措施[J]. 内蒙古煤炭经济, 2018(2): 30.

[241] 陈培帅, 陈卫忠, 贾善坡, 等. Hoek-Brown 准则的主应力回映算法及其二次开发[J]. 岩土力学, 2011, 32(7): 2211-2218.

[242] 陈田, 姚强岭, 杜茂, 等. 浸水次数对煤样裂隙发育损伤的实验研究[J]. 岩石力学与工程学报, 2016, 35(S2): 3756-3762.

[243] 陈志超. 小口径钻孔孔壁稳定问题探讨[J]. 地质与勘探, 1982, 18(8): 54-60.

[244] 成艳英. 本煤层钻孔瓦斯抽采失效机制及高效密封技术研究[D]. 徐州: 中国矿业大学, 2014.

[245] 程远平, 刘洪永, 赵伟. 我国煤与瓦斯突出事故现状及防治对策[J]. 煤炭科学技术,

2014，42（6）：15-18.

[246] 丁志伟，周侃. 煤矿井下瓦斯抽采钻孔偏斜规律分析[J]. 煤矿现代化，2014（6）：89-91.

[247] 杜明瑞，靖洪文，苏海健，等. 孔洞形状对砂岩强度及破坏特征的影响[J]. 工程力学，2016，33（7）：190-196.

[248] 樊阳洋. 煤矿瓦斯抽采钻孔保直防斜技术研究[D]. 焦作：河南理工大学，2018.

[249] 方新秋，耿耀强，王明. 高瓦斯煤层千米定向钻孔煤与瓦斯共采机理[J]. 中国矿业大学学报，2012，41（6）：885-892.

[250] 付帅，吕平洋，王嘉鉴，等. 矿井高位钻孔偏斜特征及其对抽采效果影响的研究[J]. 矿业科学学报，2017，2（2）：158-166.

[251] 龚家伟，土乐华，许晓亮，等. 基于 Hock-Brown 准则的砂岩卸荷强度损伤试验研究[J]. 水电能源科学，2016，34（4）：100-102.

[252] 郭培红，李海霞，朱建安. 煤层钻孔瓦斯抽放数值模拟[J]. 辽宁工程技术大学学报（自然科学版），2009，28（S1）：260-262.

[253] 韩颖，张飞燕，杨志龙. 煤层钻孔孔壁稳定性分析[J]. 中国安全科学学报，2014，24（6）：80-85.

[254] 郝志勇. 材料复合技术及其在钻孔密封中的应用研究[D]. 徐州：中国矿业大学，2010.

[255] 胡建华，许红坤，罗先伟，等. 基于 GSI 的裂隙化岩体力学参数的确定[J]. 广西大学学报（自然科学版），2012，37（1）：178-183.

[256] 胡胜勇. 瓦斯抽采钻孔周边煤岩渗流特性及粉体堵漏机理[D]. 徐州：中国矿业大学，2014.

[257] 胡胜勇，刘红威. 煤层瓦斯抽采钻孔漏气机理及应用研究进展[J]. 煤矿安全，2016，47（5）：170-173.

[258] 胡盛明，胡修文. 基于量化的 GSI 系统和 Hoek-Brown 准则的岩体力学参数的估计[J]. 岩土力学，2011，32（3）：861-866.

[259] 胡彦勇，张瑞，郐晓彤，等. 全生命周期下中国煤炭资源能源碳排放效率评价[J]. 中国环境科学，2022，42（6）：2942-2954.

[260] 黄虎，董保华，潘玮，等. 钻孔偏斜原因及纠斜处理措施浅析[J]. 西部探矿工程，2020，32（7）：32-36.

[261] 冀前辉. 松软煤层中风压空气钻进供风参数研究及除尘装置研制[D]. 北京：煤炭科学研究总院，2009.

[262] 蒋红心，胡中雄. 钻孔孔壁的稳定性分析[J]. 工程勘察，1999，27（3）：7-10.

[263] 李彬刚. 芦岭煤矿碎软低渗煤层高效抽采技术[J]. 煤田地质与勘探，2017，45（4）：81-84.

[264] 李和祥. 6000ZYWLDF 分体式定向钻机的研制与试验[J]. 煤矿机械，2017，38（6）：48-50.

[265] 李红霞，张大卫. AHP-熵权法在煤矿生产安全评价中的应用[J]. 煤炭技术，2018，37（10）：369-371.

[266] 李旭东. 煤矿井下施工钻孔偏斜原因分析和对策[J]. 煤炭技术，2009，28（6）：

120-122.

[267] 栗林波, 都江沙, 王志敏, 等. ZYL15000D 长孔定向钻机在赵庄煤矿的应用[J]. 内燃机与配件, 2017(22): 138-139.

[268] 梁运培. 煤层钻孔喷孔的发生机理探讨[J]. 煤矿安全, 2007, 38(10): 61-65.

[269] 刘洪涛, 马念杰, 李季, 等. 顶板浅部裂隙通道演化规律与分布特征[J]. 煤炭学报, 2012, 37(9): 1451-1455.

[270] 陆军. 碎软煤层筛管护孔技术在乌兰煤矿的应用[J]. 能源与环保, 2019, 41(12): 49-52.

[271] 罗平亚. 关于大幅度提高我国煤层气井单井产量的探讨[J]. 天然气工业, 2013, 33(6): 1-6.

[272] 穆朝民. 边抽边掘钻孔周围瓦斯流动的数值模拟[J]. 能源技术与管理, 2005, 30(2): 7-8.

[273] Chen W. Xu R. Clean coal technology development in China[J]. Energy policy, 2010, 38(5): 2123-2130.

[274] Cheng Y P. Pan Z J. Reservoir properties of Chinese tectonic coal: A review[J]. Fuel, 2020, 260: 116350.

[275] GENTZIS T. DEISMAN N. CHALATURNYK R J. A method to predict geomechanical properties and model well stability in horizontal boreholes[J]. International journal of coal geology, 2009, 78(2): 149-160.

[276] ISHIZAKAA, LABIB A. Review of the main developments in the analytic hierarchy process [J]. Expert Systems with Applications, 2011, 38(11): 14336-14345.

[277] KANG H. ZHANG X. SI L. et al. In-situ stress measurements and stress distribution characteristics in underground coal mines in China[J]. Engineering Geology, 2010, 116(3/4): 333-345.

[278] LECHNER P. STAHL J. HARTMANN C, et al. Mohr – Coulomb characterisation of inorganically-bound core materials[J]. Journal of Materials Processing Technology, 2021, 296: 117214.

[279] LIANG X B, LIANG W, ZHANG L B, et al. Risk assessment for long-distance gas pipelines in coal mine gobs based on structure entropy weight method and multi-step backward cloud transformation algorithm based on sampling with replacement[J]. Journal of Cleaner Production, 2019, 227: 218-228.

[280] LIU S. JI H. CUI X, et al. Vibration and Deflection Behavior of a Coal Auger Working Mechanism[J]. Shock and Vibration, 2016, 6493859.

[281] LIU T, LIN B Q, FU X H, et al. A new approach modeling permeability of mining-disturbed coal based on a conceptual model of equivalent fractured coal[J]. Journal of Natural Gas Science and Engineering, 2020, 79: 103366.

[282] LIU Y. ECKERT C M. EARL C. A review of fuzzy AHP methods for decision-making with subjective judgements[J]. Expert Systems with Applications, 2020, 161: 113738.

[283] LUEKE J S, ARIARATNAM S T. Surface heave mechanisms in horizontal directional drilling[J]. Journal of Construction Engineering and Management, 2005, 131(5): 540-547.

［284］袁亮，秦勇，程远平，等. 我国煤层气矿井中—长期抽采规模情景预测［J］. 煤炭学报，2013，38（4）：529-534.

［285］ZHOU F B，XIA T Q，WANG X X，et al. Recent developments in coal mine methane extraction and utilization in China：A review［J］. Journal of Natural Gas Science and Engineering，2016，31：437-458.

［286］袁亮，薛俊华，张农，等. 煤层气抽采和煤与瓦斯共采关键技术现状与展望［J］. 煤炭科学技术，2013，41（9）：6-11.

［287］林柏泉，孟凡伟，张海宾. 基于区域瓦斯治理的钻割抽一体化技术及应用［J］. 煤炭学报，2011，36（1）：75-79.

［288］卫修君，林柏泉. 煤岩瓦斯动力灾害发生机理及综合治理技术［M］. 北京：科学出版社，2009.

［289］HE X Q，SONG L. Status and future tasks of coal mining safety in China［J］. Safety Science，2012，50（4）：894-898.

［290］CHENG Y P，WANG L，ZHANG X L. Environmental impact of coal mine methane emissions and responding strategies in China［J］. International Journal of Greenhouse Gas Control，2011，5（1）：157-166.

［291］ZOU Q L，LIN B Q，ZHENG C S，et al. Novel integrated techniques of drilling-slotting-separation-sealing for enhanced coal bed methane recovery in underground coal mines［J］. Journal of Natural Gas Science and Engineering，2015，26：960-973.

［292］袁亮，张炳光，张平，等. 淮南矿区瓦斯抽放技术的新进展和减排利用方案［J］. 中国煤层气，2004，1（1）：39-42.

［293］LIU T，LIN B Q，ZOU Q L，et al. Mechanical behaviors and failure processes of precracked specimens under uniaxial compression：A perspective from microscopic displacement patterns［J］. Tectonophysics，2016，672/673：104-120.

［294］徐景德，杨鑫，赖芳芳，等. 国内煤矿瓦斯强化抽采增透技术的现状及发展［J］. 矿业安全与环保，2014，41（4）：100-103.

［295］翟成，李贤忠，李全贵. 煤层脉动水力压裂卸压增透技术研究与应用［J］. 煤炭学报，2011，36（12）：1996-2001.

［296］富向. 井下点式水力压裂增透技术研究［J］. 煤炭学报，2011，36（8）：1317-1321.

［297］林柏泉，孟杰，宁俊，等. 含瓦斯煤体水力压裂动态变化特征研究［J］. 采矿与安全工程学报，2012，29（1）：106-110.

［298］蔡峰，刘泽功. 深部低透气性煤层上向穿层水力压裂强化增透技术［J］. 煤炭学报，2016，41（1）：113-119.

［299］林柏泉，邹全乐，沈春明，等. 双动力协同钻进高效卸压特性研究及应用［J］. 煤炭学报，2013，38（6）：911-917.

［300］赵阳升，杨栋，胡耀青，等. 低渗透煤储层煤层气开采有效技术途径的研究［J］. 煤炭学报，2001，26（5）：455-458.

［301］林柏泉，刘厅，邹全乐，等. 割缝扰动区裂纹扩展模式及能量演化规律［J］. 煤炭学报，2015，40（4）：719-727.

［302］卢义玉，葛兆龙，李晓红，等. 脉冲射流割缝技术在石门揭煤中的应用研究［J］. 中国矿业大学学报，2010，39（1）：55-58.

[303] 蔡峰. 高瓦斯低透气性煤层深孔预裂爆破强化增透效应研究[D]. 淮南：安徽理工大学，2009.

[304] 曹树刚，李勇，刘延保，等. 深孔控制预裂爆破对煤体微观结构的影响[J]. 岩石力学与工程学报，2009，28(4)：673-678.

[305] 龚敏，黄毅华，王德胜，等. 松软煤层深孔预裂爆破力学特性的数值分析[J]. 岩石力学与工程学报，2008，27(8)：1674-1681.

[306] 杨宏民，夏会辉，王兆丰. 注气驱替煤层瓦斯时效特性影响因素分析[J]. 采矿与安全工程学报，2013，30(2)：273-277.

[307] 杨宏民，张铁岗，王兆丰，等. 煤层注氮驱替甲烷促排瓦斯的试验研究[J]. 煤炭学报，2010，35(5)：792-796.

[308] 肖晓春，潘一山，吕祥锋，等. 超声激励低渗煤层甲烷增透机理[J]. 地球物理学报，2013，56(5)：1726-1733.

[309] HONG Y D, LIN B Q, LI H, et al. Three-dimensional simulation of microwave heating coal sample with varying parameters[J]. Applied Thermal Engineering, 2016, 93: 1145-1154.

[310] 林柏泉，闫发志，朱传杰，等. 基于空气环境下的高压击穿电热致裂煤体实验研究[J]. 煤炭学报，2016，41(1)：94-99.

[311] YAN F Z, LIN B Q, ZHU C J, et al. A novel ECBM extraction technology based on the integration of hydraulic slotting and hydraulic fracturing[J]. Journal of Natural Gas Science and Engineering, 2015, 22: 571-579.

[312] 夏彬伟，刘承伟，卢义玉，等. 缝槽水压爆破导向裂缝扩展实验研究[J]. 煤炭学报，2016，41(2)：432-438.

[313] 林柏泉，杨威，吴海进，等. 影响割缝钻孔卸压效果因素的数值分析[J]. 中国矿业大学学报，2010，39(2)：153-157.

[314] 袁亮. 我国深部煤与瓦斯共采战略思考[J]. 煤炭学报，2016，41(1)：1-6.

[315] 王耀锋，何学秋，王恩元，等. 水力化煤层增透技术研究进展及发展趋势[J]. 煤炭学报，2014，39(10)：1945-1955.

[316] 王晓川. 射流割缝导向软弱围岩光面爆破机理及实验研究①[D]. 重庆：重庆大学，2011.

[317] ZOU Q, LIN B, LIANG J, et al. Variation in the pore structure of coal after hydraulic slotting and gas drainage[J]. Adsorption Science & Technology. 2014, 32(8): 647-666.

[318] MOMBER A W. An SEM-study of high-speed hydrodynamic erosion of cementitious composites[J]. Composites Part B: Engineering, 2003, 34(2): 135-142.

[319] MOMBER A W. A transition index for rock failure due to liquid impact[J]. Wear, 2006, 260(9/10): 996-1002.

[320] 瞿涛宝，赵新根. 高压水力割缝的参数确定和效果分析[J]. 煤矿安全，1982，13(7)：1-10.

[321] 瞿涛宝. 关于水力割缝技术对防止煤与瓦斯突出有效性的探讨[J]. 煤矿安全，1983，14(12)：21-28.

[322] 邹忠有，白铁刚，姜文忠，等. 水力冲割煤层卸压抽放瓦斯技术的研究[J]. 煤矿安全，2000，31(1)：34-36.

[323] 赵岚，冯增朝，杨栋，等. 水力割缝提高低渗透煤层渗透性实验研究[J]. 太原理工大

学学报，2001，32（2）：109-111.

[324] 常宗旭，邵保平，赵阳升，等. 煤岩体水射流破碎机理[J]. 煤炭学报，2008，33（9）：983-987.

[325] 段康廉，冯增朝，赵阳升，等. 低渗透煤层钻孔与水力割缝瓦斯排放的实验研究[J]. 煤炭学报，2002，27（1）：50-53.

[326] 杨栋，冯增超，赵阳升. 大煤样瓦斯抽放试验研究及尺寸效应现象[J]. 岩石力学与工程学报，2004，23（S2）：4912-4915.

[327] 冯增朝，康健，段康廉. 煤体水力割缝中瓦斯突出现象实验与机理研究[J]. 辽宁工程技术大学学报（自然科学版），2001，20（4）：443-445.

[328] 唐巨鹏，杨森林，李利萍. 不同水力割缝布置方式对卸压防突效果影响数值模拟[J]. 中国地质灾害与防治学报，2012，23（1）：61-66.

[329] 唐巨鹏，杨森林，李利萍. 多重水力割缝下煤层气储层卸压数值模拟[J]. 水资源与水工程学报，2012，23（2）：33-36.

[330] 王婕，林柏泉，茹阿鹏. 割缝排放低透气性煤层瓦斯过程的数值试验[J]. 煤矿安全，2005，36（8）：4-7.

[331] 周东平，卢义玉，康勇，等. 磨料射流割缝技术防突机理及应用[J]. 重庆大学学报，2010，33（7）：86-90.

[332] 吴海进，林柏泉，杨威，等. 初始应力对缝槽卸压效果影响的数值分析[J]. 采矿与安全工程学报，2009，26（2）：194-197.

[333] 李晓红，卢义玉，赵瑜，等. 高压脉冲水射流提高松软煤层透气性的研究[J]. 煤炭学报，2008，33（12）：1386-1390.

[334] 沈春明，林柏泉，吴海进. 高压水射流割缝及其对煤体透气性的影响[J]. 煤炭学报，2011，36（12）：2058-2063.

[335] 高亚楠，程红梅，李玺茹，等. 单一煤层钻孔割缝卸压增透的非连续变形分析（DDA）模拟[J]. 煤炭学报，2011，36（12）：2068-2073.

[336] 徐幼平，林柏泉，朱传杰，等. 钻割一体化水力割煤磨料动态特征及参数优化[J]. 采矿与安全工程学报，2011，28（4）：623-627.

[337] 周红星，程远平，刘洪永，等. 突出煤层穿层钻孔群增透增流作用机制[J]. 采矿与安全工程学报，2011，28（4）：618-622.

[338] 卢义玉，贾亚杰，葛兆龙，等. 割缝后煤层瓦斯的流-固耦合模型及应用[J]. 中国矿业大学学报，2014，43（1）：23-29.

[339] GAO F, XUE Y, GAO Y N, et al. Fully coupled thermo-hydro-mechanical model for extraction of coal seam gas with slotted boreholes[J]. Journal of Natural Gas Science and Engineering, 2016, 31: 226-235.

[340] XUE Y, GAO F, LIU X G, et al. Research on damage distribution and permeabilitydistribution of coal seam with slotted borehole[J]. Computers, Matervals & Confinua, 2015, 47(2): 127-141.

[341] XUE Y. Numerical simulation and damage analysis of slotted boreholes in a single coal seam mining[J]. Electronic Journal of Geotechnical Engineering. 2014, 19: 146. 153.

[342] LU T K, ZHAO Z J, HU H F. Improving the gate road development rate and reducing outburst occurrences using the waterjet technique in high gas content outburst-prone soft coal

seam[J]. International Journal of Rock Mechanics and Mining Sciences, 2011, 48(8): 1271-1282.

[343] LU Y Y, LIU Y, LI X H, et al. A new method of drilling long boreholes in low permeability coal by improving its permeability[J]. International Journal of Coal Geology, 2010, 84(2): 94-102.

[344] ZOU Q L, LI Q G, LIU T, et al. Peak strength property of the pre-cracked similar material: Implications for the application of hydraulic slotting in ECBM[J]. Journal of Natural Gas Science and Engineering, 2017, 37: 106-115.

[345] 钱鸣高, 缪协兴. 采场上覆岩层结构的形态与受力分析[J]. 岩石力学与工程学报, 1995, 14(2): 97-106.

[346] 缪协兴, 茅献彪, 胡光伟, 等. 岩石(煤)的碎胀与压实特性研究[J]. 实验力学, 1997, 12(3): 394-400.

[347] 郭广礼, 缪协兴, 张振南. 老采空区破裂岩体变形性质研究[J]. 科学技术与工程, 2002, 2(5): 44-47.

[348] 王文学. 采动裂隙岩体应力恢复及其渗透性演化[D]. 徐州: 中国矿业大学, 2014.

[349] 许家林. 岩层采动裂隙演化规律与应用[M]. 2版. 徐州: 中国矿业大学出版社, 2016.

[350] 陈鹏, 张浪, 邹东起. 基于"O"形圈理论的采空区三维渗透率分布研究[J]. 矿业安全与环保, 2015, 42(5): 38-41.

[351] 孔胜利. 采动煤岩体离散裂隙网络瓦斯流动特征及应用研究[D]. 徐州: 中国矿业大学, 2015.

[352] 顾大钊. 相似材料和相似模型[M]. 徐州: 中国矿业大学出版社, 1995.

[353] 徐志英. 岩石力学[M]. 北京: 水利水电出版社, 1993.

[354] 吴成扬. 节理倾向玫瑰花图在水利工程中的应用[J]. 黑龙江水专学报, 2004(4): 57-59.

[355] 袁亮. 卸压开采抽采瓦斯理论及煤与瓦斯共采技术体系[J]. 煤炭学报, 2009, 34(1): 1-8.

[356] 程远平, 付建华, 俞启香. 中国煤矿瓦斯抽采技术的发展[J]. 采矿与安全工程学报, 2009, 26(2): 127-139.

[357] 刘洪永, 程远平, 陈海栋, 等. 含瓦斯煤岩体采动致裂特性及其对卸压变形的影响[J]. 煤炭学报, 2011, 36(12): 2074-2079.

[358] 程远平, 俞启香, 袁亮, 等. 煤与远程卸压瓦斯安全高效共采试验研究[J]. 中国矿业大学学报, 2004, 33(2): 132-136.

[359] 程远平, 周德永, 俞启香, 等. 保护层卸压瓦斯抽采及涌出规律研究[J]. 采矿与安全工程学报, 2006, 23(1): 12-18.

[360] 孙东玲, 付军辉, 孙海涛, 等. 采动区瓦斯地面井破断防护研究及应用[J]. 煤炭科学技术, 2018, 46(6): 17-23.

[361] 杨其銮, 王佑安. 焊屑瓦斯扩展理论及应用[J]. 焊炭学报, 1986(3): 87-94.